中央高校教育教学改革基金(本科教学工程)资助

现代测试技术

MODERN TESTING TECHNOLOGY

主　编：陈洁渝　雷新荣　舒　杼
副主编：朱小燕　靳洪允　周　森
　　　　王洪权　刘　意

图书在版编目(CIP)数据

现代测试技术/陈洁渝,雷新荣,舒杼主编;朱小燕等副主编. —武汉:中国地质大学出版社,2024.8. —ISBN 978-7-5625-5931-3

Ⅰ. TB9

中国国家版本馆 CIP 数据核字第 2024KQ2785 号

主　编	陈洁渝	雷新荣	舒　杼
副主编	朱小燕	靳洪允	周　森
	王洪权	刘　意	

现代测试技术

责任编辑:唐然坤	选题策划:唐然坤	责任校对:张咏梅

出版发行:中国地质大学出版社(武汉市洪山区鲁磨路388号)		邮编:430074
电　　话:(027)67883511	传　真:(027)67883580	E-mail:cbb@cug.edu.cn
经　　销:全国新华书店		http://cugp.cug.edu.cn
开本:787 毫米×1092 毫米　1/16	字数:538 千字	印张:21
版次:2024 年 8 月第 1 版	印次:2024 年 8 月第 1 次印刷	
印刷:武汉市籍缘印刷厂		
ISBN 978-7-5625-5931-3		定价:54.00 元

如有印装质量问题请与印刷厂联系调换

前　言

进入21世纪的20多年来,材料、信息、能源、生物技术等方面飞速发展,已经渗透到社会的各个领域,其中材料又是信息、能源和生物技术发展的物质基础,是重中之重。可以说,没有先进材料,就没有现代科技,而先进材料的研发与材料的现代测试技术息息相关、密不可分。因此,为了提高先进材料的研发技术,材料科学工作者必须掌握材料学现代测试技术的基本知识。

本教材是在中央高校教育教学改革基金(本科教学工程)资助下编写的系列教材之一,可供材料科学与工程、材化化学及应用化学本科专业教学使用,也可供相关学科与专业的教师、研究生和科技人员参考。

材料分析方法和测试技术繁多,因此材料专业的学生不可能在有限的学时内掌握所有内容。所以本教材选取目前材料研究中最基本、最常用的几种材料分析测试方法作为主要内容,在编写过程中融入了笔者多年的教学经验和体会,同时参考了国内外同类教材和其他相关资料,吸收了近些年的一些新技术,以满足当前培养创新型人才的需求。教材中涉及的主要测试技术有X射线衍射技术(XRD)、扫描电子显微镜(SEM)、透射电子显微镜(TEM和STEM)、红外光谱(IR)和拉曼光谱(Raman Spectra),辅助介绍了X射线荧光光谱仪(XRF)、X射线光电子能谱仪(XPS)和俄歇电子能谱(AES)等。本教材的基础定位是材料学相关学科的本科教学用书,因此在内容选择上侧重基础理论和应用。本教材系统讲述了每种技术的基本原理、设备与实验、分析方法和用途,同时引用了近年来新发表论文中的应用实例来加深对理论知识和实验的理解。每章后有本章小结,以思维导图的形式进一步厘清了章节的逻辑脉络,便于学生阅读后形成清晰的概念体系;章节末尾设置了思考题,引导学生独立思考、深入学习。在写作方面,本教材力求深度适中,知识结构合理,通俗易懂。

本教材由中国地质大学(武汉)材料与化学学院一线教学教师合作编写,共14章,分工如下:第1章的1.1至1.4节和第4章的4.6节主要由雷新荣编写;第1章的1.5节、第2章至第7章、第11章至第13章主要由陈洁渝编写;第8章至第10章主要由朱小燕和陈洁渝共同编写;第14章主要由舒梓编写;陈洁渝统稿全书,靳洪允、周森、王洪权、刘意辅助编写教材中的部分章节,朱小燕辅助参考文献及部分内容排版。

本教材在编写过程中,广泛参考和引用了很多材料科学工作者的研究成果、资料与图片,在此表示深深的敬意和感谢。感谢中国地质大学(武汉)材料与化学学院刘祥文教授百忙之中给予的精心指导;感谢华中科技大学池波教授和郭利民教授对本教材编写提出的宝贵意见;感谢中国地质大学(武汉)材料与化学学院龚明星博士和汪锐博士提供的资料与图片;感谢国际衍射数据中心®(The International Centre for Diffraction Data,简称ICDD®)北京代表处徐春华博士提供的PDF数据库信息;感谢任玉杰、吴忌、刘铭恕、吴鑫龙、乔雨果、陈紫珺等研究生及本科生在绘图方面提供的帮助。

特别说明:文中存在多数参考文献多处引用的情况,由于编写过程中笔者加入了自己的理解并进行了整合,因此只标出了重点引用位置,其他位置未一一标出,在此对参考文献相关作者表示歉意。

由于编者水平有限,本教材难免存在疏漏之处,敬请广大读者批评指正。

笔 者

2024 年 2 月

目 录

1 晶体学基础 ·· (1)
   1.1 晶体的宏观对称及点群 ··· (1)
   1.2 空间格子 ·· (15)
   1.3 晶体的微观对称及空间群 ··· (24)
   1.4 等效点系及原子坐标 ·· (29)
   1.5 倒易点阵 ·· (33)
   本章小结 ··· (49)
   思考题 ··· (49)

2 X射线物理学基础 ·· (51)
   2.1 X射线的发现及在晶体学中的应用和发展 ·· (51)
   2.2 X射线的性质 ··· (52)
   2.3 X射线的产生与X射线谱 ··· (54)
   2.4 X射线与物质的相互作用 ·· (60)
   2.5 X射线的探测与防护 ··· (67)
   本章小结 ··· (68)
   思考题 ··· (68)

3 X射线衍射方向 ·· (70)
   3.1 劳埃方程 ·· (70)
   3.2 布拉格方程 ··· (74)
   3.3 衍射矢量方程及厄瓦尔德图解法 ··· (80)
   本章小结 ··· (87)
   思考题 ··· (87)

4 X射线衍射强度 ·· (88)
   4.1 单电子对X射线的散射强度 ··· (89)
   4.2 单原子对X射线的散射强度 ··· (91)
   4.3 单个晶胞对X射线的散射强度 ··· (92)
   4.4 单个理想小晶体对X射线的散射强度 ··· (99)
   4.5 多晶体的衍射强度 ·· (101)
   4.6 晶体结构与X射线粉晶衍射图谱的关系举例 ·· (104)
   本章小结 ··· (113)
   思考题 ··· (113)

5 X射线衍射方法 (115)
5.1 粉末照相法 (115)
5.2 X射线粉晶衍射仪法 (117)
本章小结 (125)
思考题 (126)

6 X射线粉晶衍射图谱的应用 (127)
6.1 物相分析 (127)
6.2 X射线衍射峰的指标化 (140)
6.3 晶胞参数的精确测定 (142)
6.4 纳米物质平均晶粒尺寸计算 (148)
6.5 利用X射线衍射法测定晶体密度 (149)
6.6 应力测定 (150)
6.7 其他应用 (151)
本章小结 (151)
思考题 (152)

7 电子光学基础 (153)
7.1 电子光学基础理论的发展 (153)
7.2 光学显微镜的分辨率 (154)
7.3 电子波 (156)
7.4 电磁透镜 (158)
本章小结 (167)
思考题 (168)

8 电子与固体物质的相互作用 (169)
8.1 电子散射 (169)
8.2 电子吸收及电子衍射 (171)
8.3 电子与固体物质作用时产生的物理信号及其成像原理 (171)
本章小结 (190)
思考题 (190)

9 扫描电子显微镜 (191)
9.1 扫描电子显微镜的结构与工作原理 (191)
9.2 扫描电子显微镜的性能参数 (200)
9.3 扫描电子显微镜的样品制备 (204)
9.4 扫描电子显微镜的应用 (205)
本章小结 (215)
思考题 (215)

10 透射电子显微镜的结构与工作原理 (216)
10.1 电子光学系统 (216)
10.2 观察和记录系统 (223)

  10.3 真空系统 ··· (224)

  本章小结 ··· (224)

  思考题 ·· (225)

11 透射电子显微镜的电子衍射 ·· (226)

  11.1 电子衍射的厄瓦尔德图解及衍射矢量方程 ·· (226)

  11.2 零层倒易阵面与标准电子衍射花样 ·· (228)

  11.3 倒易点的扩展与偏移矢量 ·· (228)

  11.4 电子衍射的基本公式和有效相机常数 ··· (231)

  11.5 透射电子显微镜下的电子衍射谱 ·· (233)

  11.6 单晶和多晶电子衍射花样的标定 ·· (239)

  本章小结 ··· (247)

  思考题 ·· (247)

12 透射电子显微镜的图像衬度 ·· (248)

  12.1 质厚衬度 ··· (248)

  12.2 衍射衬度 ··· (249)

  12.3 相位衬度——HRTEM 高分辨图像 ··· (266)

  本章小结 ··· (277)

  思考题 ·· (277)

13 其他电子显微术 ·· (278)

  13.1 扫描透射电子显微术 ·· (278)

  13.2 电子能量损失谱 ·· (282)

  本章小结 ··· (287)

  思考题 ·· (287)

14 光谱分析 ·· (288)

  14.1 红外光谱 ··· (288)

  14.2 拉曼光谱 ··· (317)

  本章小结 ··· (324)

  思考题 ·· (324)

主要参考文献 ··· (325)

1 晶体学基础

1.1 晶体的宏观对称及点群

1.1.1 对称要素及其操作

晶体的宏观对称主要是指晶体形态上相同部分有规律地重复,这些相同部分可以是晶面、晶棱和角顶。使相同部分重复的操作称为对称操作(symmetry operation),进行对称操作时所借用的辅助几何要素如对称面、对称轴、对称中心及旋转反伸轴等称为对称要素(symmetry element)。晶体的所有对称要素的组合称为对称型,由于晶体中所有的宏观对称要素皆通过晶体的中心,因此对称型亦称为点群(point group)。

对称操作的实质是对应点的坐标变换,因此可采用数学矩阵来表达[1]。假设在某一坐标系中,空间一点的坐标为(x,y,z),该点经对称操作后变换为另一点(X,Y,Z),则

$$\begin{cases} X = a_{11}x + a_{12}y + a_{13}z \\ Y = a_{21}x + a_{22}y + a_{23}z \\ Z = a_{31}x + a_{32}y + a_{33}z \end{cases} \tag{1-1}$$

式(1-1)可以表示为

$$\begin{vmatrix} X \\ Y \\ Z \end{vmatrix} = \mathbf{\Delta} \begin{vmatrix} x \\ y \\ z \end{vmatrix} \tag{1-2}$$

其中,$\mathbf{\Delta}$为转换矩阵,表达式如下

$$\mathbf{\Delta} = \begin{vmatrix} a_{11} & a_{12} & a_{13} \\ a_{21} & a_{22} & a_{23} \\ a_{31} & a_{32} & a_{33} \end{vmatrix} \tag{1-3}$$

不同的对称要素,如对称中心、对称面、对称轴或旋转返伸轴等,其转换矩阵不同。

1. 对称中心

对称中心(center of symmetry)是一个假想的几何点,相应的对称操作为反伸。对称中心习惯上用C表示。空间中一点(x,y,z),经对称中心操作后变为$(-x,-y,-z)$。即

$$\begin{vmatrix} X \\ Y \\ Z \end{vmatrix} = \mathbf{\Delta} \begin{vmatrix} x \\ y \\ z \end{vmatrix} = \begin{vmatrix} -x \\ -y \\ -z \end{vmatrix} \tag{1-4}$$

则转换矩阵$\mathbf{\Delta}$为

$$\Delta = \begin{vmatrix} -1 & 0 & 0 \\ 0 & -1 & 0 \\ 0 & 0 & -1 \end{vmatrix} \quad (1-5)$$

2. 对称面

对称面(symmetry plane)是一个假想的平面,相应的对称操作是镜像反映。习惯上用 P 表示,国际符号为 m。点的变换表达式取决于对称面的位置。例如对称面垂直于 X 轴,则包含 Y 轴和 Z 轴,空间一点 (x,y,z) 经对称面操作后为 $(-x,y,z)$,则表达式为

$$\begin{vmatrix} X \\ Y \\ Z \end{vmatrix} = \Delta \begin{vmatrix} x \\ y \\ z \end{vmatrix} = \begin{vmatrix} -x \\ y \\ z \end{vmatrix} \quad (1-6)$$

则转换矩阵为

$$\Delta = \begin{vmatrix} -1 & 0 & 0 \\ 0 & 1 & 0 \\ 0 & 0 & 1 \end{vmatrix} \quad (1-7)$$

若对称面垂直于 Y 轴或 Z 轴,则转换矩阵分别为

$$\Delta = \begin{vmatrix} 1 & 0 & 0 \\ 0 & -1 & 0 \\ 0 & 0 & 1 \end{vmatrix} \quad \text{或} \quad \Delta = \begin{vmatrix} 1 & 0 & 0 \\ 0 & 1 & 0 \\ 0 & 0 & -1 \end{vmatrix}$$

3. 对称轴

对称轴(symmetry axis)是一根假想的直线,相应的对称操作为围绕此直线的旋转。晶体绕该直线旋转一定角度后,可使晶体的相同部分重复。旋转一周的重复次数称为轴次(n),旋转的角度称为基转角(α),$\alpha = 360°/n$。对称轴习惯用 L^n 表示($n = 1、2、3、4、6$),即有效的对称轴为 $L^1、L^2、L^3、L^4$ 及 L^6,相应的国际符号分别为 1、2、3、4、6,其中 1、2 为低次轴,3、4、6 为高次轴。晶体中没有五次对称轴和高于六次的对称轴,简单证明如下。

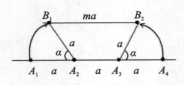

图 1-1 对称定律证明示意图

设阵点 $A_1、A_2、A_3、A_4$ 间距为 a,有一个 n 次轴通过阵点。以 a 为半径转动 α 角,得另外的阵点。如图 1-1 所示,设 A_1 绕 A_2 顺时针转动得 B_1,A_4 绕 A_3 逆时针转动得 B_2。则 $B_1B_2 // A_1A_2$,B_1 和 B_2 也是阵点,所以 B_1B_2 为 a 的整数倍,记为 ma,m 为整数,则

$$a + 2a\cos\alpha = ma \quad (1-8)$$

$$\cos\alpha = \frac{m-1}{2} \quad (1-9)$$

$$\left| \frac{m-1}{2} \right| \leqslant 1 \quad (1-10)$$

由式(1-10)可得 m 和 α 可能的取值如表 1-1 所示。

1 晶体学基础

表 1-1　m 和 α 可能的取值

m	3	2	1	0	-1
$\cos\alpha$	1	1/2	0	$-1/2$	-1
α	0°(360°)	60°	90°	120°	180°
n	1	6	4	3	2
L	L^1	L^6	L^4	L^3	L^2

对称轴的转换矩阵通式可表示为

$$\Delta = \begin{vmatrix} \cos\alpha & \sin\alpha & 0 \\ -\sin\alpha & \cos\alpha & 0 \\ 0 & 0 & 1 \end{vmatrix} \qquad (1-11)$$

4. 旋转反伸轴

旋转反伸轴(roto-inversion axis)是一根假想的直线,晶体绕该直线旋转一定的角度(α)后,再通过晶体中心进行反伸,可使相同部分重复,因此相应的操作为旋转+反伸。对应的基转角与对称轴相同,习惯上用 L_i^n 表示,n 为轴次,$n=1、2、3、4、6$,对应的国际符号为 $\bar{n}=\bar{1}、\bar{2}、\bar{3}、\bar{4}、\bar{6}$。根据定义,$L_i^1=C$(旋转360°反伸等于原位反伸),$L_i^2=P$(旋转180°反伸相当于在反伸前的图形中放置了一个对称面),$L_i^3=L^3+C$,L_i^4 中包含了一个同方向的 L^2,$L_i^6=L^3+P_\perp$,如表 1-2 所示。但一般规定,当晶体中既有 L^3 又有 C 时,只能表示为 L_i^3;当晶体中既有 L^3 又有垂直于 L^3 的对称面($P_\perp$)时,只能表示为 L_i^6。因此,有效的旋转反伸轴有 L_i^3、L_i^4 及 L_i^6。

表 1-2　三次、四次及六次旋转反伸轴图解

	用质点表示的对称操作	晶体形态举例及对称要素分布	国际符号
$L_i^3=L^3+C$			$\bar{3}$
L_i^4			$\bar{4}$
$L_i^6=L^3+P_\perp$			$\bar{6}$

旋转反伸轴的操作是旋转与反伸的复合,因此该操作的转换矩阵为对称轴的转换矩阵与对称中心的转换矩阵的乘积,即

$$\Delta = \begin{vmatrix} \cos\alpha & \sin\alpha & 0 \\ -\sin\alpha & \cos\alpha & 0 \\ 0 & 0 & 1 \end{vmatrix} \cdot \begin{vmatrix} -1 & 0 & 0 \\ 0 & -1 & 0 \\ 0 & 0 & -1 \end{vmatrix} = \begin{vmatrix} -\cos\alpha & -\sin\alpha & 0 \\ \sin\alpha & -\cos\alpha & 0 \\ 0 & 0 & -1 \end{vmatrix} \quad (1-12)$$

表1-3所示为几种对称要素的对称符号、国际符号及图形符号。

表1-3 对称要素及对应的对称符号、国际符号和图形符号

名称	对称符号	国际符号	图形符号
对称面	P	m	粗线或平面
对称轴	L^1	1	
	L^2	2	●
	L^3	3	▲
	L^4	4	■
	L^6	6	⬢
对称中心	C	$\bar{1}$	○
旋转反伸轴	L_i^3	$\bar{3}$	△或▲+●
	L_i^4	$\bar{4}$	□
	L_i^6	$\bar{6}$	⬡

1.1.2 对称要素组合定理

上述对称要素可以单独在晶体中出现,也可以组合出现,即一个晶体中可以出现多个对称要素。对称要素的组合必须服从对称要素组合定理[2-4]。

1. 定理一——对称轴的组合

如果有一个L^2垂直于L^n,则必有n个L^2垂直于L^n,且n个L^2中相邻L^2的夹角为L^n基转角的一半,即$L^n + L_\perp^2 = L^n n L^2$。如图1-2所示。

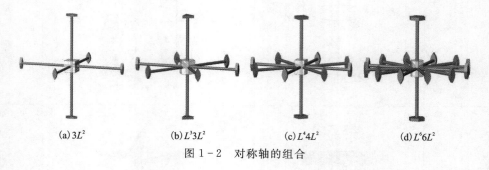

(a) $3L^2$　　(b) $L^3 3L^2$　　(c) $L^4 4L^2$　　(d) $L^6 6L^2$

图1-2 对称轴的组合

逆定理：如果两个L^2相交，通过交点并垂直于L^2必产生一个L^n，其基转角为两个L^2夹角的两倍，并可进一步推导出总共有n个垂直于L^n的L^2。

2. 定理二——偶次对称轴与垂直的对称面的组合

如果有一个P垂直于L^n（n为偶数），则其交点必为C，即$L^{n(偶数)}+P_\perp=L^nPC$，如图1-3所示。

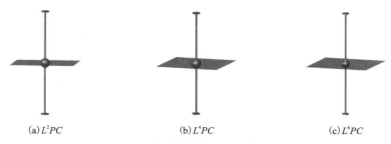

(a) L^2PC　　　(b) L^4PC　　　(c) L^6PC

图1-3　偶次对称轴与垂直对称面的组合

逆定理：如果有一个偶次L^n与C共存，则通过C且垂直于L^n必为P；或如果有一个P与C共存，则通过C且垂直于P必有一个偶次轴（L^2或L^4或L^6）。

3. 定理三——对称轴与包含其的对称面的组合

如果有一个P包含L^n，则必有n个P包含L^n，且相邻P的夹角为L^n基转角的一半，即$L^n+P_{/\!/}=L^nnP$，如图1-4所示。

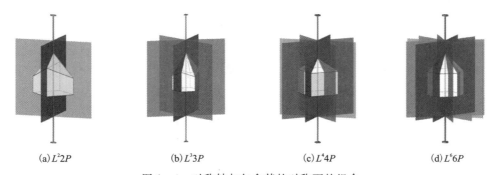

(a) L^22P　　(b) L^33P　　(c) L^44P　　(d) L^66P

图1-4　对称轴与包含其的对称面的组合

逆定理：如果有两个对称面相交，则其交线为一个L^n，其基转角为对称面夹角的两倍，并可同时导出，总共n个对称面包含L^n。如若两个对称面互相垂直，则其交线必为二次轴。

4. 定理四——旋转反伸轴与垂直的二次对称轴或包含的对称面的组合

如果有一个L^2垂直于一个L_i^n，或者有一个P包含一个L_i^n，则有：① 当n为奇数时，必有n个L^2垂直于L_i^n和n个P包含L_i^n，即$L_i^n+L_\perp^2=L_i^n+P_{/\!/}=L_i^nnL^2nP$；② 当$n$为偶数时，必有$\dfrac{n}{2}$个$L^2$垂直于$L_i^n$和$\dfrac{n}{2}$个$P$包含$L_i^n$，即$L_i^n+L_\perp^2=L_i^n+P_{/\!/}=L_i^n\dfrac{n}{2}L^2\dfrac{n}{2}P$。具体如图1-5所示。

为了更好地理解该定理，图1-6、图1-7给出了$L_i^33L^23P$及$L_i^63L^23P$的推导图示。

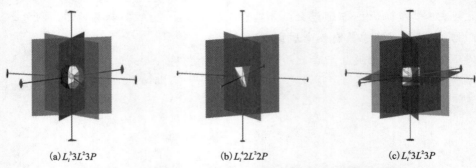

(a) $L_i^3 3L^2 3P$ (b) $L_i^4 2L^2 2P$ (c) $L_i^6 3L^2 3P$

图 1-5 旋转反伸轴与垂直的二次轴或包含的对称面组合

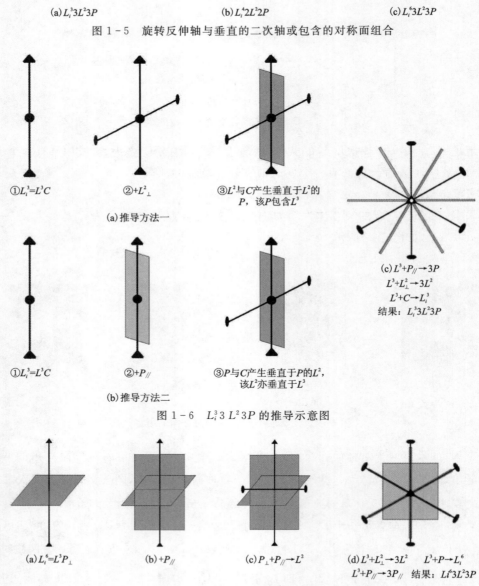

图 1-6 $L_i^3 3L^2 3P$ 的推导示意图

图 1-7 $L_i^6 3L^2 3P$ 的推导示意图

5. 附加定理——偶次轴与垂直及包含对称面的组合

两个 P 互相垂直,其交线必为 L^2,该 L^2 垂直于 L^n(n 为偶数),则因 L^n 的作用必产生 nL^2nP,还有一个 P 与 L^n 垂直,可产生 C,因此全部的对称要素推导为 $L^n n L^2(n+1)PC$,如图 1-8 所示。

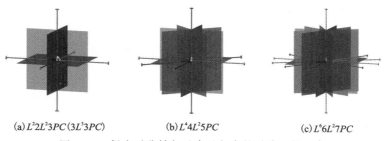

(a) $L^22L^23PC(3L^33PC)$ (b) L^44L^25PC (c) L^66L^27PC

图 1-8 偶次对称轴与垂直及包含的对称面的组合

1.1.3 32 种对称型(点群)及其推导

如前所述,晶体中的对称要素可以单独存在,亦可以组合出现,组合出现时全部对称要素皆交会于晶体的中心点。因此,描述晶体中的全部对称要素用对称型表示,亦称为点群。

为了便于推导晶体的对称型,把对称要素的组合分为两类:高次轴不多于 1 个的组合称为 A 类,高次轴多于 1 个的组合称为 B 类。

1. A 类对称型

根据对称要素组合定理,A 类对称型共有 27 种对称型(去掉重复出现的)。

(1) L^n 单独存在:L^1、L^2、L^3、L^4、L^6。

(2) L^n_i 单独存在:$L^1_i(L^1_i=C)$、$L^2_i(L^2_i=P)$、L^3_i、L^4_i、L^6_i。

(3) L^n 与 $L^2_\perp$ 的组合(定理一):$3L^2$、L^33L^2、L^44L^2、L^66L^2。

(4) 偶次 L^n 与 $P_\perp$ 的组合(定理二):L^2PC、L^4PC、L^6PC。

(5) L^n 与 $P_{/\!/}$ 的组合(定理三):$(L^11P=P)$、L^22P、L^33P、L^44P、L^66P。

(6) L^n_i 与 $P_{/\!/}$ 或 $L^2_\perp$ 的组合(定理四):$L^3_i3L^23P$、$L^4_i2L^22P$、$L^6_i3L^23P$。

(7) 偶次 L^n 与 $P_{/\!/}$ 及 $L^2_\perp$ 的组合(附加定理):$3L^23PC$、L^44L^25PC、L^66L^27PC。

2. B 类对称型

B 类对称型的推导过程如下。

当高次轴多于 1 个时,对称要素组合比较复杂,在此简化为两种组合类型,即 $3L^24L^3$ 和 $3L^44L^36L^2$。各对称轴的具体分布如图 1-9、图 1-10 所示。

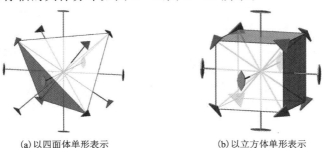

(a) 以四面体单形表示   (b) 以立方体单形表示

图 1-9 $3L^24L^3$ 对称型中各对称轴的具体分布

 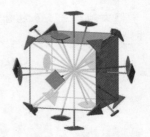

(a) 以八面体单形表示   (b) 以立方体单形表示

图 1-10 $3L^4 4L^3 6L^2$ 对称型中各对称轴的具体分布

在 $3L^2 4L^3$ 中,加入不产生新的对称轴的对称面,可产生两种新的对称型,即 $3L^2 4L^3 3PC$ 和 $3L_i^4 4L^3 6P$,如图 1-11、图 1-12 所示。

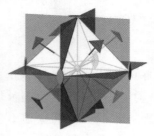 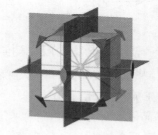

(a) 以八面体单形表示   (b) 以立方体单形表示

图 1-11 $3L^2 4L^3 3PC$ 对称型中各对称要素的具体分布

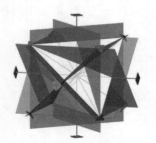 

(a) 以四面体单形表示   (b) 以立方体单形表示

图 1-12 $3L_i^4 4L^3 6P$ 对称型中各对称要素的具体分布

在 $3L^4 4L^3 6L^2$ 中,加入不产生新的对称轴的对称面,可产生一种新的对称型,即 $3L^4 4L^3 6L^2 9PC$,如图 1-13 所示。

 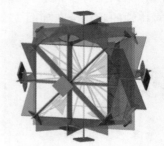

(a) 以八面体单形表示   (b) 以立方体单形表示

图 1-13 $3L^4 4L^3 6L^2 9PC$ 对称型中各对称要素的具体分布

以上共推导出5个B类对称型,加上27种A类对称型,构成全部32种对称型,亦称为32个点群。同时,按照对称轴的特点,可把晶体分为3个晶族、7个晶系,如表1-4所列。

表1-4 晶体的对称分类及32个对称型(点群)

晶族 (crystal category)	晶系 (crystal system)	对称特点	序号	对称型 (class of symmetry)
低级晶族 (lower category) (无高次轴)	三斜晶系 (triclinic)	无 L^2 无 P	1	L^1
			2	L_i^1
	单斜晶系 (monoclinic)	1个 L^2 或/及 P	3	L^2
			4	P
			5	L^2PC
	斜方晶系 (orthorhombic)	多个 L^2 或 P	6	$3L^2$
			7	$L^2 2P$
			8	$3L^2 3PC$
中级晶族 (intermediate category) (1个高次轴)	四方晶系 (tetragonal)	1个 L^4 或 L_i^4	9	L^4
			10	$L^4 4L^2$
			11	$L^4 PC$
			12	$L^4 4P$
			13	$L^4 4L^2 5PC$
			14	L_i^4
			15	$L_i^4 2L^2 2P$
	三方晶系 (trigonal)	1个 L^3 或 L_i^3	16	L^3
			17	$L^3 3L^2$
			18	L_i^3
			19	$L^3 3P$
			20	$L_i^3 3L^2 3P^*$
	六方晶系 (hexagonal)	1个 L^6 或 L_i^6	21	L^6
			22	$L^6 6L^2$
			23	$L^6 PC$
			24	$L^6 6P$
			25	$L^6 6L^2 7PC$
			26	L_i^6
			27	$L_i^6 3L^2 3P^*$

续表 1-4

晶族 (crystal category)	晶系 (crystal system)	对称特点	序号	对称型 (class of symmetry)
高级晶族 (higher category) （多个高次轴）	立方晶系 (cubic)	$4L^3$	28	$3L^2 4L^3$
			29	$3L^2 4L^3 3PC$
			30	$3L_i^4 4L^3 6P$
			31	$3L^4 4L^3 6L^2$
			32	$3L^4 4L^3 6L^2 9PC$

注：* 表示对称型有另一种写法，如 $L^3 3L^2 3P$ 亦可写成 $L^3 3L^2 3PC$，$L_i^6 3L^2 3P$ 亦可写成 $L^3 3L^2 4P$，但后一种写法不正规，建议尽量避免使用。

1.1.4 晶体定向

如图 1-14 所示，晶体定向即在晶体中用三轴坐标体系描述晶体的结晶轴，即 X、Y、Z 轴[图 1-14(a)]。各结晶轴对应的轴长为该方向的结点间距，分别为 a、b、c，各轴之间的夹角分别为 α、β、γ，由此构成单位晶胞[图 1-14(b)]。各结晶轴的方向符合右手法则。对于六方晶系以及三方晶系按六方定向，$\gamma=120°$。为了描述方便，在三、六方晶系中增加了一个辅助轴 U 轴，在 X、Y 轴的角平分线上，方向向后[图 1-14(c)]。a、b、c、α、β、γ 称为晶胞参数或晶格常数。

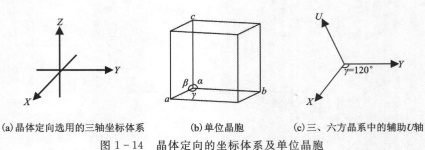

(a) 晶体定向选用的三轴坐标体系　　(b) 单位晶胞　　(c) 三、六方晶系中的辅助 U 轴

图 1-14　晶体定向的坐标体系及单位晶胞

各晶系的晶体定向原则如表 1-5 所示。其中，三方晶系的两种取向方式可以互相转换。

表 1-5　各晶系选择结晶轴的具体方法、举例及晶胞参数特点

晶系	选轴原则	举例	晶胞参数特点
立方晶系 （cubic）	以互相垂直的 $3L^4$、$3L_i^4$ 或 $3L^2$ 为 X、Y、Z 轴	对称型 $3L^2 4L^3$	$a=b=c$ $\alpha=\beta=\gamma=90°$

续表 1-5

晶系	选轴原则	举例	晶胞参数特点
六方晶系及三方晶系六方定向 (hexagonal and trigonal hexagonal)	以唯一的高次轴为 Z 轴,以夹角为 120°的 $3L^2$ 或 $3P$ 的法线方向为 X、Y、U 轴	对称型 $L^6 6L^2 7PC$	$a=b\neq c$ $\alpha=\beta=90°$ $\gamma=120°$
三方晶系菱面体定向 (trigonal rhombehedral)	选取以三次轴为对称的 3 个主要晶棱方向为 X、Y、Z 轴	对称型 L_i^3	$a=b=c$ $\alpha=\beta=\gamma\neq 90°$
四方晶系 (tetragonal)	以唯一的高次轴为 Z 轴,以互相垂直的 $2L^2$ 或 $2P$ 的法线方向为 X、Y 轴	对称型 $L^4 4L^2 5PC$	$a=b\neq c$ $\alpha=\beta=\gamma=90°$
斜方晶系 (orthohombic)	以 3 个互相垂直的 L^2 或 P 的法线为 X、Y、Z 轴	对称型 $3L^2$	$a\neq b\neq c$ $\alpha=\beta=\gamma=90°$
单斜晶系 (monoclinic)	以 L^2 或 P 的法线为 Y 轴,以垂直于 Y 的两个主要晶棱方向为 X、Z 轴	对称型 $L^2 PC$	$a\neq b\neq c$ $\alpha=\gamma=90°$, $\beta\neq 90°$
三斜晶系 (triclinic)	以不在同一平面的 3 个主要晶棱方向为 X、Y、Z 轴	对称型 L_i^1	$a\neq b\neq c$ $\alpha\neq\beta\neq\gamma\neq 90°$

1.1.5 点群的国际符号

为了更简明地描述晶体的对称型,常采用国际符号,它是由 Hermann 和 Mauguin 创立的,也称 HM 符号。该符号既能表明晶体的对称型,也能表明对称要素的方位及晶体的实际定向,因此必须熟练掌握。

HM 符号是按方位进行描述的,表 1-6 给出了用向量表示的各晶系 HM 符号的方位。

表 1-6　HM 符号中对应各晶系的方位(向量表示)

晶系	方位 1	方位 2	方位 3
立方晶系	a 描述 3 个轴方向的对称要素	$a+b+c$ 描述 4 个体对角线方向的对称要素	$a+b$ 描述 6 个棱心连线方向的对称要素
三方、六方晶系	c 唯一的高次轴方向	a 描述 a、b、u 三个方向的对称要素	$2a+b$ 描述 $2a+b$、$2b+u$、$2u+a$ 三个方向的对称要素
四方晶系	c 唯一的高次轴方向	a 描述 a、b 两个方向的对称要素	$a+b$ 描述 $a+b$、$a-b$ 两个方向的对称要素
斜方晶系	a	b	c
单斜晶系	b 唯一的对称要素方位		
三斜晶系	任意方位		

表1-6为国际符号的理解及点群和国际符号的书写提供了便利,现具体说明如下。

在立方晶系中,因为$a=b=c$,因此方位1用a代表等同的a、b、c三个方位,表示晶轴方向,在该方位若有某对称要素,则必有3个等同某对称要素,国际符号中只需写1个(种);方位2代表$a+b+c$方向,表示晶胞的体对角线方向,在该方位若有某对称要素,则必有4个等同某对称要素,也只需写1个(种);方位3代表$a+b$方向,即晶胞对棱中心的连线(或面对角线方向),在该方位若有某对称要素,则必有6个等同某对称要素,只需写出1个(种)。立方晶系国际符号中的3个方位也简称为轴、体、棱方位。如HM符号432,方位1为轴向,存在四次轴,则必有$3L^4$;方位2为体向,有L^3,则必有$4L^3$;方位3为棱向,有L^2,则必有$6L^2$。故由国际符号432可推出其对称型为$3L^4 4L^3 6L^2$。

在三方、六方晶系中,因为$a=b\neq c$,因此方位1代表c方位,为唯一的高次轴方向,只写1个(种);三方、六方晶系采用四轴定向,垂直于c方位有互成120°的a、b、u三轴,因此方位2用a代表等同的a、b、u三个方向,在该方位若有某对称要素,则必有3个等同某对称要素,只需写出1个(种);方位3用$2a+b$代表垂直于c轴且与a、b、u夹角为30°的3个方向,在该方位若有某对称要素,则必有3个等同某对称要素,也只需写出1个(种)。如HM符号$\bar{6}2m$代表的对称型为$L_i^6 3L^2 3P$,32的对称型为$L^3 3L^2$。

在四方晶系中,因为$a=b\neq c$,因此方位1代表c方向,为唯一的高次轴方向,只写1个(种);方位2用a代表a、b两个方向,在该方位若有某对称要素,则必有2个等同某对称要素,只需写出1个(种);方位3用$a+b$代表a、b的夹角平分线方向,即$a+b$、$a-b$两个方向,在该方位若有某对称要素,则必有2个等同某对称要素,也只需写出1个(种)。如HM符号$\bar{4}2m$代表的对称型为$L_i^4 2L^2 2P$。

在斜方晶系中,因为$a\neq b\neq c$,且$\alpha=\beta=\gamma=90°$,故HM符号书写时分别写出a、b、c三个方位的对称要素,每个方位都是独立的。如222,表示在a、b、c三个方位各有一个二次轴,且3个二次轴互相垂直,因此其对称型为$3L^2$;而mmm表示在a、b、c三个方位各有1个垂直的对称面,3个对称面亦互相垂直,故可产生3个互相垂直的二次轴,二次轴垂直对称面可产生对称中心,故mmm代表的对称型为$3L^2 3PC$。

在单斜晶系中,把唯一的对称要素方位定为b方位(2或m或$2/m$),其他两方位无对称要素。

三斜晶系无对称要素,国际符号写为1或$\bar{1}$。

HM符号分为完整形式和简化形式。完整形式是按各方位完整地写出其对称要素;简化形式是指某些对称要素可以由其他对称要素按组合定理推导得出,因此可以省略。实际描述晶体结构时皆采用简化形式。表1-7列出了32种点群国际符号的完整形式和简化形式。若该方位有对称轴,则以轴次的数字1、2、3、4、6表示;若有旋转反伸轴,则以$\bar{3}$、$\bar{4}$、$\bar{6}$表示;若垂直于该方位有对称面,则以m表示;若既有对称轴,又有垂直的对称面,则以$\frac{n}{m}$(如$\frac{2}{m}$、$\frac{4}{m}$、$\frac{6}{m}$)的形式表示;以$\bar{1}$表示对称中心。国际符号中,凡含有或推导后含有$\frac{2}{m}$、$\frac{4}{m}$、$\frac{6}{m}$或$\bar{3}$时,均可进一步推导出晶体具有对称中心。

表 1-7 点群国际符号的完整形式和简化形式

晶系	序号	对称型	HM完整形式	HM简化形式	简化原因	HM符号特征
三斜晶系（triclinic）	1	L^1	1	1		只有 1 或 $\bar{1}$
	2	L_i^1	$\bar{1}$	$\bar{1}$		
单斜晶系（monoclinic）	3	L^2	2	2		2 或/及 m，不多于 1 个
	4	P	m	m		
	5	$L^2 PC$	$\frac{2}{m}$	$\frac{2}{m}$		
斜方晶系（orthohombic）	6	$3L^2$	222	222		2 或 m，多于 1 个
	7	$L^2 2P$	$mm2$	$mm2$		
	8	$3L^2 3PC$	$\frac{2}{m}\frac{2}{m}\frac{2}{m}$	mmm	m 两两垂直，交线为二次轴	
四方晶系（tetragonal）	9	L^4	4	4		方位 1 为 4 或 $\bar{4}$
	10	$L^4 4L^2$	422	422		
	11	$L^4 PC$	$\frac{4}{m}$	$\frac{4}{m}$		
	12	$L^4 4P$	$4mm$	$4mm$		
	13	$L^4 4L^2 5PC$	$\frac{4}{m}\frac{2}{m}\frac{2}{m}$	$\frac{4}{mmm}$	方位 1 的 m 与 2、3 位的 m 垂直，可推导出二次轴	
	14	L_i^4	$\bar{4}$	$\bar{4}$		
	15	$L_i^4 2L^2 2P$	$\bar{4}2m$	$\bar{4}2m$		
三方晶系（trigonal）	16	L^3	3	3		方位 1 为 3 或 $\bar{3}$
	17	$L^3 3L^2$	32	32		
	18	L_i^3	$\bar{3}$	$\bar{3}$		
	19	$L^3 3P$	$3m$	$3m$		
	20	$L_i^3 3L^2 3P$	$\bar{3}\frac{2}{m}$	$\bar{3}m$	方位 1 的 $\bar{3}$ 中包含的 C 与方位 2 的 m 产生垂直于 m 的二次轴	
六方晶系（hexagonal）	21	L^6	6	6		方位 1 为 6 或 $\bar{6}$
	22	$L^6 6L^2$	622	622		
	23	$L^6 PC$	$\frac{6}{m}$	$\frac{6}{m}$		
	24	$L^6 6P$	$6mm$	$6mm$		
	25	$L^6 6L^2 7PC$	$\frac{6}{m}\frac{2}{m}\frac{2}{m}$	$\frac{6}{mmm}$	方位 1 的 m 与方位 2、3 的 m 垂直，可推导出二次轴	
	26	L_i^6	$\bar{6}$	$\bar{6}$		
	27	$L_i^6 3L^2 3P$	$\bar{6}2m$	$\bar{6}2m$		

续表 1-7

晶系	序号	对称型	HM 完整形式	HM 简化形式	简化原因	HM 符号特征
立方晶系（cubic）	28	$3L^2 4L^3$	23	23		方位 2 为 3 或 $\bar{3}$
	29	$3L^2 4L^3 3PC$	$\frac{2}{m}3$	$m3$	方位 1 的 m 垂直 3 个轴向，两两垂直产生二次轴	
	30	$3L_i^4 4L^3 6P$	$\bar{4}3m$	$\bar{4}3m$		
	31	$3L^4 4L^3 6L^2$	432	432		
	32	$3L^4 4L^3 6L^2 9PC$	$\frac{4}{m}3\frac{2}{m}$	$m3m$	方位 1 的 m 与方位 3 的 m 夹角为 45°，交线为 4 次轴；$\frac{4}{m}$ 导出 C,C 与 9 个 m 产生 9 个 L^2（其中 3 个包含在 L^4 中）	

1.2 空间格子

空间格子（space lattice），是从晶体结构中抽象出来、反映质点排列规律的三维几何点阵，图 1-15(a) 所示即为一个空间格子。空间格子的要素包括结点、行列、面网及平行六面体。空间格子中的点称为结点（knot），如图 1-15(a) 空间格子中的任意两条线的交点。结点代表晶体结构中的相当点，相当点是晶体结构中原子种类相同、原子周围的环境和方位都相同的点。空间格子中任意两个结点的连线都是一个行列（row），而分布在一个平面上的结点可组成一个面网（net），或者说任意两个相交的行列都可以组成一个面网。平行六面体（unit parallelepipedon）则是空间格子中的最小重复单位，如图 1-15(a) 中的阴影部分，通常也被称为空间格子。对于实际晶体结构，最小重复单位为单位晶胞（unit cell），即充填了实际原子后的平行六面体就是单位晶胞。单位晶胞用晶胞参数（也叫晶格常数）表示，其形状和大小用轴长 a、b、c 及二晶轴之间的夹角 α、β、γ 表示。

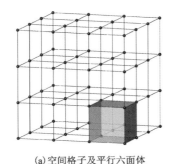

(a) 空间格子及平行六面体　　(b) 单位晶胞

图 1-15　空间格子和单位晶胞

1.2.1 结点符号及坐标

结点符号用空间格子中结点的坐标表示，采用分数坐标的形式，即把每个轴长单位当作

1，计算出结点的坐标，形式为 (x,y,z)。描述晶胞中的原子时亦采用分数坐标。一般表示坐标时，以空间格子（或晶胞）左、后方的点作为原点 $(0,0,0)$，角顶为 8 个晶胞共用，因此 $(0,0,0)$ 亦代表晶胞的 8 个角顶的结点坐标；原点到 c 轴方向晶棱中心的结点坐标为 $\left(0,0,\frac{1}{2}\right)$，晶棱为 4 个晶胞共用，该点的坐标亦代表 4 个晶棱中心的结点坐标；同样，晶胞面上的结点为 2 个晶胞共用，每个坐标代表 2 个面上的结点坐标；晶胞内部的结点为 1 个晶胞所用，只代表 1 个位置，如晶胞体心的结点坐标为 $\left(\frac{1}{2},\frac{1}{2},\frac{1}{2}\right)$，图 1-16 所示为斜方晶胞前后面的面心(a)和体心(b)的坐标。

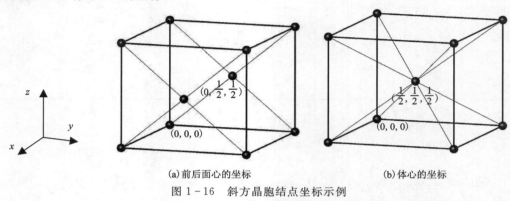

(a) 前后面心的坐标　　(b) 体心的坐标

图 1-16　斜方晶胞结点坐标示例

在描述结点或原子坐标时，遵循原则为：结点或原子的分数坐标数值+1 或-1，所描述的坐标相同。

如图 1-17(a)所示，晶胞中有两种原子，原子 1 的位置在晶胞的角顶，坐标为 $(0,0,0)$；原子 2 在晶胞体内，坐标为 $(0.25,0.2,0.85)$，原子 2 亦可以写成 $(0.25,0.2,0.85-1)$，即 $(0.25,0.2,-0.15)$ 的形式，后者代表该晶胞下方的另一个晶胞中的等同质点位置。由于晶体是晶胞在三维空间无限堆砌形成的，因此 $(0.25,0.2,0.85)$ 与 $(0.25,0.2,-0.15)$ 表达的是同一个坐标的质点[图 1-17(a)]。同样地，图 1-17(b)所示的质点坐标 $(0.85,0.8,0.75)$ 也可表示为 $(-0.15,-0.2,-0.25)$，表达等同质点。

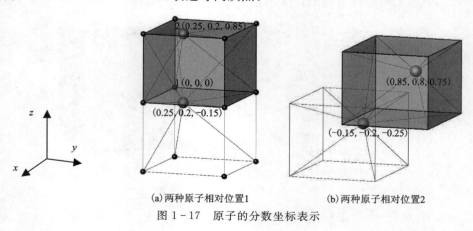

(a) 两种原子相对位置1　　(b) 两种原子相对位置2

图 1-17　原子的分数坐标表示

因此,在描述实际晶体结构时,经常把大于 0.5 的分数坐标 x 写成 $x-1$ 的负值形式,如方沸石的晶体结构中 Si 的坐标可表示为 $(-0.125, 0.161, -0.088\ 2)$。

1.2.2 行列和晶向

晶体中任意结点的连线都是一个行列,行列的取向称为晶向。

如图 1-18(a)所示,晶向的表征步骤为:①建立坐标系,以所求晶向上的任何结点为原点,以晶胞的基矢 $\boldsymbol{a}$、$\boldsymbol{b}$、$\boldsymbol{c}$ 为三维基矢量;②在所求晶向上任取一结点 M,令 $\overrightarrow{OM}=\boldsymbol{R}$,则 $\boldsymbol{R}=m\boldsymbol{a}+n\boldsymbol{b}+p\boldsymbol{c}$,$m$、$n$、$p$ 为整数;③约化 m、n、p 为互质的数 u、v、w,并用"[ ]"括之,即晶向指数,表示为 $[uvw]$。实质上,晶向指数就是结点坐标的约化整数,也称为行列符号或晶棱符号,如图 1-18(b)所示。

把晶体中结点间距相同(即原子排列相同)、但空间位相不同的一组晶向称为该行列的晶向族,用"〈 〉"表示。如在立方晶系中,〈110〉晶向轴所包含的晶向有 12 个,即 [110]、[101]、[011]、[$\bar{1}$10]、[1$\bar{1}$0]、[10$\bar{1}$]、[$\bar{1}$01]、[0$\bar{1}$1]、[01$\bar{1}$]、[$\bar{1}\bar{1}$0]、[$\bar{1}$0$\bar{1}$]、[0$\bar{1}\bar{1}$]。可见在立方晶系中,同一晶向族的所有晶向符号中只有晶向指数的顺序不同。但需要注意,离开立方晶系,改变晶向指数的顺序所表示的晶向可能不属于同一个晶向族了,因为晶向族指数的表达与 $\boldsymbol{a}$、$\boldsymbol{b}$、$\boldsymbol{c}$ 有关,$\boldsymbol{a}$、$\boldsymbol{b}$、$\boldsymbol{c}$ 不同,原子排列不同。

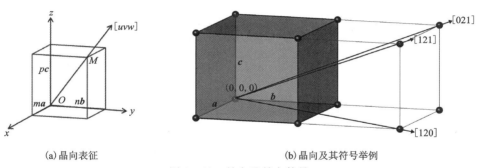

(a) 晶向表征　　　　　　　　　　　　　(b) 晶向及其符号举例

图 1-18　晶向及晶向符号

1. 结点间距的计算

在实际晶体结构分析中,经常需要计算原子之间的距离,彼此相邻的原子之间有可能形成化学键,因此原子之间的距离亦有可能就是键长,而原子之间的距离抽象为几何图形即为结点间距。

在一个行列 $[uvw]$ 上,结点间距为通过原点的行列上的结点坐标 (u,v,w) 到原点之间的距离(任意行列都可平移至过原点)。

同一行列上的结点间距为行列符号所表示的结点坐标 (u,v,w) 到原点之间的距离。不同晶系的原始格子中的行列结点间距计算公式见表 1-8。

2. 原始格子晶胞中任意两个结点之间(或任意两个原子之间)距离的计算

设两个结点的坐标分别为 (x_1,y_1,z_1)(点 1)和 (x_2,y_2,z_2)(点 2),为了套用表 1-8 所列的公式,需要把两个点组成的行列平移至过原点,并使其中一个点与原点重合。若将点 1 坐标变为 $(0,0,0)$,则点 2 的坐标对应变成 $(x_2-x_1, y_2-y_1, z_2-z_1)$,令 $u=x_2-x_1$,$v=y_2-y_1$,$w=z_2-z_1$,再按表 1-9 所列的公式即可计算原始格子晶胞中任意两个结点或原子之间的距离。

表 1-8　原始格子中行列[uvw]结点间距计算公式[5]

晶系	行列[uvw]上的结点间距
立方晶系	$T^2 = (u^2 + v^2 + w^2)a^2$
四方晶系	$T^2 = (u^2 + v^2)a^2 + w^2 c^2$
六方晶系、三方晶系(六方晶胞)	$T^2 = a^2[u^2 + v^2 + w^2 + 2\cos\alpha(uv + vw + wu)]$
三方晶系(菱面体晶胞)	$T^2 = (u^2 + v^2 - uv)a^2 + w^2 c^2$
斜方晶系	$T^2 = u^2 a^2 + v^2 b^2 + w^2 c^2$
单斜晶系	$T^2 = u^2 a^2 + v^2 b^2 + w^2 c^2 + 2wuca\cos\beta$
三斜晶系	$T^2 = u^2 a^2 + v^2 b^2 + w^2 c^2 + 2uvab\cos\gamma + 2vwbc\cos\alpha + 2wuca\cos\beta$

表 1-9　各晶系面网间距的计算公式

晶系	面网间距计算公式
立方晶系	$\dfrac{1}{d^2} = \dfrac{h^2 + k^2 + l^2}{a^2}$
四方晶系	$\dfrac{1}{d^2} = \dfrac{h^2 + k^2}{a^2} + \dfrac{l^2}{c^2}$
三方晶系(菱面体晶胞)	$\dfrac{1}{d^2} = \dfrac{(h^2 + k^2 + l^2)\sin^2\alpha + 2(hk + kl + lh)(\cos^2\alpha - \cos\alpha)}{a^2(1 - 3\cos^2\alpha + 2\cos^3\alpha)}$
三方晶系、六方晶系(按六方定向六方晶胞)	$\dfrac{1}{d^2} = \dfrac{4(h^2 + hk + k^2)}{3a^2} + \dfrac{l^2}{c^2}$
斜方晶系	$\dfrac{1}{d^2} = \dfrac{h^2}{a^2} + \dfrac{k^2}{b^2} + \dfrac{l^2}{c^2}$
单斜晶系	$\dfrac{1}{d^2} = \dfrac{h^2}{a^2 \sin^2\beta} + \dfrac{k^2}{b^2} + \dfrac{l^2}{c^2 \sin^2\beta} - \dfrac{2hl\cos\beta}{ac\sin^2\beta}$
三斜晶系	$\dfrac{1}{d^2} = \dfrac{1}{V^2}[b^2 c^2 h^2 \sin^2\alpha + c^2 a^2 k^2 \sin^2\beta + a^2 b^2 l^2 \sin^2\gamma + 2abc^2(\cos\alpha\cos\beta - \cos\gamma)hk + 2bca^2(\cos\beta\cos\gamma - \cos\alpha)kl + 2cab^2(\cos\gamma\cos\alpha - \cos\beta)lh]$

1.2.3　面网

在空间格子中,把一组互相平行且间距相等的面网称为一组面网。空间格子可衍生出无数组面网方向不同而间距相等的面网。

1. 面网符号

每组面网中必有一个平面通过原点。选取每组面网中最靠近原点而又不通过原点的平面,该平面在 3 个结晶轴截距的倒数化整后分别为 h、k、l,即为该组面网的指数,记作(hkl),称为米氏指数,通常也称为米氏符号,它代表一组互相平行且间距相等的面网,如图 1-19 中的$(010) \sim (040)$ 和 $(110) \sim (\bar{1}10)$。

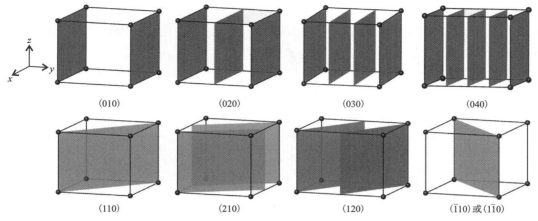

图1-19 面网及面网的米氏符号

对于三方、六方晶系按六方定向时,面网符号可采用四指数,写成$(hkil)$的形式,其中第3个指数i是面网在u轴上截距的倒数,为辅助指数,$i=-(h+k)$。在后续的面网间距、衍射强度计算等方面,均只用(hkl)三指数形式。

2. 面网间距

面网间距即一组互相平行且间距相等的面网中,相邻面网之间的垂直距离,用d_{hkl}表示(即距离原点最近的面网到原点的垂直距离),如(010)面网间距,记为d_{010}。面网间距与晶胞参数和面网指数有关。如图1-19中,若晶胞为立方晶胞,晶胞参数为a、b、c,则$d_{010}=b$,$d_{020}=b/2$,$d_{030}=b/3$,$d_{040}=b/4$。表1-9列出了各晶系面网间距的计算公式。

3. 晶面族及多重因子

晶体中原子排列相同、晶面间距也相等、但空间位相不同的晶面分布在同一个晶面族上,用"{ }"表示。立方晶系{111}晶面族有8组晶面:(111)、$(11\bar{1})$、$(\bar{1}11)$、$(1\bar{1}1)$、$(\bar{1}\bar{1}1)$、$(\bar{1}1\bar{1})$、$(1\bar{1}\bar{1})$、$(\bar{1}\bar{1}\bar{1})$,如图1-20所示。而立方晶系的{110}晶面族有12组晶面:(110)、(011)、(101)、$(\bar{1}10)$、$(\bar{1}01)$、$(1\bar{1}0)$、$(10\bar{1})$、$(0\bar{1}1)$、$(01\bar{1})$、$(\bar{1}\bar{1}0)$、$(\bar{1}0\bar{1})$、$(0\bar{1}\bar{1})$。

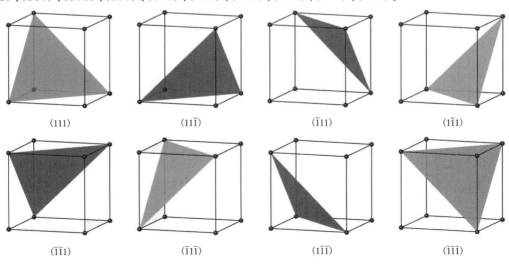

图1-20 立方晶系{111}晶面族的8组晶面

同一晶面族中晶面的组数称为该晶面族的多重因子，记为 P_{hkl}，即等价面网组的数量，如立方晶系{111}晶面族有 8 组晶面，则多重因子 $P_{111}=8$。不同晶系不同类型的晶面指数，其多重因子不同。例如立方晶系 $P_{hhl}=24$，$P_{hh0}=12$。但在四方晶系中，$P_{hhl}=8$，$P_{hh0}=4$。可通过不同晶系面网间距的计算公式分析，写出同一晶面族下的晶面指数，从而得到多重因子数。表 1-10 列出了不同晶系不同类型晶面指数的多重因子。

表 1-10 不同晶系不同类型晶面指数的多重因子

晶系	不同类型面网的多重因子						
立方晶系	(hkl) 48	(hhl) 24	$(hk0)$ 24	$(hh0)$ 12	(hhh) 8	$(h00)$ 6	
四方晶系	(hkl) 16	(hhl) 8	$(h0l)$ 8	$(hk0)$ 8	$(hh0)$ 4	$(h00)$ 4	$(00l)$ 6
三方晶系、六方晶系（六方晶胞）	(hkl) 24	(hhl) 12	$(h0l)$ 12	$(hk0)$ 12	$(hh0)$ 6	$(h00)$ 6	$(00l)$ 2
斜方晶系	(hkl) 8	$(h0l)$ 4	$(hk0)$ 4	$(0kl)$ 4	$(h00)$ 2	$(0k0)$ 2	$(00l)$ 2
单斜晶系	(hkl) 4	$(h0l)$ 2	$(h00)$ 2				
三斜晶系	(hkl) 2						

4. 晶带及晶带轴

交棱相互平行的晶面的组合称为晶带。这些交棱都平行于同一个过坐标原点的轴，该轴称为晶带轴。同一晶带上各晶面的法线垂直于其晶带轴，所以晶带轴平行于该晶带的所有晶面。晶带用晶带轴指数表示，与晶向或晶棱符号相同，可表示为 $[uvw]$。如图 1-21 所示，斜方晶系的晶面(100)、(010)、(120)、($1\bar{2}0$)、(110)、($\bar{1}10$)等属于同一个晶带，其交棱都平行于 Z 轴，即平行于[001]晶向，则[001]为其晶带轴。

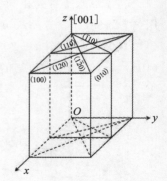

图 1-21 斜方晶系[001]晶带的晶带面及晶带轴

1.2.4 平行六面体

1. 平行六面体的形状

前已述及，平行六面体为空间格子中的最小重复单位，平行六面体在实际的晶体结构中即为晶胞，所以各晶系平行六面体的形状特征即为各晶系的晶胞参数特征，或者称为空间格子的形状特征，见表 1-11。

2. 空间格子的类型

在空间格子中，结点可以分布在角顶、体心及面心。根据结点分布位置的不同，空间格子可分为以下 4 种类型。

表 1-11　各晶系晶胞参数的特点及空间格子的形状

晶系	晶胞参数的特点	空间格子的形状
立方晶系	$a=b=c;\alpha=\beta=\gamma=90°$	
四方晶系	$a=b\neq c;\alpha=\beta=\gamma=90°$	
斜方晶系	$a\neq b\neq c;\alpha=\beta=\gamma=90°$	
三方晶系、六方晶系（四轴坐标系 H）	$a=b\neq c;\alpha=\beta=90°,\gamma=120°$	
三方晶系［三轴坐标系（菱面体，R）］	$a=b=c;$ $\alpha=\beta=\gamma\neq 90°、60°、109°28'16''$	
单斜晶系	$a\neq b\neq c;\alpha=\gamma=90°,\beta>90°$	
三斜晶系	$a\neq b\neq c;\alpha\neq\beta\neq\gamma\neq 90°$	

(1) 原始格子(primitive lattice)：在原始格子中，结点只分布在 8 个角顶，结点坐标为 (0,0,0)，用字母 P 表示（图 1-22）（三方菱面体格子用 R 表示，hombohedral lattice）。

(2)底心格子(end-centered lattice):在底心格子中,结点分布在8个角顶和某一对面的面心。底心格子包括 A 心格子、B 心格子和 C 心格子。若结点分布在8个角顶和垂直于 a 轴的一对面[(100)和($\bar{1}$00)]的面心,称为 A 心格子,其结点坐标为(0,0,0)和 $\left(0,\frac{1}{2},\frac{1}{2}\right)$;若结点分布在8个角顶和垂直于 b 轴的一对面[(010)和(0$\bar{1}$0)]的面心,称为 B 心格子,其结点坐标为(0,0,0)和 $\left(\frac{1}{2},0,\frac{1}{2}\right)$;若结点分布在8个角顶和垂直于 c 轴的一对面[(001)和(00$\bar{1}$)]的面心,称为 C 心格子,其结点坐标为(0,0,0)和 $\left(\frac{1}{2},\frac{1}{2},0\right)$。

(3)体心格子(body-centered lattice):体心格子的结点分布在8个角顶和体心,其结点坐标为(0,0,0)和 $\left(\frac{1}{2},\frac{1}{2},\frac{1}{2}\right)$,用字母 I 表示。

(4)面心格子(face-centered lattice):面心格子的结点分布在8个角顶和3对面的面心,其结点坐标为(0,0,0)、$\left(\frac{1}{2},\frac{1}{2},0\right)$、$\left(\frac{1}{2},0,\frac{1}{2}\right)$ 及 $\left(0,\frac{1}{2},\frac{1}{2}\right)$,用字母 F 表示。

按照7个晶系、4种格子类型计算,则空间格子应有28种,但实际只有14种。原因是有的格子类型可以转化为更简单的形式,如图1-22所示,四方晶系 C 心格子可以化简为原始格子 P,晶胞参数 c 大小不变,a 变小了($a_P=\frac{a_c}{\sqrt{2}}$),晶胞更小,更简洁。有的格子类型不符合晶体的对称要求,如图1-23所示,若立方晶系有底心格子,则 $a+b+c$ 方向的三次轴不存在,故在立方晶系中无底心格子。因此,除去可以转化的(重复)和与对称不符的,七大晶系总共只存在14种空间格子,也称为14种布拉维格子(14 Bravais Lattices),见表1-12。

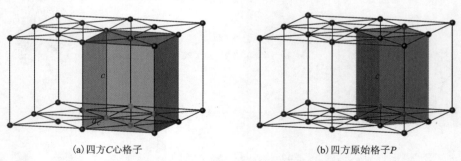

(a)四方C心格子 (b)四方原始格子P

图1-22 四方C心格子简化成四方原始格子P

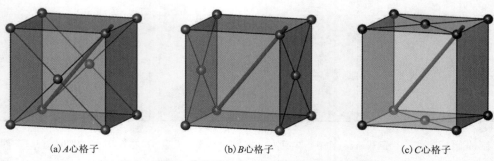

(a)A心格子 (b)B心格子 (c)C心格子

图1-23 立方晶系的底心格子与其三次对称不符

表 1-12　七大晶系的 14 种布拉维格子

晶系	原始格子	底心格子	体心格子	面心格子
三斜晶系	P	$A(B,C)=P$	$I=P$	$F=P$
单斜晶系	P	$A(B,C)$	$I=A(B,C)$	$F=A(B,C)$
斜方晶系	P	$A(B,C)$	I	F
四方晶系	P	$C=P$	I	$F=I$
三方晶系	R	与对称不符	$I=R$	$F=R$
六方晶系	P	与对称不符	$I=P$	$F=P$
立方晶系	P	与对称不符	I	F

1.3 晶体的微观对称及空间群

1.3.1 晶体的微观对称要素

晶体的微观对称要素即描述晶体内部结构中质点重复规律的对称要素。晶体的所有宏观对称要素(对称轴、对称面、对称中心、旋转反伸轴等)都可以在晶体内部结构对称中出现,此外还出现了新的对称要素——螺旋轴和滑移面。下面简要介绍螺旋轴和滑移面。

1.3.1.1 螺旋轴

螺旋轴是一根假想的直线,对应的对称操作为旋转+平移。当图像绕该直线旋转一定角度,并沿该直线方向平移一定距离后与相同的图像重合。螺旋轴的国际符号一般写成n_s,其中n为轴次($n=1、2、3、4、6$),s为小于n的自然数。螺旋轴根据轴次可分为二次、三次、四次和六次螺旋轴,其基转角(α)与同轴次对称轴的基转角相同。若沿螺旋轴方向的结点间距为T,则平移距离$t=\frac{s}{n}T$。因此,螺旋轴根据轴次和平移距离可分为11种,即:2_1、3_1、3_2、4_1、4_2、4_3、6_1、6_2、6_3、6_4、6_5。对于$n=1$的一次螺旋轴,实际上是一个一次对称轴。当$s=n$时,平移距离$t=T$,即旋转后图形直接重合,则该直线为对称轴。因此,对称轴可看作是平移距离为零的同轴次"螺旋轴",可见晶体中同时存在对称轴和螺旋轴。根据旋转的方向,螺旋轴有左旋螺旋轴(顺时针旋转)、右旋螺旋轴(逆时针旋转)和中性螺旋轴(顺、逆时针旋转均可)之分。一般规定:当$0<s<\frac{n}{2}$时,为右旋螺旋轴,如3_1、4_1、6_1、6_2;当$\frac{n}{2}<s<n$时,为左旋螺旋轴,如3_2、4_3、6_4、6_5;当$s=\frac{n}{2}$时,为中性螺旋轴,如2_1、4_2、6_3。下面具体介绍各类螺旋轴。

1. 二次螺旋轴

二次螺旋轴($\alpha=180°$)国际符号为2_1,图形符号见图1-24。2_1螺旋轴为中性螺旋轴,质点绕其旋转180°(左旋、右旋均可),再沿其平移$\frac{1}{2}T$后与另一相同质点重合。

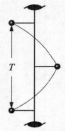

图1-24 2_1螺旋轴

2. 三次螺旋轴

三次螺旋轴有3_1和3_2。3_1螺旋轴指质点绕其右旋120°,再沿其平移$\frac{1}{3}T$后自身重复;3_2螺旋轴指质点绕其右旋120°,再沿其平移$\frac{2}{3}T$后自身重复(或左旋120°,再平移$\frac{1}{3}T$后自身重复,即右旋变左旋),如图1-25所示。

3. 四次螺旋轴

四次螺旋轴有4_1、4_2、4_3。4_1螺旋轴指质点绕其

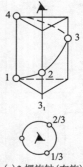
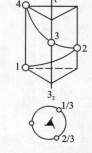

(a) 3_1螺旋轴(右旋)　(b) 3_2螺旋轴(左旋)

图1-25 三次螺旋轴

右旋 90°,再沿其平移 $\frac{1}{4}T$ 后自身重复;4_2 螺旋轴为中性螺旋轴,表现为一对称的质点,同时绕其旋转(右旋或左旋)90°,再沿其平移 $\frac{2}{4}T$ 后自身重复,体现为双螺旋的形式,也叫双轨螺旋轴;4_3 螺旋轴指质点绕其右旋 90°,再平移 $\frac{3}{4}T$ 后自身重复(或左旋 90°,平移 $\frac{1}{4}T$ 后自身重复,即右旋变左旋),如图 1-26 所示的四次螺旋轴。

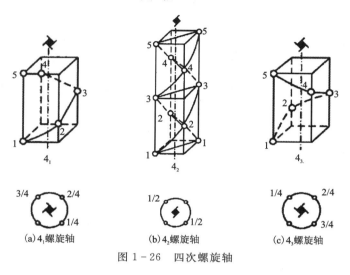

图 1-26 四次螺旋轴

4. 六次螺旋轴

六次螺旋轴有 6_1、6_2、6_3、6_4、6_5。6_1 螺旋轴指质点绕其右旋 60°,再沿其平移 $\frac{1}{6}T$ 后自身重复,为单轨螺旋轴,如图 1-27(a);6_2 螺旋轴指一对称的质点绕其右旋 60°,再沿其平移 $\frac{2}{6}T$ 后自身重复,体现为双螺旋的形式,为双规螺旋轴,如图 1-27(b);6_3 螺旋轴为中性螺旋轴,一个由 3 个质点构成的对称图形绕其旋转(右旋或左旋)60°,再沿其平移 $\frac{3}{6}T$ 后自身重复,体现为三重螺旋的形式,也叫三轨螺旋轴,如图 1-27(c);6_4 与 6_2 相当,6_5 与 6_1 相当,只是把右旋换成左旋,如图 1-27(d)和(e)所示。

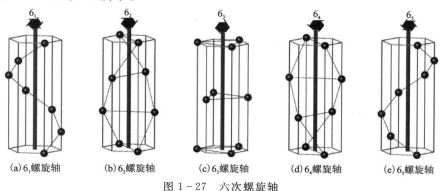

图 1-27 六次螺旋轴

1.3.1.2 滑移面

滑移面是一个假想的平面,其对应的操作为"反映＋平移"。按滑移的方向和距离不同,滑移面可分为轴向滑移面(a、b、c)和对角线滑移面(n、d)。

轴向滑移面是通过假想平面反映后再沿轴向滑移 $\frac{1}{2}$ 结点间距。沿 a 轴滑移称为 a 滑移面,用字母 a 表示,滑动距离为 $\frac{1}{2}a$;沿 b 轴滑移称为 b 滑移面,用字母 b 表示,滑动距离为 $\frac{1}{2}b$;类似还有 c 滑移面,如图 1-28(a)～(c)所示。

对角线滑移面是通过假想平面反映后再沿对角线方向滑移。若反映后沿面对角线 $a+b$、$b+c$ 或 $a+c$ 方向滑移且滑移距离为 $\frac{1}{2}(a+b)$、$\frac{1}{2}(b+c)$ 或 $\frac{1}{2}(a+c)$ 时称 n 滑移面。图 1-28(d)所示为金红石中的 n 滑移面,沿 $a+c$ 方向滑移 $\frac{1}{2}(a+c)$。若反映后滑移方向亦为面对角线方向,但滑移距离为 $\frac{1}{4}(a+b)$、$\frac{1}{4}(b+c)$ 或 $\frac{1}{4}(a+c)$,或者滑移方向为体对角线方向($a+b+c$)、滑移距离为 $\frac{1}{4}(a+b+c)$ 时,该滑移面称为 d 滑移面,或称金刚石滑移面,用字母 d 表示。图 1-28(e)所示为金刚石中的 d 滑移面,沿 $a+b$ 方向滑移 $\frac{1}{4}(a+b)$。

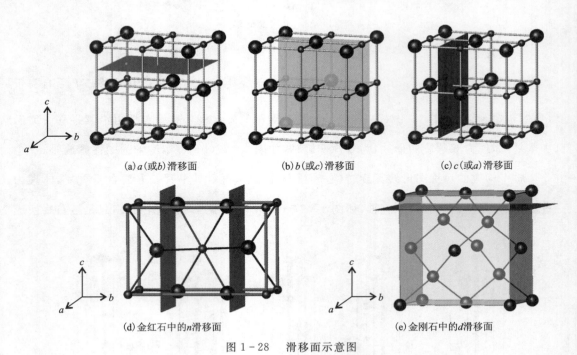

(a) a(或b)滑移面 (b) b(或c)滑移面 (c) c(或a)滑移面

(d) 金红石中的n滑移面 (e) 金刚石中的d滑移面

图 1-28 滑移面示意图

1.3.2 空间群

晶体内部结构全部对称要素的组合即为空间群。空间群共有 230 种(表 1-13)。它是由费德罗夫(Fedrov)于 1889 年推导出来的,随后圣佛利斯(Schoenflies)亦独立推导得出了同样的结构,因此空间群亦称为费德罗夫群(Fedrov group)或圣佛利斯群(Schoenflies group)。

表 1-13 空间群编号及国际符号

点群	空间群编号及国际符号
1	1 $P1$
$\bar{1}$	2 $P\bar{1}$
2	3 $P121$、4 $P12_11$、5 $C121$
m	6 $P1m1$、7 $P1c1$、8 $C1m1$、9 $C1c1$
$2/m$	10 $P12/m1$、11 $P12_1/m1$、12 $C12/m1$、13 $P12/c$、14 $P12_1/c$、15 $C12/c1$
222	16 $P222$、17 $P222_1$、18 $P2_12_12$、19 $P2_12_12_1$、20 $C222_1$、21 $C222$、22 $F222$、23 $I222$、24 $I2_12_12_1$
$mm2$	25 $Pmm2$、26 $Pmc\,2_1$、27 $Pcc2$、28 $Pma2$、29 $Pca\,2_1$、30 $Pnc2$、31 $Pmn\,2_1$、32 $Pba2$、33 $Pna\,2_1$、34 $Pnn2$、35 $Cmm2$、36 $Cmc\,2_1$、37 $Ccc2$、38 $Amm2$、39 $Abm2$、40 $Ama2$、41 $Aba2$、42 $Fmm2$、43 $Fdd2$、44 $Imm2$、45 $Iba2$、46 $Ima2$
mmm	47 $P\frac{2}{m}\frac{2}{m}\frac{2}{m}(Pmmm)$、48 $P\frac{2}{n}\frac{2}{n}\frac{2}{n}(Pnnn)$、49 $P\frac{2}{c}\frac{2}{c}\frac{2}{m}(Pccm)$、50 $P\frac{2}{b}\frac{2}{a}\frac{2}{n}(Pban)$、51 $P\frac{2_1}{m}\frac{2}{m}\frac{2}{a}(Pmma)$、52 $P\frac{2}{n}\frac{2_1}{n}\frac{2}{a}(Pnna)$、53 $P\frac{2}{m}\frac{2}{n}\frac{2_1}{a}(Pmna)$、54 $P\frac{2_1}{c}\frac{2}{c}\frac{2}{a}(Pcca)$、55 $P\frac{2_1}{b}\frac{2_1}{a}\frac{2}{m}(Pbam)$、56 $P\frac{2_1}{c}\frac{2_1}{c}\frac{2}{n}(Pccn)$、57 $P\frac{2}{b}\frac{2_1}{c}\frac{2}{m}(Pbcm)$、58 $P\frac{2}{n}\frac{2}{n}\frac{2}{m}(Pnnm)$、59 $P\frac{2_1}{m}\frac{2_1}{m}\frac{2}{n}(Pmmn)$、60 $P\frac{2_1}{b}\frac{2}{c}\frac{2_1}{n}(Pbcn)$、61 $P\frac{2_1}{b}\frac{2_1}{c}\frac{2_1}{a}(Pbca)$、62 $P\frac{2_1}{n}\frac{2}{m}\frac{2_1}{a}(Pnma)$、63 $C\frac{2}{m}\frac{2}{c}\frac{2_1}{m}(Cmcm)$、64 $C\frac{2}{m}\frac{2}{c}\frac{2_1}{a}(Cmca)$、65 $C\frac{2}{m}\frac{2}{m}\frac{2}{m}(Cmmm)$、66 $C\frac{2}{c}\frac{2}{c}\frac{2}{m}(Cccm)$、67 $C\frac{2}{m}\frac{2}{m}\frac{2}{a}(Cmma)$、68 $C\frac{2}{c}\frac{2}{c}\frac{2}{a}(Ccca)$、69 $F\frac{2}{m}\frac{2}{m}\frac{2}{m}(Fmmm)$、70 $F\frac{2}{d}\frac{2}{d}\frac{2}{d}(Fddd)$、71 $I\frac{2}{m}\frac{2}{m}\frac{2}{m}(Immm)$、72 $I\frac{2}{b}\frac{2}{a}\frac{2}{m}(Ibam)$、73 $I\frac{2_1}{b}\frac{2_1}{c}\frac{2_1}{a}(Ibca)$、74 $I\frac{2_1}{m}\frac{2_1}{m}\frac{2_1}{a}(Imma)$
4	75 $P4$、76 $P4_1$、77 $P4_2$、78 $P4_3$、79 $I4$、80 $I4_1$
$\bar{4}$	81 $P\bar{4}$、82 $I\bar{4}$
$4/m$	83 $P4/m$、84 $P4_2/m$、85 $P4/n$、86 $P4_2/n$、87 $I4/m$、88 $I4_1/a$
422	89 $P422$、90 $P42_12$、91 $P4_122$、92 $P4_12_12$、93 $P4_222$、94 $P4_22_12$、95 $P4_322$、96 $P4_32_12$、97 $I422$、98 $I4_122$
$4mm$	99 $P4mm$、100 $P4bm$、101 $P4_2cm$、102 $P4_2nm$、103 $P4cc$、104 $P4nc$、105 $P4_2mc$、106 $P4_2bc$、107 $I4mm$、108 $I4cm$、109 $I4_1md$、110 $I4_1cd$
$\bar{4}2m$	111 $P\bar{4}2m$、112 $P\bar{4}2c$、113 $P\bar{4}2_1m$、114 $P\bar{4}2_1c$、115 $P\bar{4}m2$、116 $P\bar{4}c2$、117 $P\bar{4}b2$、118 $P\bar{4}n2$、119 $I\bar{4}m2$、120 $I\bar{4}c2$、121 $I\bar{4}2m$、122 $I\bar{4}2d$

续表 1-13

点群	空间群编号及国际符号
$4/mmm$	$123\, P\dfrac{4}{m}\dfrac{2}{m}\dfrac{2}{m}(P4/mmm)$、$124\, P\dfrac{4}{m}\dfrac{2}{c}\dfrac{2}{c}(P4/mcc)$、$125\, P\dfrac{4}{n}\dfrac{2}{b}\dfrac{2}{m}(P4/nbm)$、$126\, P\dfrac{4}{n}\dfrac{2}{n}\dfrac{2}{c}(P4/nnc)$、$127\, P\dfrac{4}{m}\dfrac{2_1}{b}\dfrac{2}{m}(P4/mbm)$、$128\, P\dfrac{4}{m}\dfrac{2_1}{n}\dfrac{2}{c}(P4/mnc)$、$129\, P\dfrac{4}{n}\dfrac{2_1}{m}\dfrac{2}{m}(P4/nmm)$、$130\, P\dfrac{4}{n}\dfrac{2_1}{c}\dfrac{2}{c}(P4/ncc)$、$131\, P\dfrac{4_2}{m}\dfrac{2}{m}\dfrac{2}{c}(P4_2/mmc)$、$132\, P\dfrac{4_2}{m}\dfrac{2}{c}\dfrac{2}{m}(P4_2/mcm)$、$133\, P\dfrac{4_2}{n}\dfrac{2}{b}\dfrac{2}{c}(P4_2/nbc)$、$134\, P\dfrac{4_2}{n}\dfrac{2}{n}\dfrac{2}{m}(P4_2/nnm)$、$135\, P\dfrac{4_2}{m}\dfrac{2_1}{b}\dfrac{2}{c}(P4_2/mbc)$、$136\, P\dfrac{4_2}{m}\dfrac{2_1}{n}\dfrac{2}{m}(P4_2/mnm)$、$137\, P\dfrac{4_2}{n}\dfrac{2_1}{m}\dfrac{2}{c}(P4_2/nmc)$、$138\, P\dfrac{4_2}{n}\dfrac{2_1}{c}\dfrac{2}{m}(P4_2/ncm)$、$139\, I\dfrac{4}{m}\dfrac{2}{m}\dfrac{2}{m}(I4/mmm)$、$140\, I\dfrac{4}{m}\dfrac{2}{c}\dfrac{2}{m}(I4/mcm)$、$141\, I\dfrac{4_1}{a}\dfrac{2}{m}\dfrac{2}{d}(I4_1/amd)$、$142\, I\dfrac{4_1}{a}\dfrac{2}{c}\dfrac{2}{d}(I4_1/acd)$、
3	$143\, P3$、$144\, P3_1$、$145\, P3_2$、$146\, R3$
$\bar{3}$	$147\, P\bar{3}$、$148\, R\bar{3}$
32	$149\, P312$、$150\, P321$、$151\, P3_112$、$152\, P3_121$、$153\, P3_212$、$154\, P3_221$、$155\, R32$
$3m$	$156\, P3m1$、$157\, P31m$、$158\, P3c1$、$159\, P31c$、$160\, R3m$、$161\, R3c$
$\bar{3}m$	$162\, P\bar{3}1\dfrac{2}{m}(P\bar{3}1m)$、$163\, P\bar{3}1\dfrac{2}{c}(P\bar{3}1c)$、$164\, P\bar{3}\dfrac{2}{m}1(P\bar{3}m1)$、$165\, P\bar{3}\dfrac{2}{c}1(P\bar{3}c1)$、$166\, R\bar{3}\dfrac{2}{m}(R\bar{3}m)$、$167\, R\bar{3}\dfrac{2}{c}(R\bar{3}c)$
6	$168\, P6$、$169\, P6_1$、$170\, P6_5$、$171\, P6_2$、$172\, P6_4$、$173\, P6_3$
$\bar{6}$	$174\, P\bar{6}$
$6/m$	$175\, P6/m$、$176\, P6_3/m$
622	$177\, P622$、$178\, P6_122$、$179\, P6_522$、$180\, P6_222$、$181\, P6_422$、$182\, P6_322$
$6mm$	$183\, P6mm$、$184\, P6cc$、$185\, P6_3cm$、$186\, P6_3mc$
$\bar{6}2m$	$187\, P\bar{6}m2$、$188\, P\bar{6}c2$、$189\, P\bar{6}2m$、$190\, P\bar{6}2c$
$6/mmm$	$191\, P\dfrac{6}{m}\dfrac{2}{m}\dfrac{2}{m}(P6/mmm)$、$192\, P\dfrac{6}{m}\dfrac{2}{c}\dfrac{2}{c}(P6/mcc)$、$193\, P\dfrac{6_3}{m}\dfrac{2}{c}\dfrac{2}{m}(P6_3/mcm)$、$194\, P\dfrac{6_3}{m}\dfrac{2}{m}\dfrac{2}{c}(P6_3/mmc)$
23	$195\, P23$、$196\, F23$、$197\, I23$、$198\, P2_13$、$199\, I2_13$
$m3$	$200\, P\dfrac{2}{m}\bar{3}(Pm\bar{3})$、$201\, P\dfrac{2}{n}\bar{3}(Pn\bar{3})$、$202\, F\dfrac{2}{m}\bar{3}(Fm\bar{3})$、$203\, F\dfrac{2}{d}\bar{3}(Fd\bar{3})$、$204\, I\dfrac{2}{m}\bar{3}(Im\bar{3})$、$205\, P\dfrac{2_1}{a}\bar{3}(Pa\bar{3})$、$206\, I\dfrac{2_1}{a}\bar{3}(Im\bar{3})$
432	$207\, P432$、$208\, P4_232$、$209\, F432$、$210\, F4_132$、$211\, I432$、$212\, P4_332$、$213\, P4_132$、$214\, I4_132$
$\bar{4}3m$	$215\, P\bar{4}3m$、$216\, F\bar{4}3m$、$217\, I\bar{4}3m$、$218\, P\bar{4}3n$、$219\, F\bar{4}3c$、$220\, I\bar{4}3d$
$m3m$	$221\, P\dfrac{4}{m}\bar{3}\dfrac{2}{m}(Pm\bar{3}m)$、$222\, P\dfrac{4}{n}\bar{3}\dfrac{2}{n}(Pn\bar{3}n)$、$223\, P\dfrac{4_2}{m}\bar{3}\dfrac{2}{n}(Pm\bar{3}n)$、$224\, P\dfrac{4_2}{n}\bar{3}\dfrac{2}{m}(Pn\bar{3}m)$、$225\, F\dfrac{4}{m}\bar{3}\dfrac{2}{m}(Fm\bar{3}m)$、$226\, F\dfrac{4_2}{m}\bar{3}\dfrac{2}{c}(Fm\bar{3}c)$、$227\, F\dfrac{4_1}{d}\bar{3}\dfrac{2}{m}(Fd\bar{3}m)$、$228\, F\dfrac{4_1}{d}\bar{3}\dfrac{2}{c}(Fd\bar{3}c)$、$229\, I\dfrac{4}{m}\bar{3}\dfrac{2}{m}(Im\bar{3}m)$、$230\, I\dfrac{4_1}{a}\bar{3}\dfrac{2}{d}(Ia\bar{3}d)$

空间群是由点群推导而来的,每一种点群都有若干种空间群与之相匹配,即外形上属于同一对称的晶体,其内部结构可能表现出若干不同的空间群。以点群 4 为例,它属于四方晶系,格子类型有 P 和 I 两种,但对称轴 4 在晶体的内部可以体现为 4、4_1、4_2、4_3,因此其内部对称要素的组合可以形成 $P4$、$P4_1$、$P4_2$、$P4_3$、$I4$、$I4_1$($I4_2=I4$、$I4_3=I4_1$),共计 6 种空间群。

空间群的国际符号由两部分组成,即格子类型[$P(R)$、$C(A,B)$、I、F]+晶体的全部对称要素组合,后者仿点群的国际符号书写,但有一定区别。空间群的国际符号具有如下特征。

(1)每个空间群都有固定的编号,如已知 NaCl 晶体结构的空间群为 $Fm\bar{3}m$,则描述为 $Fm\bar{3}m(225)$,括号中即该空间群编号。

(2)每个方位上写出对称程度最高的对称要素。如某方向既有螺旋轴,又有对称轴,只写对称轴;既有滑移面,又有对称面,只写对称面。

(3)单斜晶系的国际符号仿斜方晶系定向,按 3 个方位书写对称要素(a,b,c),无对称要素时,则在该方位写"1"或空着,如 $P121$、$P12_11$、$P12/c$ 等。

(4)既有三次轴,又有对称中心时,一律写为 $\bar{3}(L_i^3=L^3+C)$,如 $Pm\bar{3}$、$Fd\bar{3}m$ 等。

(5)三方晶系,均采用六方定向书写国际符号,当不止一个方位有对称要素时,按 3 个方位书写,无对称要素时,该方位写"1"或空着,如 $P312$、$P3_121$、$P\bar{3}1m$、$P3$ 等。

(6)在数据库检索或网络检索时,无法区分上、下标,则每个方位之间空一格,旋转反伸轴的负号写在前面,如 $P\bar{3}1m$ 写为 P−3 1m,$P3_221$ 写为 P 32 2 1。

1.4 等效点系及原子坐标

1.4.1 等效点系

晶体结构中任意一个质点(原始点),经过全部内部对称要素的作用,产生的所有点的组合称之为等效点系(equivalent points)。下面通过四方晶系 $P4(75)$ 和 $I4(79)$ 等效点系的推导来理解等效点系。

1. 空间群 $P4(75)$ 等效点系的推导

如图 1-29(a)为空间群 $P4$ 对称要素分布图的俯视图。由图可见,四次对称轴分别分布于单位晶胞的 4 条棱上和穿过晶胞中心,二次对称轴将单位晶胞 4 个侧面平分,四次对称轴和 2 次对称轴均平行于 Z 轴。

当原始点在晶胞内的任意位置(x,y,z)时,由全部内部对称要素推导出的 4 个点亦位于单位晶胞内,坐标分别为(x,y,z)、($y,-x,z$)、($-x,-y,z$)、($-y,x,z$),这 4 个点称为(x,y,z)原始点的等效点,如图 1-29(b)所示,这些等效点的坐标可以通过四次对称轴的转换矩阵求出,此即为一套等效点系。每个原始点都可推导出一套等效点系。

当原始点在二次对称轴上时,如图 1-29(c)所示,原始点的坐标为 $\left(0,\frac{1}{2},z\right)$ 或 $\left(\frac{1}{2},0,z\right)$,经中心四次轴的作用,推出的等效点系也分别位于二次轴上,其坐标为 $\left(\frac{1}{2},0,z\right)$ 和 $\left(0,\frac{1}{2},z\right)$,该坐标亦可通过四次轴的转换矩阵得到。

当原始点在晶胞中心的四次对称轴上时,如图 1-29(d)所示,该原始点的坐标为 $\left(\frac{1}{2},\frac{1}{2},z\right)$,则在晶胞中只有一个重复点,其坐标亦为 $\left(\frac{1}{2},\frac{1}{2},z\right)$。

当原始点在晶棱的四次对称轴上时,如图 1-29(e)所示,其坐标为$(0,0,z)$,推出的等效点坐标为$(0,0,z)$。

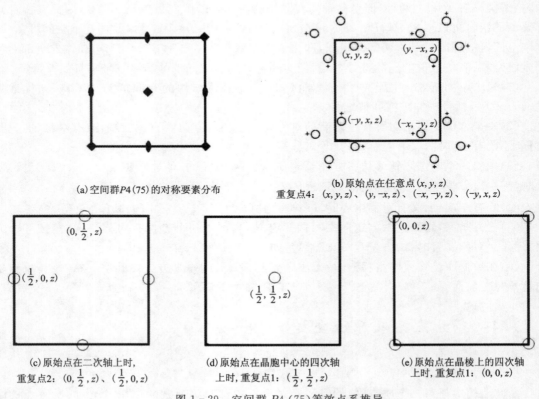

图 1-29 空间群 $P4(75)$ 等效点系推导

空间群 $P4(75)$ 的等效点系及命名列于表 1-14,可见空间群 $P4(75)$ 总共可推出 4 套等效点系。把原始点在一般位置时(即不在任何对称要素上)推导得出的等效点系称为一般等效点系,如表 1-14 的第 2 行,原始点在对称要素上时推导出的等效点系称为特殊等效点系,如表 1-14 的第 3、4、5 行。实际上,只要已知一般等效点系,其他等效点系都可以据此推出,如空间群 $P4(75)$ 的等效点系亦可如下推出。

表 1-14 空间群 $P4(75)$ 的等效点系

wyckoff site	symmetry	equivalent points
$4d$	1..	(x,y,z)、$(-x,-y,z)$、$(-y,x,z)$、$(y,-x,z)$
$2d$	2..	$\left(0,\frac{1}{2},z\right)$、$\left(\frac{1}{2},0,z\right)$
$1b$	4..	$\left(\frac{1}{2},\frac{1}{2},z\right)$
$1a$	4..	$(0,0,z)$

原始点在任意位置时一般等效点系的 4 个点分别为(x,y,z)、$(y,-x,z)$、$(-x,-y,z)$、$(-y,x,z)$。

当原始点在二次轴上时,即 $x=0, y=\frac{1}{2}$,代入一般等效点系的坐标,则得到 4 个等效点,分别为 $\left(0, \frac{1}{2}, z\right)$、$\left(0, -\frac{1}{2}, z\right)$、$\left(-\frac{1}{2}, 0, z\right)$、$\left(\frac{1}{2}, 0, z\right)$,其中两两重合,故变成了两个等效点 $\left(0, \frac{1}{2}, z\right)$、$\left(\frac{1}{2}, 0, z\right)$。

当原始点在晶胞中心四次轴上时,即 $x=\frac{1}{2}, y=\frac{1}{2}$,同样代入一般等效点系的坐标,得到的 4 个点分别为 $\left(\frac{1}{2}, \frac{1}{2}, z\right)$、$\left(-\frac{1}{2}, -\frac{1}{2}, z\right)$、$\left(-\frac{1}{2}, \frac{1}{2}, z\right)$、$\left(\frac{1}{2}, -\frac{1}{2}, z\right)$,这 4 个点彼此重合,变成 1 个等效点 $\left(\frac{1}{2}, \frac{1}{2}, z\right)$。

每个空间群中只能有一套一般等效点系,因此每个空间群只能推导出有限套等效点系。

每个空间群的等效点系都是从简单到复杂,在空间群的等效点系数据库中从下向上以字母顺序命名,如表 1-14 中第 1 列的 a、b、c、d,称之为魏考夫符号(Wyckoff symbol),或魏考夫占位(Wyckoff site)。魏考夫占位前面的数字表示重复点数,这些重复点组成了一套等效点系。

表 1-14 的第 2 列表示点的对称性,它是描述某一套等效点系所有点所在位置的对称性。点的对称性按 3 个方位来描述,把每个方位的对称要素写出来,其方位与对应晶系空间群方位相同。若所在方位为螺旋轴,则只列出该螺旋轴中所包含的对称轴,如 4_2 中包含 2,6_3 中包含 3。如果某个方位无对称要素,则该方位以点号"."表示。如空间群 $P4(75)$ 中 $2d$ 位的对称性写作"2..",表示该套等效点系中每个点的 c 方位都是二次轴,而在 a 位和 $(a+b)$ 位没有对称要素。

2. 空间群 $I4(79)$ 等效点系的推导

如图 1-30(a)为空间群 $I4(79)$ 对称要素分布图的俯视图。由图可见,相对于 $P4(75)$ 空间群的对称要素,$I4(79)$ 空间群中增加了 2_1 和 4_2。因此,$I4(79)$ 的等效点系相当于 $P4(75)$ 的每个等效点又经 2_1 和 4_2 的作用,都相应多产生一个点。如 $I4(79)$ 的一般等效点系在 $P4(75)$ 一般等效点系的基础上,又增加了 $\left(\frac{1}{2}+x, \frac{1}{2}+y, \frac{1}{2}+z\right)$、$\left(\frac{1}{2}-x, \frac{1}{2}-y, \frac{1}{2}+z\right)$、$\left(\frac{1}{2}-y, \frac{1}{2}+x, \frac{1}{2}+z\right)$、$\left(\frac{1}{2}+y, \frac{1}{2}-x, \frac{1}{2}+z\right)$ 4 个点,如图 1-30(b)所示,总共有 8 个重复点,后 4 个点为前 4 个点分别加 $\left(\frac{1}{2}, \frac{1}{2}, \frac{1}{2}\right)$ 而得到。其他位置的等效点也类似,如图 1-30(c)和(d)所示。

因此,在特殊的格子类型中可通过引入公共点(common points)将空间群的等效点系简化。如体心格子,引入体心格子的结点坐标 $(0,0,0)$ 和 $\left(\frac{1}{2}, \frac{1}{2}, \frac{1}{2}\right)$ 作为公共点,可将每套等效点系的数量减少一半。如表 1-15 所列的 $I4(79)$ 空间群的等效点系,其 $2a$ 位置的重复点数为 2,应该有 2 个重复点,但在表中被简化成一个点 $(0,0,z)$ 了。同理,$4b$ 位置被简化成了 2 个点。根据体心格子的公共点,可以还原出全部等效点,方法为用简化后的每个点的坐标分别加公共点的坐标即可。如表 1-15 所列的 $2a$ 位置给出的一个坐标为 $(0,0,z)$,通过与公共点相加得到 2a 位置 2 个等效点 $(0+0,0+0,0+z)=(0,0,z)$ 和 $\left(0+\frac{1}{2},0+\frac{1}{2},0+\frac{1}{2}\right)=\left(\frac{1}{2},\frac{1}{2},\frac{1}{2}+z\right)$。故等效点系的数据表中在公共点坐标的后面有个"+"。

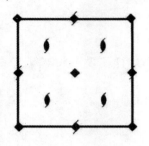
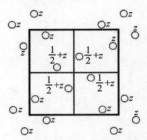

(a) 空间群 $I4(79)$ 的对称要素分布

(b) 原始点坐标为 (x,y,z)，重复点数为 8：
(x,y,z)、$(y,-x,z)$、$(-x,-y,z)$、$(-y,x,z)$、
$(\frac{1}{2}+x,\frac{1}{2}+y,\frac{1}{2}+z)$、$(\frac{1}{2}-x,\frac{1}{2}-y,\frac{1}{2}+z)$、
$(\frac{1}{2}-y,\frac{1}{2}+x,\frac{1}{2}+z)$、$(\frac{1}{2}+y,\frac{1}{2}-x,\frac{1}{2}+z)$、

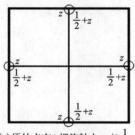
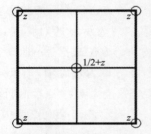

(c) 原始点在 4_2 螺旋轴上：$(0,\frac{1}{2},z)$
重复点 4：$(0,\frac{1}{2},z)$、$(\frac{1}{2},0,z)$、
$(\frac{1}{2},\frac{1}{2},\frac{1}{2}+z)$、$(0,\frac{1}{2},z)$

(d) 原始点在四次轴上：$(0,0,z)$，
重复点 2：$(0,0,z)$、$(\frac{1}{2},\frac{1}{2},\frac{1}{2}+z)$

图 1-30　空间群 $I4(79)$ 等效点系推导

表 1-15　空间群 $I4(79)$ 的等效点系

wyckoff site	symmetry	equivalent points
		common points $(0,0,0)+$、$\left(\frac{1}{2},\frac{1}{2},\frac{1}{2}\right)+$
8c	1	(x,y,z)、$(-x,-y,z)$、$(-y,x,z)$、$(y,-x,z)$
4b	2..	$\left(0,\frac{1}{2},z\right)$、$\left(\frac{1}{2},0,z\right)$
2a	4..	$(0,0,z)$

其他格子类型的空间群等效点系亦可被类似简化。这种简化对于对称复杂的等效点系特别有用，如空间群 $Fm\bar{3}m(225)$ 的一般等效点系为 $192l$，重复点数为 192，但只需列出 48 个点的坐标即可，大大简化了空间群等效点系的数据库。但原始格子没有公共点，因此在数据库中一套等效点系的所有等效点的坐标都会给出。

1.4.2 原子坐标

实际描述晶体结构时,原子坐标一律采用等效点系给出,表 1-16 为一种从无机非金属晶体结构数据库(ICSD)中提取的四方 ZrH_2 的部分晶体结构数据。该晶体中含有 Zr 和 H 两种原子,Zr、H 原子的魏考夫占位分别为 $2a$ 和 $4b$,Zr、H 的重复点数分别为 2 和 4。很显然,一个晶胞中有 2 个 Zr 原子和 4 个 H 原子,但数据库中每套等效点系只给出了一个坐标,该坐标为该套等效点系中任意一个点的坐标,根据给出的坐标可还原出一个晶胞中的全部原子坐标。由已知条件可知,该晶体的空间群符号为 $I4(79)$,故其等效点系的公共点为 $(0,0,0)$ 和 $(0.5,0.5,0.5)$,则 $2a$ 位置 Zr 原子的全部坐标为 $(0,0,0)$ 和 $(0.5,0.5,0.5)$,$4b$ 位置的 H 原子的全部坐标为 $(0,0.5,0.25)$、$(0.5,0,0.25)$、$(0.5,0,0.75)$、$(0,0.5,0.75)$。在 ICSD 数据库中,一套等效点系中只给出其中最简单的一组坐标,其他点可以根据格子类型推出或者查询等效点系的数据库直接写出。

表 1-16 ZrH_2 的晶体结构数据(ICSD-24624[*])

structure formula:ZrH_2, $I4(79)$ $a=3.520(3), b=3.520(3), c=4.449(3); \alpha=90°, \beta=90°, \gamma=90°$				
Atom[**]	Wyckoff site	x	y	z
Zr	$2a$	0	0	0
H	$4b$	0	0.5[***]	0.250[***]

注:[*] 数据库中的编号;[**] 原子种类;[***] 因精度不同,故小数位数不同。

1.5 倒易点阵

晶体是质点在三维空间周期性排列的固体,把该空间称为正空间。晶体的正空间点阵(正点阵)被分为三大晶族、七大晶系和十四种布拉维格子。相对于正空间理论,英国物理学家彼得·保罗·厄瓦尔德(Peter Paul Ewald)提出了倒空间和倒易点阵理论。倒易点阵是一个虚拟点阵,因该点阵的许多性质与晶体的正点阵保持着倒易关系,故称为倒易点阵,其所在空间被称为倒空间。倒空间和倒易点阵提出的主要目的是为了解释入射线(X 射线或电子)在晶体中的衍射现象,在以下两个方面取得了极大成功[6-7]:第一,建立了布拉格方程式的几何图解法,后称为厄瓦尔德图解法;第二,提出了与正空间、正点阵相对应的倒空间、倒易点阵的全新概念,而且指出了在一定条件下,倒空间、倒易点阵也是可见的,如在电子衍射实验中即可在照相底片上得到倒易点阵面的投影。倒易点阵的建立,极大地简化了晶体中的几何关系和衍射问题。

1.5.1 倒易空间的构建

如图 1-31(a)所示,从正点阵的原点 O 出发,做正空间任一晶面 (hkl) 的法线 ON,在该法线上取一点 P_{hkl},使 OP_{hkl} 的长度等于晶面 (hkl) 面网间距 (d_{hkl}) 的倒数 $(1/d_{hkl})$,则点 P_{hkl} 被称为 (hkl) 晶面的倒易点,依次做出所有晶面的倒易点,便构成了该晶体的倒易点阵,也称其为倒易格子(reciprocal lattice),如图 1-31(b)所示,倒易原点一般用 O^* 表示,正、倒格子共原点。由于晶体结构中的质点是周期性重复排列的,因此,晶体的倒易点阵也具有周期性重复的特点[1,8]。

从倒易原点 O^* 指向任意一倒易点的连线称为倒易矢量,如图 1-31(b)中的 P_{hkl} 为倒空间任一倒易点,$O^* P_{hkl}$ 即为倒易矢量,通常用 g(或 g_{hkl})表示。

倒易矢量端点的坐标为 (h,k,l),即 $h、k、l$ 分别为该倒易点在 3 个倒易轴投影的截距(每个倒易轴的轴长为 1),因此该倒易点也可直接用 (hkl) 表示,即用正空间对应面的面网指数表示。

根据倒易空间的构建,有

$$|g_{hkl}| = \frac{1}{d_{hkl}} \tag{1-13}$$

正点阵单胞的初基矢量为 $a、b、c$,$\widehat{ab}=\gamma$,$\widehat{bc}=\alpha$,$\widehat{ca}=\beta$。相对于正点阵,倒易点阵单胞的初基矢量为 $a^*、b^*、c^*$,如图 1-31(c)所示,相应的夹角分别为 $\widehat{a^*b^*}=\gamma^*$,$\widehat{b^*c^*}=\alpha^*$,$\widehat{c^*a^*}=\beta^*$。倒易空间任一倒易矢量 g_{hkl} 可以表示为

$$g_{hkl} = h a^* + k b^* + l c^* \tag{1-14}$$

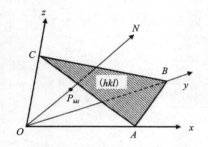
(a)正空间晶面与倒易点之间的关系

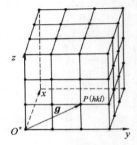
(b)倒易点阵及倒易矢量示意图

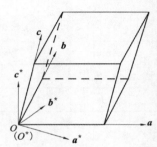
(c)正倒空间初基矢量

图 1-31 倒易点阵的构建及倒空间矢量示意图

图 1-32 为几个倒易点和倒易矢量的示意图,可如下理解:①倒易点 1 的坐标为 $(2,1,0)$,可表示为 (210),对应为正空间 (210) 面网的倒易点,该倒易点的倒易矢量可表示为 $g_{210} = 2a^* + b^*$;②倒易点 2 的坐标为 $(2,\bar{1},0)$,可表示为 $(2\bar{1}0)$,对应为正空间 $(2\bar{1}0)$ 面网的倒易点,该点的倒易矢量可表示为 $g_{2\bar{1}0} = 2a^* - b^*$;③倒易点 3 的坐标为 $(2,1,2)$,可表示为 (212),对应为正空间 (212) 面网的倒易点,该点的倒易矢量可表示为 $g_{212} = 2a^* + b^* + 2c^*$;④倒易点 4 的坐标为 $(2,2,2)$,可表示为 (222),对应为正空间 (222) 面网的倒易点,该点的倒易矢量可表示为 $g_{222} = 2a^* + 2b^* + 2c^*$。

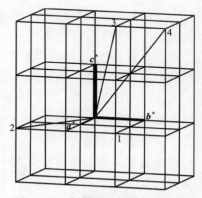

图 1-32 倒易点和倒易矢量举例

由以上分析可知,倒空间任意一个倒易点的指数其实就是其在倒空间中的结构坐标。

1.5.2 正倒格子的关系

(1)同名基矢点积等于 1,异名基矢点积等于 0,即

$$a^* \cdot a = b^* \cdot b = c^* \cdot c = 1 \tag{1-15}$$

$$a^* \cdot b = a^* \cdot c = b^* \cdot a = b^* \cdot c = c^* \cdot a = c^* \cdot b = 0 \tag{1-16}$$

式(1-15)决定了倒易基矢的长度,式(1-16)决定了倒易基矢的方向。

据式(1-15),倒易基矢的长度可表示为

$$\begin{cases} a^* = \dfrac{1}{a \cdot \cos(\widehat{aa^*})} \\ b^* = \dfrac{1}{b \cdot \cos(\widehat{bb^*})} \\ c^* = \dfrac{1}{c \cdot \cos(\widehat{aa^*})} \end{cases} \tag{1-17}$$

在斜方、四方、立方晶系中,因为 $a^* // a, b^* // b, c^* // c$,此时式(1-17)变为

$$a^* = \frac{1}{a}, b^* = \frac{1}{b}, c^* = \frac{1}{c} \tag{1-18}$$

对于任意晶系,其倒易单胞基矢长度由式(1-17)决定。

由式(1-16)可得 $a^* \perp bc$ 平面,$b^* \perp ca$ 平面,$c^* \perp ab$ 平面;反之,亦成立。故

$$\begin{cases} a^* = \alpha_1 [b \times c] \\ b^* = \alpha_2 [a \times c] \\ c^* = \alpha_3 [b \times a] \end{cases} \tag{1-19}$$

式中:α_1、α_2 和 α_3 为比例系数。

式(1-19)两边分别点乘 a、b 和 c,则

$$\begin{cases} a^* \cdot a = \alpha_1 [a \cdot (b \times c)] = 1 \\ b^* \cdot b = \alpha_2 [b \cdot (a \times c)] = 1 \\ c^* \cdot c = \alpha_3 [c \cdot (b \times a)] = 1 \end{cases} \tag{1-20}$$

式(1-20)方括号中的无向量积正好等于正点阵单胞的体积 V,于是有

$$\alpha_1 = \alpha_2 = \alpha_3 = \frac{1}{V} \tag{1-21}$$

故式(1-19)可改写为

$$\begin{cases} a^* = \dfrac{[b \times c]}{V} \\ b^* = \dfrac{[a \times c]}{V} \\ c^* = \dfrac{[b \times a]}{V} \end{cases} \tag{1-22}$$

则

$$\begin{cases} |a^*| = \dfrac{bc \sin\alpha}{V} \\ |b^*| = \dfrac{ca \sin\beta}{V} \\ |c^*| = \dfrac{ba \sin\gamma}{V} \end{cases} \tag{1-23}$$

同理有

$$\begin{cases} \boldsymbol{a} = \dfrac{[\boldsymbol{b}^* \times \boldsymbol{c}^*]}{V^*} \\ \boldsymbol{b} = \dfrac{[\boldsymbol{a}^* \times \boldsymbol{c}^*]}{V^*} \\ \boldsymbol{c} = \dfrac{[\boldsymbol{b}^* \times \boldsymbol{a}^*]}{V^*} \end{cases} \tag{1-24}$$

和

$$\begin{cases} |\boldsymbol{a}| = \dfrac{b^* c^* \sin\alpha^*}{V^*} \\ |\boldsymbol{b}| = \dfrac{c^* a^* \sin\beta^*}{V^*} \\ |\boldsymbol{c}| = \dfrac{b^* a^* \sin\gamma^*}{V^*} \end{cases} \tag{1-25}$$

式中:V^* 为倒易单胞的体积。

将式(1-22)和式(1-24)的 $\boldsymbol{a}$ 和 $\boldsymbol{a}^*$ 代入 $\boldsymbol{a}^* \cdot \boldsymbol{a} = 1$,则

$$\boldsymbol{a}^* \cdot \boldsymbol{a} = 1 = \frac{[\boldsymbol{b} \times \boldsymbol{c}]}{V} \cdot \frac{[\boldsymbol{b}^* \times \boldsymbol{c}^*]}{V^*}$$

$$= \frac{1}{VV^*}[(\boldsymbol{b}^* \cdot \boldsymbol{b})(\boldsymbol{c}^* \cdot \boldsymbol{c}) - (\boldsymbol{b} \cdot \boldsymbol{c}^*)(\boldsymbol{c} \cdot \boldsymbol{b}^*)]$$

$$= \frac{1}{VV^*}[1-0]$$

所以

$$V = \frac{1}{V^*} \tag{1-26}$$

由此可见,不仅基矢 $\boldsymbol{a}$、$\boldsymbol{b}$、$\boldsymbol{c}$ 与 $\boldsymbol{a}^*$、$\boldsymbol{b}^*$、$\boldsymbol{c}^*$ 互为倒易关系,分别建立在它们基础上的晶格也都互为倒易关系,由两者基矢倒易引申出来的单胞体积 V、V^* 也互为倒易关系。

(2)正倒格子角度关系[9]。由矢量关系有

$$\cos \alpha^* = \frac{\boldsymbol{b}^* \cdot \boldsymbol{c}^*}{|\boldsymbol{b}^*||\boldsymbol{c}^*|} \tag{1-27}$$

因为 $\boldsymbol{b}^* \cdot \boldsymbol{c}^* = \dfrac{[\boldsymbol{a} \times \boldsymbol{c}]}{V} \cdot \dfrac{[\boldsymbol{b} \times \boldsymbol{a}]}{V} = \dfrac{1}{V^2} \cdot [(\boldsymbol{a} \cdot \boldsymbol{c})(\boldsymbol{b} \cdot \boldsymbol{a}) - (\boldsymbol{a} \cdot \boldsymbol{a})(\boldsymbol{c} \cdot \boldsymbol{b})] = \dfrac{a^2 bc}{V^2} \cdot$

$(\cos\beta\cos\gamma - \cos\alpha)$;$|\boldsymbol{b}^*||\boldsymbol{c}^*| = \dfrac{ca\sin\beta}{V} \cdot \dfrac{ab\sin\gamma}{V} = \dfrac{a^2 bc}{V^2}\sin\beta\sin\gamma$

所以

$$\cos \alpha^* = \frac{\cos\beta\cos\gamma - \cos\alpha}{\sin\beta\sin\gamma} \tag{1-28}$$

同理有

$$\cos \beta^* = \frac{\cos\gamma\cos\alpha - \cos\beta}{\sin\gamma\sin\alpha}, \quad \cos \gamma^* = \frac{\cos\alpha\cos\beta - \cos\gamma}{\sin\alpha\sin\beta} \tag{1-29}$$

反之,亦有

$$\cos\alpha = \frac{\cos\beta^* \cos\gamma^* - \cos\alpha^*}{\sin\beta^* \sin\gamma^*}, \quad \cos\beta = \frac{\cos\gamma^* \cos\alpha^* - \cos\beta^*}{\sin\gamma^* \sin\alpha^*}, \quad \cos\gamma = \frac{\cos\alpha^* \cos\beta^* - \cos\gamma^*}{\sin\alpha^* \sin\beta^*}$$

(1-30)

(3) 正、倒空间矢量的点积为一整数。正空间的矢量即晶向，可表示为 $\boldsymbol{R}=u\boldsymbol{a}+v\boldsymbol{b}+w\boldsymbol{c}$；倒空间中的任一矢量为 $\boldsymbol{g}=h\boldsymbol{a}^*+k\boldsymbol{b}^*+l\boldsymbol{c}^*$，则

$$\boldsymbol{R} \cdot \boldsymbol{g} = (u\boldsymbol{a}+v\boldsymbol{b}+w\boldsymbol{c}) \cdot (h\boldsymbol{a}^*+k\boldsymbol{b}^*+l\boldsymbol{c}^*)$$
$$= uh+vk+wl = n(\text{整数})$$

(1-31)

(4) 倒空间的一个点代表正空间的一组晶面，倒空间中从倒易原点出发的一个直线点列代表正空间的平行晶面。

(5) 倒空间的倒空间即为正空间，即 $(\boldsymbol{a}^*)^* = \boldsymbol{a}, (\boldsymbol{b}^*)^* = \boldsymbol{b}, (\boldsymbol{c}^*)^* = \boldsymbol{c}$。

(6) 倒易点阵保留了正点阵的全部宏观对称性，但其各晶系单胞的形状特点与正空间略有不同，如六方晶系的晶胞在正空间为 $a=b\neq c, \alpha=\beta=90°, \gamma=120°$，而其倒易晶胞中 $|\boldsymbol{a}^*|=|\boldsymbol{b}^*|\neq|\boldsymbol{c}^*|, \alpha^*=\beta^*=90°, \gamma^*=60°$。

(7) 原始格子、底心格子和三方菱面体格子在倒空间依然保持原有格子类型，体心格子在倒空间转化为面心格子，正空间的面心格子则转化为体心格子（图1-33），因为正点阵中不能发生衍射的面网（即消光）在倒空间相应的倒易点也要扣除。

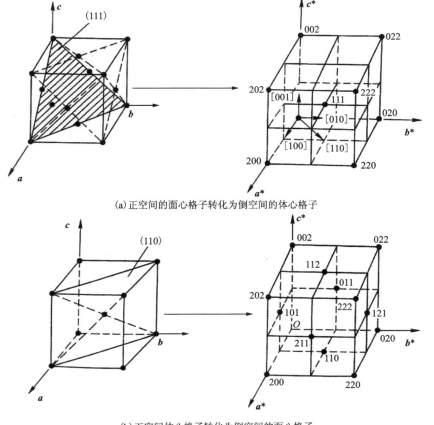

(a) 正空间的面心格子转化为倒空间的体心格子

(b) 正空间体心格子转化为倒空间的面心格子

图1-33 正倒空间的面心格子和体心格子

正空间和倒空间的关系见表 1-17。

表 1-17 正空间和倒空间的关系

项目	正空间	倒空间
单胞参数及体积	$a、b、c、\alpha、\beta、\gamma、V$	$a^*、b^*、c^*、\alpha^*、\beta^*、\gamma^*、V^*$
阵点	质点（原子）	倒易点，代表正空间的晶面
由原点指向阵点的矢量	晶向（行列）	倒易矢量
平面	由原子规则排列组成的晶面	由倒易点规则排列组成的倒易阵面
布拉维格子的倒易关系	原始格子（P） 底心格子（A、B、C） 体心格子（I） 面心格子（F） 三方菱面体格子（R）	原始格子（P） 底心格子（A、B、C） 面心格子（F） 体心格子（I） 三方菱面体格子（R）
单位	长度：nm、mm、cm 体积：nm³、mm³、cm³	长度：nm^{-1}、mm^{-1}、cm^{-1} 体积：nm^{-3}、mm^{-3}、cm^{-3}

1.5.3 倒易矢量的基本性质

倒易点阵中任意一个倒易矢量 $\boldsymbol{g}_{hkl} = h\boldsymbol{a}^* + k\boldsymbol{b}^* + l\boldsymbol{c}^*$，具有如下性质：① 倒易矢量的方向垂直于正空间对应的面网，面网符号与倒易点的坐标相同，即 $\boldsymbol{g}_{hkl} \perp (hkl)$；② 倒易矢量的模等于正空间中对应面网间距的倒数，即 $|\boldsymbol{g}_{hkl}| = 1/d_{hkl}$。

下面分两步证明倒易矢量的性质。

第一步：证明 $\boldsymbol{g}_{hkl} \perp (hkl)$

如图 1-34 所示，$\triangle ABC$ 为正空间一组晶面 (hkl) 中距离原点最近的一个面网，与 $x、y、z$ 三轴的交点分别为 $A、B、C$，则在三轴的截距分别为 $\dfrac{a}{h}$、$\dfrac{b}{k}$、$\dfrac{c}{l}$，该面网的倒易矢量为 $\boldsymbol{g}_{hkl}$，所以有

$$\begin{cases} \overrightarrow{OA} = \dfrac{\vec{a}}{h} \\ \overrightarrow{OB} = \dfrac{\vec{b}}{k} \\ \overrightarrow{OC} = \dfrac{\vec{c}}{l} \end{cases}$$

根据图 1-34 中 $\triangle ABC$ 的矢量关系，有

$$\begin{cases} \overrightarrow{CA} = \overrightarrow{OA} - \overrightarrow{OC} = \dfrac{\vec{a}}{h} - \dfrac{\vec{c}}{l} \\ \overrightarrow{CB} = \overrightarrow{OB} - \overrightarrow{OC} = \dfrac{\vec{b}}{k} - \dfrac{\vec{c}}{l} \end{cases}$$

因为

$$\begin{cases} \boldsymbol{g}_{hkl} \cdot \overrightarrow{CA} = (ha^* + kb^* + lc^*) \cdot \left(\dfrac{\vec{a}}{h} - \dfrac{\vec{c}}{l}\right) = 0 \\ \boldsymbol{g}_{hkl} \cdot \overrightarrow{CB} = (ha^* + kb^* + lc^*) \cdot \left(\dfrac{\vec{b}}{k} - \dfrac{\vec{c}}{l}\right) = 0 \end{cases}$$

所以 $\boldsymbol{g}_{hkl} \perp \overrightarrow{CA}$，$\boldsymbol{g}_{hkl} \perp \overrightarrow{CB}$。从而 $\boldsymbol{g}_{hkl} \perp \triangle ABC$，即 $\boldsymbol{g}_{hkl}$ 与面网 (hkl) 垂直。

第二步：证明 $|\boldsymbol{g}_{hkl}| = \dfrac{1}{d_{hkl}}$。

在图 1-34 中，设 $\boldsymbol{n}_0$ 为沿 $\boldsymbol{g}_{hkl}$ 方向的单位矢量，则 $\boldsymbol{n}_0 = \dfrac{\boldsymbol{g}_{hkl}}{|\boldsymbol{g}_{hkl}|}$；又因为 d_{hkl} 等于 OA 在 $\boldsymbol{n}_0$ 方向上的投影，所以 $d_{hkl} = \dfrac{a}{h} \cdot \boldsymbol{n}_0 = \dfrac{a}{h} \cdot \dfrac{ha^* + kb^* + lc^*}{|\boldsymbol{g}_{hkl}|} = \dfrac{1}{|\boldsymbol{g}_{hkl}|}$，即 $|\boldsymbol{g}_{hkl}| = \dfrac{1}{d_{hkl}}$。

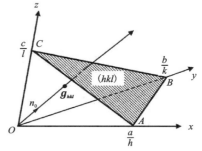

图 1-34 证明倒易矢量性质的示意图

1.5.4 倒易点阵的应用

1.5.4.1 面网间距计算

根据倒易矢量的性质，可知

$$|\boldsymbol{g}_{hkl}|^2 = \dfrac{1}{d_{hkl}^2} = h^2(a^*)^2 + k^2(b^*)^2 + l^2(c^*)^2 + 2hka^*b^*\cos\gamma^* + 2klb^*c^*\cos\alpha^* + 2lhc^*a^*\cos\beta^* \qquad (1-32)$$

将式(1-32)中所有倒空间参数用正空间参数替代，得

$$\dfrac{1}{d_{hkl}^2} = \dfrac{1}{V^2}[b^2c^2h^2\sin^2\alpha + c^2a^2k^2\sin^2\beta + a^2b^2l^2\sin^2\gamma + 2abc^2(\cos\alpha\cos\beta - \cos\gamma)hk + 2bca^2(\cos\beta\cos\gamma - \cos\alpha)kl + 2cab^2(\cos\gamma\cos\alpha - \cos\beta)lh] \qquad (1-33)$$

将各晶系的晶胞参数的特点代入式(1-33)，即可得到各晶系面网间距的计算公式，见表 1-9。

1.5.4.2 面网夹角的余弦表达式

晶体结构中的两组面网分别为 $(h_1k_1l_1)$ 和 $(h_2k_2l_2)$，面网间距分别为 d_1 和 d_2，其夹角为 φ。两个面网之间的夹角与其倒易矢量 $\boldsymbol{g}_{h_1k_1l_1}$ 和 $\boldsymbol{g}_{h_2k_2l_2}$ 之间的夹角相等或互补，则其余弦函数相等。

两倒易矢量夹角的余弦为

$$\cos\varphi = \cos(\boldsymbol{g}_{h_1k_1l_1} \wedge \boldsymbol{g}_{h_2k_2l_2}) = \dfrac{\boldsymbol{g}_{h_1k_1l_1} \cdot \boldsymbol{g}_{h_2k_2l_2}}{|\boldsymbol{g}_{h_1k_1l_1}||\boldsymbol{g}_{h_2k_2l_2}|} = \dfrac{(h_1a^* + k_1b^* + l_1c^*) \cdot (h_2a^* + k_2b^* + l_2c^*)}{\dfrac{1}{d_1} \cdot \dfrac{1}{d_2}} \qquad (1-34)$$

同样，用正空间的晶胞参数代替上式中的倒空间参数，结合各晶系晶胞参数的特点，可得到各晶系面网间夹角余弦的计算公式，列于表 1-18 中。

表 1-18　各晶系面网夹角余弦的计算公式

晶系	面网间夹角余弦的计算公式
立方晶系	$\cos\varphi = \dfrac{h_1 h_2 + k_1 k_2 + l_1 l_2}{\sqrt{(h_1^2 + k_1^2 + l_1^2)(h_2^2 + k_2^2 + l_2^2)}}$
四方晶系	$\cos\varphi = \dfrac{(h_1 h_2 + k_1 k_2)/a^2 + l_1 l_2/c^2}{\sqrt{\left(\dfrac{h_1^2 + k_1^2}{a^2} + \dfrac{l_1^2}{c^2}\right)\left(\dfrac{h_2^2 + k_2^2}{a^2} + \dfrac{l_2^2}{c^2}\right)}}$
斜方晶系	$\cos\varphi = \dfrac{h_1 h_2/a^2 + k_1 k_2/b^2 + l_1 l_2/c^2}{\sqrt{\left(\dfrac{h_1^2}{a^2} + \dfrac{k_1^2}{b^2} + \dfrac{l_1^2}{c^2}\right)\left(\dfrac{h_2^2}{a^2} + \dfrac{k_2^2}{b^2} + \dfrac{l_2^2}{c^2}\right)}}$
单斜晶系	$\cos\varphi = \dfrac{d_1 d_2}{V^2}\left[\dfrac{h_1 h_2}{a^2} + \dfrac{k_1 k_2 \sin^2\beta}{b^2} + \dfrac{l_1 l_2}{c^2} - \dfrac{(l_1 h_2 + l_2 h_1)\cos\beta}{ac}\right]$
六方晶系	$\cos\varphi = \dfrac{h_1 h_2 + k_1 k_2 + \dfrac{1}{2}(h_1 k_2 + k_1 h_2) + \dfrac{3}{4}\dfrac{a^2}{c^2} l_1 l_2}{\sqrt{\left(h_1^2 + k_1^2 + \dfrac{3}{4}\dfrac{a^2}{c^2} l_1^2\right)\left(h_2^2 + k_2^2 + \dfrac{3}{4}\dfrac{a^2}{c^2} l_2^2\right)}}$
三方晶系（菱面体晶胞）	$\cos\varphi = \dfrac{a^4 d_1 d_2}{V^2}\left[\sin^2\alpha (h_1 h_2 + k_1 k_2 + l_1 l_2) + (\cos^2\alpha - \cos\alpha)(k_1 l_2 + k_2 l_1 + l_1 h_2 + l_2 h_1 + h_1 k_2 + h_2 k_1)\right]$
三斜晶系	$\cos\varphi = \dfrac{d_1 d_2}{V^2}\left[S_{11} h_1 h_2 + S_{22} k_1 k_2 + S_{33} l_1 l_2 + S_{23}(k_1 l_2 + k_2 l_1) + S_{13}(l_1 h_2 + l_2 h_1) + S_{12}(h_1 k_2 + h_2 k_1)\right]$ $S_{11} = b^2 c^2 \sin^2\alpha$　　　　　$S_{22} = a^2 c^2 \sin^2\beta$ $S_{33} = a^2 b^2 \sin^2\gamma$　　　　　$S_{12} = abc^2(\cos\alpha\cos\beta - \cos\gamma)$ $S_{23} = a^2 bc(\cos\beta\cos\gamma - \cos\alpha)$　　$S_{12} = ab^2 c(\cos\gamma\cos\alpha - \cos\beta)$ $V = abc\sqrt{1 - \cos^2\alpha - \cos^2\beta - \cos^2\gamma + 2\cos\alpha\cos\beta\cos\gamma}$

1.5.4.3　晶向长度计算

倒易矢量的性质中有"倒易矢量的模等于正空间中对应面网间距的倒数",由于倒空间的倒空间即为正空间,所以正空间中的晶向长度 $\boldsymbol{R}_{uvw}$ 就等于倒易阵面间距 $d_{(uvw)^*}$ 的倒数。则

$$|\boldsymbol{R}_{uvw}| = \dfrac{1}{d_{(uvw)^*}} \tag{1-35}$$

由于 $\boldsymbol{R}_{uvw} = u\boldsymbol{a} + v\boldsymbol{b} + w\boldsymbol{c}$,故有

$$\begin{aligned}|\boldsymbol{R}_{uvw}|^2 &= \dfrac{1}{d^2_{(uvw)^*}} = (u\boldsymbol{a} + v\boldsymbol{b} + w\boldsymbol{c})(u\boldsymbol{a} + v\boldsymbol{b} + w\boldsymbol{c}) \\ &= u^2 a^2 + v^2 b^2 + w^2 c^2 + 2uv\boldsymbol{a}\cdot\boldsymbol{b} + 2uw\boldsymbol{a}\cdot\boldsymbol{c} + 2vw\boldsymbol{b}\cdot\boldsymbol{c} \\ &= u^2 a^2 + v^2 b^2 + w^2 c^2 + 2uvab\cos\gamma + 2uwac\cos\beta + 2vwbc\cos\alpha\end{aligned} \tag{1-36}$$

式(1-36)即为求各晶系晶向长度的普遍公式。例如对于立方晶系,将 $a = b = c$ 和 $\alpha = \beta = \gamma = 90°$ 代入式(1-36)可得

$$|\boldsymbol{R}_{uvw}|^2 = a^2(u^2 + v^2 + w^2) \tag{1-37}$$

式(1-37)即为立方晶系中晶向长度的计算公式。同理将其他晶系的晶胞参数特点代入式(1-36),可分别得出其他各晶系晶向长度的计算公式,列于表 1-19 中。对比表 1-19 和表 1-8 可见晶向长度即结点间距,倒易矩阵面间距与正空间的结点间距互为倒数。

在讨论电子衍射中高阶劳埃区的衍射谱时则会涉及晶向长度(倒易面面间距)的计算。

表 1-19 各晶系晶向长度的计算公式

晶系	晶向长度的计算公式
立方晶系	$R_{uvw}^2 = a^2(u^2 + v^2 + w^2)$
四方晶系	$R_{uvw}^2 = a^2(u^2 + v^2) + c^2 w^2$
斜方晶系	$R_{uvw}^2 = a^2 u^2 + b^2 v^2 + c^2 w^2$
六方晶系	$R_{uvw}^2 = a^2(u^2 - uv + v^2) + c^2 w^2$
三方晶系(菱面体晶胞)	$R_{uvw}^2 = a^2[u^2 + v^2 + w^2 + 2(uv + vw + wu)\cos\alpha]$
单斜晶系	$R_{uvw}^2 = u^2 a^2 + v^2 b^2 + w^2 c^2 + 2uwac\cos\beta$
三斜晶系	$R_{uvw}^2 = u^2 a^2 + v^2 b^2 + w^2 c^2 + 2uvab\cos\gamma + 2uwac\cos\beta + 2vwbc\cos\alpha$

1.5.4.4 晶带定律及应用

1. 晶带定律及零层倒易阵面

从 1.2.1 中可知,当若干个相交的面网平行于同一个行列方向时,则这些面网属于同一个晶带,行列方向即为晶带轴。或者说,任意两组互不平行的面网,其公共母线为晶带轴。如图 1-35 所示,3 组相交的面网 $(h_1 k_1 l_1)$、$(h_2 k_2 l_2)$ 和 $(h_3 k_3 l_3)$ 的公共母线 $[uvw]$ 即为该晶带面的晶带轴。在倒空间,这些晶带面的倒易点分别为 $(h_1 k_1 l_1)$、$(h_2 k_2 l_2)$ 和 $(h_3 k_3 l_3)$,对应倒易矢量分别为 $g_{h_1 k_1 l_1}$、$g_{h_2 k_2 l_2}$ 和 $g_{h_3 k_3 l_3}$。

正空间的晶带轴为一晶向或行列,可表示为 $R_{uvw} = u\boldsymbol{a} + v\boldsymbol{b} + w\boldsymbol{c}$,该晶带上任一晶带面 (hkl) 在倒空间的倒易矢量可表示为 $g_{hkl} = h\boldsymbol{a}^* + k\boldsymbol{b}^* + l\boldsymbol{c}^*$,由于 $g_{hkl} \perp (hkl)$,而 $R_{uvw} /\!/ (hkl)$,所以 $g_{hkl} \perp R_{uvw}$,所以有

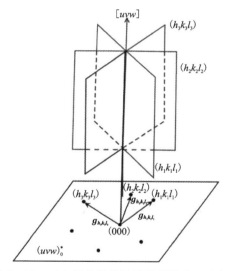

图 1-35 正空间的晶带及零层倒易阵面示意图

$$R_{uvw} \cdot g_{hkl} = 0 \tag{1-38}$$

则

$$hu + kv + lw = 0 \tag{1-39}$$

式(1-39)即晶带定律。该式表明凡属于晶带 $[uvw]$ 的所有晶面必满足式(1-39)。

对于三方晶系、六方晶系,式(1-39)也可以写成

$$hu + kv + it + lw = 0 \tag{1-40}$$

很显然,同一晶带轴上的所有晶面的倒易点共面,该面称为零层倒易阵面。可见,零层倒

易阵面过倒易原点且垂直于晶带轴。若晶带轴为$[uvw]$,则其零层倒易阵面记作$(uvw)_0^*$。(图 1-35)。晶体中的不同晶带轴方向,其零层倒易阵面亦不同,如图 1-36 所示立方晶系几个典型方位的零层倒易阵面(左图为阴影平面,右图为其放大图形)。

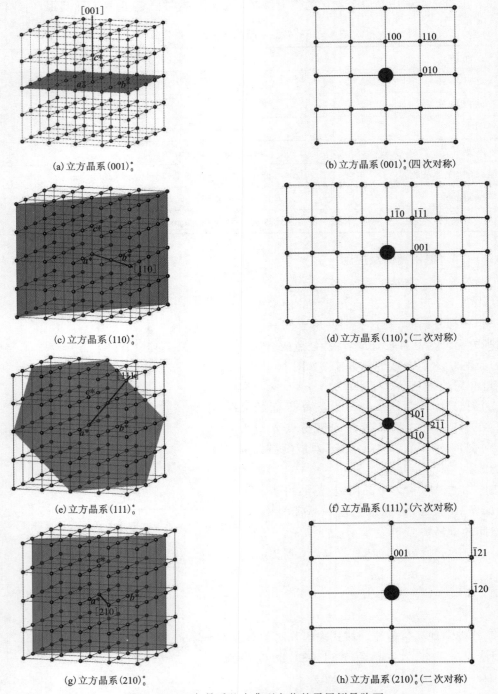

(a) 立方晶系$(001)_0^*$

(b) 立方晶系$(001)_0^*$(四次对称)

(c) 立方晶系$(110)_0^*$

(d) 立方晶系$(110)_0^*$(二次对称)

(e) 立方晶系$(111)_0^*$

(f) 立方晶系$(111)_0^*$(六次对称)

(g) 立方晶系$(210)_0^*$

(h) 立方晶系$(210)_0^*$(二次对称)

图 1-36　立方晶系几个典型方位的零层倒易阵面

式(1-39)的晶带定律由 $\boldsymbol{R} \cdot \boldsymbol{g}_{hkl}=0$ 导出,也称其为狭义晶带定律,倒易点位于零层倒易阵面上。若 $\boldsymbol{R} \cdot \boldsymbol{g}_{hkl}=N(N\neq 0)$,得到 $hu+kv+lw=N(N\neq 0)$,此为广义晶带定律,其倒易矢量$\boldsymbol{g}_{hkl}$与$\boldsymbol{R}$不垂直,这些倒易点位于与零层倒易阵面平行的非零层倒易阵面上,也称其为N层倒易阵面,记作$(uvw)_N^*$。如图1-37(a)所示为[001]晶带的部分晶带面,根据晶带定律可得 $l=0$,即 $l=0$ 的面网都位于[001]晶带上,其零层倒易阵面如图1-37(b)所示的$(001)_0^*$,而非零层倒易阵面如平行且位于$(001)_0^*$上方和下方的$(001)_1^*$和$(001)_{\bar{1}}^*$,分别为1层和$\bar{1}$层倒易阵面。

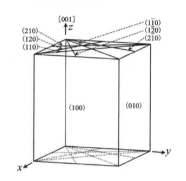 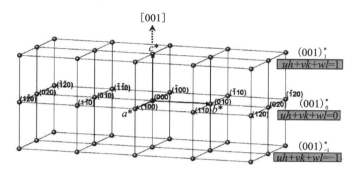

(a) [001]晶带的部分面网　　　　　　　　(b) [001]晶带的0层、1层和$\bar{1}$层倒易面

图 1-37　[001]晶带的部分晶带面(a)以及[001]晶带的零层倒易阵面和非零层倒易阵面(b)

晶带定律是电子衍射的基础理论公式,它把正空间与倒空间联系起来了。

2. 利用晶带定律求晶带轴及晶带面

利用晶带定律可以很方便地求解下面的问题。

(1) 已知两个相交的晶面$(h_1 k_1 l_1)$和$(h_2 k_2 l_2)$,求其所属晶带的晶带轴$[uvw]$。

根据(1-39)晶带定律可列出下列方程组

$$\begin{cases} u h_1 + v k_1 + w l_1 = 0 \\ u h_2 + v k_2 + w l_2 = 0 \end{cases} \tag{1-41}$$

解出晶带轴指数 u、v、w

$$\begin{cases} u = k_1 l_2 - l_1 k_2 = \begin{vmatrix} k_1 & l_1 \\ k_2 & l_2 \end{vmatrix} \\ v = l_1 h_2 - h_1 l_2 = \begin{vmatrix} l_1 & h_1 \\ l_2 & h_2 \end{vmatrix} \\ w = h_1 k_2 - k_1 h_2 = \begin{vmatrix} h_1 & k_1 \\ h_2 & k_2 \end{vmatrix} \end{cases} \tag{1-42}$$

为了方便起见,通常可写成如下易于记忆的形式

$$\frac{\begin{array}{c|cccc|c} h_1 & k_1 & l_1 & h_1 & k_1 & l_1 \\ h_2 & k_2 & l_2 & h_2 & k_2 & l_2 \end{array}}{\quad u \quad v \quad w} \tag{1-43}$$

式(1-43)中,分别将两个晶面指数依次写两遍,组成一个 2*6 矩阵,然后去掉两端的两列,中间的四列叉乘、相减,即可得到 $u:v:w=(k_1 l_2 - l_1 k_2):(l_1 h_2 - h_1 l_2):(h_1 k_2 - k_1 h_2)$。

例如求晶面(100)和(010)所决定的晶带轴$[uvw]$,即可直接写出$u:v:w=(0\times0)-(0\times1):(0\times0-1\times0):(1\times1-0\times0)=0:0:1$,即晶带轴为$[001]$。

(2) 已知两个相交的晶带轴指数分别为$[u_1v_1w_1]$和$[u_2v_2w_2]$,求他们所在晶面的指数(hkl)。

由题意可知,这两个晶带轴都在晶面(hkl)上,因此代入晶带定律公式

$$\begin{cases} hu_1+kv_1+lw_1=0 \\ hu_2+kv_2+lw_2=0 \end{cases} \quad (1-44)$$

可看出,该方程组与(1-41)在形式上完全相同,因此采取类似于式(1-43)矩阵的写法可以很方便的求出h、k、l,如下

$$\frac{\begin{vmatrix} u_1 & v_1 & w_1 & u_1 & v_1 & w_1 \\ u_2 & v_2 & w_2 & u_2 & v_2 & w_2 \end{vmatrix}}{h:k:l=(v_1w_2-w_1v_2):(w_1u_2-u_1w_2):(u_1v_2-v_1u_2)} \quad (1-45)$$

例如求晶带轴$[100]$和晶带轴$[010]$所决定的晶面(hkl),可直接写出$h:k:l=(0\times0)-(0\times1):(0\times0-1\times0):(1\times1-0\times0)=0:0:1$,即晶面为$(001)$。

(3) 已知晶面$(h_1k_1l_1)$和$(h_2k_2l_2)$位于同一个晶带$[uvw]$上,求位于此晶带上介于两晶面上的另一个晶面$(h_3k_3l_3)$。

由题意可知,晶面$(h_1k_1l_1)$和$(h_2k_2l_2)$同在晶带$[uvw]$上,因此可分别代入晶带定律公式,得到$uh_1+vk_1+wl_1=0$和$uh_2+vk_2+wl_2=0$,进行如下变形。

第一种变形:两式相加得$u(h_1+h_2)+v(k_1+k_2)+w(l_1+l_2)=0$,可以看出该式也是晶带定律的形式,$(h_1+h_2)$、$(k_1+k_2)$、$(l_1+l_2)$均为整数,故指数为该三整数的晶面也必然位于晶带$[uvw]$上且介于$(h_1k_1l_1)$和$(h_2k_2l_2)$之间。

第二种变形:两式相减得$u(h_1-h_2)+v(k_1-k_2)+w(l_1-l_2)=0$,可以看出该式也是晶带定律的形式,$(h_1-h_2)$、$(k_1-k_2)$、$(l_1-l_2)$也必为整数,故指数为该三整数的晶面也必然位于晶带$[uvw]$上且介于$(h_1k_1l_1)$和$(h_2k_2l_2)$之间。

第三种变形:任意一式左右两边乘以n,然后与另一式相加或相减,如$n[uh_1+vk_1+wl_1]+(h_2+vk_2+wl_2)=(nh_1+h_2)u+(nk_1+k_2)v+(nl_1+l_2)w=0$,可见变换后的等式依然为晶带定律的形式,故由$(nh_1+h_2)$、$(nk_1+k_2)$和$(nl_1+l_2)$组成的晶面指数也必满足题意。

从以上分析可以看出,满足题意的晶面$(h_3k_3l_3)$很多。

1.5.5 作图法求零层倒易阵面

在电子衍射中,单晶电子衍射花样为零层倒易面的放大像(除去不发生衍射的倒易点),单晶电子衍射花样的衍射斑点指数与零层倒易阵面上的倒易点指数完全相同。因此,根据倒易点阵理论,通过作图法求得某晶带轴的零层倒易阵面,即可得到其单晶电子衍射花样的形状及斑点指数。

某一特定晶带轴$[uvw]$的零层倒易阵面的阵点必须满足两个条件:第一个条件是满足晶带定律,即$hu+kv+lw=0$;第二个条件是只有不产生消光的晶面,其倒易点才能出现。电子衍射的消光规律与X射线在晶体中衍射的消光规律完全相同,即当结构振幅$F_{hkl}=0$时,无衍射斑点,相应零层倒易阵面上的倒易点亦不出现(消光规律见4.3.2.2)。不同点阵特征具体如下。

简单点阵：F_{hkl} 恒不等于零，无消光现象，即只要满足布拉格方程的晶面均发生衍射，在底片上产生衍射斑点。

面心点阵：$h、k、l$ 为奇偶混杂时，$F_{hkl}=0$，如 $\{100\}$、$\{110\}$、$\{210\}$ 等晶面族不产生衍射；若 $h、k、l$ 全奇或全偶时，$F_{hkl} \neq 0$，如 $\{111\}$、$\{220\}$、$\{311\}$ 等晶面族有衍射。

体心点阵：$h+k+l$ 为奇数时，$F_{hkl}=0$，如 $\{100\}$、$\{210\}$、$\{300\}$ 等晶面族不产生衍射；$h+k+l$ 为偶数时，$F_{hkl} \neq 0$，如 $\{110\}$、$\{200\}$、$\{310\}$ 等晶面族有衍射。

底心点阵：A 心，$k+l$ 为奇数时，$F_{hkl}=0$，如 $\{110\}$、$\{210\}$、$\{310\}$ 等晶面族不产生衍射；B 心，$h+l$ 为奇数时，$F_{hkl}=0$，如 $\{100\}$、$\{110\}$、$\{310\}$ 等晶面族不产生衍射；C 心，$h+k$ 为奇数时，$F_{hkl}=0$，如 $\{100\}$、$\{210\}$、$\{300\}$ 等晶面族不产生衍射。

密排六方：$h+2k=3n$（n 为整数），$l=$ 奇数时，$F_{hkl}=0$，如 $\{0001\}$、$\{30\bar{3}1\}$ 等晶面族无衍射。

因此，对于已知晶体结构，可通过如下步骤求得其零层倒易阵面：①通过晶带定律，找到两个指数最小和次小且不平行的晶面 $(h_1 k_1 l_1)$，$(h_2 k_2 l_2)$（面网指数越小，面网间距越大，倒易矢量的长度越短，倒易点离原点越近）；②计算其对应的倒易矢量的长度和二者的夹角；③在平面上画出 (000)、$(h_1 k_1 l_1)$、$(h_2 k_2 l_2)$ 三点的位置，补齐平行四边形 [(000) 为倒易原点]；④运用矢量合成法，求得其他各点；⑤根据消光规律，去掉消光的点，其余阵点即构成零层倒易阵面。

下面举例说明已知晶带轴，求零层倒易阵面的方法。

例 1：求原始立方晶系 [100] 晶带的零层倒易阵面

求 [100] 晶带的零层倒易阵面，即求其 $(100)_0^*$。

第一步，写出最小和次小且不平行晶面的指数 $(h_1 k_1 l_1)$ 和 $(h_2 k_2 l_2)$。根据晶带定律公式 $hu+kv+lw=0$ 可知 $h=0$。即该晶带上所有晶面指数中 h 必等于零，其中指数最小和次小且不平行的晶面为 (010)、(001)、(011)。

第二步，计算出三个倒易矢量的长度和夹角。如图 1-38(a)，设 O 点为倒易格子原点，A 点为倒易点 (010)，由面网夹角的计算公式

$$\cos\varphi = \frac{h_1 h_2 + k_1 k_2 + l_1 l_2}{\sqrt{(h_1^2+k_1^2+l_1^2)(h_2^2+k_2^2+l_2^2)}} \qquad (1-46)$$

可得 $\boldsymbol{g}_{010} \wedge \boldsymbol{g}_{001} = 90°$，$\boldsymbol{g}_{010} \wedge \boldsymbol{g}_{011} = 45°$。另外，在立方晶系中，倒易矢量的长度分别为 $|\boldsymbol{g}_{010}| = \frac{1}{a}$，$|\boldsymbol{g}_{001}| = \frac{1}{a}$，$|\boldsymbol{g}_{011}| = \frac{\sqrt{2}}{a}$。

以 OA 为起始线段，根据向量的夹角和长度，可得到倒易点 B(001) 和倒易点 C(011)。由于倒易阵面上的倒易点是周期性的重复的，因此，根据点的平移和矢量运算，很容易就得到了图 1-38(b) 的倒易阵面，即原始立方晶系的 $(100)_0^*$。由于原始立方晶系无消光现象，其零层倒易阵面上所有倒易点都出现。该零层倒易阵面在倒空间为如图 1-38(c) 所示的阴影平面。

若上述晶系为面心点阵，则奇偶混杂的面网没有衍射斑点，其零层倒易阵面中去掉指数为奇偶混杂的斑点 [图 1-39(a)]；若为体心点阵，则 $h+k+l$ 为奇数的面网没有衍射，其零层

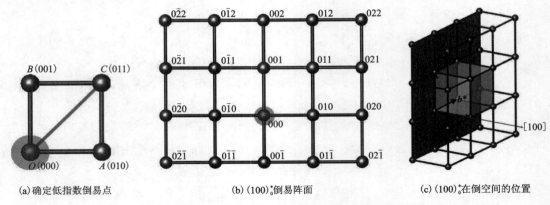

(a) 确定低指数倒易点　　(b) (100)$^*_0$倒易阵面　　(c) (100)$^*_0$在倒空间的位置

图 1-38　原始立方晶系 (100)$^*_0$ 的作图过程

倒易阵面中去掉 $h+k+l$ 为奇数的斑点[图 1-39(b)]；若为 A 心点阵，其零层倒易阵面则如 1-39(c)所示的去掉 $k+l$ 为奇数的斑点。

另外从图 1-39 可见，即使去掉消光的点，其他点也是有规律的周期性重复，最小的单位依然保持平行四边形。而且，仔细观察这些倒易点指数发现：每一行每一列都是有规可循的，三指数从左到右、从上到下，或者相同或者成等差数列，这个也可以作为检查指数是否正确的依据。

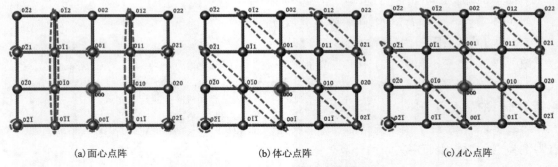

(a) 面心点阵　　　　　　　(b) 体心点阵　　　　　　　(c) A 心点阵

图 1-39　不同点阵类型的立方晶系的 (100)$^*_0$

例 2：求体心立方晶系的 (110)$^*_0$。

将晶带轴[110]代入晶带定律公式 $hu+kv+lw=0$，可得 $h+k=0$，即该晶带上所有晶面指数中，$h=-k$。则距离倒易原点由近到远且不在一条直线上的 3 个倒易点为 (001)、($1\bar{1}0$) 和 ($1\bar{1}1$)，且 (000)、(001)、($1\bar{1}1$) 和 ($1\bar{1}0$) 组成了一个平行四边形。计算各倒易矢量的长度及相互之间的夹角，分别为 $|\boldsymbol{g}_{001}|=\dfrac{1}{a}$，$|\boldsymbol{g}_{1\bar{1}0}|=\dfrac{\sqrt{2}}{a}$，$|\boldsymbol{g}_{1\bar{1}1}|=\dfrac{\sqrt{3}}{a}$，$\boldsymbol{g}_{001}\wedge\boldsymbol{g}_{1\bar{1}0}=90°$，$\boldsymbol{g}_{001}\wedge\boldsymbol{g}_{1\bar{1}1}=54.75°$。

根据计算结果画出该平行四边形，其他的点通过平移外推即可得到，如图 1-40(a)所示。然后根据体心立方点阵的消光规律，$h+k+l=$ 奇数的面网不产生衍射，去掉不发生衍射的点，得到图 1-40(b)虚线外的点，这些点组成了体心立方晶系的 (100)$^*_0$。

亦可按照晶带定律及体心立方点阵的消光条件（$h+k+l$ 为偶数的面网有衍射）直接写出零层倒易面上能够出现的最小平行四边形的四个顶点（000）、（1$\bar{1}$0）、（002）和（1$\bar{1}$2），则更方便。

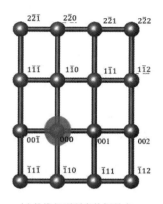 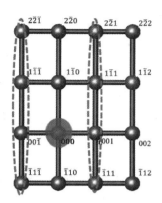

(a) 外推得到所有的倒易点　　　　　　　(b) 去掉不发生衍射的点

图 1-40　体心立方晶系的 (110)$_0^*$ 作图过程

由以上分析可知，零层倒易阵面上的倒易点规则排列，最小的单位为平行四边形。因此，只要求出该平行四边形的三个顶点的倒易点指数（含倒易原点），然后平移外推，按向量法则即可求出所有其他倒易点的指数。如图 1-41 所示，最小的平行四边形的形状与大小由其相邻边的最短和次最短倒易矢量 $\boldsymbol{R}_1$ 与 $\boldsymbol{R}_2$ 决定，若确定了 $\boldsymbol{R}_1$ 和 $\boldsymbol{R}_2$，则其他都可方便得到。

根据矢量运算法则：$\boldsymbol{R}_3 = \boldsymbol{R}_1 + \boldsymbol{R}_2$，$\boldsymbol{R}_4 = \boldsymbol{R}_1 + 2\boldsymbol{R}_2 = \boldsymbol{R}_3 + \boldsymbol{R}_2$，$\boldsymbol{R}_5 = \boldsymbol{R}_1 - \boldsymbol{R}_2 \cdots$

若 $\boldsymbol{R}_1$、$\boldsymbol{R}_2$ 向量端点的指数为（$h_1\ k_1\ l_1$）、（$h_2\ k_2\ l_2$），则可分别计算其他指数：$\boldsymbol{R}_3$ 的指数（$h_3 k_3 l_3$）为（$h_1+h_2, k_1+k_2, l_1+l_2$）；$\boldsymbol{R}_4$ 的指数（$h_4\ k_4\ l_4$）为（$h_3+h_2, k_3+k_2, l_3+l_2$）；$\boldsymbol{R}_5$ 的指数（$h_5\ k_5\ l_5$）为（$h_1-h_2, k_1-k_2, l_1-l_2$）；…

各矢量之间的夹角可以通过面网之间夹角的余弦公式计算得到。

如已知 $\boldsymbol{R}_1$ 和 $\boldsymbol{R}_2$ 分别为（100）和（010），则通过矢量运算得到如图 1-41(b) 的标定结果，即零层倒易阵面。

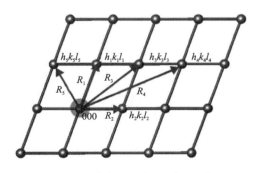 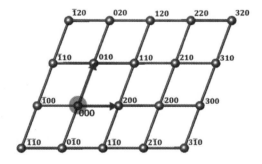

(a) 矢量运算法求零层倒易面倒易指数　　　　　　(b) 矢量运算示例

图 1-41　矢量运算法求零层倒易阵面

例 3：求体心立方点阵中 [$\bar{1}$10] 晶带的零层倒易阵面

依题意，根据晶带定律可得 $h=k$。由于体心立方晶系中，$h+k+l$ 为奇数的面网不产生衍射，因此，距离倒易原点最近和次近的而又不平行的两个能发生衍射的倒易点为(110)和(002)。根据矢量运算，$g_{110} \times g_{002} = 0$，所以$g_{110} \perp g_{002}$。以(110)、(000)和(002)为3个顶点画出平行四边形，如图 1-42 所示。则该平行四边形的第四个顶点为(112)，然后根据倒易点阵周期性排列的特点在平面上向上、下、左、右平移，就可得到体心立方点阵中$[\bar{1}10]$晶带的零层倒易面上所有的倒易点，通过矢量运算，得到每个点的指数。

零层倒易阵面还可以通过其他作图法求出。根据正倒格子的关系，正空间和倒空间互为倒易关系，倒空间的倒空间即为正空间。正空间的一个晶面在倒空间描述为一个倒易矢量，其端点坐标为正空间的晶面指数，也为晶面在正空间三轴截距的倒数，而且倒易矢量垂直于该面网。那么反过来考虑，倒空间的一个倒易阵面在正空间亦可描述为一个晶向，倒易阵面在倒空间三轴截距的倒数即为晶向指数，而且该晶向垂于该倒易阵面。那么垂直于晶向的倒易阵面必平行于该晶向的零层倒易面。因此，将该倒易阵面移动到倒易原点即为零层倒易阵面。下面以面心立方点阵$(421)_0^*$为例说明。

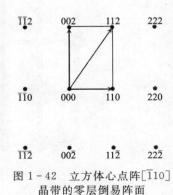

图 1-42 立方体心点阵$[\bar{1}10]$晶带的零层倒易阵面

例 4：绘制面心立方晶体的$(421)_0^*$。

首先根据正倒格子的关系分析$(421)_0^*$在正倒空间的物理意义及表达方式。

$(421)_0^*$对应于正空间的晶带指数为[421]。将[421]看成是正空间的一个晶向，该晶向指数的倒数为其倒易面在倒空间三轴上的截距，分别为$\frac{1}{4}$、$\frac{1}{2}$、1，化为整数分别为 1、2、4，即在三轴交点处的倒易点分别为(100)、(020)和(004)，如图 1-43(a)所示。

显然，该倒易面与[421]垂直。因为$(421)_0^*$亦与[421]垂直，因此[421]晶向的倒易面与其零层倒易阵面$(421)_0^*$平行。由于零层倒易阵面必过倒易原点，所以将[421]在倒空间对应的倒易面平移到过倒易原点，即与$(421)_0^*$重合，从而得到$(421)_0^*$。

图 1-43(a)中的倒易面平移至过倒易原点(000)的方法：先将任一交点移动到原点，如将(100)移动到原点，即沿a^*轴反方向平移一个单位，相当于其坐标加$(\bar{1}00)$，得到(000)。另外两点跟着平移，均加上$(\bar{1}00)$，分别得到$(\bar{1}20)$和$(\bar{1}04)$。则平移后得到的这三点在$(421)_0^*$上。

由于消光条件，只有全奇或全偶指数的斑点才可出现，因此，对上述3个倒易点的坐标乘以2，变成全偶的指数，为(000)、$(\bar{2}40)$和$(\bar{2}08)$。

根据立方晶系面网夹角的计算公式计算$(\bar{2}40)$和$(\bar{2}08)$倒易矢量的夹角$\varphi = 83°49'$。倒易矢量的长度比为$|g_{\bar{2}40}|/|g_{\bar{2}08}| = \sqrt{h_1^2+k_1^2+l_1^2}/\sqrt{h_2^2+k_2^2+l_2^2} = \sqrt{20}/\sqrt{68} = 1:1.844$。

据此确定出(000)、$(\bar{2}40)$和$(\bar{2}08)$的位置，补全平行四边形第四个顶点$(\bar{4}48)$，如图 1-43(b)所示。补充平行四边形内漏掉的点，在(000)和$(\bar{4}48)$间二分之一等分处的$(\bar{2}24)$。其余的倒易点，通过外推平移和矢量运算得到，最后得到$(421)_0^*$。

当然也可将图 1-43(a)中的(020)或(004)平移至过倒易原点(000)，亦可通过作图法得到相同的零层倒易面$(421)_0^*$。

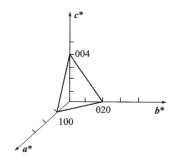
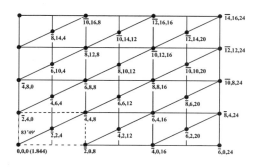

(a) 倒易空间坐标轴及对应晶向矢量[421]的倒易面　　(b) 作图法得到的零层倒易面(421)$_0^*$

图 1-43　绘制面心立方晶体的(421)$_0^*$

本章小结

晶体学基础
- 晶体的宏观对称及点群
  - 晶体的宏观对称要素：$L^n(L_i^n)$、P、C
  - 对称要素组合定理(逆定理)：4＋1
  - 点群：32
  - 晶体的对称分类：晶类(32)、晶族(3)、晶系(7)
  - 点群国际符号：方位、书写原则
- 晶体的微观对称及空间群
  - 空间格子要素：结点、行列、面网、平行六面体
  - 空间格子类型：P、F、I、$C(A,B,C)$
  - 晶体的微观对称要素：$L^n(L_i^n)$、P、C、螺旋轴(11 种)、滑移面(5 种)
  - 空间群：230 种、国际符号(组成、含义)
- 等效点系及原子坐标
  - 等效点系：命名、重复点数、点的对称性、公共点、等效点的坐标
  - 原子坐标：按等效点系描述
- 倒易点阵
  - 倒易点阵的构建
  - 正、倒格子的关系
  - 倒易矢量的基本性质
  - 倒易点阵的应用：晶带定律、面网间距计算、面网夹角计算
  - 零层倒易阵面：作图法求零层倒易阵面

思考题

1. 在某一结构中，同种质点都是相当点吗？为什么？
2. 试总结一下七大晶系点群的国际符号各有什么特征。
3. $P321$ 和 $P312$ 是同一种空间群吗？有何异同？
4. 空间群中的一套等效点系是相当点吗？为什么？
5. 分布在同一条直线上的倒易点所对应的正空间的晶面有什么特点？

6. 在多晶体中,间距相等的晶面的倒易点的分布有什么特点?

7. 判断下列晶面属于哪几组不同晶带,其晶带轴符号是什么。列举同一晶带的其他晶面。

   (120) (101) (201) (301) (020) (021)

8. 分别确定具有下述晶胞参数关系的晶胞可能属于哪些晶系。

   (1)$\alpha=\beta=\gamma$ (2)$a\neq b\neq c$ (3)$b\neq c$ (4)$\beta\neq 90°$ (5)$\alpha=\beta=90°$

9. 区别下列点群的国际符号所代表的晶系、晶胞参数的特点及其对称型。

   (1)23 与 32 (2)$3m$ 与 $\bar{3}m$ (3)$6/mmm$ 与 $6mm$

   (4)$4/mmm$ 与 mmm (5)$m3m$ 与 mmm (6)422 与 222

10. 已知某金红石的晶体结构数据为:TiO_2,$P4_2/mnm$(136),$a=4.594\ 1Å$,$c=2.958\ 9Å$;Ti 占据 $2a$ 位置,坐标为$(0,0,0)$、$(\frac{1}{2},\frac{1}{2},\frac{1}{2})$;O 占据 $4f$ 位置,坐标为$(x,x,0)$、$(-x,-x,0)$、$(\frac{1}{2}+x,\frac{1}{2}-x,\frac{1}{2})$ 和 $(\frac{1}{2}-x,\frac{1}{2}+x,\frac{1}{2})$,$x=0.305\ 7$。晶体结构如图所示,请问结构中的$[TiO_6]$八面体为正八面体吗?(提示:计算体心的 Ti 与 1 号、2 号、3 号、4 号氧原子的原子间距,即键长)

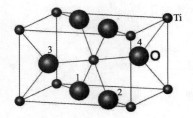
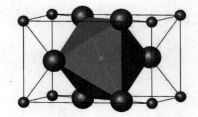

11. 已知立方氧化锆的晶体结构数据为:ZrO_2,$Fm\bar{3}m$(225),$a=5.128\ 0Å$;Zr,$4a$ $(0,0,0)$;O,$8c$ $(0.25,0.25,0.25)$。根据等效点系写出单位晶胞内所有原子的坐标。

2　X射线物理学基础

2.1　X射线的发现及在晶体学中的应用和发展

X射线是1895年由德国物理学家威廉·康拉德·伦琴(Wilhelm Conrad Rontgen)在研究真空管放电实验时偶然发现的。之后,他拍下了史上第一幅X射线透视像——戴戒指的人手骨骼照片(图2-1),这张照片成为X射线发现的经典标志。由于对X射线的极大兴趣,伦琴在1895—1897年对X射线做了大量的研究工作,他发现X射线具有如下性质:①X射线是人眼看不见的一种射线,但能使某些物质发光(如可以使氰亚铂酸钡发出荧光)、照相底片感光、气体电离等;②X射线沿直线传播,在电场或磁场中不发生偏转;③X射线具有极强的穿透力,甚至能穿透15mm厚的铝板;等等。伦琴的这一伟大发现轰动了全世界,他也因此获得了1901年世界上第一个诺贝尔物理学奖。后来人们为了纪念这一伟大发现也把X射线命名为伦琴射线。

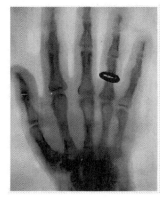

图2-1　戴戒指的人手骨骼照片

自伦琴发现X射线后,许多物理学家都在积极地进行研究和探索。1910年,德国物理学家阿诺德·索末菲(Arnold Sommerfeld)给他的学生彼得·保罗·厄瓦尔德(Peter Paul Ewald,1888—1985)设定的论文题目涉及晶体点阵问题。但在那个缺乏有效观察手段的年代,这个题目是个难题。为此,厄瓦尔德找到后来成为德国物理学家的马克斯·冯·劳埃(Max Von Laue)讨论。劳埃在索末菲团队研究波动光学,并且积累了一定的研究经验。在与厄瓦尔德的讨论中,劳埃产生了晶体具有三维空间点阵结构的想法,并猜想正如光可被光栅所衍射那样,晶体的周期性三维点阵结构也应对X射线产生衍射。在其他同事的支持下,劳埃开展了用X射线验证晶体三维点阵结构的实验。经过一系列的努力,劳埃首次在底片上获得了四重对称的ZnS晶体的衍射斑点,证实了晶体具有完美的对称结构,也初步确定了X射线具有电磁波性质。1912年6月8日,劳埃以《X射线的干涉现象》为题发表了实验结果。之后,劳埃与他的同事建立了劳埃方程组,用X射线进行晶体结构解析,这就是最早的晶体结构解析方法——劳埃法。劳埃法证明了晶体内部结构的周期重复性,为晶体微观结构的研究提供了崭新的方法。为此,劳埃获得了1914年的诺贝尔物理学奖。

在劳埃研究的基础上,英国物理学家布拉格父子(William Henry Bragg 和 William Lawrence Bragg)也对X射线衍射进行了开创性的工作。1912年,布拉格父子进行劳埃实验后认为,衍射斑点的产生是射线受到晶体中不同晶面"反射"的结果(晶面类似镜面),提出了晶面"反射"X射线的假设,推导出了布拉格方程。利用布拉格方程,他们测定并计算了一些碱金属卤化物(如 NaCl、KCl)和金刚石的晶体结构,并用劳埃法进行了验证。布拉格方程相较于劳埃方程组更加简单实用,它的导出开创了特征 X 射线在晶体结构分析中的新纪元,即 X 射线衍射学。为此,布拉格父子获得了1915年的诺贝尔物理学奖。

1914年,英国物理学家亨利·格温·杰弗里·莫塞莱(Henry Gwyn Jewffreys Moseley)在研究X射线光谱时发现特征X射线的频率ν或波长λ只取决于原子种类,即特征X射线的波长与原子序数之间存在定量关系。经过大量的实验计算,他推导出了莫塞莱方程。利用莫塞莱方程可对材料的成分进行快速检测,由此产生了X射线光谱学。莫塞莱方程成为X射线成分分析的理论基础。为了纪念他对科学史的伟大贡献,该方程后来以其名字命名。

自劳埃和布拉格发现并发展了晶体结构分析的 X 射线衍射法之后,X 射线粉末衍射技术应运而生,揭开了利用多晶样品进行晶体结构分析研究的序幕[10],技术方法也从粉末照相法发展到 X 射线粉晶衍射仪法,使得角度测量和强度测量更加准确。20 世纪 70 年代,随着计算机的出现,X 射线粉晶衍射技术可以借助计算机实现对低级晶轴的晶系指标化,解析晶体结构和分子结构。20 世纪 90 年代计算机进入大发展时期,计算机软件在多晶结构分析方面得到了广泛应用,X 射线的多晶结构分析工作进入了一个新的阶段,实现全面的计算机控制和数据分析。相对于单晶体,多晶体样品的检测更方便,故利用 X 射线粉晶衍射仪进行多晶体的检测已经成为目前晶体结构研究和测试的主要手段。

当前 X 射线粉末衍射技术已成为材料学、化学、地质学、天文学、物理学等学科的一种重要的实验手段和分析方法,尤其在材料学中是一种必不可少的检测手段,应用涉及物相鉴定、晶体结构测定和计算、纳米颗粒尺寸测定、结晶度测定、应力测定、织构测定、热膨胀系数测定等。随着 X 射线衍射仪的发展,高亮度、具有特定时间结构的 X 射线源及高效探测系统的出现,使得瞬时及动态研究成为可能(如化学反应过程、物质破坏过程、晶体生长过程、形变再结晶过程、相变过程、晶体缺陷运动和交互作用等),也使得研究物质在超高压、极低温、强电场或磁场、冲击波等极端条件下的组织与结构变化的衍射效应成为可能[11]。

2.2 X射线的性质

X射线是一种电磁波,就其本质而言,它与可见光、红外线、紫外线、γ射线及宇宙射线等是相同的,均属电磁辐射。因此,X射线同时具有波动性和粒子性,简称波粒二相性。

2.2.1 X射线的波动性

X 射线的波动性主要表现为:它以一定的频率 ν 和波长 λ 在空间沿直线传播,具有干涉与衍射现象。X 射线在真空中的传播速率是 2.998×10^8 m/s,与光速相同。X 射线具有电磁波的一般属性。假如一单色 X 射线沿 X 轴方向传播,在垂直于波传播的平面内存在着互相垂直的电场强度 E 和磁场强度 H,两者在空间和时间上做周期性变化(图 2-2)。如果电磁波前进时,其电场完全限制在 XOZ 平面上,称为平面—偏振波。则 E 和 H 随距离 x 和时间 t 的周期变化可表示为式(2-1)和式(2-2)。

$$\boldsymbol{E}_{x,t}=E_0\sin2\pi\left(\frac{x}{\lambda}-\nu t\right) \tag{2-1}$$

$$\boldsymbol{H}_{x,t} = \boldsymbol{H}_0 \sin 2\pi\left(\frac{x}{\lambda} - \nu t\right) \qquad (2-2)$$

式中：E_0 为电场强度的振幅；H_0 为磁场强度的振幅；λ 为电磁波的波长；ν 为电磁波的频率，$\nu = c/\lambda$（c 为光速）；t 为传播时间。

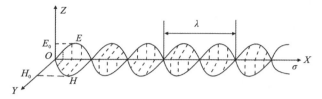

图 2-2　电磁波传播示意图

实验证明，在光波中能引起各种光学作用的是电场强度 E，故 E 也称光矢量，与磁场无关，故后续不再讨论磁场矢量 H 的问题。

X 射线的波长常用埃（Å）表示，在通用的国际计量单位中用纳米（nm）表示，$1\text{nm} = 10\text{Å} = 10^{-9}\text{m}$。在电磁波谱中，X 射线的波长一般为 $0.001 \sim 10\text{nm}$，介于紫外线和 γ 射线之间（图 2-3）。通常用于晶体衍射实验的 X 射线波长为 $0.05 \sim 0.02\text{nm}$，而用于金属材料探伤的 X 射线的波长则更短一些，一般为 $0.005 \sim 0.1\text{nm}$，或者更短一些。习惯上称波长相对较短的 X 射线为硬 X 射线，波长相对较长的 X 射线为软 X 射线。X 射线的软硬程度与其穿透能力有关。X 射线越硬，则波长越短，其穿透能力越强。

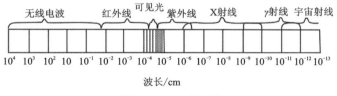

图 2-3　电磁波谱

2.2.2　X 射线的粒子性

人们根据 X 射线的干涉和衍射现象，确定了 X 射线具有波动性，通过实验又证实了 X 射线是波长较短的电磁波。然而，波动理论无法解释 X 射线的光电效应、荧光辐射等现象。实验表明：发生光电效应、荧光辐射的条件与入射 X 射线的强度和照射时间无关，而取决于入射 X 射线的频率（或波长）。如果入射线的频率不够高，强度再大，时间再长，也不能激发光电效应，更不能激发荧光辐射；反之，如果入射线的频率足够高，即使强度很弱，时间很短（瞬时），上述效应也仍然会发生。这个实验结果恰好与波动理论相矛盾。因为按照波动理论，电子从入射线中吸收能量时，过程是连续的，能量连续积累到一定程度就能放出光子，即入射线强度越大，所需能量积累时间越短；入射线强度越小，则所需能量积累时间也越长。从波动理论的观点看来，无论入射线的频率如何低，只要入射强度足够大，时间足够长，总会发生光电效应的。

这种矛盾，说明波动性只反映了 X 射线本质的一个方面。在大量科学实验的基础上，人们又认识到 X 射线本质的另一个方面——粒子性或微粒性，即 X 射线在空间传播时，也具有粒子性。光电效应、荧光辐射等正是 X 射线粒子性的表现。

X 射线是由大量以光速运动的粒子（或微粒）组成的不连续的粒子流,这些粒子叫光子或光量子。每个光子具有能量 ε 和动量 p,表示为

$$\varepsilon = h\nu = \frac{hc}{\lambda} \tag{2-3}$$

$$p = \frac{h}{\lambda} = \frac{h\nu}{c} \tag{2-4}$$

式中:ν 为 X 射线的频率;h 为普朗克常量,$h = 6.626 \times 10^{-34}$ J·s。

从式(2-3)和式(2-4)可以看出,X 射线的波长较可见光短得多。因此,能量和动量很大,从而具有很强的穿透能力。

当 X 射线光子与物质(原子、电子)作用时,每个光子的能量会全部被原子、电子吸收,每个光子的能量为 $h\nu$。不同频率的 X 射线,光子的能量是不同的。频率越高,光子的能量就越大。一定频率 X 射线的强度大小取决于单位时间内通过垂直于 X 射线传播方向单位面积的光子数目。

2.3 X 射线的产生与 X 射线谱

2.3.1 X 射线的产生及 X 射线管

可见光(热光源)的产生是由大量分子、原子在热激发下向外辐射电磁波的结果。而 X 射线则是由高速运动着的带电粒子与某种物质相撞击后骤然减速,且与该物质的内层电子相互作用而产生的。因此为了获得 X 射线,需要具备如下条件:①产生并发射自由电子(如加热钨灯丝发射热电子);②在真空中(一般为 10^{-6} mm 汞柱)迫使自由电子做定向高速运动;③在电子运动路径上设置障碍(阳极靶),使其突然减速而停止,这样靶面上就会发射出 X 射线。

实际应用中 X 射线的产生可以有多种方式。在实验室中使用最多的 X 射线源是 X 射线机,其他还有同步辐射源和放射性同位素 X 射线源。实验室小型 X 射线机包括 X 射线管,高压变压器,电压、电流的调节稳定系统等部分。其中,主要部件是 X 射线管,图 2-4 是 X 射线管的剖面图,阳极靶材料为 Cu。它的主要构造有以下几个部分。

阴极:也称为灯丝,它是由绕成螺线形的钨丝制成的。通电流加热到白热时,灯丝就会发射电子,这些电子在电场中奔向阳极。

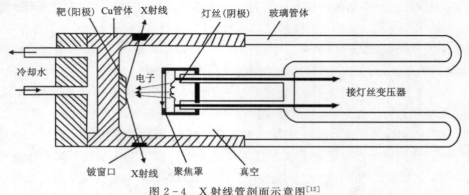

图 2-4 X 射线管剖面示意图[12]

聚焦罩:加在阴极(灯丝)外,并使灯丝与聚焦罩之间始终保持100~400V的负电位差,可聚焦电子束。聚焦罩是用钼或钽等高熔点金属制成的。

阳极:阳极又称为靶(target),是使电子突然减速并发射X射线的部件。由于高速电子束轰击阳极靶面时只有约1%的能量转变为X射线的能量,而其余99%的能量都转变为热能,因而阳极由两种材料制成。阳极底座用导热性能好、熔点较高的材料(黄铜或紫铜)制成,在底座的端面镀上一层阳极靶材料,常用的阳极靶材料有铬、铁、钴、镍、铜、钼、银、钨等。阳极必须有良好的循环水冷却,以防靶熔化。

窗口:窗口是X射线从阳极靶向外射出的通道。通常一个X射线管的窗口有2个或4个,窗口材料要求既要有足够的强度来维持管内的高真空,又要对X射线的吸收较小,玻璃对X射线的吸收较大,所以不用,较好的窗口材料是金属铍,有时也用硼酸铍锂构成的林德曼玻璃。

根据X射线衍射的需要和衍射技术的发展,还出现了旋转阳极X射线管、脉冲X射线管、细聚焦X射线管等,在此不做赘述。

2.3.2 X射线谱

由X射线管发射出来的X射线可以分为两种类型:一种是具有连续波长的X射线,构成连续X射线谱,它和可见光中的白光相似,故也称为多色X射线;另一种是在连续谱的基础上叠加若干条具有一定波长的谱线,构成标识(特征)X射线谱,它和可见光中的单色光相似,所以也称为单色X射线。

2.3.2.1 连续X射线谱

当对X射线管施加不同的电压,再用适当的方法测出X射线管发出的X射线的波长和强度,便会得到X射线强度与波长的关系曲线,称为X射线谱。图2-5为Mo阳极在不同管压下的连续X射线谱。可以看出,在管压很低,小于20kV时,曲线是连续变化的。故而称这种X射线谱为连续谱。随着管压的增高,X射线强度增大,连续谱峰值所对应的波长向短波端移动。在各种管压下的连续谱都存在一个最短的波长值λ_0,称为短波限。我们把这种具有连续谱的X射线叫多色X射线、连续X射线或白色X射线。

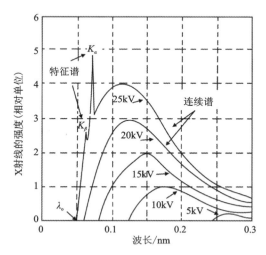

图2-5 Mo阳极在不同管电压下的连续X射线光谱

连续X射线的产生机理可同时有两种解释。按照经典电动力学概念,一个高速运动的电子到达靶面上时,因突然减速会产生很大的负加速度,这种负加速度一定会引起周围电磁场的急剧变化,产生电磁波。按照量子理论的观点,当能量为E的电子与靶的原子整体碰撞时,电子失去自己的能量,其中一部分能量以光子的形式辐射出去,而每碰撞一次产生一个能量为$h\nu$的光子,这种辐射称为韧致辐射。为什么会产生连续谱呢？假设管电流为 10mA，则可以计算出每秒到达阳极靶上的电子数可达 6.25×10^{16} 个，如此之多的电子到达靶上的时间和条件不会相同，并且绝大多数到达靶上的电子要经过多次碰撞，逐步把能量释放为零，同时产生一系列能量为 $h\nu_i$ 的光子序列，即形成连续谱。在极端情况下，极少数的电子在一次碰撞中将全部能量全部转化产生一个光量子，这个光量子具有最高的能量和最短的波长，即 λ_0。一般情况下光子的能量只能小于或等于电子的能量。

设电子的能量为 $E=eU$，而一个 X 射线光量子的能量为

$$\varepsilon = h\nu = \frac{hc}{\lambda} \tag{2-5}$$

当 $\varepsilon = E$ 时，则

$$\lambda = \lambda_0 = \frac{hc}{E} = \frac{hc}{eU} \tag{2-6}$$

式中：e 为电子的电量，$e=1.602 \times 10^{-19}$ C；U 为管电压（kV）；h 为普朗克常量，$h=6.626 \times 10^{-34}$ J·s；c 为 X 射线的速度，$c=2.998 \times 10^8$ m/s。

由式（2-6）可知，连续谱的短波限 λ_0 只与管电压有关（其余均为常数）。当固定管电压，增大管电流或改变靶材的原子序数时，λ_0 不变。当增大管电压时，电子动能增加，电子与靶的碰撞次数增多，辐射出来的 X 射线光量子的能量增大，这就解释了图 2-6 中连续谱图形的变化规律：随着管电压的增大，连续谱各波长的强度都相应增大，各曲线对应的强度最大值和短波限 λ_0 都向短波方向移动。

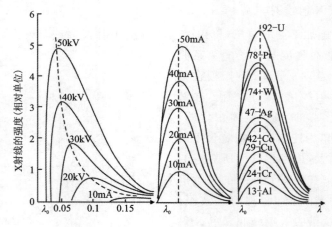

图 2-6　U、I 和 Z 对连续谱的影响

X 射线的强度是指单位时间内通过垂直于 X 射线传播方向上单位面积的光子数目的能量总和。X 射线的强度 I 是由光子的能量 $h\nu$ 和光子的数目 n 两个因素决定的，即 $I=nh\nu$。因此，连续 X 射线谱中强度的最大值并不在光子能量最大的 λ_0 处，而是在大约 $1.5\lambda_0$ 的地方，对应波长为 λ_m（图 2-6 虚线所示峰顶所对应的波长）。

连续谱受管电压 U、管电流 i 和阳极靶材的原子序 Z 的作用，其相互关系的实验规律如下：①当提高管电压 U 时（i 和 Z 不变），各波长 X 射线的强度都提高，短波限 λ_0 和强度最大值对应的波长 λ_m 减小；②当保持管电压一定，提高管电流 i，各波长 X 射线的强度都提高，但 λ_0

和 λ_m 不变;③在相同的管电压和管电流下,阳极靶材的原子序数 Z 越高,连续谱的强度越大,但 λ_0 和 λ_m 相同。

连续 X 射线谱中每条曲线下的面积表示连续 X 射线的总强度,为

$$I_{连} = \alpha i Z U^2 \tag{2-7}$$

式中:α 为常数,$\alpha \approx 1.1 \times 10^{-9} \sim 1.4 \times 10^{-9}$;$i$ 为管电流;Z 为原子序数;U 为管电压。

根据式(2-7),可以计算出 X 射线管发射连续 X 射线的效率 η 为

$$\eta = \frac{\text{连续 X 射线的总强度}}{\text{X 射线管的功率}} = \frac{\alpha i Z U^2}{iU} = \alpha Z U \tag{2-8}$$

由式(2-8)可见,管电压越高,阳极靶材的原子序数越大,X 射线管的效率越高。但由于常数 α 非常小,故即使采用钨阳极($Z=74$),管电压为 100kV 时,其发射 X 射线的效率也只有约 1%。碰撞阳极靶的电子束的大部分能量都耗费在使阳极靶发热上,所以阳极靶多用高熔点重金属制造。

2.3.2.2 特征 X 射线谱

在图 2-5 所示的 Mo 阳极靶的连续 X 射线谱中,当管电压继续升高,大于某个临界值时,突然在连续谱的某个波长处(0.063nm、0.071nm)出现强度峰,峰窄而尖锐。为便于观察,管电压为 25kV 时,Mo 阳极靶的谱线见图 2-7。若改变管电流、管电压,这些谱线只改变其强度,峰的位置所对应的波长不变,即波长只与靶的原子序数有关,与电压和电流无关,其波长反映了物质的原子序数特征,所以叫特征 X 射线。由特征 X 射线构成的 X 射线谱叫特征 X 射线谱,产生特征 X 射线的最低电压叫激发电压(如 K 层激发电压为 U_K)。

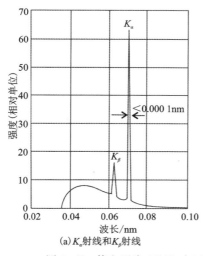
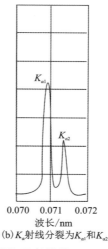

(a) K_α 射线和 K_β 射线 (b) K_α 射线分裂为 $K_{\alpha 1}$ 和 $K_{\alpha 2}$

图 2-7 管电压为 25kV 时 Mo 阳极靶的 X 射线谱

1. 特征 X 射线谱的产生原理

特征 X 射线谱产生的原理与连续谱不同,它是与阳极靶物质的原子结构紧密相关的。如图 2-8(a)为钠原子的核外电子排布图,电子不连续地分布在 K、L、M、N 等不同能级的壳层上,各壳层的能量由里到外逐渐增大,即 $E_K < E_L < E_M < E_N < \cdots$ 当外来粒子(电子或光子)的能量足够大时,它可以将壳层中某个电子击打出去,于是在原来位置出现空位,原子的系统能

量因此而升高,处于激发态。这种激发态不稳定,电子会自发向低能级跃迁,从而释放出多余的能量,使原子系统能量重新降低而趋于稳定。例如图2-8(b),外来电子将钠原子的K层电子击出,产生空位,L层电子跃迁到K层填补空位,此时能量降低为

$$\Delta E_{KL} = E_L - E_K \tag{2-9}$$

这一能量以一个光量子的形式辐射出来,即特征X射线,其能量表达为

$$\Delta E_{KL} = h\nu = \frac{hc}{\lambda} \tag{2-10}$$

对于原子序数为 Z 的物质来说,其原子核外各能级上的能量是固有的,所以 ΔE_{KL} 和 λ 也是固定的,所以特征X射线的波长为一定值,是与具体元素相关的。

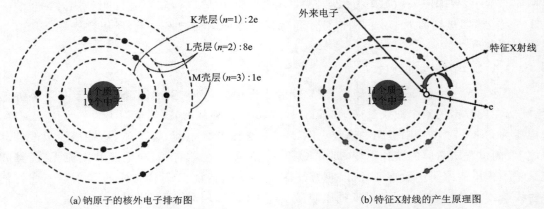

(a)钠原子的核外电子排布图　　(b)特征X射线的产生原理图

图2-8　钠原子的核外电子排布及其特征X射线的产生原理图

为什么特征X射线的产生条件中还存在一个最低的激发电压呢?

这是因为阴极发射的电子的动能为 $\frac{1}{2}mv^2 = eU$。阴极发射的电子欲击出靶材原子内层电子,比如K层电子,必须使其动能大于K层电子与原子核的结合能 E_K 或K层电子的逸出功 W_K,即 $eU \geqslant -E_K$ 或 W_K。临界条件即 $eU_K = -E_K = W_K$,这里 U_K 便是阴极电子击出靶材原子的K层电子所需的临界激发电压。由于愈靠近原子核,内层电子与核的结合能越大,所以击出同一靶材原子的K、L、M等不同壳层上的电子就需要不同的 U_K、U_L、U_M 等临界激发电压。阳极靶物质的原子序数越大,所需临界激发电压也越高。

原子被激发处于激发态后,外层电子便争相向内层跃迁,同时辐射出特征X射线。根据定义,K层电子被击出的过程叫K系激发,随之高能级的电子向K层跃迁,产生多余的能量被辐射出去,通常把这种方式产生的辐射叫K系辐射;同理,L层电子被击出的过程叫L系激发,随之的电子跃迁所引起的辐射叫L系辐射;依次类推,还有M系辐射、N系辐射等。再按电子跃迁时所跨越的能级数目的不同把同一辐射线系分成几类,对跨越1个能级、2个能级、3个能级等所引起的辐射分别标以 α、β、γ 等符号。如图2-9所示,电子从L层→K层、

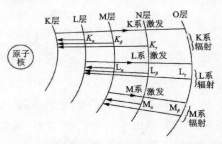

图2-9　原子的核外电子被激发产生的辐射

M层→K层、L层→K层的跃迁(分别跨越1个、2个、3个能级)所引起的K系辐射定义为K_α、K_β、K_γ谱线,或K_α、K_β、K_γ射线。同理,由M层→L层、N层→L层的跃迁方式产生的辐射称为L_α、L_β谱线。以此类推还有M_α、M_β、M_γ等。由于原子系统中各能级的能量不同,各能级间的能量差也不是均匀分布的,能级间隔越大,能量差越大,波长越短。故电子由M层到K层跃迁时所产生的K_β射线的波长较电子由L层到K层跃迁产生的K_α射线波长短。另外,一般来说,轨道越靠近,能级间隔越小,发生跃迁的概率越大,强度越高,即$I_\alpha > I_\beta > I_\gamma$。

由于同一壳层还有精细结构,能量差固定,因而同一壳层上的电子并不处于同一能量状态,而分属于若干亚能级。如L层8个电子分属于L_I、L_{II}、L_{III}三个亚能级,M层的18个电子分属5个亚能级等。不同亚能级上的电子跃迁会引起特征波长的微小差别。实验证明,K_α是由L_{III}上的4个电子和L_{II}上的3个电子向K层跃迁时辐射出来的两根谱线(称为$K_{\alpha 1}$和$K_{\alpha 2}$)组成的,如图2-7(b)所示。又由于$L_{III} \to K$的跃迁概率为$L_{II} \to K$的跃迁两倍。所以,组成K_α的两条线的强度比为$I_{K\alpha 1} : I_{K\alpha 2} = 2 : 1$。

在一般情况下,在特征谱中,$K_{\alpha 1}$、$K_{\alpha 2}$、K_β的强度分布为$I_{\alpha 1} : I_{\alpha 2} : I_\beta = 100 : 50 : 13.8$。

2. 特征X射线波长与阳极材料的关系

特征X射线谱的频率或波长只取决于阳极靶物质的原子能级结构,而与其他外界因素无关。莫塞莱在1914年总结发现了这一规律,给出了如下关系式

$$\sqrt{\frac{1}{\lambda}} = K(Z - \sigma) \tag{2-11}$$

式中:λ为某线系(α、β)的特征射线的波长;Z为原子序数;K为与靶材物质主量子数有关的常数;σ为屏蔽常数,与电子所在壳层位置有关。

式(2-11)被称为莫塞莱定律,它是X射线荧光光谱分析和电子探针微区成分分析的理论基础。分析方法为使某物质发出的特征X射线经过已知晶体进行衍射,然后算出波长λ,再利用标准样品定出K和σ,从而根据式(1-11)确定原子序数Z。表2-1列出了几种常用阳极靶材及其特征谱参数。

表2-1 几种常用阳极靶材及其特征谱参数

阳极靶材	原子序数 Z	K系特征谱波长/Å				K系吸收限 λ_K/0.1nm	U_K/kV	$U_{适度}$/kV
		$K_{\alpha 1}$	$K_{\alpha 2}$	K_α^*	K_β			
Cr	24	2.289 70	2.293 06	2.291 00	2.084 87	2.070 2	5.43	20~25
Fe	26	1.936 042	1.939 980	1.937 355	1.756 61	1.743 46	6.4	25~30
Co	27	1.788 965	1.792 850	1.790 262	1.620 79	1.608 15	6.93	30
Ni	28	1.657 910	1.661 747	1.659 189	1.500 135	1.488 07	7.47	30~35
Cu	29	1.540 542	1.544 390	1.541 838	1.392 218	1.380 59	8.04	35~40
Mo	42	0.709 300	0.713 590	0.710 730	0.632 288	0.619 78	17.44	50~55

注:K_α^*为$K_{\alpha 1}$和$K_{\alpha 2}$加权平均值。

2.4　X射线与物质的相互作用

X射线与物质的相互作用是一个复杂的过程。但就其能量转换而言,一束X射线通过物质时,能量可分为3个部分:其中一部分被散射,一部分被吸收,最后一部分透过物质继续沿原来的方向传播。透过物质的射线束受到散射和吸收的影响,强度衰减。X射线与物质的相互作用可以用图2-10来表示。

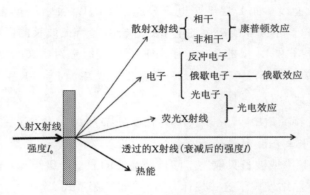

图2-10　X射线与物质的相互作用及产生的各种信号

2.4.1　X射线的散射

物质或原子对X射线的散射主要是原子核外电子与X射线相互作用的结果。原子的核外电子可分为原子核束缚不紧的和原子核束缚较紧的电子,X射线照射到物质表面后对这两类电子会产生两种散射效应。

2.4.1.1　相干散射

当X射线与原子核束缚较紧的内层电子相撞时,光子把能量全部传递给电子,电子受X射线电磁波的影响将绕其平衡位置发生受迫振动,每个受迫振动的电子作为一个新波源向四周发射与入射X射线频率相同的散射波,这些新的散射波之间可以互相干涉,故把这种散射现象称为相干散射。相干散射是X射线在晶体中产生衍射现象的基础。

2.4.1.2　非相干散射

X射线光子与原子核束缚力不大的外层电子或价电子或金属晶体中的自由电子相碰撞时的散射过程可利用一个光子与一个电子的非弹性碰撞机制来描述,如图2-11所示。

当电子与原子相撞时,电子被撞离原运行方向,同时带走光子的一部分动能成为康普顿反冲电子。根据动量和能量守恒,此时X射线光量子的能量减少($h\nu'$<$h\nu$)、波长增加(λ'>λ),并沿着与原方向偏离2θ角的

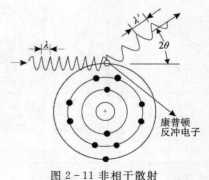

图2-11 非相干散射

方向散射出去。散射光子和反冲电子的能量之和等于入射光子的能量。可以推导出散射线波长的增大值为

$$\Delta\lambda = \lambda' - \lambda \approx \frac{h}{m_0}(1-\cos2\theta) = 0.0243(1-\cos2\theta) \quad (2-12)$$

式中：λ 和 λ' 分别为入射光与散射光的波长；2θ 为二者传播方向之间的夹角；m_0 为电子的"静止"质量；h 为普朗克常量。

可见散射光的波长变化不依赖于入射光波长 λ，只与散射角 2θ 有关。当 $2\theta=90°$ 时，$\Delta\lambda=0.0243\text{nm}$。

经典电磁理论不能解释 $\Delta\lambda$ 的存在，也不能解释 $\Delta\lambda$ 随 2θ 大小而改变，这种散射现象和它的定量关系遵守量子理论规律，故有时叫量子散射。非相干散射是由美国著名物理学家阿瑟·雷利·康普顿（Arthur Holly Compton）和我国物理学家吴有训发现的，所以称康普顿-吴有训效应，也称康普顿效应。由于波长随散射方向而变，使散射波与入射波不可能存在固定的位相关系，所以散射线之间不能发生干涉作用。非相干散射不能参与晶体对 X 射线的衍射，只会在图上形成背底，给衍射精度带来不利影响。入射波长越短，被照射元素越轻，这一现象越显著。

2.4.2 X 射线的吸收

物质对 X 射线的吸收指的是 X 射线能量在通过物质时转变为其他形式的能量。对 X 射线而言，发生了能量损耗，把 X 射线的这种能量损耗称为吸收。物质对 X 射线的吸收主要是由原子内部的电子跃迁引起的。在这个过程中发生 X 射线的光电效应、荧光效应和俄歇效应，使 X 射线的部分能量转变成为光电子、荧光辐射及俄歇电子的能量，从而 X 射线强度发生衰减。

2.4.2.1 光电效应-荧光辐射

X 射线光子与物质中的原子相互碰撞，当入射 X 射线的能量足够大时，可以从被照射物质的原子内部（如 K 层）击出一个电子（图 2-12），使原子处于激发状态，同时原子外层高能态电子向内层的空位跃迁。在跃迁过程中，由于两个能级的能量差异，多余的能量会以一定波长的 X 射线辐射出去。该过程类似于用电子激发原子产生特征 X 射线的过程。因为该辐射能量只与原子的种类有关，该射线也被称为二次特征 X 射线。这种以 X 射线光子激发原子所发生的激发和辐射的过程称为光电效应-荧光辐射，被激发出的电子称为光电子，所辐射出的特征 X 射线被称为二次特征 X 射线或者荧光辐射。

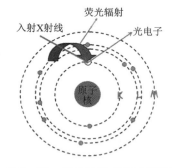

图 2-12 光电效应-荧光辐射图

在激发 K 系发生光电效应-荧光辐射时，入射 X 射线光子的能量必须大于或等于击出一个 K 层电子所做的功 W_K，即 $h\nu \geq W_K$ 时的临界条件为

$$W_K = h\nu_K = \frac{hc}{\lambda_K} \quad (2-13)$$

式中：ν_K 为激发 K 系所需入射线的频率临界值；λ_K 为激发 K 系所需入射线的波长。

根据 U_K 与能量的关系有

$$eU_K = W_K = \frac{hc}{\lambda_K} \quad (2-14)$$

则

$$\lambda_K = \frac{hc}{eU_K} = \frac{12.4}{U_K} \quad (2-15)$$

λ_K 被称为 K 吸收限。只有当 X 射线的波长达到或小于 λ_K 时,X 射线的能量才能被吸收使 K 系被激发产生光电效应。同理还有 U_L、U_M、U_N 等及 λ_L、λ_M、λ_N 等。不同原子序数的物质,电子逸出功的大小是不同的,因此不同物质的吸收限亦不同,原子序数 Z 愈大,吸收限愈短。

光电效应-荧光辐射除了解释物质对 X 射线的吸收过程之外,在这个过程中所产生的光电子和荧光 X 射线对分析工作也是非常重要的。在一般的衍射工作中,荧光辐射增加了衍射花样的背底,是有害因素,因此在 X 射线衍射分析中要尽量避免荧光辐射。而在 X 射线荧光光谱分析中,则可以利用荧光辐射进行样品的成分分析。光电效应过程中产生的光电子可以用在 X 射线光电子能谱检测中,通过入射 X 射线光子的能量($h\nu_0$)和被激发出的光电子的能量($h\nu'$),就可以得到被激发电子层上电子的结合能,如 K 层电子的结合能为

$$E_K = h\nu_0 - h\nu' \quad (2-16)$$

式中:ν_0 为入射 X 射线的频率;ν' 为光电子的频率。

不同元素的核外电子结合能不同,因此测定光电子的能量即可确定被照射物质的化学组成,这就是 X 射线光电子能谱的检测原理。

2.4.2.2 俄歇效应

如果在 X 射线光子的作用下,原子失掉一个 K 层电子,此时原子处于 K 激发态。该激发态不稳定,外层电子(如 L_{II})自发向 K 层跃迁,填补 K 层空位,则 K 电离就变成 L_{II} 电离,将有($E_K - E_{L_{II}}$)的能量释放出来。该能量辐射有两种途径,一种是以荧光 X 射线的形式释放;另一种则是把它给了同层(L_{II})或者更外层(M)一个电子,从而使该层电子被激发出去,这个被激发出去的电子就叫俄歇电子,图 2-13 中的俄歇电子叫 KLL 俄歇电子;若 K 层电子被击出,L 层电子填充 K 层空位,M 层电子受激变成俄歇电子,则称其为 KLM 俄歇电子。以此类推,还有 LMM 俄歇电子、MNN 俄歇电子等。

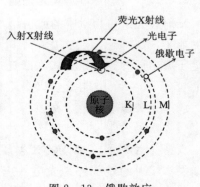

图 2-13 俄歇效应

根据产生原理,俄歇电子有 3 个电子层的能量参与:被激发的电子层、发生跃迁的电子层和变成俄歇电子的电子层。如 KLL 俄歇电子的能量为

$$E_{KLL} = E_K - E_L - E_L \quad (2-17)$$

式中:E_K 为被激发的电子的结合能;第一个 E_L 为发生跃迁的电子的结合能;第二个 E_L 为产生俄歇电子的电子层上电子的结合能。

可见,俄歇电子的能量大小只取决于该物质的原子能级结构,与原子序数有关,而与入射光子或电子的能量无关。所以,它是元素的一种固有特性。这种具有特征能量的电子是法国科学家皮埃尔·俄歇(Pierre Auger)于1925年发现的,故称为俄歇电子。

利用俄歇电子的固有特性可以进行元素分析。但是俄歇电子的能量一般只有几百电子伏特,其平均自由程非常短,在固体表面较深处产生的俄歇电子无法穿出样品被检测到。因此,利用俄歇电子谱仪只能检测到固体样品表面2~3个原子层的元素。实验结果表明,一般较轻的元素,产生俄歇电子概率比产生X荧光的概率大,所以轻元素的俄歇效应较重元素强烈。所以,俄歇电子谱仪主要检测固体样品表面的轻或超轻元素。

2.4.3 X射线的衰减规律

X射线照射物质后,与物质作用产生散射与吸收,故强度将被衰减。X射线强度的衰减主要是由吸收造成的,散射只占很小的一部分。在研究X射线的衰减规律时,一般忽略散射部分的影响。

实验证明,X射线穿过物体时强度的减弱(dI)与原始X射线的强度(I_0)和穿过物体的厚度(dx)成正比,为

$$dI = -\mu I_0 dx \tag{2-18}$$

式中:μ 为衰减系数(cm^{-1})。

式(2-18)两边积分,得

$$I_x = I_0 \exp(-\mu x) \tag{2-19}$$

式中:I_x 为X射线穿过厚度为 x 的物质后的强度。

可见,X射线穿过物质时其强度按指数规律迅速衰减,而X射线强度的衰减是通过散射和吸收两种方式进行的,则

$$\mu = \sigma + \tau \tag{2-20}$$

式中:σ 为散射系数;τ 为吸收系数。由于散射很小,散射系数 σ 通常被忽略,故 $\mu = \tau$。因此,后续将衰减系数 μ 称为线吸收系数,则

$$\mu = -\frac{dI_x}{I_0} \cdot \frac{1}{dx} \tag{2-21}$$

线吸收系数的含义为:X射线沿穿越方向单位厚度(单位体积)时强度衰减的程度。实际是单位时间内单位体积物质对X射线能量的吸收。由于物质单位体积随其密度而异,因而 μ 对于一个确定的物质也不是一个常量。因此,为表达物质吸收的本质特性,提出了质量吸收系数 μ_m,即

$$\mu_m = \mu/\rho \tag{2-22}$$

式中:ρ 为吸收体的密度。μ_m 的定义为:X射线通过单位质量的物质时的衰减程度。由于 μ_m 不随物质的密度而变化,故在实验室常被采用。

将式(2-22)代入式(2-19),得X射线通过物质时的衰减规律为

$$I_x = I_0 \exp(-\mu_m \rho x) \tag{2-23}$$

μ_m 也是对一定元素及一定波长的X射线为常数,三者关系为

$$\mu_m = K \lambda^3 Z^3 \tag{2-24}$$

式中:K 为常数。在不同的吸收限区间,K 为恒定的值。如当 $\lambda < \lambda_K$ 时(λ_K 为K吸收限),$K =$

0.007,当 $\lambda > \lambda_K$ 时,$K = 0.0009$。可见,物质的原子序越大,吸收系数也越大,对X射线的吸收越强;对一定的吸收体,X射线的波长越短,吸收系数越小,穿透能力越强。

但是,随着吸收体原子序数的减小或者波长的降低,μ_m 并非连续变化,而是出现台阶状跳跃,质量吸收系数随波长的变化[图2-14(a)]和随原子序数的变化[图2-14(b)],在某些位置突然增大。这是由于发生了光电效应,每种物质都有它本身确定的一系列吸收限,这种带有特征吸收限的吸收系数曲线称为该物质的吸收谱,吸收限的存在暴露了吸收的本质。

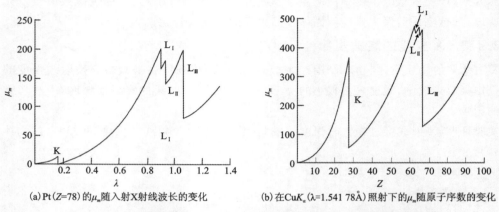

图2-14 质量吸收系数与吸收体的原子序数和入射X射线波长的关系

若吸收体是多元素的化合物、固溶体或混合物,其平均质量吸收系数 $\bar{\mu}_m$ 可由各组成元素的质量分数 w_i 与其相应的吸收系数 μ_{mi} 求得,可表示为

$$\bar{\mu}_m = \sum_{i=1}^{n} \mu_{mi} w_i \tag{2-25}$$

因此,当沿同一方向的两条光路上存在两种不同物质时,μ_m 和 I_x 值将不相同,由此可进行生物体透视和工业探伤。

2.4.4 X射线吸收效应的应用

2.4.4.1 吸收限的应用

1. 阳极靶材的选择

在X射线衍射实验中,若入射X射线在试样上产生荧光辐射,在晶体结构分析时,将提高衍射谱的背底强度,同时降低了衍射峰的强度,对衍射分析不利。针对试样的原子序数,可以调整靶材的种类,避免在试样上产生荧光辐射。若试样的K系吸收限为 λ_K,应选择靶材的 K_α 波长稍稍大于 λ_K,并尽量靠近 λ_K,这样不产生K系荧光,而且吸收又最小。换言之,就是要求靶材的原子序数比试样的原子序数稍小。另外,当试样的原子序数比靶材的原子序数大很多时,虽然试样会产生荧光辐射,但荧光辐射吸收的能量相对入射线的能量小得多,对衍射强度的影响亦较小。因此,试样和靶材元素的原子序数一般应满足经验公式:$Z_{靶} \leqslant Z_{样} + 1$ 或 $Z_{靶} \gg Z_{样}$。

如果试样中含有多种元素,应在含量较多的几种元素中以原子序数最轻的元素来选择靶材。

研究晶体结构时,一般所用的 X 射线波长范围为 0.5～2.5Å,波长太长,易被吸收,波长太短,所得的衍射花样密集于小角度范围而不易分辨。因此,选择靶材的一般原则是:①必须得到较多的衍射线;②必须避免衍射线互相重叠,从而靠得太近;③试样的吸收要小,即荧光辐射要小。

常用的靶材元素有 Cu、Cr、Fe、Co、Mo、Ag 等,其中 Cu 靶用得最多,Cu(29)的 K_α 射线波长为中等长度,对一般材料来说均是合适的波长。但材料 Mn(25)、Fe(26)、Co(27)和 Ni(28)在 Cu(29)的 K_α 射线照射下的吸收比较大,会产生较多的荧光辐射,因此对于含大量这些元素的物质,衍射效果不好,可以换用其他原子序数略小的靶材。

这种选择靶材的方法仅从减少荧光辐射的角度考虑,在实际中靶材选择还要考虑其他因素,比如试样的晶体结构、对称性的高低。对称程度低的晶体的衍射线多而且密集,一般选软一点的入射 X 射线。

2. 滤波片的选择

在 X 射线衍射分析中,大多数情况下都希望利用接近于"单色"的 X 射线,即波长单一的 X 射线。但是,K 系特征谱线有 K_α 和 K_β 两种,它们在晶体衍射中会产生两套衍射谱,使分析复杂化,因此,总希望从 K_α 和 K_β 中滤掉一条,得到单色 X 射线。

质量吸收系数为 μ_m,吸收限为 λ_K 的物质,可以强烈地吸收波长 $\lambda \leqslant \lambda_K$ 的入射 X 射线,而对于 $\lambda > \lambda_K$ 的 X 射线吸收很少,这一特性可以提供一个有效的手段。可选择一种合适的材料,其吸收限 λ_K 刚好位于 K_α 与 K_β 之间,并且靠近 K_α,将此材料制成薄片,置于入射线束或衍射线束的光路中,薄片将强烈吸收 K_β 射线,而对 K_α 射线的吸收很少,这种薄片就叫滤波片。这样可得到基本单色的 K_α 射线,从而增强 K_α 射线的强度。例如对 Cu 靶产生的 X 射线中,原始特征线强度分布为 $I_{\alpha 1}:I_{\alpha 2}:I_\beta=100:50:13.8$,用 Ni 滤波片"过滤"后,$K_\beta$ 射线的强度大幅提高。

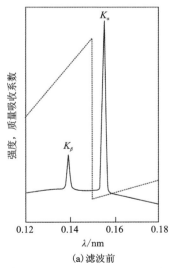
(a) 滤波前

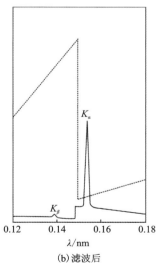
(b) 滤波后

图 2-15　铜辐射通过镍滤波片前后强度比较

注:虚线所示为镍的质量吸收系数。

滤波片的厚度对滤波质量也有影响。滤波片太厚，对 K_α 射线的吸收也增加，对实验不利。实践证明，当 K_α 射线的强度被降低到原来的一半时，滤波后 K_α 和 K_β 射线的强度之比为 600∶1，可以满足一般的衍射工作。选定了滤波片材料后，其厚度可利用式(2-23)计算。常用滤波片数据列于表 2-2。

表 2-2 常用的滤波片

阳极靶材	原子序数	K_α/nm	K_β/nm	滤波片				
				材料	原子序数	λ_K/nm	厚度*/nm	$I/I_0(K_\alpha)$
Cr	24	0.229 10	0.208 48	V	23	0.226 90	0.016	0.50
Fe	26	0.193 73	0.175 65	Mn	25	0.186 94	0.016	0.46
Co	27	0.179 02	0.162 07	Fe	26	0.174 29	0.018	0.44
Ni	28	0.165 91	0.150 01	Co	27	0.160 72	0.013	0.53
Cu	29	0.154 18	0.139 22	Ni	28	0.148 69	0.021	0.40
Mo	42	0.071 07	0.063 23	Zr	40	0.068 88	0.108	0.31
Ag	47	0.056 09	0.049 70	Rh	45	0.053 38	0.079	0.29

* 注：滤波后，K_β/K_α 的强度比为 1/600。

滤波片材料的选择是根据靶材的元素确定的。由表 2-2 的数据可总结出下列规律：设靶材物质原子序数为 $Z_靶$，所选滤波片物质原子序数为 $Z_滤$。则当靶材固定以后，滤波片的原子序数应满足当 $Z_靶 < 40$ 时，$Z_滤 = Z_靶 - 1$；当 $Z_靶 \geqslant 40$ 时，$Z_滤 = Z_靶 - 2$。

2.4.4.2 薄膜厚度的测定

如图 2-16 所示，X 射线沿与基片表面成 α 角的方向入射，然后从基片表面以 β 角反射，这里所说的反射实际上是 X 射线衍射。图 2-16(a)中基片表面无薄膜材料。图 2-16(b)中基片表面涂有厚度为 x 的薄膜，X 射线穿透薄膜入射和反射。不难看出，图 2-16(b)中 X 射线从入射基片到从基片中反射经历了 $AO+OB$ 的路程，X 射线的强度将部分被薄膜吸收，因此强度衰减。无薄膜基片的反射强度为 I_0（无吸收），有薄膜基片的反射强度为 I_x，设薄膜厚度为 x，根据式(2-19)有

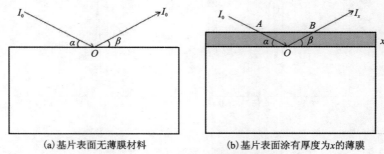

(a) 基片表面无薄膜材料　　　(b) 基片表面涂有厚度为 x 的薄膜

图 2-16 用 X 射线测定薄膜厚度

$$I_x = I_0 \cdot \exp\left[-\mu x \left(\frac{1}{\sin\alpha} + \frac{1}{\sin\beta}\right)\right] \tag{2-26}$$

则

$$x = \left[\mu\left(\frac{1}{\sin\alpha} + \frac{1}{\sin\beta}\right)\right]^{-1} \ln\frac{I_0}{I_x} \tag{2-27}$$

式中：μ 为薄膜的线吸收系数；x、α、β 为已知参数；I_0、I_x 可通过实验测得。以上变量代入式(2-27)可计算出薄膜的厚度 x。

2.4.5 X 射线的折射

X 射线从一种介质进入另一种介质可以被折射。X 射线的折射现象可以用实验方法观测，但由于其折射率非常接近 1，故在一般条件下是很难观测到的。所以，在需要校正折射率的影响时，通常采用理论计算的方法。用经典光学理论推导出的 X 射线从真空进入另一介质中的折射率为

$$M = 1 - \frac{n e^2 \lambda^2}{2\pi m c^2} \tag{2-28}$$

式中：M 为折射率；e、m 分别为电子的电荷和电子质量；λ 为 X 射线的波长；c 为光速；n 为每立方厘米介质中的电子数，$n = \frac{N_A Z \rho}{A}$（A、Z 和 ρ 分别为介质的原子量、原子序数和密度，N_A 为阿伏伽德罗常量）。

令 $\delta = \frac{n e^2 \lambda^2}{2\pi m c^2}$，则 $M = 1 - \delta$。实际计算表明，δ 约为 10^{-6} 数量级，则 M 为 0.999 9～0.999 999。因此，在一般的衍射实验中可以不考虑折射的影响，但在某些精确度要求很高的测量工作中（如点阵常数精确测定）要对 X 射线的折射率进行校正。

2.5 X 射线的探测与防护

X 射线通过某些物质时，可产生照相效应而使照相底片感光，也可产生荧光效应而使某些晶体发光，还可产生电离效应而使某些气体电离。通常用这些效应来探测 X 射线的存在。相应的探测 X 射线的工具主要有荧光屏、照相底片和各种辐射探测器。

但由于 X 射线超强的穿透力，过量照射会对人体造成伤害，引起局部组织灼伤、坏死或带来其他疾病，如可能使人精神衰退、头晕、毛发脱落、血液的组成和性能改变及影响生育等，影响程度取决于 X 射线的强度、波长和人体的接受部位。因此，在 X 射线实验室工作时，必须要注意安全防护，尽量避免一切不必要的照射。在调整仪器光路系统时，注意不要将手和身体的其他任何部位直接暴露在 X 射线下。另外，经常在 X 射线室工作的人员最好配备剂量仪，以便随时检查所接触的剂量。要定期进行身体检查。重金属铅可强烈吸收 X 射线，在需要遮蔽的地方应加上铅屏或铅玻璃屏，必要时可戴上铅玻璃眼镜、铅橡胶手套和铅围裙，以有效地挡住 X 射线。因为高压和 X 射线的电离作用，仪器附近会产生臭氧（对人体有害的气体），所以工作场所必须要通风良好。

本章小结

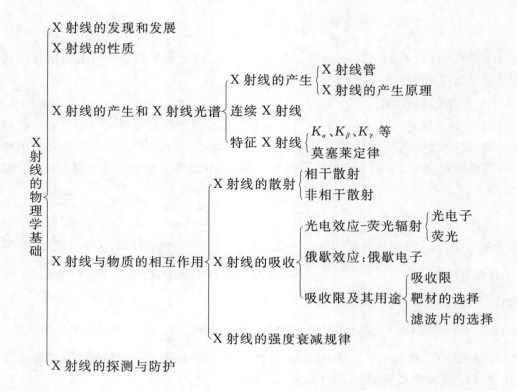

思考题

1. 以 Cu 靶为例,简述 $K_{\alpha1}$、$K_{\alpha2}$、K_{β} 射线的产生原理。
2. 当激发 L 系特征 X 射线时,能否同时产生 K 系特征 X 射线?反之,当激发 K 系特征 X 射线时,能否同时产生 L 系特征 X 射线?
3. 试解释 X 射线与物质的相互作用过程,并说明 X 射线与物质的相互作用过程产生的各种信号在材料检测中的用途。
4. 某物质同一线系的特征 X 射线的波长是否等于其荧光 X 射线的波长?试说明理由。
5. 论述 X 射线光电子谱仪、X 射线荧光光谱仪和俄歇电子谱仪的检测原理。
6. 解释吸收限的含义,并用此分析滤波片的滤波原理。
7. 为什么 X 射线管的窗口选铍(Be)材料,而防护 X 射线用铅(Pb)材料?
8. 计算题

(1) 当管电压为 50kV 时,计算电子与靶碰撞时的速度与动能,以及所产生的 X 射线连续谱的短波限及光子的最大动能。

(2) 已知,Mo 的 K 系吸收限 $\lambda_K=0.619$ Å,Co 的 K 激发电压 $U_K=7.71$ kV,分别计算 Mo 的 K 激发电压和 Co 的 K 系吸收限。

(3) 计算空气对 Cu K_α 的质量吸收系数(假设空气中只有质量分数为 80% 的氮和 20% 的氧,空气的密度为 1.29×10^{-3} g/cm³),已知 N 的 $\mu_m = 23.9$ cm²/g,O 的 $\mu_m = 36.6$ cm²/g。

(4) 对波长为 1.54 Å 的 X 射线,Al 的线吸收系数 $\mu = 1.32 \times 10^4$ m⁻¹,Pb 的线吸收系数 $\mu = 2.61 \times 10^5$ m⁻¹,要与 1mm 厚的铅层得到同样的防护效果,铝板的厚度应为多少?

(5) 为使 Cu K_α 射线强度衰减一半,需要多厚的 Ni 滤波片(Ni 的 $\rho = 8.90$ g/cm³)?

(6) 如果 Co 的 K_α、K_β 的辐射强度之比为 5∶1,当通过涂有 15mg/cm² 的 Fe_2O_3 滤波片后,强度比是多少? 已知:Fe_2O_3 的 $\rho = 5.24$ g/cm³,Fe 对 Co K_β 的 $\mu_m = 371$ cm²/g,O 对 Co K_β 的 $\mu_m = 15$ cm²/g,Fe 对 Co K_α 的 $\mu_m = 59.5$ cm²/g,O 对 Co K_α 的 $\mu_m = 20.2$ cm²/g。

3 X射线衍射方向

由 X 射线与物质的相互作用可知,当 X 射线作用于原子核束缚较紧的电子时,不能激发出电子,而是把能量传递给电子,电子接收能量后,在平衡位置附近发生受迫振动,从而成为新的辐射源,向四周辐射与入射波频率相同的电磁波(散射波)。所有电子发出的散射波可看成是由原子中心发出的,这样每个原子就成了辐射源,向空间发射与入射波频率相同的散射波,这些散射波在空间会互相干涉,在某些固定方向增强或减弱甚至消失。单个原子的相干散射很弱,但晶体中原子的周期性重复排列,使无数的相干散射波互相干涉,其干涉的结果是 X 射线强度互相叠加(在某方向增强)或互相抵消(在某方向减弱),产生衍射效应,形成衍射谱。因此,X 射线照射晶体产生衍射谱的本质是散射波在空间互相干涉的结果,每种晶体所产生的衍射谱都反映出晶体内部原子的分布规律。因此,X 射线在晶体中的衍射与入射 X 射线和晶体结构都有关。发生衍射的条件有两个:①散射波频率相等;②光程差等于波长的整数倍。

概括地讲,一个衍射谱的特征由两个方面内容组成:一方面是衍射线方向,另一方面是衍射线束的强度。衍射方向由晶胞的大小、形状和位向决定,而衍射线束的强度则取决于原子的种类、数量和它们在晶胞中的位置。为了通过衍射现象来分析晶体的内部结构,必须在衍射现象与晶体结构之间建立起定性和定量的关系,这是 X 射线衍射理论所要解决的中心问题,即 X 射线在晶体中的衍射原理。本章主要从劳埃方程、布拉格方程及衍射矢量方程三方面讨论 X 射线在晶体中的衍射方向的问题。

3.1 劳埃方程

晶体对 X 射线的衍射是很复杂的,因为原子本身包含着众多电子,同一原子内部电子的散射波就存在周相差,而晶体又是原子的三维集合,其复杂程度可想而知。劳埃等人于1912年发现了 X 射线通过晶体的衍射现象,为了解释这种衍射现象,他们假设晶体的空间点阵由一系列平行的原子网面组成,即认为晶体具有无缺陷的理想结构,入射 X 射线为严格单色和平行的射线,从而将复杂的问题简单化。由于相邻原子面间距与 X 射线的波长在同一个数量级,晶体成了 X 射线的三维光栅,当相邻原子面散射线的光程差为波长的整数倍时会发生衍射现象。劳埃等人分别从一维原子列、二维原子面和三维晶体对 X 射线的衍射一步一步推导出劳埃方程。

3.1.1 一维原子列对 X 射线的衍射

由于有上述假设,当 X 射线照射到排列整齐的原子列时,其衍射情况与电子列相似,即由所有原子散射出来的 X 射线,在某一方向一致加强的条件是:相邻原子在该方向上散射线的光程差为波长的整数倍,这意味着只有在空间某几个特定的方向上有衍射线。

先讨论一维原子列对 X 射线的衍射线束方向问题。如图 3-1(a)所示的一维原子列,其点阵周期为 a_0,入射 X 射线从 S_0 方向照射一维原子列,A、C 为相邻原子,入射 X 射线与原子列的夹角为 α_0,这时每个被照射的原子将作为二次射线源向四周散射二次射线。其中,在与一维原子列的夹角为 α_h 的 S_1 方向散射加强。如图 3-1(a)所示,相邻原子 A、C 在该方向上的光程差为

$$\delta = AD + BC \tag{3-1}$$

又因为 $AD+BC = AB\cos\alpha_h - AB\cos\alpha_0 = AB(\cos\alpha_h - \cos\alpha_0) = a_0(\cos\alpha_h - \cos\alpha_0)$。故在 S_1 方向上散射加强的条件为

$$a_0(\cos\alpha_h - \cos\alpha_0) = h\lambda \tag{3-2}$$

式(3-2)称为劳埃第一方程式,可求出散射加强的方向 α_h。α_h 为衍射线束与一维原子列的夹角;h 为整数,称为劳埃第一干涉指数;λ 为入射 X 射线的波长。

劳埃第一干涉指数可取 0、±1、±2、±3 等整数,但不是无限的。此时,α_h 为衍射线束与原子列的夹角。式(3-2)同时需满足下式

$$|\cos\alpha_h| = |\cos\alpha_0 + h\lambda/a_0| \leqslant 1 \tag{3-3}$$

例如用 Fe K_α($\lambda = 1.937$Å)垂直照射 $a = 4$Å 的原子列时,$\cos\alpha_0 = 0$,$\cos\alpha_h = h\lambda/a_0 = 0.484h$,$h$ 可取 0、+1、-1、+2、-2 共 5 个值。当 $h = +3$ 或 -3 时,$|\cos\alpha_h| = 1.453 > 1$,不能产生衍射。若用 Mo K_α($\lambda = 0.711$Å)垂直照射 $a = 4$Å 的原子列时,h 可取 0、+1、-1、+2、-2、+3、-3、+4、-4、+5、-5 共 11 个值。

满足劳埃第一方程式,就可产生衍射,即 X 射线以与一维原子列的夹角为 α_0 的方向入射,在与原子列的夹角为 α_h 的方向都可产生衍射线。因此,一维原子列衍射线的分布是以一维原子列为轴、以 α_h 为半径角的圆锥母线。h 每取一个值,就会产生一个衍射圆锥[图 3-1(b)]。因此,对于不同的 h,其衍射线的分布是一套以该一维原子列为轴的圆锥母线[图 3-1(c)]。

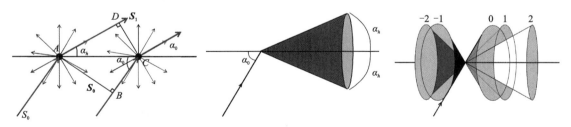

(a) 一维原子列衍射示意图　　(b) 每个 h 对应的一维原子列的衍射圆锥　　(c) 一套衍射圆锥

图 3-1　一维原子列对 X 射线的衍射方向

为了研究一维原子列的衍射花样,用单色 X 射线垂直照射该原子列($\alpha_0 = 90°$),有 $a_0\cos\alpha_h = h\lambda$,则 $\cos\alpha_h = h\lambda/a_0$,得到的衍射方向为一套左右对称的圆锥母线[图 3-2(a)]。将照相底片放在一维原子列的后面,就可以在底片上得到一维原子列的衍射花样。当照相底片平行该原子列放置时,其衍射花样为一系列左右对称的衍射圆弧[图 3-2(b)],每个圆弧对应于一个 h;当照相底片垂直该原子列放置时,其衍射花样为一系列同心圆环[图 3-2(c)],每个圆环对应于一个 h。

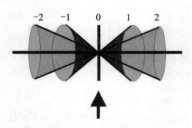 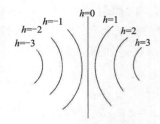 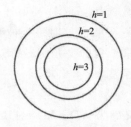

(a) X射线垂直照射一维原子列　　(b) 底片平行一维原子列衍射花样　　(c) 底片垂直一维原子列衍射花样

图 3-2　一维原子列的衍射方向及衍射花样

3.1.2　二维原子面对 X 射线的衍射

二维原子面可以看作两个互相相交的行列,如图 3-3(a)所示的 X 行列和 Y 行列,两者结点间距分别为 a_0、b_0。入射 X 射线以任意角度照射该行列,与两个行列的夹角分别为 α_0、β_0,则可分别写出两个行列衍射的劳埃第一方程

$$\begin{cases} a_0(\cos\alpha_h - \cos\alpha_0) = h\lambda \\ b_0(\cos\beta_k - \cos\beta_0) = k\lambda \end{cases} \quad (3-4)$$

式中:h、k 均为整数;α_h、β_k 分别为衍射线与两个行列的夹角。同时满足以上两个劳埃方程,即式(3-4)的方程组有公共解,则可确定 α_h、β_k,即可确定衍射方向。

一维原子列的衍射方向为一套圆锥的母线方向,则二维原子面的两个原子列可分别图解为一套衍射圆锥。这两套衍射圆锥的公共母线则为二维原子面的衍射方向,如图 3-3(b)中两个衍射圆锥的公共母线 S_1、S_2 即为衍射方向。为了简化问题,让二维原子面的两相交行列互相垂直,单色 X 射线垂直入射原子面,底片置于原子面后面并与原子面平行,所得衍射花样如图 3-3(c)所示,为一系列规则排列的衍射斑点,位于两组双曲线的交点上,相当于圆锥的交线在底片上的投影。

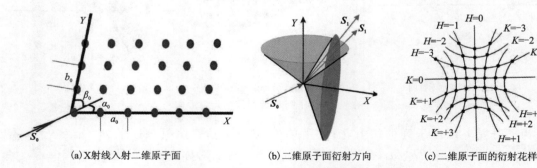

(a) X射线入射二维原子面　　(b) 二维原子面衍射方向　　(c) 二维原子面的衍射花样

图 3-3　二维原子面的衍射方向及衍射花样

3.1.3　三维晶体对 X 射线的衍射

由一维原子列和二维原子面对 X 射线的衍射推广到三维晶体,其衍射更加明了。三维晶体可以看作是 3 个相交的行列,则其衍射条件为满足 3 个方向的劳埃第一方程

$$\begin{cases} a_0(\cos\alpha_h - \cos\alpha_0) = h\lambda \\ b_0(\cos\beta_k - \cos\beta_0) = k\lambda \\ c_0(\cos\gamma_l - \cos\gamma_0) = l\lambda \end{cases} \quad (3-5)$$

该方程组即为 X 射线在晶体中衍射的劳埃方程,取 3 个相交的行列为 3 个晶轴,则式 (3-5)中的 a_0、b_0、c_0 为晶胞参数或轴长;α_0、β_0、γ_0 为入射 X 射线与三轴的夹角;α_h、β_k、γ_l 为衍射线与三轴的夹角;λ 为入射 X 射线的波长;h、k、l 为均为整数,称为干涉指数。

在晶体点阵中如果有衍射现象发生,则式(3-5)的 3 个方程必须同时满足。

为了使问题简单化,让 3 个晶轴正交,如图 3-4(a)所示,晶轴 OA、OB、OC 互相垂直,入射 X 射线沿 OA 晶轴照射该三维晶体,则入射 X 射线必垂直照射 OB 和 OC 晶轴。3 个晶轴的衍射方向可分别图解为一套以行列(OA、OB、OC)为轴,以 α_h、β_k、γ_l 为半顶角的圆锥母线,当 3 套衍射圆锥有公共母线时,该公共母线即为衍射方向。根据一维原子列和二维原子面的衍射花样,OA 的衍射花样为一系列同心圆环,OB 和 OC 的衍射花样分别为对称分布的两套圆弧,如图 3-4(b)所示。当两套圆弧与同心圆环相交,其公共交点即为三维晶体的衍射花样,所以理论上三维晶体的衍射花样也为一系列衍射斑点。

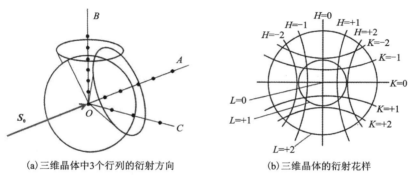

(a) 三维晶体中 3 个行列的衍射方向　　　　(b) 三维晶体的衍射花样

图 3-4　三维晶体的衍射方向和衍射花样

3.1.4　劳埃方程的讨论

在一般情况下,三维晶体中 3 个晶轴方向的 3 套衍射圆锥要有公共母线是非常困难的,只有当 α_h、β_k、γ_l 进行适当配合时才能有公共母线,从而产生衍射。

若 λ 和 α_0、β_0、γ_0 是定值,对于某一条衍射线来说,h、k、l 也是定值,α_h、β_k、γ_l 是有关联的。从几何的角度看,α_h、β_k、γ_l 是一条直线的 3 个方向角,因此有

$$\cos^2\alpha_h + \cos^2\beta_k + \cos^2\gamma_l = 1 \quad (3-6)$$

将式(3-5)和式(3-6)联立,3 个未知数 4 个方程,在一般情况下可能无解。因此,必须增加一个变量,于是产生了两种 X 射线的衍射方法。

(1)利用连续 X 射线照射晶体,使波长 λ 为变量,晶体固定不动(即 α_0、β_0、γ_0 是定值),此时的方程组才有确定解。将劳埃方程组变形如下

$$\begin{cases} \cos\alpha_h = \cos\alpha_0 + \dfrac{h\lambda}{a_0} \\ \cos\beta_k = \cos\beta_0 + \dfrac{k\lambda}{b_0} \\ \cos\gamma_l = \cos\gamma_0 + \dfrac{l\lambda}{c_0} \end{cases} \quad (3-7)$$

由式(3-7)可知,当 λ 连续变化时,α_h、β_k、γ_l 随之连续变化,即 3 个圆锥的半顶角连续变化,可以想象,总有 3 个圆锥面相交的情况出现,则此时就有公共母线,即劳埃方程有解。劳埃等人首先用这种方法研究了单晶体的结构,故这种方法称为劳埃法。

(2) 利用单色 X 射线(λ 为常数),单晶体围绕某一主要晶轴旋转,使 α_0、β_0、γ_0 中的一个或两个连续变化,这种方法称为周转晶体法。

从劳埃方程组看,h、k、l 均为整数,每给定一组 h、k、l,可确定一个衍射方向,在空间中某方向出现衍射线。在衍射方向上,各阵点间入射线和衍射线间的光程差必为波长的整数倍。因此,结合晶体结构的约束方向,选择适当的 λ 或合适的入射方向 S_0,劳埃方程就有确定解。

劳埃方程从理论上解决了 X 射线在晶体中衍射的方向问题。

3.2 布拉格方程

用劳埃方程描述 X 射线在晶体中的衍射现象时,入射线和衍射线与晶轴的 6 个夹角不易确定,3 个劳埃方程在使用上也不方便,即从实用的角度来说该理论有简化的必要。由此,布拉格父子对此进行了简化研究,并推导出了简单实用的布拉格方程。

3.2.1 布拉格方程推导

布拉格方程导出的前提有以下几点假设:①原子是静止不动的;②电子集中于原子核,即在一个原子系统中,所有的电子散射波都可以近似地看作是从原子中心发出的;③ X 射线平行入射,且具有单一波长;④晶体无限大,由无数个平行原子面组成,X 射线可穿透晶体,同时作用于多个晶面;⑤ 晶体到感光底片的距离有几十毫米,衍射线视为平行光束。

这样晶体被看成了由无数个晶面组成,晶体的衍射被看成是某些原子面对 X 射线的反射,这是导出布拉格方程的基础。

当一束平行 X 射线照射在单层原子面上时(平面点阵),每个原子核外的电子都会产生相干散射波和非相干散射波,在相邻散射线的光程差等于波长的整数倍的方向上增强,将出现 X 射线的衍射线。首先考虑一层原子面散射 X 射线的情况。如图 3-5 所示,设 X 射线以 α 角入射到原子面 AA 的 M_1、M_2 相邻原子上(结点间距为 a),并在以原子面夹角为 β 的方向散射时,则 M_1、M_2 相邻原子散射 X 射线的光程差为

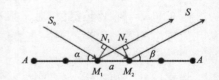

图 3-5 单层原子面对 X 射线的散射

$$\delta = M_1N_2 - M_2N_1 = a(\cos\beta - \cos\alpha) \quad (3-8)$$

在 β 角方向散射线的干涉加强,则 $\delta=n\lambda$。假定原子面上所有原子的散射线位向相同,即 $\delta=0$,则 $\alpha=\beta$。也就是说,当入射角与散射角相等时,一层原子面上所有散射波的干涉将会加强,与可见光的反射定律类似。因此,X 射线从一层原子面呈镜面反射的方向,就是散射线干涉加强的方向,故常将这种散射称为晶面反射。

当然,在一般情况下,X 射线不具有反射的性质。只有在入射角非常小的情况下,约小于 $20'$ 时才可能产生全反射。

由于 X 射线具有穿透性,它不仅可以照射到晶体表面,而且可以照射到晶体内部一系列平行的原子面上。如果相邻两个晶面的反射线的位相差为 2π 的整数倍(或光程差为波长的整数倍),则所有平行晶面的反射可加强,从而在该方向上获得衍射线。为了讨论 X 射线在晶体中的衍射条件,将 X 射线照射到晶体内部的情况分为 3 种。下面分别讨论利用平面几何方法和矢量法推导这 3 种衍射条件下的布拉格方程。

第一种是晶体中相互平行的相邻原子面上上下原子的连线垂直于原子面,且 X 射线穿透样品时恰好同时照射这两个原子。如图 3-6(a)所示,AA 和 BB 为相邻的平行原子面,M_1、M_2 分别为 AA 和 BB 上的原子,且 $M_1M_2 \perp AA(BB)$,该面间距为 d。波长为 λ 的平行 X 射线分别以相同的角度 θ 从 S_0 方向照射到 M_1、M_2 上,若 M_1、M_2 对 X 射线散射加强的方向为如图所示的 S 方向,则根据单层原子面的讨论,S 与原子面的夹角亦为 θ。过 M_1 分别向入射线和反射线作垂线 M_1N 和 M_1O,则 M_1、M_2 散射 X 射线的光程差为 $\delta=M_2N+M_2O=2d\sin\theta$。当光程差等于波长的整数倍时,该反射成立,即相邻原子面散射波的干涉加强。则干涉加强的条件为

$$2d\sin\theta = n\lambda \tag{3-9}$$

式(3-9)即为布拉格方程或布拉格定律。式中:d 为面网间距;θ 为入射线和反射线与反射晶面之间的夹角,被称为掠射角或布拉格角;2θ 为入射线与反射线(衍射线)之间的夹角,被称为衍射角;n 为整数,称为反射级数,λ 为入射线的波长。

第二种情况,如图 3-6(b)所示,相邻原子面上的原子 M_1、M_2 位置错开,在满足光程差是波长整数倍的关系下,可以用矢量法推导出布拉格方程。

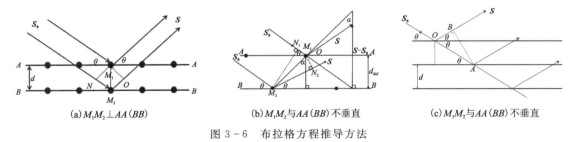

(a) $M_1M_2 \perp AA(BB)$ (b) M_1M_2 与 $AA(BB)$ 不垂直   (c) M_1M_2 与 $AA(BB)$ 不垂直

图 3-6 布拉格方程推导方法

第三种情况如图 3-6(c)所示,只要 X 射线能够照射到样品中相邻平行原子面上的两个原子即可讨论,不考虑上下原子面上原子的位置关系。X 射线从 S_0 方向以 θ 角照射到一组面网间距为 d 的平行晶面上,在与面网夹角为 θ 的 S 方向发生了反射,则 S 方向必为干涉增强的方向,即光程差必为 $n\lambda$。S_0 交相邻晶面于 O 点和 A 点,由 A 向 OS 作垂线 AB,则相邻晶面的光程差为

$$\delta = |S_0 - S| = OA - OB = OA(1 - \cos 2\theta) = \frac{d}{\sin\theta} \cdot 2\sin^2\theta = 2d\sin\theta \quad (3-10)$$

整理得到式(3-9)的布拉格方程。布拉格方程是 X 射线在晶体中衍射必须满足的基本条件。它反映了衍射线的方向(用 2θ 表示)与晶体结构(用 d 表示)之间的关系。在 λ 已知的情况下,可通过 θ 的测定,求出 d;或者 d 已知,求出 λ 或 θ。

3.2.2 布拉格方程讨论

3.2.2.1 选择反射

由布拉格方程可知,当入射线波长 λ 固定时,对于特定晶面能够发生反射的 θ 是固定的。随着晶面间距的增加,θ 减小。在晶体的众多晶面中,并非每个晶面都能参与反射,根据布拉格方程(考虑一级反射)有

$$\sin\theta = \frac{\lambda}{2d_{hkl}} \quad (3-11)$$

因为 $|\sin\theta| \leqslant 1$,所以有

$$d_{hkl} \geqslant \frac{\lambda}{2} \quad (3-12)$$

即仅有那些晶面间距大于半波长的晶面才有可能参与反射,且每一个参与反射的晶面均有唯一一个与之对应的布拉格角 θ。X 射线在晶面上的反射不同于可见光的镜面反射,它们存在着以下区别。

(1) X 射线在晶面上反射的条件是必须满足布拉格方程时才能参与反射,是有选择性的反射,而镜面则可以反射任意方向的可见光。

(2) X 射线在晶面上反射的本质是晶面上各原子吸收 X 射线的能量后产生的散射线互相干涉的结果,反射方向为干涉增强的方向,镜面反射与干涉无关。

(3) X 射线反射的作用区域是晶体内的多层晶面,而可见光仅作用于镜面的表层。

(4) 一定条件下 X 射线的反射线能形成以入射线为中心轴的反射锥,锥顶角为布拉格角的 4 倍;而镜面反射中,入射线与反射线分别位于镜面法线的两侧,仅有一个反射方向,入射线、镜面法线和反射线共面,且入射角等于反射角。

(5) 对 X 射线起反射作用的是晶体,即作用对象的物质原子要规则排列,也只有晶体才能产生衍射花样,而对可见光起反射作用的可以是晶体也可以是非晶体,只要表面平整光洁即可。

3.2.2.2 衍射方向与布拉格角

布拉格角 θ 是入射线或反射线与晶面的夹角,可以表征衍射的方向。由于面网是看不见的,但可以测定衍射线与入射线的夹角 2θ,因此称 2θ 角为衍射角(图 3-7)。如果将布拉格方程改写为 $\sin\theta = \frac{\lambda}{2d_{hkl}}$,则可表达两个概念。首先,对于固定的波长 λ,面网间距 d 相同时只能在相同角度下获得反射,因此当采用单色 X 射线照射多晶体,面网间距 d 相同时,衍射方向相同;其次,对于固定的波长 λ,d 减小则 θ 增大。因此,面网间距较小的晶面,其布拉格角必然较大。

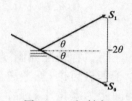

图 3-7 衍射角

3.2.2.3 衍射条件分析

根据布拉格方程，除了推导出式(3-12)，还可得下式

$$\lambda \leqslant 2d \tag{3-13}$$

由式(3-9)和式(3-11)可知，当入射波长一定时，并非晶体中的所有晶面通过改变入射方向都能满足衍射条件，只有那些晶面间距大于或等于半波长的晶面才可能发生衍射。因此，对衍射仪来说，理论上能检测到的面网间距的范围为 $\lambda/2 \to \infty$；而对于固定的晶体而言，减小入射 X 射线的波长，参与衍射的晶面数目将增加。例如 α-Fe 的一组面间距从大到小的顺序为 2.02Å、1.43Å、1.17Å、1.01Å、0.90Å、0.83Å、0.76Å……当用 $\lambda_{K\alpha}=1.94$Å 的铁靶时，只有前 4 个晶面发生衍射；当用 $\lambda_{K\alpha}=1.54$Å 的铜靶，前 6 个晶面可发生衍射。很显然，当采用短波长的单色 X 射线照射时，能参与衍射的晶面将会增多。

当晶面间距一定时，入射线的波长必小于或等于晶面间距的两倍才能发生衍射现象。λ 减小的同时，n 可以增大，说明对同一种晶面，当采用短波长的单色 X 射线照射时，可以获得多级数的衍射效果。

但在实际应用时，由于接近于 0° 的位置有入射线直射的干扰，因此总有一个衍射盲区，一般的衍射分析仪器，盲区为 0～3°，所检测的面网间距范围为 30～0.8Å(Cu 靶)。

晶体的面网间距一般都小于 10Å，如 NaCl 的最大面网间距为 $d_{100}=5.6400$Å。因此，在多数情况下，$2\theta < 10°$ 时没有衍射信息。但也不排除，部分物质结晶时晶胞尺寸很大，如柱撑蒙脱石的 c 轴长可达 30～50Å，即 d_{001} 在 30～50Å 之间。

3.2.2.4 干涉面指数与反射级数

为了使用方便，常将布拉格方程改写成

$$2\frac{d_{hkl}}{n}\sin\theta = \lambda \tag{3-14}$$

若令

$$d_{HKL} = \frac{d_{hkl}}{n} \tag{3-15}$$

这样 (hkl) 晶面的 n 级反射可以看成虚拟晶面 (HKL) 的 1 级反射。该虚拟晶面平行于 (hkl)，但晶面间距为 $\frac{d_{hkl}}{n}$。d_{HKL} 不一定是晶体中的原子面，也可能是为了简化布拉格方程引入的反射面，常被称为干涉面。(HKL) 为干涉面指数，简称干涉指数。

例如对于斜方晶系，有

$$d_{hkl} = \frac{1}{\sqrt{\frac{h^2}{a^2}+\frac{k^2}{b^2}+\frac{l^2}{c^2}}} \tag{3-16}$$

故

$$d_{HKL} = \frac{d_{hkl}}{n} = \frac{1}{n\sqrt{\frac{h^2}{a^2}+\frac{k^2}{b^2}+\frac{l^2}{c^2}}} = \frac{1}{\sqrt{\frac{(nh)^2}{a^2}+\frac{(nk)^2}{b^2}+\frac{(nl)^2}{c^2}}} \tag{3-17}$$

即 $H=nh, K=nk, L=nl$。

由此可见,干涉指数有公约数 n,而晶面指数只能是互质的整数。当干涉指数也互为质数时,代表一组真实的晶面。例如当 $n=1$ 时,干涉指数互质,干涉面就是一个真实的晶面了,因此干涉指数实际上是广义的晶面指数。

由前述可知,布拉格方程 $2d\sin\theta=n\lambda$ 中的 n 为反射级数。如图 3-8 所示,X 射线沿 S_0 方向照射到晶面(100)上,设(100)面网间距为 d_{100},沿 S_1 方向产生衍射。

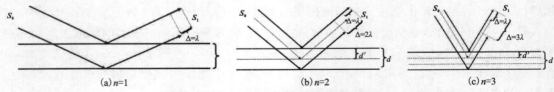

图 3-8 反射级数与干涉面指数示意图

当 $n=1$ 时,$2d_{100}\sin\theta=\lambda$,为(100)面的一级衍射[图 3-8(a)]。

当 $n=2$ 时,$2d_{100}\sin\theta=2\lambda$,即 $2\dfrac{d_{100}}{2}\sin\theta=\lambda$,故 $d'=\dfrac{d_{100}}{2}$,则 d' 为(200)面网的面网间距。此时把(100)面网的二级衍射称为(200)面网的一级衍射[图 3-8(b)]。

同理,当 $n=3$ 时,(300)面网的一级衍射则称为(100)面网的三级衍射[图 3-8(c)]。

为了书写方便,d_{HKL} 可简写为 d,此时布拉格方程可表示为

$$2d\sin\theta=\lambda \tag{3-18}$$

式(3-18)为通用的布拉格方程式,反射级数隐含在 d 中,使得布拉格方程更加简单,应用更为方便。

3.2.2.5 衍射方向与晶体结构

由布拉格方程 $2d\sin\theta=\lambda$,得 $\sin\theta=\dfrac{\lambda}{2d}$。两边平方,得 $\sin^2\theta=\dfrac{\lambda^2}{4d^2}$。不同晶系的 $\dfrac{1}{d^2}$ 表达式不同,如

立方晶系 $\qquad \sin^2\theta=\dfrac{\lambda^2}{4}\times\left(\dfrac{h^2+k^2+l^2}{a^2}\right) \tag{3-19}$

四方晶系 $\qquad \sin^2\theta=\dfrac{\lambda^2}{4}\times\left(\dfrac{h^2+k^2}{a^2}+\dfrac{l^2}{c^2}\right) \tag{3-20}$

斜方晶系 $\qquad \sin^2\theta=\dfrac{\lambda^2}{4}\times\left(\dfrac{h^2}{a^2}+\dfrac{k^2}{b^2}+\dfrac{l^2}{c^2}\right) \tag{3-21}$

由以上 3 个公式可看出:①波长选定后,不同晶系或同一晶系而晶胞大小不同的晶体,其衍射线束的方向不同,因此研究衍射线束的方向可以确定晶胞的形状和大小;②衍射线束的方向与原子在晶胞中的位置和原子种类无关。

3.2.2.6 布拉格方程与劳埃方程的关系

布拉格方程和劳埃方程均解决了 X 射线在晶体中的衍射方向问题,但由于劳埃方程复杂、使用不便,布拉格父子在劳埃方程的基础上,将衍射转化为晶面对 X 射线的反射,导出了简单、实用的布拉格方程。实际上,布拉格方程是劳埃方程的一种简化形式,可直接通过数学方法从劳埃方程中推导出来,推导过程如下。

对劳埃方程组变形得

$$\begin{cases} (\cos \alpha_h - \cos \alpha_0) = \dfrac{h\lambda}{a_0} \\ (\cos \beta_k - \cos \beta_0) = \dfrac{k\lambda}{b_0} \\ (\cos \gamma_l - \cos \gamma_0) = \dfrac{l\lambda}{c_0} \end{cases} \qquad (3-22)$$

式(3-22)左右两边进行平方加和得

左边 $= (\cos^2 \alpha_h + \cos^2 \beta_k + \cos^2 \gamma_l)^{①} + (\cos^2 \alpha_0 + \cos^2 \beta_0 + \cos^2 \gamma_0)^{①} - 2(\cos\alpha_h \cos\alpha_0 + \cos\beta_k \cos\beta_0 + \cos\gamma_l \cos\gamma_0)^{②} = 2 - 2\cos2\theta = 2(1 - \cos2\theta) = 4\sin^2\theta$

右边 $= \left(\dfrac{h^2}{a_0^2} + \dfrac{k^2}{b_0^2} + \dfrac{l^2}{c_0^2} \right) \lambda^2 = \dfrac{\lambda^2}{d^2}$

因此,左边=右边,即 $\lambda = 2d\sin\theta$。此为布拉格方程式的标准形式,表明布拉格方程与劳埃方程式是一致的。

此外,还可利用一维劳埃方程导出布拉格方程,见图 3-9。设有三维点阵中任意一直线点阵,点阵周期为 a,入射 X 射线 S_0 与直线点阵的夹角为 α_0,衍射线 S 与直线点阵的夹角为 α_h,由一维劳埃方程得

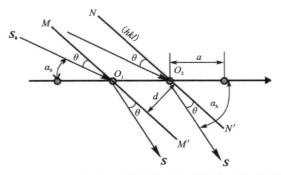

图 3-9 一维劳埃方程与布拉格方程的等效证明示意图

$$a\cos\alpha_h - a\cos\alpha_0 = h\lambda \qquad (3-23)$$

将上式展开得

$$2a\sin\left(\dfrac{\alpha_h + \alpha_0}{2}\right)\sin\left(\dfrac{\alpha_h - \alpha_0}{2}\right) = h\lambda \qquad (3-24)$$

过入射点 O_1、O_2 分别作以 MM' 和 NN' 所代表的点阵面 (hkl),使这组晶面与入射线和衍射线的夹角为 θ,此时

$$\alpha_h - \theta = \alpha_0 + \theta \qquad (3-25)$$

则

$$\theta = \dfrac{\alpha_h - \alpha_0}{2} \qquad (3-26)$$

---

① 定理一:直线的方向余弦的平方和等于 1。
② 定理二:两条直线的夹角 (θ) 与每条直线的方向角 $(\alpha、\beta、\gamma、\alpha'、\beta'、\gamma')$ 之间的关系:$\cos2\theta = \cos\alpha\cos\alpha' + \cos\beta\cos\beta' + \cos\gamma\cos\gamma'$。

又设 MM' 和 NN' 所代表的点阵面间距为 d,根据图 3-9 和式(3-26)有

$$d = a\sin(\alpha_h - \theta) = a\sin\left(\frac{\alpha_h + \alpha_0}{2}\right) \tag{3-27}$$

将式(3-26)和式(3-27)代入式(3-24),得布拉格方程

$$2d\sin\theta = h\lambda \tag{3-28}$$

h 为整数,可见式(3-28)与布拉格方程[式(3-9)]是等效的。

3.2.2.7 布拉格方程的有关应用

布拉格方程的表达形式简单,能够明了 d、λ、θ 三个参数之间的基本关系,因而应用非常广泛。在实际应用中,如果知道其中的两个参数,就可通过布拉格方程求出另外一个参数。在不同应用场合下参数可能表现为常量或变量。

布拉格方程的用途主要包括两个方面。一是结构分析,用已知波长的 X 射线去照射未知试样,通过测量衍射角来求得试样中的面网间距 d。这就是结构分析,属于常规衍射分析的范畴。二是 X 射线谱分析,是利用一种已知面网间距的晶体,来衍射从未知试样发射出来的 X 射线,通过测量衍射角求得 X 射线波长 λ。这就是 X 射线光谱学,或称波谱分析,它不但可进行光谱结构研究,还可确定试样的组成元素。

在衍射分析中,根据 $=2d\sin\theta$,得到 $d=\lambda/2\sin\theta$,产生了两种不同类型的 X 射线衍射方法:①改变波长的劳埃照相方法,在 X 射线分析中,该方法已淘汰,但却广泛应用于同步辐射中,其原理与 X 射线衍射理论完全相同,只是波长与 X 射线不同;②固定波长,通过测定衍射角度的方法求得 d,最常用的方法有多晶粉末衍射法和单晶衍射方法。

3.3 衍射矢量方程及厄瓦尔德图解法

厄瓦尔德图解法是在倒易点阵理论的基础上,采用图解的方法解释衍射现象,是布拉格方程的几何表达形式。下面以 X 射线在晶体中的衍射为例学习衍射矢量方程和厄瓦尔德图解法。

3.3.1 衍射矢量方程

如图 3-10 所示,P 为原子面,假设面网指数为 (hkl),N 为法线。X 射线沿入射线方向单位矢量 $\boldsymbol{S_0}$ 方向入射至 (hkl) 面网上的 A 点,沿衍射线方向单位矢量 $\boldsymbol{S}$ 方向发生衍射。图中 $(\boldsymbol{S}-\boldsymbol{S_0})$ 垂直于原子面 $P(hkl)$,根据倒易点阵理论可知,倒易矢量 $\boldsymbol{g}_{hkl}$ 也垂直于 P 面。因此,$(\boldsymbol{S}-\boldsymbol{S_0})//\boldsymbol{g}_{hkl}$,可写成

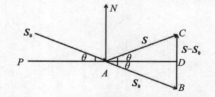

图 3-10 入射单位矢量与衍射单位矢量

$$\boldsymbol{S}-\boldsymbol{S_0} = c\,\boldsymbol{g}_{hkl} \tag{3-29}$$

式中:c 为常数。将式(3-29)两边分别取绝对值,根据几何关系,则等式左边为

$$|\boldsymbol{S}-\boldsymbol{S_0}| = 2\sin\theta \tag{3-30}$$

所以式(3-29)等式右边为

$$|c\,\boldsymbol{g}_{hkl}| = \frac{c}{d_{hkl}} = 2\sin\theta \tag{3-31}$$

因此

$$c = 2d_{hkl}\sin\theta \tag{3-32}$$

晶面发生衍射必然满足布拉格方程 $\lambda = 2d_{hkl}\sin\theta$，因此必定有

$$c = \lambda \tag{3-33}$$

将 $c = \lambda$ 代入式(3-29)得

$$\boldsymbol{S} - \boldsymbol{S_0} = \lambda \boldsymbol{g}_{hkl} \tag{3-34}$$

式(3-34)即为衍射矢量方程，等式左边包含入射单位矢量和衍射单位矢量，右边为衍射晶面的倒易矢量。衍射矢量方程式将入射方向及衍射方向（正空间）与倒易矢量（倒易空间）联系在一起，是利用倒易点阵处理衍射问题的基础。

3.3.2 厄瓦尔德图解法

布拉格方程是通过电磁干涉理论严格推导出的，其物理含义比较明确。厄瓦尔德图解法则是衍射的一种几何处理方法，它表达的实际也是布拉格方程。利用厄瓦尔德图解法，可比较方便地确定出发生衍射的晶面、衍射方向及发生衍射的条件，涉及反射球与极限球的概念。

3.3.2.1 反射球与厄瓦尔德图解法

图 3-11(a)为晶体在倒空间的任意一倒易面，O^* 为倒易原点，每个结点处的黑球代表一个倒易点。射线（X射线或电子）沿箭头方向照射到晶体上并到达倒易原点 O^* [图 3-11(b)]。以入射线方向为直径方向、入射线波长的倒数 $1/\lambda$ 为半径、O^* 为直径的末端点作一个圆，圆心为 O，如图 3-11(c)所示。此时，倒易面上的 P 点恰好落在圆周上。

如图 3-11(d)所示，连接 $\boldsymbol{O^*P}$、$\boldsymbol{OP}$ 和 $\boldsymbol{OO^*}$，由于 P 为倒易点，所以 $\boldsymbol{O^*P}$ 为 P 点所代表晶面的倒易矢量，则

$$|\boldsymbol{OP}| = |\boldsymbol{OO^*}| = 1/\lambda, \quad |\boldsymbol{O^*P}| = g = 1/d \tag{3-35}$$

$\triangle O^*OP$ 为等腰三角形，做 $\angle O^*OP$ 的夹角平分线[图 3-11(d)中虚线]，则该虚线垂直于 O^*P，即垂直于倒易矢量方向。因此，虚线方向为倒易点 P 在正空间的面网方向。

入射线方向与面网的夹角用 θ 表示，则根据几何关系为

$$|\boldsymbol{O^*P}| = 2|\boldsymbol{OP}|\sin\theta \tag{3-36}$$

将式(3-35)代入式(3-36)整理得布拉格方程的标准形式 $\lambda = 2d\sin\theta$，可见 P 点满足衍射的条件。

从图 3-11(d)中可看出，$\boldsymbol{OO^*}$ 与 $\boldsymbol{OP}$ 的夹角为 2θ，$\boldsymbol{OO^*}$ 为入射线方向，故 $\boldsymbol{OP}$ 为衍射方向。从该分析过程可看出，只要倒易点落在该圆周上，即可推出布拉格方程，即满足衍射的条件。

另外，在 $\triangle O^*OP$ 中，根据矢量关系亦可推出布拉格方程 $\boldsymbol{OP} - \boldsymbol{OO^*} = \boldsymbol{O^*P}$，令 $\boldsymbol{OO^*} = \boldsymbol{S_0}$，$\boldsymbol{OP} = \boldsymbol{S}$，则 $\boldsymbol{S} - \boldsymbol{S_0} = \boldsymbol{O^*P}$，等式两端取绝对值，$|\boldsymbol{S} - \boldsymbol{S_0}| = |\boldsymbol{O^*P}|$。因为 $|\boldsymbol{S} - \boldsymbol{S_0}| = \dfrac{2}{\lambda}\sin\theta$，$|\boldsymbol{O^*P}| = \dfrac{1}{d}$，故 $\lambda = 2d\sin\theta$，得证。

这个结果说明，自 O^* 点发出的矢量 $\boldsymbol{O^*P}$，只要其端点 P 触及圆周即满足衍射的条件，对应的正空间的面网可发生衍射，衍射方向为从圆心指向该圆周上的倒易点，如图 3-11(d)中的 $\boldsymbol{OP}$。

可将上述描述拓宽至三维空间,假设在空间存在一个半径为 $\frac{1}{\lambda}$ 的球,球面与倒易原点 O^* 相切。令 X 射线沿着球的直径方向入射并到达 O^* 点,则落在球面上所有倒易点均满足布拉格条件,对应的正空间的面网均可发生衍射,衍射方向由球心指向球面上的倒易点,这些倒易点的倒易矢量长度之倒数为衍射晶面间距,如图 3-11(e)所示。该球被命名为反射球,该方法由厄瓦尔德提出,故反射球也被称为厄瓦尔德球。这种作图方法就被称为厄瓦尔德图解法。

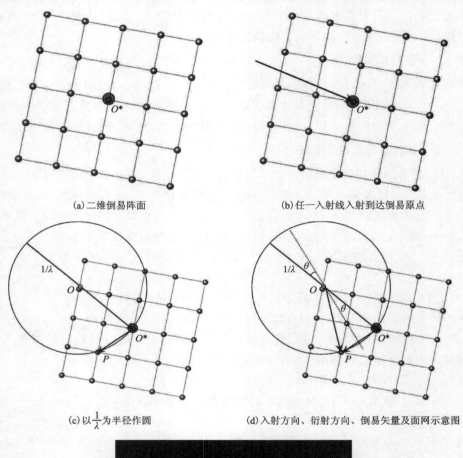

(a) 二维倒易阵面　　　　　　　　(b) 任一入射线入射到达倒易原点

(c) 以 $\frac{1}{\lambda}$ 为半径作圆　　　　　　(d) 入射方向、衍射方向、倒易矢量及面网示意图

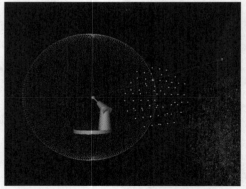

(e) 三维空间的厄瓦尔德图解法示意图

图 3-11　厄瓦尔德图解法的基本原理示意图

利用厄瓦尔德图解法在倒易空间进行衍射条件分析,衍射问题更为简便。

因为反射球半径为 $\frac{1}{\lambda}$,所以 X 射线的波长越短,则反射球的半径及球面面积越大,可能出现在球面上的倒易点数就越多,因此能够发生衍射的晶面就越多。另外,反射球半径 $\frac{1}{\lambda}$ 越大,则球面上最长倒易矢量就越长,参加衍射的最小晶面间距会越小,说明采用短波长的 X 射线照射晶体,能够发生衍射的晶面越多。

3.3.2.2 极限球

如图 3-12 所示,假定倒易空间中半径为 $\frac{1}{\lambda}$ 的反射球围绕倒易原点 O^* 进行空间旋转,凡处于以 $\frac{2}{\lambda}$ 为半径的球内的倒易点(空心的小圆圈)都可能在某一瞬间与反射球面相交,对应的正空间的晶面均有可能发生衍射,而该球外的倒易点(实心点)则在任何情况下都不会落在反射球面上,故不满足衍射的条件。因此,把这个以 O^* 为中心、$\frac{2}{\lambda}$ 为半径的球称为极限球。它限制了在一定条件下可能发生衍射晶面的范围,即满足 $g_{hkl} \leqslant \frac{2}{\lambda}$ 的晶面才能发生

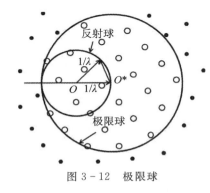

图 3-12 极限球

衍射,很显然,这与布拉格方程的衍射条件($d_{hkl} \geqslant \frac{\lambda}{2}$ 的面网能发生衍射)一致。λ 值越小,极限球越大,落在极限球内的倒易点就越多,可能发生衍射的晶面也越多。

3.3.2.3 用厄瓦尔德图解法解释 X 射线在晶体中的衍射

厄瓦尔德作图法是较为重要的工具,可简单明了地解释 X 射线在晶体中的各种衍射现象,还可以解释各种 X 射线的衍射方法。

对于单色 X 射线,λ 恒定,即倒易空间的反射球半径 $\frac{1}{\lambda}$ 恒定。对于固定不动的晶体试样,其倒易点的空间分布也是固定的,此时只有落在反射球面上的倒易点才能满足衍射条件。如果入射线与晶面(hkl)之间的夹角 θ 也不能改变时,面网间距 d_{hkl} 则被固定,其倒易矢长度和方向均已确定。在这种情况下,该倒易矢量刚好与反射球相交的可能性是非常小的。解决该问题的方法有 3 种。

1. 单晶劳埃法

单晶劳埃法的实验图如图 3-13(a)所示,采用波长连续改变的 X 射线照射固定不动的单晶体以获得衍射花样。单晶劳埃法的厄瓦尔德图解法的原理如图 3-13(b)所示,X 射线入射方向不变,波长从 λ_0 连续变化到 λ_m,则反射球半径从 $\frac{1}{\lambda_0}$ 连续变化到 $\frac{1}{\lambda_m}$。这些反射球的球面均与倒易原点 O^* 相切。凡是落在这两个球面之间区域的倒易点必会落在某一波长所对应的反射球面上,因此均满足衍射条件,故采用单晶劳埃法时会有更多的晶面发生衍射。反射球心指向倒易点的方向为衍射方向,但是不同波长对应不同的反射球心位置,图 3-13(b)中波长

为λ_0对应球心为O_1、λ_m对应球心为O_2。倒易点A位于半径为$\frac{1}{\lambda_m}$的反射球与半径为$\frac{1}{\lambda_0}$的反射球面之间的区域,显然该点必满足布拉格方程,必将有一个反射球面通过该倒易点。假设A点面网指数为(320),表明晶面(320)发生了衍射,其衍射方向的确定方法是:首先,连接O^*和A,再作O^*A的垂直平分线NN',交水平轴于O',则O'为此刻的反射球心,$O'A$方向即为该晶面(320)的衍射方向,同理也可获得其他晶面的衍射方向。

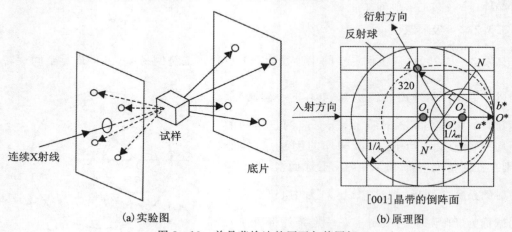

图 3-13 单晶劳埃法的厄瓦尔德图解

2. 周转晶体法

周转晶体法的实验如图 3-14(a)所示,采用单色 X 射线照射转动的单晶体以获得衍射花样的方法。单晶体绕着某一主晶轴旋转,X 射线的入射方向和波长 λ 固定,底片安装在圆筒内壁,可在底片上接收 X 射线的衍射花样。周转晶体法的厄瓦尔德图解法原理如图 3-14(b)所示,半径为$\frac{1}{\lambda}$的反射球固定,单晶体的倒易点阵可划分为一系列平行的倒易阵面。当晶体不动时,则反射球浸没在倒易点阵中,此时有可能没有任何阵点落在反射球面上,得不到衍射花样,或者只有有限的倒易点落在反射球面上,得到有限的衍射斑点。而当晶体绕某一晶轴旋转时,相当于其倒易点阵绕过倒易原点O^*并与反射球相切的轴线转动,如图 3-14(b)所示的倒易阵面绕主轴旋转,这样倒易阵面上的各倒易点将瞬时通过反射球面的某一位置,从而满足衍射条件。处在与旋转轴垂直的同一平面上的倒易点与反射球面相交,其交点分布在一个圆上。衍射方向从反射球心O指向该圆周上的倒易点,也就是说这些衍射光束必定位于同一圆锥面上,从而在底片上形成一系列的衍射层线[图 3-14(a)]。由周转晶体方式可以看出,最大倒易矢长度为反射球的直径,因此凡满足$g_{hkl} \leqslant \frac{2}{\lambda}$条件的倒易点所对应的面网均可能发生衍射。该法可以确定晶体在转轴方向上的点阵周期,同理也可获得其他方向上的点阵周期,进而得到晶体的结构信息。

3. 多晶体衍射法

多晶体衍射法是采用单色 X 射线照射多晶试样以获得多晶体衍射花样的方法,图 3-15 为多晶体的厄瓦尔德图解法原理图。倒易格子中的任意一倒易点(hkl),对应于正格子中的一

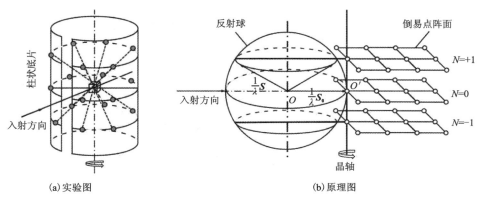

图 3-14 周转晶体法的厄瓦尔德图解

组面网,面网间距为 d_{hkl}[图 3-15(a)]。某一波长的入射 X 射线从 S_0 方向照射晶体,倒易点 (hkl)不落在反射球面上,因而不满足衍射条件,如图 3-15(b)所示。由于多晶样品中颗粒无穷多,每个颗粒的取向是任意的,即取向不同,其倒易矢量的方向亦不同,必有颗粒取向使得该倒易点落在反射球面上,产生衍射,如图 3-15(c)所示,衍射方向为 S_1。当然,也有颗粒的取向使得相同面网(hkl)的倒易点落在反射球面的另一侧,亦可产生衍射,如图 3-15(d)所示。无穷多的颗粒任意方位排列,所以某一晶面族{hkl}上的晶面的倒易点在倒空间是均匀分布的,倒易矢长度相同,这些倒易点将落在一个以倒易原点为中心的球面上,构成一个半径为 $|g_{hkl}|=\dfrac{1}{d_{hkl}}$ 的球,称为倒易球,如图 3-15(e)所示。该倒易球面与反射球的交线为圆,见图 3-15(f)。根据厄瓦尔德图解法,落在反射球上的所有倒易点对应的正空间的晶面均可发生衍射,其衍射方向由反射球心指向球面上的倒易点,因此衍射线组成了一个圆锥[图 3-15(g)]。若采用平板状胶片或探测器记录,则衍射谱为一圆环[图 3-15(g)]。多晶体中面网间距不同的晶面在倒空间中的倒易点组成了以倒易原点 O^* 为球心的不同半径的同心倒易球,这些倒易球面与反射球面相交后,其交线为一系列半径不等的同心圆。在实验过程中,即使多晶试样不动,各个倒易球面上的倒易点也有机会充分与反射球面相交。从反射球心到该圆上的各点的衍射线形成了半顶角为 2θ 的衍射圆锥,如图 3-15(h)所示。如果垂直于入射线方向放置一张底片,用于接收 X 射线的衍射信息,则这些衍射圆锥在底片上可形成一系列同心圆环,称为德拜环。每个圆环为晶面间距相等的晶面的衍射结果,通过计算可得到不同面网间距 d。

如果利用衍射仪的计数器,计数器沿反射圆周移动,扫描并接收不同方位上的衍射线计数强度。不同方位即衍射角 2θ 不同,不同方位得到的衍射线必属于不同面网间距的面网的衍射。检测器同时记录 2θ 和其位置上的计数强度,就可得到一个衍射峰(因为满足布拉格条件的程度不同,故为衍射峰,而不是理想的衍射线),此时将直观的衍射圆转化为数据,以图谱来表示。一个粉末晶体的衍射谱由一系列衍射峰构成,每个衍射峰对应于粉末晶体中相同晶面间距面网的衍射。

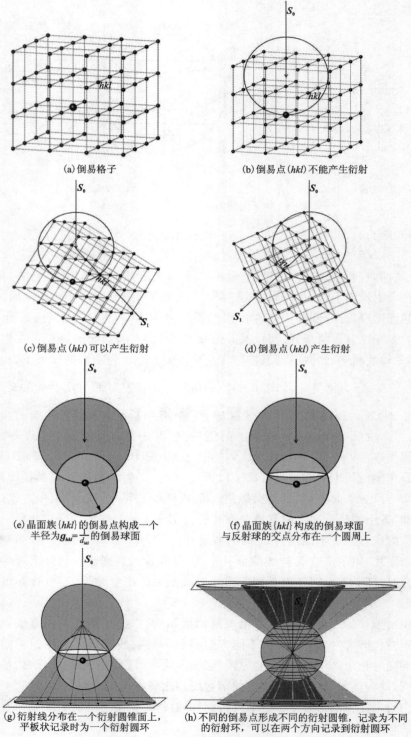

图 3-15 多晶体衍射法的厄瓦尔德图解

本章小结

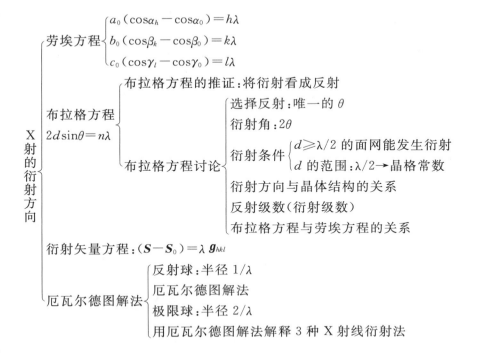

思考题

1. 为什么劳埃法用连续 X 射线,而周转晶体法用单一波长的特征 X 射线?
2. 衍射方向与晶体结构有什么关系?试用方程式举例推导说明。
3. 有一原始格子立方晶体,$a=0.286$nm,用铜的 Cu K_α 射线($\lambda=1.542$ Å)照射时,能产生几条衍射线?用铜的 Fe K_α 射线($\lambda=1.94$ Å)照射时,能产生几条衍射线?
4. 使用 Cu K_α 作为入射线($\lambda=1.542$Å),对于具有下列结构物质的粉末图谱,试预测随着角度的增加,该粉末图谱中出现的前 3 个衍射峰的 2θ 和 hkl。
(1) 简单立方($a=3.00$Å)
(2) 简单四方($a=3.00$Å,$c=2.00$Å)
(3) 简单六方($a=2.00$Å,$c=3.00$Å)
5. 已知萤石属于立方晶系,$a=5.450\,0$Å,试计算用 Cu K_α 射线($\lambda=1.542$Å)照射时,求 2θ 在 $10°\sim60°$ 范围内可能产生衍射的 2θ 和面网指数(面网间距保留 4 位小数,衍射角度保留 2 位小数)。
6. 已知方解石(Calcite,$CaCO_3$)属六方晶系,它的晶胞参数为 $a=4.989$Å,$c=17.062$Å,测得方解石的晶体密度 $D_0=2.711$g/cm³,试求方解石的单位晶胞中的分子数 Z。已知方解石的(211)面网衍射峰的 $2\theta=25.25°$,试求入射 X 射线的波长,并根据波长判断其靶材。

4 X射线衍射强度

劳埃方程和布拉格方程只是确定了产生衍射的条件及衍射方向,只与X射线的波长、晶胞的大小和形状有关。通过对衍射方向的测定,理论上可以确定晶体结构的对称类型和晶胞参数。但是,满足该关系并不一定就会产生衍射线,即使产生衍射线,也无法确定衍射强度的大小和分布。图4-1为两种不同类型的立方晶胞,其中图4-1(a)为底心晶胞,图4-1(b)为体心晶胞。由于晶胞中原子的位置不同,因此,分别对X射线产生的衍射结果不同。

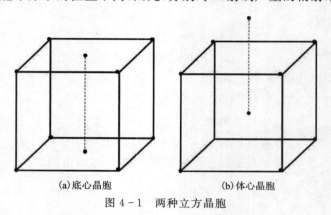

(a)底心晶胞　　(b)体心晶胞
图4-1 两种立方晶胞

图4-2为图4-1中的两种晶胞的(001)面对X射线的衍射图。图4-2(a)为底心晶胞,1、2为两条平行入射至面网间距为d的相邻(001)面的X射线,并沿$1'$、$2'$方向产生衍射线,则必满足光程差$\delta=n\lambda$,假设光程差$\delta=AB+BC=\lambda$。在图4-2(b)的体心晶胞中,由于(002)面上有原子对X射线产生散射,考察两相邻面网的散射。同理,1、3为相邻面网的入射线,并沿$1'$、$3'$方向产生散射线,光程差$\delta=DE+EF=\frac{1}{2}(AB+BC)=\frac{1}{2}\lambda$,因此,$1'$、$3'$反相,强度互相抵消,$2'$则与下面一个$4'$互相抵消。故对于体心晶胞,(001)面网没有衍射。

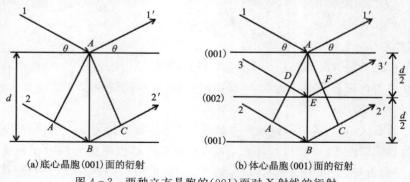

(a)底心晶胞(001)面的衍射　　(b)体心晶胞(001)面的衍射
图4-2 两种立方晶胞的(001)面对X射线的衍射

该例子说明，晶胞中原子的位置对衍射强度的影响非常大。事实上，衍射强度不但与晶胞中原子的位置有关，还与原子的种类和数量有关。晶体是由晶胞按三维空间点阵排列组成，每个晶胞中包含若干个按一定位置分布的原子，而原子是由原子核和若干个核外电子组成，因此首先考虑单电子、单原子、单个晶胞对 X 射线的散射能力。当 X 射线照射到晶体上时，由于一束入射 X 射线不可能绝对平行，而有一定角度的发散性，晶体有一定的大小和缺陷，晶体中的原子不停地进行热运动，晶体对 X 射线也有一定程度的吸收。鉴于以上原因，为了建立晶胞中原子位置和衍射强度之间的严格关系，必须考虑几何上和物理上的一些修正因子。因此，晶体对 X 射线的衍射强度可以按照图 4-3 来讨论。

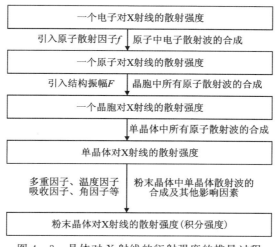

图 4-3　晶体对 X 射线的衍射强度的推导过程

4.1　单电子对 X 射线的散射强度

根据电磁波理论，原子对 X 射线的散射主要是由核外电子引起的，而不是原子核引起的，因为原子核的质量很大，相比之下电子更容易受到激发产生振动。电子对 X 射线的散射有两种情况，一种是受原子核束缚较紧的电子与 X 射线作用后，电子绕其平衡位置产生受迫振动，向空间辐射与入射线频率相同的电磁波，由于波长、频率相同，会发生相干散射；另一种是 X 射线作用于束缚较松的电子上，发生非相干散射。在此仅讨论相干散射。由于 X 射线有偏振和非偏振的区别，下文分别对其进行讨论。

4.1.1　单电子对偏振 X 射线的散射强度

假设一束偏振 X 射线沿入射方向作用于一个电子上，该电子发生受迫振动，振动频率与入射 X 射线频率相同。由电动力学可知，电子获得了一定的加速度，并向空间辐射出与入射 X 射线频率相同的电磁波。

为便于讨论，建立如图 4-4 所示的坐标系，P 为观测点，电子位于坐标系的原点 O，X 射线沿 OX 方向

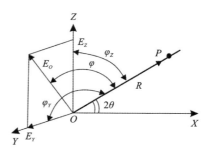

图 4-4　一个电子对 X 射线的散射

入射,并使 OP 位于 XOZ 面内,令 $OP=R$,入射线与散射线的夹角为 2θ,电磁波的电场强度为 E_0,在 Y 轴和 Z 轴上的分量为 E_Y 和 E_Z。电子在电场的作用下,产生加速度,在 P 点的电场强度为

$$E_P = E_0 \cdot \frac{r_e}{R} \cdot \sin\varphi \tag{4-1}$$

式中:r_e 为经典电子半径,$r_e = \frac{e^2}{4\pi\varepsilon_0 mc^2} = 2.817\,938\times10^{-15}\,\text{m}$($e$ 为电子电荷,ε_0 为真空介电常数,m 为电子质量,c 为光速);R 为散射方向上 P 点距离散射中心 O 的距离;φ 为散射方向与 E_0 的夹角。

由于 P 点的散射强度 I_P 正比于该点的电场强度的平方,因此

$$\frac{I_P}{I_0} = \frac{E_P^2}{E_0^2} = \left(\frac{r_e}{R}\right)^2 \cdot \sin^2\varphi \tag{4-2}$$

I_0 为入射光强度,所以,P 点处单电子对偏振 X 射线的散射强度为

$$I_P = I_0 \cdot \left(\frac{e^2}{4\pi\varepsilon_0 mc^2}\right)^2 \cdot \frac{1}{R^2} \cdot \sin^2\varphi \tag{4-3}$$

4.1.2 单电子对非偏振 X 射线的散射强度

通常情况下 X 射线是非偏振的,其电场矢量在垂直于入射方向的平面内的任意方向。如图 4-4 所示,φ_Z、φ_Y 分别为 OP 方向与 Z 轴和 Y 轴的夹角。由于 E_0 在各方向的概率相等,所以 $E_Y = E_Z$。因为 $E_0^2 = E_Z^2 + E_Y^2 = 2E_Z^2 = 2E_Y^2$,所以 $I_Y = I_Z = \frac{1}{2}I_0$。

假设 E_Y 和 E_Z 分别产生的散射强度为 I_{YP}、I_{ZP},类似电子对偏振入射 X 射线的散射过程,其散射强度分别为

$$I_{YP} = I_Y \cdot \left(\frac{e^2}{4\pi\varepsilon_0 mc^2}\right)^2 \cdot \frac{1}{R^2} \cdot \sin^2\varphi_Y \tag{4-4}$$

$$I_{ZP} = I_Z \cdot \left(\frac{e^2}{4\pi\varepsilon_0 mc^2}\right)^2 \cdot \frac{1}{R^2} \cdot \sin^2\varphi_Z \tag{4-5}$$

将 $\varphi_Y = \frac{\pi}{2}$,$\varphi_Z = \frac{\pi}{2} - 2\theta$ 代入上式,再由 $I_P = I_{YP} + I_{ZP}$ 可得

$$I_P = I_0 \cdot \left(\frac{e^2}{4\pi\varepsilon_0 mc^2}\right)^2 \cdot \frac{1+\cos^2 2\theta}{2} \cdot \frac{1}{R^2} \tag{4-6}$$

式(4-6)则为单电子对 X 射线散射的汤姆逊(J. J. Thomson)公式。观察这一公式,可以看出:在 $2\theta=0$ 或 $2\theta=\pi$ 处,$\frac{1+\cos^2 2\theta}{2}=1$,散射强度最强,也只有这些波才符合相干散射的条件。在 $2\theta\neq 0$ 处散射线的强度减弱,在 $2\theta=\frac{1}{2}\pi$ 或 $2\theta=\frac{3}{2}\pi$ 时,因为 $\frac{1+\cos^2 2\theta}{2}=\frac{1}{2}$,所以在与入射线垂直的方向上散射线强度减弱得最多。这说明非偏振 X 射线经过电子散射后,其散射强度在空间的各个方向上变得不同了,其强度随 $\frac{1+\cos^2 2\theta}{2}$ 而变化,即散射线被偏振化了,故称 $\frac{1+\cos^2 2\theta}{2}$ 为偏振因子或极化因子。这一因子很重要,以后在强度计算中都要考虑这一项的影响。

单个电子对 X 射线的散射是最基本的散射,其强度可以看成是衍射强度的自然单位,对所有散射强度的定量处理都是基于这一约定的。又因为主要考虑的是电子本身的散射本领,因此可将 I_P 改成 I_e,这样式(4-3)和式(4-6)又可分别写成

$$I_e = I_0 \cdot \left(\frac{e^2}{4\pi\varepsilon_0 mc^2}\right)^2 \cdot \frac{1}{R^2} \cdot \sin^2\varphi \quad （偏振入射） \quad (4-7)$$

$$I_e = I_0 \cdot \left(\frac{e^2}{4\pi\varepsilon_0 mc^2}\right)^2 \cdot \frac{1+\cos^2 2\theta}{2} \cdot \frac{1}{R^2} \quad （非偏振入射） \quad (4-8)$$

若将相关参数代入式(4-7)或式(4-8),可见在距离电子 1m 的地方,一个电子对 X 射线的散射强度在不同方向不同,而且非常小。

4.2 单原子对 X 射线的散射强度

原子由原子核与核外电子组成,原子核又由质子和中子组成。由于中子不带电,仅由带电的质子散射 X 射线,且质子的质量是单个电子的 1836 倍。由汤姆逊公式可知,质子对 X 射线的散射强度仅为电子的 $\frac{1}{1836^2}$,故可忽略原子核对 X 射线的散射。因此,原子对 X 射线的散射可以看成核外电子对 X 射线散射的总和。

假设原子核外有 Z 个电子,受原子核束缚较紧,且集中于一点,则单原子对 X 射线的散射强度 I_a 就是 Z 个电子对 X 射线的散射强度之和,即

$$I_a = I_0 \cdot \left[\frac{Ze^2}{4\pi\varepsilon_0 (m)c^2}\right]^2 \cdot \frac{1+\cos^2 2\theta}{2R^2} = Z^2 \cdot I_e \quad (4-9)$$

此时单个原子对 X 射线的散射强度为单个电子对 X 射线散射强度的 Z^2 倍。

但实际上,原子的核外电子并非集中于一点,而是按照电子云分布规律分布在原子核外的不同位置。因此,不同位置的电子散射波必然存在周相差。由于用于衍射分析的 X 射线波长与原子的直径为同一数量级,这种周相差的影响不可忽略,这样单个原子对 X 射线的散射为各电子散射波的矢量合成。

图 4-5 为原子中的电子对 X 射线的散射示意图,一束 X 射线由 L_1、L_2 沿水平方向入射到原子核

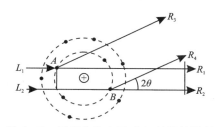

图 4-5 原子中的电子对 X 射线的散射

外的两个电子 A 和 B 上,被电子散射。如果两个电子散射波沿水平方向传播至 R_1、R_2 点,此时两个电子散射波周相完全相同,合成波的振幅等于各散射波的振幅之和,这是一个 $2\theta=0$ 的特殊方向。如果两个电子散射波以一定角度 $2\theta>0$ 分别散射至 R_3、R_4 点,散射线路程 $L_1 A R_3$ 与 $L_2 B R_4$ 有所不同,两个电子散射波存在一定周相差,必然要发生干涉,原子中电子间距通常小于入射线半波长,即电子散射波之间周相差小于 π,因此任何位置都不会出现散射波振幅完全抵消的现象,这与布拉格反射不同。当然在此情况下,任何位置也不会出现振幅成倍增加的现象($2\theta=0$ 除外),即合成波振幅永远小于各电子散射波振幅的代数和。

为评价原子散射能力，引入系数 f，称为原子散射因子(atomic scattering factor)，它是考虑了各个电子散射波的位相差之后原子中所有电子散射波合成的结果。数值上，它是在相同条件下，原子散射波与一个电子散射波的波振幅之比。由于强度与振幅的平方成正比，故有

$$f = \frac{A_a}{A_e} = \sqrt{\frac{I_a}{I_e}} \tag{4-10}$$

式中：A_a、A_e 分别为 X 射线受一个原子相干散射波的振幅和受一个电子相干散射波的振幅；I_a、I_e 分别为 X 射线受一个原子相干散射波的强度和受一个电子相干散射波的强度。

原子散射波的振幅也可以理解为以一个电子散射波的振幅为单位度量的一个原子的散射波振幅，所以有时也叫原子散射波振幅，反映的是一个原子将 X 射线向某个方向散射时的散射效率。理论分析表明，随着 $\sin\theta$ 的增大，原子中电子散射波之间的周相差增大，即原子散射因子减小。当 θ 固定时，X 射线波长 λ 愈短则电子散射波之间的周相差愈大。因此，原子散射因子随 $\frac{\sin\theta}{\lambda}$ 的增大而减小（图 4-6）。各种元素原子的散射因子可通过理论计算或查表获得。原子散射因子计算公式为

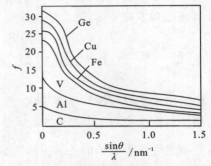

图 4-6 若干原子的原子散射因子与 $\frac{\sin\theta}{\lambda}$ 的关系曲线

$$f = \left\{ \sum_{i=1}^{5} a_i \exp\left[-b_i \cdot \left(\frac{\sin\theta}{\lambda}\right)^2 \right] \right\} + C \tag{4-11}$$

式中：a_i、b_i、C 为对应每个元素的系数，可通过查表或原子散射因子查询软件得到，再代入式(4-11)计算出 f。

根据式(4-10)，单原子对 X 射线的散射强度表示为

$$I_a = f^2 \cdot I_e \tag{4-12}$$

4.3 单个晶胞对 X 射线的散射强度

晶胞是由多个原子组成的，因此单位晶胞对 X 射线的散射强度即为单位晶胞中各原子散射 X 射线强度的合成。根据晶胞中原子的数量和种类，从两个方面来讨论单个晶胞对 X 射线的散射强度：①具有简单结构的晶胞对 X 射线的散射强度；②具有复杂结构的晶胞对 X 射线的散射强度。

4.3.1 具有简单结构的晶胞对 X 射线的散射强度

简单结构的晶胞即每个晶胞中只有一个原子，则单原子散射 X 射线的强度就是一个晶胞散射 X 射线的强度，可用单原子对 X 射线的散射强度表示：$I_a = f^2 \cdot I_e$。

4.3.2 具有复杂结构的晶胞对 X 射线的散射强度

复杂结构的单位晶胞中包含多个原子，原子散射波之间的周相差必然引起波的干涉效应，合成波被加强或减弱，甚至会消失。为了描述复杂结构的晶胞对 X 射线散射强度的影响，引入结构因子的概念。

4.3.2.1 结构因子

晶胞是由原子组成的,因此晶胞对 X 射线的散射强度为晶胞中各个原子散射 X 射线强度的合成。如图 4-7 所示,在直角坐标系中有一复杂结构单位晶胞,三轴基矢分别为 a、b、c,O 和 A 为单位晶胞中的任意两个原子,设 O 为晶胞的原点,原子 A 的分数坐标为 (x_j, y_j, z_j),则 OA 可表示为 $r_j = x_j\boldsymbol{a} + y_j\boldsymbol{b} + z_j\boldsymbol{c}$(正空间晶向),X 射线沿 S_0 方向入射,S 为散射方向,设 S_0 和 S 均为单位矢量。则光程差为

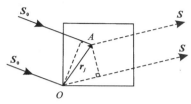

图 4-7 复杂结构的单位晶胞中原子间的相干散射

$$\delta_j = \boldsymbol{r}_j \cdot \boldsymbol{S} - \boldsymbol{r}_j \cdot \boldsymbol{S}_0 = \boldsymbol{r}_j \cdot (\boldsymbol{S} - \boldsymbol{S}_0) \tag{4-13}$$

相位差为

$$\varphi_j = \frac{2\pi}{\lambda} \times \delta_j = 2\pi \, \boldsymbol{r}_j \cdot \frac{\boldsymbol{S} - \boldsymbol{S}_0}{\lambda} \tag{4-14}$$

根据布拉格方程以及倒易点阵的知识,(hkl) 晶面衍射矢量方程为 $\frac{\boldsymbol{S} - \boldsymbol{S}_0}{\lambda} = \boldsymbol{g}_{hkl}$,倒易矢量为 $\boldsymbol{g}_{hkl} = h\boldsymbol{a}^* + k\boldsymbol{b}^* + l\boldsymbol{c}^*$,$\boldsymbol{a}^*$、$\boldsymbol{b}^*$、$\boldsymbol{c}^*$ 为倒空间的基础矢量。因此有

$$\varphi_j = 2\pi(x_j\boldsymbol{a} + y_j\boldsymbol{b} + z_j\boldsymbol{c}) \cdot (h\boldsymbol{a}^* + k\boldsymbol{b}^* + l\boldsymbol{c}^*) = 2\pi(hx_j + ky_j + lz_j) \tag{4-15}$$

设复杂点阵晶胞中有 n 个原子,第 j 个原子的原子散射因子为 f_j,其散射波的振幅为 $A_a = f_j A_e e^{i\varphi_j}$,其中 A_e 为一个电子散射 X 射线的振幅。而一个晶胞散射 X 射线的振幅是晶胞中全部原子散射波振幅的合成,用 A_b 表示。

$$A_b = A_e(f_1 e^{i\varphi_1} + f_2 e^{i\varphi_2} + \cdots + f_j e^{i\varphi_j}) = A_e \sum_{j=1}^{n} f_j e^{i\varphi_j} \tag{4-16}$$

则

$$\frac{A_b}{A_e} = \sum_{j}^{n} f_j e^{i\varphi_j} \tag{4-17}$$

令 $F_{hkl} = \frac{A_b}{A_e}$,$F_{hkl}$ 称为结构振幅,反映了单位晶胞对 X 射线的散射能力。

由式(4-15)和式(4-17)可得,结构振幅的表达式为

$$F_{hkl} = \sum_{j=1}^{n} f_j e^{2\pi i(hx_j + ky_j + lz_j)} \tag{4-18}$$

写成三角函数的形式为

$$F_{hkl} = \sum_{j=1}^{n} f_j [\cos 2\pi(hx_j + ky_j + lz_j) + i\sin 2\pi(hx_j + ky_j + lz_j)] \tag{4-19}$$

由于强度与振幅的平方成正比,所以复杂晶胞对 X 射线散射强度为

$$I_b = |F_{hkl}|^2 I_e \tag{4-20}$$

式(4-20)表明,$|F_{hkl}|^2$ 决定了晶胞的散射强度,它表征了晶胞内原子种类、原子个数及原子位置对 (hkl) 晶面衍射强度的影响,故称 $|F_{hkl}|^2$ 为结构因子。若某些晶面 (hkl) 的结构因子 $|F_{hkl}|^2 = 0$,则 $I_b = 0$,该面网不发生衍射,称为消光。可见晶面 (hkl) 是否发生衍射取决

于结构因子或者结构振幅。

4.3.2.2 结构因子与消光规律

晶胞中原子的位置和种类会影响其对 X 射线的衍射,可通过结构因子计算公式讨论。用到的数学关系(欧拉公式)有以下几种:① $e^{\pi i}=e^{3\pi i}=e^{5\pi i}=e^{(2n+1)\pi i}=\cos[(2n+1)\pi]+i\sin[(2n+1)\pi]=-1$;② $e^{2\pi i}=e^{4\pi i}=e^{8\pi i}=e^{2n\pi i}=\cos 2n\pi+i\sin 2n\pi=1$;③ $e^{n\pi i}=\cos n\pi+i\sin n\pi=(-1)^n$;④ $e^{n\pi i}=e^{-n\pi i}$;⑤ $e^{xi}+e^{-xi}=2\cos x$。

1. 点阵系统消光规律

1)简单点阵(原始格子)

如图 4-8(a)所示,简单点阵即每个晶胞中的原子数为 1,分布在 8 个角顶,其坐标为 $(0,0,0)$,原子散射因子为 f,由式(4-18)计算可得 $F_{hkl}=fe^{2\pi i(h\times 0+k\times 0+l\times 0)}=f$,即对于简单点阵,结构振幅与 h、k、l 指数无关,无论 h、k、l 取什么值,结构因子 $|F_{hkl}|^2\neq 0$,故所有晶面都能产生衍射。

2)底心点阵(底心格子)

如图 4-8(b)所示,底心点阵的原子分布在 8 个角顶和 1 组对面的面心,晶胞中的原子数为 2。如 C 心点阵,角顶的原子坐标为 $(0,0,0)$,上下底面原子的坐标为 $\left(\frac{1}{2},\frac{1}{2},0\right)$。原子散射因子为 f,其结构振幅为 $F_{hkl}=fe^{2\pi i(h\times 0+k\times 0+l\times 0)}+fe^{2\pi i(h\times\frac{1}{2}+k\times\frac{1}{2}+l\times 0)}=f+fe^{\pi i(h+k)}$。当 $h+k=2n$ 时(n 为整数),$F_{hkl}=2f$,结构因子 $|F_{hkl}|^2=4f^2$;当 $h+k=2n+1$(n 为整数),$F_{hkl}=0$,结构因子 $|F_{hkl}|^2=0$。

因此,对于 C 心格子晶体,$h+k$ 为奇数的面网不会产生衍射,如(100)、(010)等面网没有衍射;$h+k$ 为偶数的面网有衍射效应,如(001)、(110)、(200)等面网会产生衍射。

同理,对于 A 心格子晶体或 B 心格子晶体,$k+l$ 或 $h+l$ 为奇数的面网不会发生衍射,$k+l$ 或 $h+l$ 为偶数的面网有衍射。

3)面心点阵(面心格子)

如图 4-8(c)所示,面心点阵即晶胞中原子分布在 8 个角顶和 3 组对面的面心,晶胞中的原子数为 4,其坐标分别为 $(0,0,0)$、$\left(\frac{1}{2},\frac{1}{2},0\right)$、$\left(\frac{1}{2},0,\frac{1}{2}\right)$、$\left(0,\frac{1}{2},\frac{1}{2}\right)$。将坐标代入结构振幅的计算公式可得,$F_{hkl}=f[1+e^{\pi i(h+k)}+e^{\pi i(h+l)}+e^{\pi i(l+k)}]$。当 h、k、l 全为奇数或全为偶数时,$F_{hkl}=4f$,则 $|F_{hkl}|^2=16f^2$;当 h、k、l 为奇偶混杂时,$h+k$、$k+l$ 和 $h+l$ 总有两奇一偶,因此,$F_{hkl}=0$,$|F_{hkl}|^2=0$。

因此对于面心格子的晶体,面网指数为奇偶混杂的面网不产生衍射,如(101)面网不发生衍射;面网指数是全奇或全偶的面网有衍射效应,如(111)、(200)、(222)等面网有衍射。

4)体心点阵(体心格子)

如图 4-8(d)所示,体心点阵即晶胞中原子分布在 8 个角顶和体心,晶胞中的原子数为 2,其坐标分别为 $(0,0,0)$、$\left(\frac{1}{2},\frac{1}{2},\frac{1}{2}\right)$。将坐标代入结构振幅的计算公式可得 $F_{hkl}=f+fe^{\pi i(h+k+l)}$。当 $h+k+l=2n$(n 为整数)时,$F_{hkl}=2f$,则 $|F_{hkl}|^2=4f^2$;当 $(h+k+l)=2n+1$(n 为整数)时,$F_{hkl}=0$,则 $|F_{hkl}|^2=0$。

因此,对于体心格子晶体,面网指数之和为奇数的面网不会产生衍射效应,如(001)、(111)等面网无衍射;面网指数之和为偶数的面网有衍射,如(110)、(200)、(211)等面网有衍射。

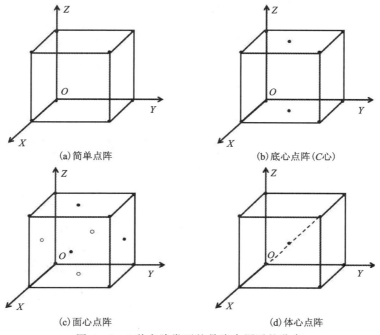

图 4-8　4 种点阵类型的晶胞中原子的分布

综上所述,对同类原子组成的简单点阵没有消光现象;而带心点阵,如底心、体心、面心点阵,由于每个晶胞中原子数 $n>1$,使得某些晶面,如(100)面的相邻原子面之间嵌入了一个排列有结点的面网,会引起散射波的相消干涉而造成消光。把这种只决定于晶体点阵类型的消光现象,称为点阵系统消光规律。14 种布拉维格子的 4 种最基本类型的点阵系统消光规律总结列入表 4-1 中。

表 4-1　4 种基本类型点阵系统消光规律

布拉维点阵	可发生衍射晶面指数	无衍射效应的晶面指数
简单点阵(P)	h、k、l 为任意数	无
底心点阵(A、B、C)	$(k+l)/(h+l)/(h+k)$ 为偶数	$(k+l)/(h+l)/(h+k)$ 为奇数
体心点阵(I)	$h+k+l$ 为偶数	$h+k+l$ 为奇数
面心点阵(F)	h、k、l 全奇或全偶	h、k、l 奇偶混杂

注意:①结构振幅 F_{hkl} 的大小与点阵类型、原子种类、原子位置和数目有关,但与点阵参数(a、b、c、α、β、γ)无关;②消光规律仅与点阵类型有关,同种点阵类型的不同晶系的晶体具有相同的消光规律,如立方、四方、斜方等晶系的体心格子晶体消光规律相同,即 $h+k+l$ 为奇数时均出现消光;③以上消光规律反映了点阵类型与衍射谱之间的关系,它仅决定于点阵类型,称这种消光为点阵系统消光。

2. 结构系统消光

表4-1所列的消光规律是对同类原子组成的最简单晶体的结构因子进行计算得到的,这些晶体中的一个原子与布拉维点阵中的一个阵点相对应。对于结构复杂的晶体,布拉维点阵中的一个阵点与一群原子相对应,这群原子散射波干涉后可能加强或减弱,甚至相互抵消,因此会引起附加的消光规律,称为结构系统消光规律。这些引起附加消光的原子可能为同类原子,也可能为不同类原子,通过旋转或平移等对称要素的操作而存在。下面举例讨论结构系统消光。

1) 金刚石型结构

金刚石是碳的一种结晶形态,具有面心立方点阵结构。晶胞中有8个碳原子,分别分布在角顶、面心和晶胞内部,如图4-9所示。其中晶胞内部的4个碳原子是由滑移面和螺旋轴的操作得到。整体结构相当于面心立方点阵加上一个体对角线的 $\frac{1}{4}$ 平移,由两个简单面心立方点阵的穿插形成。

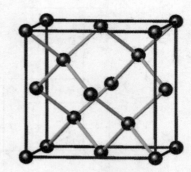

图4-9 金刚石单位晶胞中碳原子的分布

8个碳原子的坐标分别为 $\left(\frac{1}{2},\frac{1}{2},0\right)$、$\left(\frac{1}{2},0,\frac{1}{2}\right)$、$\left(0,\frac{1}{2},\frac{1}{2}\right)$、$\left(\frac{1}{4},\frac{1}{4},\frac{1}{4}\right)$、$\left(\frac{3}{4},\frac{3}{4},\frac{1}{4}\right)$、$\left(\frac{3}{4},\frac{1}{4},\frac{3}{4}\right)$、$\left(\frac{1}{4},\frac{3}{4},\frac{3}{4}\right)$。同样,将坐标代入结构振幅的计算公式,根据原子坐标特点,前4个点为面心格子坐标,则结构振幅为面心点阵结构振幅,用 F_F 表示,则结构振幅 $F_{hkl}=F_F+fe^{2\pi i\left(\frac{h}{4}+\frac{k}{4}+\frac{l}{4}\right)}+fe^{2\pi i\left(\frac{3h}{4}+\frac{3k}{4}+\frac{l}{4}\right)}+fe^{2\pi i\left(\frac{3h}{4}+\frac{k}{4}+\frac{3l}{4}\right)}+fe^{2\pi i\left(\frac{h}{4}+\frac{3k}{4}+\frac{3l}{4}\right)}$。

后4项提出公因子 $fe^{\frac{i\pi}{2}(h+k+l)}$,则有

$$F_{hkl}=F_F+fe^{\frac{i\pi}{2}(h+k+l)}[1+e^{i\pi(h+k)}+e^{i\pi(h+l)}+e^{i\pi(l+k)}]$$
$$=F_F+F_Fe^{\frac{i\pi}{2}(h+k+l)}=F_F[1+e^{\frac{i\pi}{2}(h+k+l)}]$$

具体分析如下。

(1) 由面心点阵可知,当 h、k、l 奇偶混杂时,$F_F=0$,则 $F_{hkl}=0$,结构因子 $|F_{hkl}|^2=0$。

(2) 当 h、k、l 全为奇数时,则 $h+k+l=2n+1$(n 为任意整数),此时 $F_F=4f$,

$$1+e^{\frac{i\pi}{2}(h+k+l)}=1+\cos\frac{\pi}{2}(h+k+l)+i\sin\frac{\pi}{2}(h+k+l)$$
$$=1+\cos\frac{\pi}{2}(2n+1)+i\sin\frac{\pi}{2}(2n+1)$$
$$=1+i\sin\frac{\pi}{2}(2n+1)$$
$$=1+i(-1)^n$$

则 $F_{hkl}=4f(1\pm i)$,$|F_{hkl}|^2=F_{hkl}\cdot F_{hkl}^*=4f(1\pm i)\cdot 4f(1\mp i)=16f^2(1+1)=32f^2$。

(3) 当 h、k、l 全为偶数,且 $h+k+l=4n$ 时,$F_{hkl}=4f(1+e^{2n\pi i})=8f$,$|F_{hkl}|^2=16f^2$。

(4) 当 h、k、l 全为偶数,但 $h+k+l\neq 4n$ 时,$F_{hkl}=0$,则 $|F_{hkl}|^2=0$。

从以上分析可知，金刚石型晶体能出现衍射的条件为晶面指数为全奇或全偶，这与简单面心点阵一致。但由于结构消光的影响，在全偶的面网指数中，$h+k+l\neq 4n$ 时衍射也不会出现，如(200)、(222)、(420)。不过衍射谱上出现全奇或全偶指数晶面的衍射，说明金刚石属于面心点阵，而全偶中消失掉的衍射线，则为确定晶胞中原子的具体位置提供了线索。

2) 氯化钠晶体结构

金刚石结构系统消光是因为同类原子在晶胞内分布位置不同造成的。但对于氯化钠，因为晶胞中有两类原子，其散射因子不等，这时会出现另外一种现象，造成不同面网的衍射强度不同。

如图 4-10 所示，氯化钠为立方面心晶胞，晶胞中的原子数为 8，分别为 4 个钠原子和 4 个氯原子，其坐标为 Na：$(0,0,0)$、$\left(\frac{1}{2},\frac{1}{2},0\right)$、$\left(\frac{1}{2},0,\frac{1}{2}\right)$、$\left(0,\frac{1}{2},\frac{1}{2}\right)$；Cl：$\left(\frac{1}{2},\frac{1}{2},\frac{1}{2}\right)$、$\left(1,1,\frac{1}{2}\right)$、$\left(1,\frac{1}{2},1\right)$、$\left(\frac{1}{2},1,1\right)$。

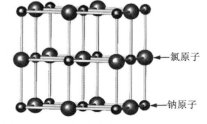

图 4-10　氯化钠单位晶胞中的原子分布

代入结构振幅的计算公式

$$F_{hkl}=f_{\text{Na}}[1+e^{\pi i(h+k)}+e^{\pi i(h+l)}+e^{\pi i(l+k)}]+f_{\text{Cl}}e^{i\pi(h+k+l)}[1+e^{\pi i(h+k)}+e^{\pi i(h+l)}+e^{\pi i(l+k)}]$$
$$=[1+e^{\pi i(h+k)}+e^{\pi i(h+l)}+e^{\pi i(l+k)}][f_{\text{Na}}+f_{\text{Cl}}e^{i\pi(h+k+l)}]$$
$$=F_F[f_{\text{Na}}+f_{\text{Cl}}e^{i\pi(h+k+l)}]$$

具体分析如下。

(1) 上式 F_F 反映了面心点阵结构振幅的特点，当 h、k、l 奇偶混杂时，$F_F=0$，则 $|F_{hkl}|^2=0$。

(2) 当 h、k、l 全奇或全偶时，$F_F=4$，则 $F_{hkl}=4[f_{\text{Na}}+f_{\text{Cl}}e^{i\pi(h+k+l)}]$，出现两种情况。① 当 $h+k+l=2n$ 时，$F_{hkl}=4(f_{\text{Na}}+f_{\text{Cl}})$，则 $|F_{hkl}|^2=16(f_{\text{Na}}+f_{\text{Cl}})^2$；② 当 $h+k+l=2n+1$ 时，$F_{hkl}=4(f_{\text{Na}}-f_{\text{Cl}})$，则 $|F_{hkl}|^2=16(f_{\text{Na}}-f_{\text{Cl}})^2$。

因此，氯化钠晶体的衍射图谱上不出现 h、k、l 奇偶混杂面网的衍射，只出现 h、k、l 全奇或全偶面网的衍射线，且全偶面网的衍射强度比全奇面网的衍射强度高一些。

3) 密排六方结构

如图 4-11 所示，密排六方结构由 3 个平行六面体原胞组成，原胞由两个同类原子组成，坐标分别为 $(0,0,0)$、$\left(\frac{1}{3},\frac{2}{3},\frac{1}{2}\right)$，原子散射因子为 f，代入结构振幅计算公式，$F_{hkl}=f+fe^{2\pi i\left(\frac{h}{3}+\frac{2k}{3}+\frac{l}{2}\right)}=f[1+e^{2\pi i\left(\frac{h}{3}+\frac{2k}{3}+\frac{l}{2}\right)}]$，则

$$|F_{hkl}|^2=F_{hkl}\cdot F_{hkl}^*=f^2[1+e^{2\pi i\left(\frac{h}{3}+\frac{2k}{3}+\frac{l}{2}\right)}]\cdot[1+e^{-2\pi i\left(\frac{h}{3}+\frac{2k}{3}+\frac{l}{2}\right)}]$$
$$=f^2\left[2+2\cos 2\pi\left(\frac{h}{3}+\frac{2k}{3}+\frac{l}{2}\right)\right]$$
$$=4f^2\cos^2\left(\frac{h}{3}+\frac{2k}{3}+\frac{l}{2}\right)\pi$$

具体分析如下。

(1) 当 $h+2k=3n$，且 l 为奇数时，$|F_{hkl}|^2=0$。

(2) 当 $h+2k=3n$，且 l 为偶数时，$|F_{hkl}|^2=4f^2$。

(3) 当 $h+2k=3n+1$,且 l 为奇数时,$|F_{hkl}|^2=3f^2$。

(4) 当 $h+2k=3n+1$,且 l 为偶数时,$|F_{hkl}|^2=f^2$。

(5) 当 $h+2k=3n+2$,且 l 为奇数时,$|F_{hkl}|^2=3f^2$。

(6) 当 $h+2k=3n+2$,且 l 为偶数时,$|F_{hkl}|^2=f^2$。

从以上分析可知,密排六方结构中的面网只有在面网指数 $h+2k=3n$,且 l 为奇数时消光,除此之外的面网均可产生衍射线,只是强度有差异。

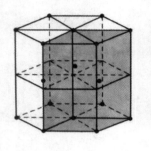

图 4-11 密排六方晶体结构

4) 超点阵结构

超点阵结构是指某些合金在较高温度形成无序的固溶体,当温度降到临界温度时形成原子分布有序化的结构,也称为有序-无序固溶体。如原子比为 1∶3 的 Au-Cu 合金(Cu_3Au)即为其中的一种,当温度高于 395℃时为无序的固溶体,金原子和铜原子随机地出现于立方面心结构的顶点和面心,每种原子在每个位置出现的概率为各自在化合物中的原子百分数[图 4-12(a)]。当温度低于 395℃时,结构转变为有序的面心立方点阵,金原子位于 8 个顶点,铜原子位于面心[图 4-12(b)]。下面分别讨论 Au-Cu 合金的无序态和有序态的消光规律。

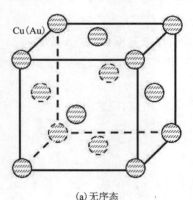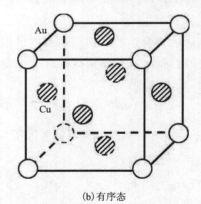

(a) 无序态　　　　　　　　　　　　(b) 有序态

图 4-12 Au-Cu 合金的有序-无序晶胞

对于 Au-Cu 合金的无序态,顶点和面心的原子可看成是一个平均原子,原子散射因子 $f_{平均}=(0.25f_{Au}+0.75f_{Cu})$,4 个平均原子组成了面心点阵,原子的坐标为 $(0,0,0)$、$\left(\frac{1}{2},\frac{1}{2},0\right)$、$\left(\frac{1}{2},0,\frac{1}{2}\right)$、$\left(0,\frac{1}{2},\frac{1}{2}\right)$,代入结构振幅的计算公式有 $F_{hkl}=f[1+e^{\pi i(h+k)}+e^{\pi i(h+l)}+e^{\pi i(l+k)}]$。其消光规律也类似于面心点阵,即 h、k、l 奇偶混杂时,$F_{hkl}=0$,出现消光。

当 Au-Cu 合金为有序态时,原子坐标分别为 Au$(0,0,0)$、Cu$\left(\frac{1}{2},\frac{1}{2},\frac{1}{2}\right)$。此时,原子散射因子不需要计算,因为不同位置被确定的原子占据,则有 $F_{hkl} = f_{Au} + f_{Cu}[1+e^{\pi i(h+k)}+e^{\pi i(h+l)}+e^{\pi i(l+k)}]$。当 h,k,l 全奇或全偶时,$F_{hkl}=f_{Au}+3f_{Cu}$;当 h,k,l 为奇偶混杂时,$F_{hkl}=f_{Au}-f_{Cu}$。

由此可见,Au-Cu 有序固溶体的所有(hkl)晶面都能发生衍射,与原始格子相同,只是全奇或全偶的面网产生的衍射与奇偶混杂的面网产生的衍射强度不同。

Au-Cu 有序-无序固溶体的 X 射线衍射图谱不同。全奇或全偶指数晶面产生的衍射线条称为基本线条,无论是有序或无序,这些线条都在同样位置出现。有序固溶体的衍射图谱上增加的奇偶混杂指数线条,称为超点阵线条,它的出现是固溶体有序化的证据。当 Au-Cu 固溶体从无序向有序状态过渡时,超点阵线条的逐渐增强。根据超点阵线条的强度,可以测定合金的长程有序度。

4.4 单个理想小晶体对 X 射线的散射强度

4.4.1 干涉函数及其分布

单个理想小晶体由有限个晶胞在三维方向堆垛而成,每个晶胞可以看成是一个散射源,小晶体的散射振幅为各单位晶胞的散射振幅的叠加。如图 4-13 所示,假设该小晶体在三维方向堆垛的晶胞数分别为 N_1、N_2、N_3,晶胞总数 $N=N_1 \times N_2 \times N_3$,晶胞基矢量分别为 $\boldsymbol{a}$、$\boldsymbol{b}$、$\boldsymbol{c}$。设晶胞 j 为其中任一晶胞,坐标为(m,n,p),其位置矢量可表示为 $\boldsymbol{r}_j = m\boldsymbol{a}+n\boldsymbol{b}+p\boldsymbol{c}$。则该晶胞与原点晶胞散射波的位相差为

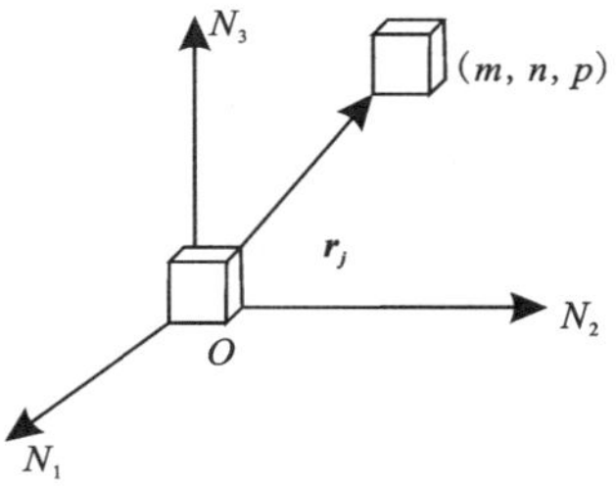

$$\varphi_j = 2\pi \boldsymbol{g}_{hkl} \cdot \boldsymbol{r}_j = 2\pi(hm+kn+lp) \quad (4-21)$$

图 4-13 单晶体的点阵示意图

则小晶体的合成振幅为

$$A_m = A_b \sum_{j=1}^{N} e^{i\varphi_j} = A_e F_{hkl} \sum_{j=1}^{N} e^{i\varphi_j} \quad (4-22)$$

式中:A_m 为单个小晶体的合成振幅;A_b 为单位晶胞的散射振幅。

令 $G = \dfrac{\text{单晶体的散射振幅}}{\text{单胞的散射振幅}}$,则

$$G = \frac{A_m}{A_b} = \sum_{j=1}^{N} e^{i\varphi_j} = \sum_{m=0}^{N_1-1} e^{2\pi mhi} \sum_{n=0}^{N_2-1} e^{2\pi nki} \sum_{p=0}^{N_3-1} e^{2\pi pli} \quad (4-23)$$

令 $G_1 = \sum\limits_{m=0}^{N_1-1} e^{2\pi mhi}, G_2 = \sum\limits_{n=0}^{N_2-1} e^{2\pi nki}, G_3 = \sum\limits_{p=0}^{N_3-1} e^{2\pi pli}$,则

$$G = G_1 G_2 G_3 \quad (4-24)$$

则

$$|G|^2 = G \cdot G^* = (G_1 \cdot G_1^*) \times (G_2 \cdot G_2^*) \times (G_3 \cdot G_3^*) \quad (4-25)$$

式(4-23)和式(4-25)经数学推导得

$$|G|^2 = \frac{\sin^2(\pi N_1 h)}{\sin^2(\pi h)} \times \frac{\sin^2(\pi N_2 k)}{\sin^2(\pi k)} \times \frac{\sin^2(\pi N_3 l)}{\sin^2(\pi l)} \quad (4-26)$$

$|G|^2$ 称为干涉函数。

由于散射强度正比于散射振幅的平方,因此

$$I_m = I_b |G|^2 = I_e |F|^2 |G|^2 \quad (4-27)$$

干涉函数 $|G|^2$ 的物理意义即为单晶体的散射强度与单胞的散射强度之比。

如果散射方向严格符合布拉格方程,则式(4-26)中的 h、k、l 均为整数,即式中各项都属于 0/0 型的极限函数,可得到 $|G|^2 = (N_1)^2(N_2)^2(N_3)^2 = N^2$。因此,在散射方向严格符合布拉格方程的方向时,理想小晶体 (hkl) 晶面的最大散射强度为

$$I_m = I_e |F|^2 N^2 \quad (4-28)$$

如果散射方向与布拉格方程发生微小偏离,如 h 发生微小偏离 ε_1,同时 k 和 l 仍为整数,则式(4-26)变为

$$|G|^2 = \frac{\sin^2[\pi N_1(h+\varepsilon_1)]}{\sin^2[\pi(h+\varepsilon_1)]} \times (N_2 N_3)^2 \approx \frac{\sin^2(\pi N_1 \varepsilon_1)}{(\pi \varepsilon)^2} \times (N_2 N_3)^2 \quad (4-29)$$

式(4-28)、式(4-29)表明,当 $\varepsilon_1 = 0$ 时衍射强度为最大。在稍偏离布拉格角方向($\varepsilon_1 \neq 0$),干涉函数并不立即为零,只有当 $\varepsilon_1 = \pm\frac{1}{N_1}$、$\pm\frac{2}{N_1}$ … 时干涉函数为零,强度为零。同理,其他方向 $\varepsilon_2 = \pm\frac{1}{N_2}$、$\pm\frac{2}{N_2}$ … 时和 $\varepsilon_3 = \pm\frac{1}{N_3}$、$\pm\frac{2}{N_3}$ … 时强度也消失。

图 4-14 为干涉函数随 ε 的变化示意图。由图可知,除了布拉格角上的主峰外,还存在一系列干涉函数的副峰,但由于这些副峰强度极低,常见 X 射线衍射是不易发现的。主峰有一定的宽度分布在 $-\frac{1}{N} \leqslant \varepsilon \leqslant \frac{1}{N}$ 区间,当晶胞数量 N 无限大时,这个范围为零,此时散射强度都集中在布拉格角上。而当 N 越小,则主峰范围愈大。因此,晶体对 X 射线的衍射只在一定的方向上产生衍射线,且每条衍射线本身还具有一定的强度分布范围。

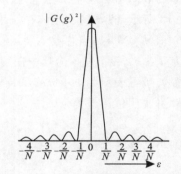

图 4-14 干涉函数随 ε 的变化示意图

显然主峰的强度取决于 N,即晶胞的数量,而 N 取决于 N_1、N_2、N_3,N_1、N_2、N_3 决定了晶体的形状,故也称 $|G|^2$ 为形状因子。

4.4.2 单晶体的散射强度

由于实际晶体都有一定的大小,因此单晶体散射强度公式[式(4-27)]中 $|G|^2$ 的主峰有一个分布范围,且晶体的尺寸愈小,$|G|^2$ 主峰的范围就愈大,实际的散射强度 I_m 应是主峰在强度范围内的积分强度为

$$I_m = I_e |F_{hkl}|^2 \frac{\lambda^3}{V_0^2} \Delta V \cdot \frac{1}{\sin 2\theta} = I_0 \cdot \left(\frac{e^2}{4\pi\varepsilon_0 mc^2}\right)^2 \cdot \frac{1+\cos^2 2\theta}{2\sin 2\theta} \cdot |F_{hkl}|^2 \cdot \frac{\lambda^3}{V_0^2} \Delta V \quad (4-30)$$

式中:ΔV 为单晶体体积;V_0 为单位晶胞体积。

4.5 多晶体的衍射强度

4.5.1 实际多晶体衍射的积分强度

多晶体是由许多单晶体(细小晶粒)组成的,因此 X 射线在多晶体中产生的衍射可以看成是各单晶体衍射的合成。多晶材料中每个晶体的(hkl)对应于倒空间中的一个倒易点,由于晶粒取向随机,各晶粒中同名(hkl)所对应的倒易阵点分布于半径为$\frac{1}{d_{hkl}}$的倒易球面上,倒易球的致密性取决于晶粒数。多晶中并非每个晶粒都能参与衍射,只有反射球与倒易球相交的交线圆周上的倒易阵点所对应的(hkl)晶面能够参与衍射。

由单晶体的衍射强度分析可知,衍射线均存在一个强度分布范围,意味着当某晶面(hkl)满足衍射条件产生衍射时,其衍射角有一定的波动范围,存在着$\Delta\theta$。倒易点也不是一个几何点,而是具有一定形状和大小的倒易体。多晶体的倒易点实际上是一个具有一定厚度的球,与反射球相交为具有一定宽度的环带,如图 4-15 所示的阴影部分。环带的面积 ΔS 与倒易球面积 S 之比代表了多晶体

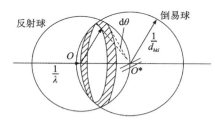

图 4-15 多晶体衍射的厄瓦尔德图解

中参与衍射的晶粒百分数。设参与衍射的晶粒数为 Δn,晶粒总数为 n,有以下关系

$$\frac{\Delta n}{n} = \frac{\Delta S}{S} = \frac{\left[2\pi \frac{1}{d_{hkl}} \sin(90°-\theta)\right] \times \frac{1}{d_{hkl}} \times \Delta\theta}{4\pi \frac{1}{d_{hkl}^2}} = \frac{\cos\theta}{2}\Delta\theta \tag{4-31}$$

所以

$$\Delta n = n \cdot \frac{\cos\theta}{2}\Delta\theta \tag{4-32}$$

则多晶体的衍射强度为

$$I_\text{多} = \Delta n \cdot I_m \tag{4-33}$$

将式(4-30)代入式(4-33),由于 Δn 中的 $\Delta\theta$ 已在单晶体衍射强度的推导中考虑过,故此处就不再考虑了。可得

$$I_\text{多} = I_e \cdot |F|^2 \cdot \frac{\lambda^3}{V_0^2} \cdot (n \cdot \Delta V) \cdot \frac{1}{4\sin\theta} \tag{4-34}$$

ΔV 为单晶体的体积,则 $n \cdot \Delta V$ 为多晶体中被辐射的体积。令 $n \cdot \Delta V = V$,这样上式化简为

$$I_\text{多} = I_e |F|^2 \cdot \frac{\lambda^3}{V_0^2} \cdot V \cdot \frac{1}{4\sin\theta} \tag{4-35}$$

以上计算的多晶体的衍射强度是整个衍射环带的积分强度,实际记录的衍射强度仅是测定环上单位弧长的积分强度。图 4-16 为单位弧长的衍射强度计算图,从试样中心出发向环

带引射线，从而形成具有一定厚度的衍射锥，强度测试装置位于衍射锥的底部环带处，记录的仅是锥底环带的一部分。如图 4-16 所示的离出射线最近的衍射环的一部分，设试样到锥底环带的距离为 R，衍射锥的半顶角为 2θ，衍射花样的圆环半径为 $R\sin2\theta$，周长为 $2\pi R\sin2\theta$，则单位弧长上的衍射强度为

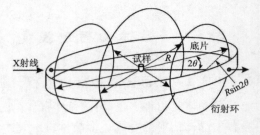

图 4-16 单位弧长的衍射强度计算

$$I = \frac{I_{\mathscr{Z}}}{2\pi R\sin2\theta} = \frac{I_0}{32\pi R} \cdot \left(\frac{e^2}{4\pi\varepsilon_0 mc^2}\right)^2 \cdot |F_{hkl}|^2 \cdot \frac{\lambda^3}{V_0^2} \cdot V \cdot \frac{1+\cos^2 2\theta}{\sin^2\theta\cos\theta} \quad (4-36)$$

其中，$\frac{1+\cos^2 2\theta}{\sin^2\theta\cos\theta}$ 项仅与衍射半角 θ 有关，故称为角因子或者洛伦兹偏振因子，一般用 L_P 表示，故式（4-36）可简化为

$$I = I_0 \cdot \frac{\lambda^3}{32\pi R} \cdot \left(\frac{e^2}{4\pi\varepsilon_0 mc^2}\right)^2 \cdot \frac{V}{V_0^2} \cdot |F_{hkl}|^2 \cdot L_P \quad (4-37)$$

4.5.2 影响多晶体衍射强度的其他因子

多晶体的实际衍射强度，除了前面考虑过的参加衍射的晶粒数、单位弧长的衍射强度外，还与多重因子、吸收因子和温度因子等有关。

4.5.2.1 多重因子

本书在第 1 章晶体学基础已经提过，同一晶面族 $\{hkl\}$ 中等同晶面的数量为该晶面的多重性因子 P_{hkl}。由于多晶体物质中某晶面族 $\{hkl\}$ 的各等同晶面的倒易球面互相重叠，它们的衍射强度必然也发生叠加。所以，多重因子的物理学意义是等同晶面个数对衍射强度的影响因素。例如立方晶系中的 $\{111\}$ 晶面族包含有 (111)、$(11\bar{1})$、$(1\bar{1}1)$、$(\bar{1}11)$、$(\bar{1}\bar{1}1)$、$(\bar{1}1\bar{1})$、$(1\bar{1}\bar{1})$、$(\bar{1}\bar{1}\bar{1})$ 8 个晶面，它们具有相同的晶面间距，当 $\{111\}$ 晶面满足衍射条件时，其包含的 8 个晶面都将参与衍射，而且衍射强度叠加在一起。因此，在计算多晶体物质衍射强度时，必须乘以多重因子。不同晶系不同的晶面族包含的等同晶面数也不同（表 1-10）。

考虑多重因子的影响，多晶体衍射强度计算公式为

$$I = I_0 \cdot \frac{\lambda^3}{32\pi R} \cdot \left(\frac{e^2}{4\pi\varepsilon_0 mc^2}\right)^2 \cdot \frac{V}{V_0^2} \cdot |F_{hkl}|^2 \cdot L_P \cdot P_{hkl} \quad (4-38)$$

4.5.2.2 吸收因子

在上述衍射强度公式的导出过程中，均未考虑试样本身对 X 射线的吸收效应。实际上由于衍射方向和衍射线在试样中的穿行路径不同，会造成实测值与计算值存在差异，而且这种差异随着 X 射线吸收系数的增大而增大。为了校正吸收效应，需要在衍射强度公式中乘以吸收因子 A。

$$A = \frac{\text{有吸收时的衍射强度}}{\text{无吸收时的衍射强度}}$$

则经修正后的衍射强度为

$$I = I_0 \cdot \frac{\lambda^3}{32\pi R^2} \cdot \left(\frac{e^2}{4\pi\varepsilon_0 mc^2}\right)^2 \cdot \frac{V}{V_0} \cdot |F_{hkl}|^2 \cdot L_P \cdot P_{hkl} \cdot A \quad (4-39)$$

吸收因子 A 与试样的线吸收系数、形状、尺寸和衍射角有关,试样通常有圆柱状和平板状两种,前者用于照相法,后者用于衍射仪法。圆柱状试样的吸收因子 A 主要取决于线吸收系数 μ_l、圆柱半径 r 和衍射半角 θ。现在实际应用中照相法已经被衍射仪法替代,X 射线粉晶衍射仪试样一般为平板状试样。如图 4-17 所示,入射线照射在平板状试样上并发生衍射,由于射线与平板试样的作用体积基本不变,故吸收因子与 θ 无关,仅与样品的线吸收系数 μ_l 有关,并可证明平板试样的吸收因子为常数,即为 $A = \dfrac{1}{2\mu_l}$。

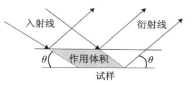

图 4-17 平板试样的吸收示意图

4.5.2.3 温度因子

在上述衍射强度的讨论中,假定原子是静止不动的,发生衍射时,原子所在的晶面严格满足衍射条件。而实际上晶体中的原子是绕其平衡位置不停地做热振动,且温度愈高,其振幅愈大。这样,在热振动过程中,原子离开了平衡位置,破坏了原来严格满足的衍射条件,从而使该原子所在反射面的衍射强度减弱。因此,需要引入温度因子,用来修正由于原子的热振动对衍射强度的影响。令

$$温度因子 = \dfrac{考虑原子热振动时的衍射强度}{未考虑原子热振动时的衍射强度}$$

由固体物理学中的比热理论,可导出该温度因子的大小为 e^{-2M},其中

$$M = \dfrac{6h^2}{mk\Theta}\left[\dfrac{\varphi(\chi)}{\chi} + \dfrac{1}{4}\right]\dfrac{\sin^2\theta}{\lambda^2} \qquad (4-40)$$

式中:h 为普朗克常量;m 为原子质量;k 为玻尔兹曼常量;Θ 为特征温度平均值;$\varphi(\chi)$ 为德拜函数;χ 为特征温度平均值 Θ 与试验温度 T 之比,$\chi = \dfrac{\Theta}{T}$;θ 为半衍射角。

温度愈高,原子热振动的振幅愈大,偏离衍射条件愈远,衍射强度的下降就愈大。当温度一定时,θ 愈大,M 愈大,e^{-2M} 愈小,这表明同一衍射花样中,θ 愈大,衍射强度下降的愈多。另外,由于入射 X 射线的波长 λ 一般为定值,因此,θ 的影响同样也反映了面网间距对衍射强度的影响。

由于原子的热振动偏离了衍射条件,使衍射强度下降,同时增加了衍射谱的背底噪声,且随 θ 的增加而加剧,这对衍射谱的分析不利。

综合以上各种影响因素,多晶体材料的衍射强度为

$$I = I_0 \cdot \dfrac{\lambda^3}{32\pi R} \cdot \left(\dfrac{e^2}{4\pi\varepsilon_0 mc^2}\right)^2 \cdot \dfrac{V}{V_0^2} \cdot |F_{hkl}|^2 \cdot L_P \cdot P_{hkl} \cdot A \cdot e^{-2M} \qquad (4-41)$$

4.5.3 实际多晶体的相对衍射强度

式(4-40)为多晶体衍射强度的绝对值,计算过程非常复杂,实际衍射分析中仅需要衍射强度的相对值。对于同一个衍射花样,式中的 $\dfrac{e^2}{4\pi\varepsilon_0 mc^2}$ 为常数;对于同一物相和相同的 X 射线源,式中的 $I_0 \cdot \dfrac{\lambda^3}{32\pi R} \cdot \dfrac{V}{V_0^2}$ 为常数,这样衍射线的相对强度为

$$I_{相} = |F_{hkl}|^2 \cdot L_P \cdot P_{hkl} \cdot A \cdot e^{-2M} \qquad (4-42)$$

若要比较同一衍射花样中不同物相的相对强度,需考虑各物相被照射的体积(V)以及各自的单胞体积(V_0),此时的相对强度为

$$I_{相} = |F|^2 \cdot L_P \cdot P_{hkl} \cdot A \cdot e^{-2M} \cdot \frac{V}{V_0^2} \tag{4-43}$$

4.6 晶体结构与X射线粉晶衍射图谱的关系举例

4.6.1 结构有序-无序对衍射图谱的影响

4.6.1.1 金铜合金系列(gold-copper system alloy)的晶体结构及X射线衍射特征

金铜合金在凝固时形成连续固溶体。金铜合金缓慢冷却时会发生有序转变,有序度与成分有关。表4-2列出了不同成分比例的金铜合金的晶体结构数据。

表4-2 不同成分比例的金铜合金的晶体结构数据

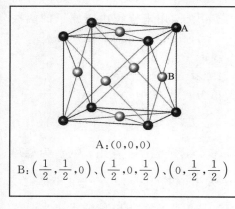

合金成分	空间群	晶胞参数	原子分布
Au	$Fm\bar{3}m(225)$	$a=4.080$Å	A=B:Au
CuAu$_3$	$Pm\bar{3}m(221)$	$a=3.980$Å	A:Cu B:Au
Cu$_{0.5}$Au$_{0.5}$	$Fm\bar{3}m(225)$	$a=3.872$Å	A=B:Cu$_{0.5}$Au$_{0.5}$
Cu$_3$Au	$Pm\bar{3}m(221)$	$a=3.753$Å	A:Au B:Cu
Cu$_{0.8}$Au$_{0.2}$	$Fm\bar{3}m(225)$	$a=3.724$Å	A=B:Cu$_{0.8}$Au$_{0.2}$
Cu	$Fm\bar{3}m(225)$	$a=3.625$Å	A=B:Cu

A:(0,0,0)
B:$(\frac{1}{2},\frac{1}{2},0)$、$(\frac{1}{2},0,\frac{1}{2})$、$(0,\frac{1}{2},\frac{1}{2})$

1. 晶体结构比较

如表4-2所示,当晶体结构中A、B原子种类相同,即合金中的Au、Cu无序分布时,结构为立方面心格子;当A、B原子种类不同,即合金中的Au、Cu有序分布时,结构为立方原始格子。

该合金系列的晶体结构中,A、B两种原子共同形成立方最紧密堆积(图4-18)。晶胞的大小取决于A、B两种原子的半径,$r_{Cu}=1.57$Å,$r_{Au}=1.76$Å,因此Au含量越高,晶胞参数越大(图4-19)。

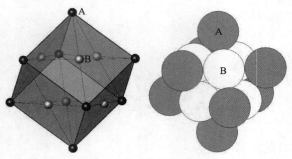

图4-18 立方最紧密堆积

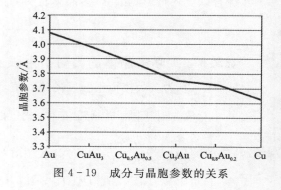

图4-19 成分与晶胞参数的关系

2. 相同晶面指数的衍射

图 4-20 所示为计算的金铜合金系列 X 射线衍射图谱。由图谱中可以看出，相同晶面指数的衍射峰中，其晶面间距只取决于晶胞参数，如图 4-21 所示为提取的面网(111)和面网(200)衍射。

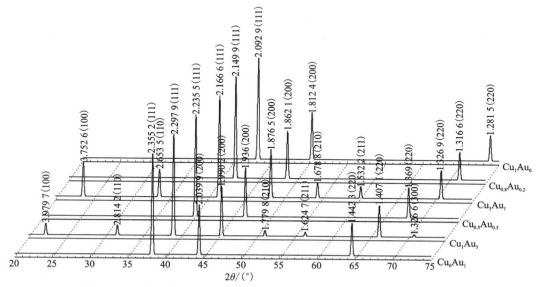

图 4-20　金铜合金系列计算 X 射线衍射图谱（用 Cu K_α 射线波长计算）

3. X 射线衍射图谱中的差异及解释

由图 4-20 可知，在金铜合金系列的 X 射线衍射图谱中，最大的差异是 $CuAu_3$ 和 Cu_3Au，比其他的合金相多出了很多衍射峰，如(100)、(110)、(210)、(211)等，其中面网(111)和(200)衍射见图 4-21。

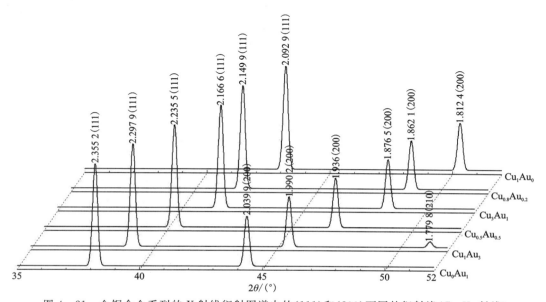

图 4-21　金铜合金系列的 X 射线衍射图谱中的(111)和(200)面网的衍射峰（Cu K_α 射线）

面网对 X 射线的衍射强度取决于该面网结构振幅 F_{hkl}，根据 $F_{hkl} = \sum f_n e^{2\pi i(hx_n+ky_n+lz_n)} = \sum f_n \cos 2\pi(hx_n+ky_n+lz_n)$ 计算结构振幅。表 4-3 列出了部分面网的结构振幅计算结果。

表 4-3 金铜合金系列部分面网结构振幅计算结果

各面网的结构振幅	当 $f_A = f_B$ 时	当 $f_A \neq f_B$ 时	
$F_{100} = f_A - f_B$	$F_{100} = 0$	$F_{100} = f_A - f_B$	弱峰
$F_{110} = f_A - f_B$	$F_{110} = 0$	$F_{110} = f_A - f_B$	弱峰
$F_{111} = f_A + 3f_B$	$F_{111} = f_A + 3f_B$	$F_{111} = f_A + 3f_B$	强峰
$F_{200} = f_A + 3f_B$	$F_{200} = f_A + 3f_B$	$F_{200} = f_A + 3f_B$	强峰
$F_{210} = f_A - f_B$	$F_{210} = 0$	$F_{210} = f_A - f_B$	弱峰
$F_{211} = f_A - f_B$	$F_{211} = 0$	$F_{211} = f_A - f_B$	弱峰
$F_{220} = f_A + 3f_B$	$F_{220} = f_A + 3f_B$	$F_{220} = f_A + 3f_B$	强峰

从表 4-3 可知，当 A、B 为同类原子时，即单质金、单质铜及无序分布的金铜合金，构成了立方面心格子，因此其衍射效应满足面心格子的消光规律，即只有当 h、k、l 全部为奇数或全部为偶数时，才可以产生衍射；当 A、B 为不同类原子时，即合金中 Au 和 Cu 有序分布时，构成立方原始格子，所有面网皆可以产生衍射。但相对而言，对于该合金系列，h、k、l 为奇偶混杂的面网，其结构振幅为两种原子的原子散射因子之差，因此其衍射峰强度较弱。

4.6.1.2 黄铜矿（chalcopyrite）的晶体结构及 X 射线衍射图谱特征

黄铜矿是分布最广的铜矿物，是炼铜的最主要矿物原料。在高温时，黄铜矿中 Cu 和 Fe 无序分布，形成闪锌矿型立方面心晶体结构。晶体缓慢冷却，结构中的 Cu 和 Fe 可逐渐有序分布，形成四方体心结构。晶体快速冷却时，会保持立方面心结构。立方和四方黄铜矿的晶体结构数据如表 4-4 所列。

表 4-4 立方和四方黄铜矿的晶体结构数据

立方相黄铜矿						四方相黄铜矿					
黄铜矿（CuFeS$_2$）						黄铜矿（CuFeS$_2$）					
$F\bar{4}3m(216)$ $a = 5.228$Å, $Z=2$						$I\bar{4}2d(122)$ $a = 5.289(1)$Å, $c = 10.423(1)$Å, $Z=4$					
Atom	Site	x	y	z	occ.	Atom	Site	x	y	z	occ.
Cu	4a	0	0	0	0.5	Cu	4a	0	0	0	1
Fe	4a	0	0	0	0.5	Fe	4b	0	0	0.5	1
S	4c	0.25	0.25	0.25	1	S	4c	0.2574	0.25	0.125	1

1. 立方黄铜矿和四方黄铜矿晶体结构比较

在立方黄铜矿的晶体结构中,Cu、Fe 无序地分布于晶胞的角顶和面心(立方最紧密堆积),即每个位置占据了 50% 的 Cu 和 50% 的 Fe,S 则充填在最紧密堆积形成的半数四面体空隙中,形成立方面心结构[图 4-22(a)];在四方黄铜矿的晶体结构中,S 的位置没有变化,而 Cu 和 Fe 则沿 c 轴方向交替分布,从而使得 c 轴轴长加倍,而 a、b 轴保持不变,形成四方体心结构。由于 Cu、Fe 的有序分布,使得四方黄铜矿的晶体结构中 c 轴并不严格是 a、b 轴的两倍[图 4-22(b)]。

四方黄铜矿的晶体结构可以看作是立方黄铜矿由于离子分布有序而形成的超结构。

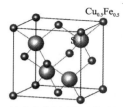

(a) 立方黄铜矿的晶体结构

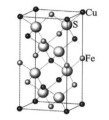

(b) 四方黄铜矿的晶体结构

图 4-22 立方和四方黄铜矿单位晶胞原子分布

2. 立方黄铜矿和四方黄铜矿 X 射线衍射图谱比较

图 4-23 为两种黄铜矿理论计算的 X 射线衍射图谱,图谱的特征如下。

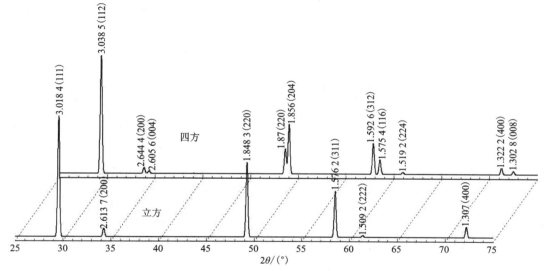

图 4-23 立方黄铜矿和四方黄铜矿的 X 射线衍射图谱(Cu K_α 射线计算图谱)

(1) 两者的主要衍射峰可以类比,但衍射指标有差异,立方黄铜矿的面网指数(hkl)演变为四方黄铜矿衍射指标时,指标加倍,原因是四方相时 c 轴轴长加倍,因此面网在 c 轴的截距变为原来立方相的一半,由于对应的面网指数(米氏指数)为截距的倒数,因而截距系数加倍,例如立方相的面网(111)对应四方相的面网(112),立方相的面网(222)对应四方相的面网(224)。而立方相的面网指数中 l 为 0 的指标则与四方相时的面网指标一致,如立方相的面网(200)对应四方相的面网(200),立方相的面网(220)对应四方相的面网(220)。

(2) 从立方黄铜矿到四方黄铜矿,有的衍射峰一一对应,如面网(111)对应面网(112),面网(222)对应面网(224);有的峰则一个分裂为两个,如面网(200)的衍射峰分裂为面网(200)

和面网(004)的衍射峰,面网(220)的衍射峰分裂为面网(220)和面网(204)的衍射峰,面网(311)的衍射峰分裂为面网(312)和面网(116)的衍射峰,面网(400)的衍射峰分裂为面网(400)和面网(008)的衍射峰,并且所分裂的两个峰强度比接近2:1,有的前强后弱,有的前弱后强。

3. 立方黄铜矿和四方黄铜矿X射线衍射图谱上一一对应的衍射峰的解释

图4-24为立方黄铜矿和四方黄铜矿一一对应的衍射峰,峰位置的偏移是由于两者晶胞参数的差异造成的。面网指数一一对应的原因如下。

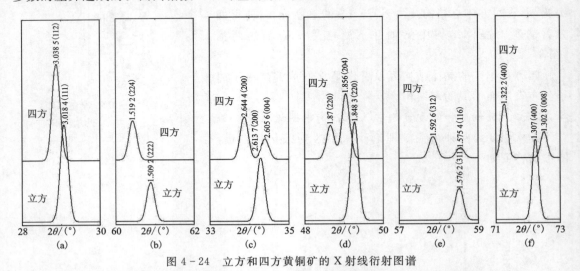

图4-24 立方和四方黄铜矿的X射线衍射图谱

注：一一对应的衍射峰(a、b)及一分裂为二的衍射峰(c~f)的局部放大(用Cu K_α 射线的波长计算)。

立方晶系的面网(111)衍射峰实际上代表(111)、(11$\bar{1}$)、(1$\bar{1}$1)、($\bar{1}$11)、(1$\bar{1}\bar{1}$)、($\bar{1}$1$\bar{1}$)、($\bar{1}\bar{1}$1)、($\bar{1}\bar{1}\bar{1}$)8组面网的衍射,即多重因子为8。变成四方晶系后,涉及c轴的指标加倍,即变为(112)、(11$\bar{2}$)、(1$\bar{1}$2)、($\bar{1}$12)、(1$\bar{1}\bar{2}$)、($\bar{1}$1$\bar{2}$)、($\bar{1}\bar{1}$2)、($\bar{1}\bar{1}\bar{2}$)8组面网,按照四方晶系的面网间距计算公式,该8组面网的面网间距相等,即(112)的多重因子等于8。因此,立方黄铜矿的(111)面网衍射变为四方晶系的(112)面网衍射,衍射峰一一对应。面网(222)衍射的情形与之相似,如表4-5所示。

4. 立方黄铜矿和四方黄铜矿X射线衍射图谱上一个峰分裂为两个峰的解释

图4-24中的(c)~(f)为立方黄铜矿到四方黄铜矿的衍射峰一分为二的情形。其原因如下。

立方晶系面网(200)衍射峰实际上代表(200)、($\bar{2}$00)、(020)、(0$\bar{2}$0)、(002)、(00$\bar{2}$)6组面网的衍射,即多重因子等于6。变成四方晶系时,前4个衍射未改变,即相当于四方晶系面网(200)衍射的多重因子等于4,而最后两组面网c轴的指标加倍,面网指数变为(004)和(00$\bar{4}$),即代表四方(004)的多重因子等于2。而四方晶系d_{200}和d_{004}面网间距不相等,因此产生峰的分裂,并且由于多重因子的差异,导致前者的衍射强度是后者的两倍。其他几例峰的分裂情况类似,见表4-5。

表 4-5 立方黄铜矿与四方黄铜矿各衍射峰的对应情况

立方黄铜矿		四方黄铜矿		峰对应情况
衍射峰	所代表的面网组	衍射峰	所代表的面网组	
(111)衍射	(111)、($11\bar{1}$)、($1\bar{1}1$)、($\bar{1}11$)、($1\bar{1}\bar{1}$)、($\bar{1}\bar{1}1$)、($\bar{1}1\bar{1}$)、($\bar{1}\bar{1}\bar{1}$)	(112)衍射	(112)、($11\bar{2}$)、($1\bar{1}2$)、($\bar{1}12$)、($1\bar{1}\bar{2}$)、($\bar{1}\bar{1}2$)、($\bar{1}1\bar{2}$)、($\bar{1}\bar{1}\bar{2}$)	与立方相一一对应
(222)衍射	(222)、($22\bar{2}$)、($2\bar{2}2$)、($\bar{2}22$)、($2\bar{2}\bar{2}$)、($\bar{2}\bar{2}2$)、($\bar{2}2\bar{2}$)、($\bar{2}\bar{2}\bar{2}$)	(224)衍射	(224)、($22\bar{4}$)、($2\bar{2}4$)、($\bar{2}24$)、($2\bar{2}\bar{4}$)、($\bar{2}\bar{2}4$)、($\bar{2}2\bar{4}$)、($\bar{2}\bar{2}\bar{4}$)	同上
(200)衍射	(200)、($\bar{2}00$)、(020)、($0\bar{2}0$)、(002)、($00\bar{2}$)	(200)衍射	(200)、($\bar{2}00$)、(020)、($0\bar{2}0$)	立方晶系的一个峰分裂为四方晶系的两个峰 $I_{200} \approx 2I_{004}$
		(004)衍射	(004)、($00\bar{4}$)	
(220)衍射	(220)、($\bar{2}20$)、($2\bar{2}0$)、($\bar{2}\bar{2}0$)、(202)、($\bar{2}02$)、($20\bar{2}$)、($\bar{2}0\bar{2}$)、(022)、($0\bar{2}2$)、($02\bar{2}$)、($0\bar{2}\bar{2}$)	(220)衍射	(220)、($\bar{2}20$)、($2\bar{2}0$)、($\bar{2}\bar{2}0$)	$I_{220} \approx \frac{1}{2}I_{204}$
		(204)衍射	(204)、($\bar{2}04$)、($20\bar{4}$)、($\bar{2}0\bar{4}$)、(024)、($0\bar{2}4$)、($02\bar{4}$)、($0\bar{2}\bar{4}$)	
(311)衍射	(311)、($31\bar{1}$)、($3\bar{1}1$)、($\bar{3}11$)、($3\bar{1}\bar{1}$)、($\bar{3}\bar{1}1$)、($\bar{3}1\bar{1}$)、($\bar{3}\bar{1}\bar{1}$)、(131)、($13\bar{1}$)、($1\bar{3}1$)、($\bar{1}31$)、($1\bar{3}\bar{1}$)、($\bar{1}\bar{3}1$)、($\bar{1}3\bar{1}$)、($\bar{1}\bar{3}\bar{1}$)、(113)、($11\bar{3}$)、($1\bar{1}3$)、($\bar{1}13$)、($1\bar{1}\bar{3}$)、($\bar{1}\bar{1}3$)、($\bar{1}1\bar{3}$)、($\bar{1}\bar{1}\bar{3}$)	(312)衍射	(312)、($31\bar{2}$)、($3\bar{1}2$)、($\bar{3}12$)、($3\bar{1}\bar{2}$)、($\bar{3}\bar{1}2$)、($\bar{3}1\bar{2}$)、($\bar{3}\bar{1}\bar{2}$)、(132)、($13\bar{2}$)、($1\bar{3}2$)、($\bar{1}32$)、($1\bar{3}\bar{2}$)、($\bar{1}\bar{3}2$)、($\bar{1}3\bar{2}$)、($\bar{1}\bar{3}\bar{2}$)	$I_{312} \approx 2I_{116}$
		(116)衍射	(116)、($11\bar{6}$)、($1\bar{1}6$)、($\bar{1}16$)、($1\bar{1}\bar{6}$)、($\bar{1}\bar{1}6$)、($\bar{1}1\bar{6}$)、($\bar{1}\bar{1}\bar{6}$)	
(400)衍射	(400)、($\bar{4}00$)、(040)、($0\bar{4}0$)、(004)、($00\bar{4}$)	(400)衍射	(400)、($\bar{4}00$)、(040)、($0\bar{4}0$)	$I_{400} \approx 2I_{008}$
		(008)衍射	(008)、($00\bar{8}$)	

4.6.2 成分相同或相近,晶相改变对衍射图谱的影响

ZrO_2 晶体在高温下常呈立方面心格子萤石型结构,但在低温时,会发生相变形成稳定的四方原始格子结构。立方相的 ZrO_2 具有各向同性的性质,而四方相的 ZrO_2 则在 c 轴方向与 a 轴、b 轴方向性质有差异,尤其是其热膨胀性,这是工业应用中至关重要的性质之一。

Zr 在结构中呈 +4 价,离子半径为 $r_{Zr^{4+}} = 0.72Å$。通过实验研究,人们发现 ZrO_2 晶体中掺入适量 Y^{3+} 替代 Zr^{4+} ($r_{Y^{3+}} = 0.90Å$),可控制其晶体结构的相变。表 4-6 列出了该系列 ZrO_2 晶体常温下的晶体结构数据。由表中数据可以看出,当掺入 Y 后的比例为 $Zr_{0.786}Y_{0.214}$ 时,常温下其晶体结构既可以为立方相,又可以为四方相,而掺入 Y 的量高于该比例时,则其

晶体结构在高温和常温下都保持立方面心晶体结构。

表 4-6 Y(钇)掺杂氧化锆的晶体结构数据

编号	成分	空间群	晶胞参数 / Å	a、b 面对角线
1	ZrO_2	$P4_2/nmc$ (137)	$a=3.5961(2), c=5.1770(4)$	5.8551(2)
2	$(Zr_{0.95}Y_{0.05})O_{1.97}$	$P4_2/nmc$ (137)	$a=3.6067(5), c=5.1802(6)$	5.0996(6)
3	$(Zr_{0.94}Y_{0.06})O_{1.88}$	$P4_2/nmc$ (137)	$a=3.602(8), c=5.179(1)$	5.0940(8)
4	$(Zr_{0.92}Y_{0.08})O_{1.96}$	$P4_2/nmc$ (137)	$a=3.6100(5), c=5.1647(7)$	5.1053(1)
5	$(Zr_{0.90}Y_{0.10})O_{1.95}$	$P4_2/nmc$ (137)	$a=3.6162(4), c=5.1576(6)$	5.1141(8)
6	$(Zr_{0.87}Y_{0.13})O_{1.94}$	$P4_2/nmc$ (137)	$a=3.6251(5), c=5.1401(8)$	5.1265(3)
7	$(Zr_{0.85}Y_{0.15})O_{1.93}$	$P4_2/nmc$ (137)	$a=3.6294(4), c=5.1433(8)$	5.1322(8)
8	$(Zr_{0.83}Y_{0.17})O_{1.92}$	$P4_2/nmc$ (137)	$a=3.6286(6), c=5.1371(8)$	5.1308(7)
9	$(Zr_{0.82}Y_{0.18})O_{1.92}$	$P4_2/nmc$ (137)	$a=3.6275(6), c=5.1371(9)$	5.1294(6)
10	$(Zr_{0.80}Y_{0.20})O_{1.90}$	$P4_2/nmc$ (137)	$a=3.6297(7), c=5.1394(10)$	5.1322(8)
11	$(Zr_{0.786}Y_{0.214})O_{1.89}$	$P4_2/nmc$ (137)	$a=3.6325(9), c=5.1426(20)$	5.1364(3)
12	$(Zr_{0.786}Y_{0.214})O_{1.89}$	$Fm\bar{3}m$ (225)	$a=5.1378(14)$	
13	$(Zr_{0.75}Y_{0.25})O_{1.875}$	$Fm\bar{3}m$ (225)	$a=5.165$	
14	$(Zr_{0.72}Y_{0.28})O_{1.862}$	$Fm\bar{3}m$ (225)	$a=5.16(2)$	

1. 晶体结构演变

如图 4-25(a)所示，在四方 ZrO_2 的[ZrO_8]配位多面体中，4 个 Zr—O 键长稍短，为 2.083Å，4 个 Zr—O 键长稍长，为 2.366Å。随着 Y 的掺杂进入，由于电价的差异，导致氧的数量减少(即氧空位增加)，同时(Zr,Y)—O 键的键长亦逐渐变得一致[图 4-25(b)]。晶胞参数的变化有如下规律：随着 Y 掺入量增加，晶体的 a 轴逐渐加长，而 c 轴则逐渐缩短。当 Y 的掺入量达到或超过$(Zr_{0.786}Y_{0.214})O_{1.89}$时，则 8 个 (Zr,Y)—O 键的键长相等，此时晶胞 ab 面的对角线长度等于 c 轴的长度[图 4-25(c)]，这时晶胞转化为标准的萤石型结构[图 4-25(d)、(e)]。从以上分析可以看出，ZrO_2 的四方结构和立方结构是有着密切联系和相似性的。

2. X 射线衍射特征

立方氧化锆及四方氧化锆的计算 X 射线衍射图谱如图 4-26 所示，两种结构的衍射图谱中，有的衍射峰二者为一一对应，如立方相的(111)与四方相的(101)，有的峰为立方相的一个衍射峰分裂为四方相的两个衍射峰，如立方相的(200)分裂为四方相的(002)和(110)，如表 4-7 所列。图 4-27(a)所示为立方相的(111)与四方相的(101)的对应关系，图 4-27(b)所示为立方相的(200)分裂为四方相的(002)和(110)。

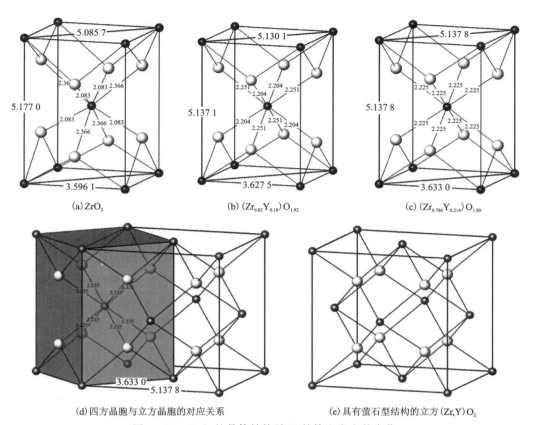

图 4-25 ZrO₂ 的晶体结构随 Y 的掺入发生的变化

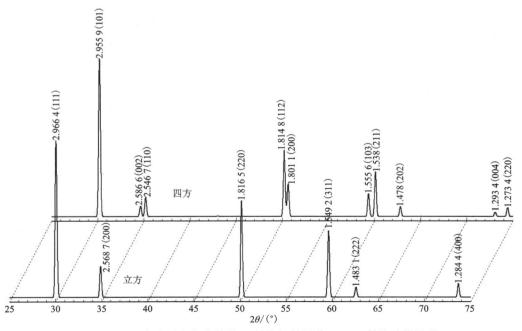

图 4-26 立方和四方氧化锆的 X 射线衍射图谱（Cu K_α 射线计算图谱）

表 4-7　立方氧化锆与四方氧化锆各衍射峰的对应情况

立方氧化锆		四方氧化锆		峰对应情况
衍射峰	所代表的面网组	衍射峰	所代表的面网组	
(111)衍射	(111)、(11$\bar{1}$)、(1$\bar{1}$1)、($\bar{1}$11)、(1$\bar{1}\bar{1}$)、($\bar{1}$1$\bar{1}$)、($\bar{1}\bar{1}$1)、($\bar{1}\bar{1}\bar{1}$)	(101)衍射	(101)、(10$\bar{1}$)、($\bar{1}$01)、($\bar{1}$0$\bar{1}$)、(011)、(01$\bar{1}$)、(0$\bar{1}$1)、(0$\bar{1}\bar{1}$)	与立方相一一对应
(222)衍射	(222)、(22$\bar{2}$)、(2$\bar{2}$2)、($\bar{2}$22)、(2$\bar{2}\bar{2}$)、($\bar{2}$2$\bar{2}$)、($\bar{2}\bar{2}$2)、($\bar{2}\bar{2}\bar{2}$)	(202)衍射	(202)、(20$\bar{2}$)、($\bar{2}$02)、($\bar{2}$0$\bar{2}$)、(022)、(02$\bar{2}$)、(0$\bar{2}$2)、(0$\bar{2}\bar{2}$)	同上
(200)衍射	(200)、($\bar{2}$00)、(020)、(0$\bar{2}$0)、(002)、(00$\bar{2}$)	(002)衍射	(002)、(00$\bar{2}$)	立方的一个峰分裂为四方的两个峰 $I_{002} \approx 1/2 I_{110}$
		(110)衍射	(110)、($\bar{1}$10)、(1$\bar{1}$0)、($\bar{1}\bar{1}$0)	
(220)衍射	(220)、($\bar{2}$20)、(2$\bar{2}$0)、($\bar{2}\bar{2}$0)、(202)、($\bar{2}$02)、(20$\bar{2}$)、($\bar{2}$0$\bar{2}$)、(022)、(0$\bar{2}$2)、(02$\bar{2}$)、(0$\bar{2}\bar{2}$)	(112)衍射	(112)、(11$\bar{2}$)、($\bar{1}$12)、($\bar{1}$1$\bar{2}$)、(1$\bar{1}$2)、(1$\bar{1}\bar{2}$)、($\bar{1}\bar{1}$2)、($\bar{1}\bar{1}\bar{2}$)	$I_{112} \approx 2 I_{200}$
		(200)衍射	(200)、($\bar{2}$00)、(020)、(0$\bar{2}$0)	
(311)衍射	(略)	(103)衍射	(略)	$I_{103} \approx 1/2 I_{211}$
		(211)衍射	(略)	
(400)衍射	(400)、($\bar{4}$00)、(040)、(0$\bar{4}$0)、(004)、(00$\bar{4}$)	(004)衍射	(004)、(00$\bar{4}$)	$I_{004} \approx 1/2 I_{220}$
		(220)衍射	(220)、($\bar{2}$20)、(2$\bar{2}$0)、($\bar{2}\bar{2}$0)	

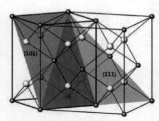

(a) 立方晶胞的(111)面网对应四方晶胞的(101)面网

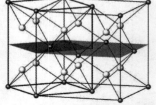

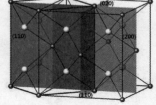

(b) 立方晶胞的(002)面网对应四方晶胞的(002)面网(左)，(200)和(020)对应(110)和(1$\bar{1}$0)(右)，四方晶胞的 $d_{110}=d_{1\bar{1}0}\neq d_{002}$，因此分裂

图 4-27　立方氧化锆和四方氧化锆晶胞中的面网对应示意图

本章小结

$$\text{X射线在晶体中的衍射强度} \begin{cases} \text{衍射强度公式推导} \begin{cases} \text{电子：} I_e = I_0 \cdot \left(\dfrac{e^2}{4\pi\varepsilon_0 mc^2}\right)^2 \cdot \dfrac{1+\cos^2\theta}{2} \cdot \dfrac{1}{R^2} \\ \text{原子：} I_a = f^2 \cdot I_e \\ \text{晶胞：简单晶胞 } I_a = f^2 \cdot I_e\text{；复杂晶胞 } I_b = |F_{hkl}|^2 I_e \\ \text{单晶体：} I_m = I_0 \cdot \left(\dfrac{e^2}{4\pi\varepsilon_0 mc^2}\right)^2 \cdot \dfrac{1+\cos^2 2\theta}{2\sin 2\theta} \cdot |F_{hkl}|^2 \cdot \dfrac{\lambda^3}{V_0^2}\Delta V \\ \text{多晶体：} I = I_0 \cdot \dfrac{\lambda^3}{32\pi R} \cdot \left(\dfrac{e^2}{4\pi\varepsilon_0 mc^2}\right)^2 \cdot \dfrac{V}{V_0^2} \cdot |F_{hkl}|^2 \cdot L_P \cdot P_{hkl} \cdot A \cdot e^{-2M} \\ \text{多晶体中X射线衍射的相对强度：} I_{相} = |F_{hkl}|^2 \cdot L_p \cdot P_{hkl} \cdot A \cdot e^{-2M} \end{cases} \\ \text{结构振幅：} F_{hkl} = \sum_{j=1}^n f_j e^{2\pi i(hx_j+ky_j+lz_j)} \\ \qquad\qquad\quad = \sum_{j=1}^n f_j[\cos 2\pi(hx_j+ky_j+lz_j)+i\sin 2\pi(hx_j+ky_j+lz_j)] \\ \text{消光规律：不发生衍射效应的面网符合存在的规律（消光时，} F_{hkl}=0, I=0\text{；} \\ \qquad\qquad \text{有衍射时，} F_{hkl}\neq 0, I\neq 0) \\ \text{点阵消光} \begin{cases} \text{原始格子：无消光，所有面网 } F_{hkl}\neq 0, I\neq 0 \\ \text{面心格子：} h、k、l \text{ 奇偶混杂的面网 } F_{hkl}=0, I=0 \\ \qquad\qquad\quad h、k、l \text{ 全奇或全偶的面网 } F_{hkl}\neq 0, I\neq 0 \\ \text{体心格子：} h+k+l \text{ 为奇数的面网 } F_{hkl}=0, I=0 \\ \qquad\qquad\quad h+k+l \text{ 为偶数的面网 } F_{hkl}\neq 0, I\neq 0 \\ \text{底心格子：} (h+k)/(k+l)/(h+l) \text{ 为奇数的面网 } F_{hkl}=0, I=0 \\ \qquad\qquad\quad (h+k)/(k+1)/(h+l) \text{ 为偶数的面网 } F_{hkl}\neq 0, I\neq 0 \end{cases} \\ \text{结构消光} \begin{cases} \text{同种原子非特殊位置} \\ \text{不同种类原子} \\ \text{密排六方} \\ \text{超点阵结构} \end{cases} \\ \text{晶体结构与X射线衍射图谱的关系举例：理解晶体结构变化对衍射图谱的影响} \end{cases}$$

思考题

1. 解释原子散射因子、结构因子、多重因子、干涉函数等的意义。
2. CsCl、NaCl 和金属钨都属于体心立晶系，已知 CsCl 是原始立方点阵，NaCl 是面心立方点阵，金属钨是体心立方点阵，这 3 种形式的系统消光规律有何不同？
3. 满足布拉格条件的晶面是否一定会产生衍射线？为什么？
4. 简单点阵不存在消光现象，是否意味着简单点阵的所有晶面均能满足衍射条件，且衍射强度不为零？为什么？

5. X 射线作用于粉末晶体，产生了衍射图谱，请问该衍射图谱反映了晶体的哪些信息？

6. 某立方晶系的晶体，其{200}晶面族的多重因子是多少？如该晶体转变成四方晶系，该晶面族的多重因子会发生什么变化？为什么？

7. 晶体 CaS（密度为 2.58g/cm³）已由粉末法证明具有 NaCl 型晶体结构，Ca 的相对原子质量为 40，S 的相对原子质量为 32。①下面哪些面网能够产生衍射：(100)、(110)、(111)、(200)、(211)、(220)、(222)；②计算晶胞参数 a 值；③计算 Cu K_α 辐射（$\lambda=1.542$Å）的最小可观测布拉格角。

8. 已知 ZnS 的空间群为 $F-43m(216)$，$a=5.401$Å，原子占位：Zn，$4a$(000)；S，$4c$(0.25 0.25 0.25)。计算其粉末衍射图谱（$2\theta<70°$）（Cu K_α 射线，$\lambda=1.542$Å）。

5 X 射线衍射方法

前几章讨论了 X 射线的产生、性质及 X 射线在晶体中的衍射原理。本章主要介绍 X 射线衍射的实验方法及实验装置。根据结构特点，X 射线衍射法可分为单晶衍射分析和多晶衍射分析两种。单晶衍射分析主要分析单晶体的结构、物相、晶体取向以及晶体的完整程度。分析方法有劳埃法和周转晶体法。多晶衍射分析主要分析多晶体的物相、含量、内应力、织构等。按照衍射花样的记录方式，X 射线衍射分析通常有照相法和衍射仪法两种。照相法采用照相底片记录衍射花样，又可分为单晶劳埃法和粉末照相法。粉末照相法最为方便。衍射仪法用各种辐射探测器和电子仪表记录衍射花样，特别是衍射仪与计算机相结合使衍射分析工作实现了自动化，提高了测量精度，加快了检测速度，因此 X 射线衍射仪成了衍射分析的首选设备。X 射线衍射仪在近几十年得到了快速发展，衍射仪器种类越来越多，有研究多晶体的 X 射线粉晶衍射仪、研究单晶体的四圆单晶衍射仪、研究微区结构的微衍射仪，还有能同时探测多条衍射线的能量色散衍射仪和时间分析衍射仪等。这些衍射仪中使用最广泛的是 X 射线粉晶衍射仪。

5.1 粉末照相法

粉末照相法根据试样和底片的相对位置不同可以分为 3 种：①德拜-谢乐法（Debye - Scherrer method），底片位于相机圆筒内表面，试样位于中心轴上；②聚焦照相法（focusing methok），X 射线圆、试样和底片位于同一圆周上；③针孔法（pinhole method），底片为平板形与 X 射线束垂直放置，试样放在两者之间的适当位置。

5.1.1 德拜-谢乐法

德拜-谢乐法用于多晶体的衍射分析，是一种经典的粉末照相法。图 5-1 为德拜相机的示意图，相机主体是一个带盖的密封圆筒，沿筒的直径方向装有一个前光阑和后光阑。光阑的主要作用是限制入射线的不平行度和固定入射线的尺寸和位置，因此光阑也称为准直管。试样（通常为细棒状）位于圆筒的轴心，置于可调节的试样轴座上，底片围绕试样并紧贴于圆筒内壁。入射 X 射线通过前光阑成为近平行光阑，垂直照射到试样上，经试样衍射使周围底片感光，衍射线形成的圆锥母线与底片相交成圆弧。多余的透射线束进入后光阑被其底部的铅玻璃所吸收，荧光屏主要用于拍摄前的对光。常用的德拜相机直径有 57.3mm 或 114.6mm 两种。这样设计的目的是简化衍射花样的计算公式。当相机直径为 57.3mm 时，其周长为 180mm，则底片上每 1mm 长度对应 2°圆心角；当相机直径为

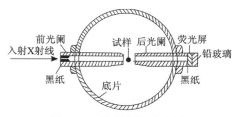

图 5-1 德拜相机示意图

114.6mm时，底片上每1mm对应1°圆心角，在德拜照相中，粉末柱中样品的颗粒很多，并且取向是随机的，每个颗粒都含有 d 值不同的一系列晶面。

图5-2为以(111)晶面为例来分析德拜照相法的基本原理及衍射图谱。①当入射X射线从 S_0 方向照射到样品上时，必然有部分颗粒的取向正好使得(111)晶面处在符合布拉格条件的方位，即满足 $\lambda = 2d_{111}\sin\theta_{111}$ [图5-2(a)]，在与入射线夹角为 $2\theta_{111}$ 方向产生了衍射线 S；②同时还有部分颗粒的取向正好相反，也在相反的方向产生了(111)晶面的衍射[图5-2(b)]；③由于颗粒众多，且取向随机，能够发生衍射的众多(111)晶面的衍射线与入射线方向的夹角均为 $2\theta_{111}$，最终所有(111)晶面的衍射线形成了一个半顶角为 $2\theta_{111}$ 的圆锥面[图5-2(c)]；④对于其他 d 值的晶面也是一样的，所有颗粒中相同 d 值的晶面只要满足衍射条件，其衍射线都会形成一个顶角为 4θ 的衍射圆锥面，不同 d 值的系列晶面的衍射线就会形成一系列的衍射圆锥面[图5-2(d)]；⑤围绕样品粉末柱环形安装底片，每个衍射圆锥的所有母线投射到底片上，感光照相，将底片展开后，即得到一系列对称分布的衍射圆弧，如图5-2(e)所示。测量每对对称分布的圆弧间的距离，即为 4θ 所对的弧长。已知相机半径，即可计算出 θ，从而得到衍射方向，进一步计算出 d 值。底片除了对称安装外，还有其他的安装方法，在此不再赘述。

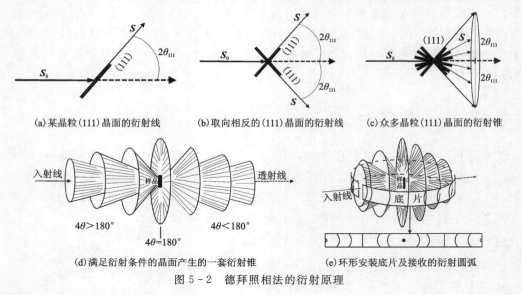

图5-2 德拜照相法的衍射原理

5.1.2 聚焦法和针孔法

聚焦法是将具有一定发散度的单色X射线照射到弧形的多晶试样表面，由各 $\{hkl\}$ 晶面族产生的衍射束分别聚焦成一条细线，此衍射方法称为聚焦法。图5-3(a)为聚焦原理示意图，在半径为 R 的圆筒状相机中，X射线源 M、多晶试样 AB 和底片位于同一个圆周(称为聚焦圆)上，AB 的曲率半径与相机半径相同，X射线从 M 入射照到试样表面的同一 (hkl) 晶面族上的不同点，则所产生的衍射线都与入射线成相同的 2θ 夹角，因而衍射线聚焦于相机壁上一点成像，如图中 F_1、F_2、F_3，这3点分别为不同晶面族的衍射线的焦点。测出弧长，可计算出 θ。

针孔法的原理如图5-3(b)所示，单色X射线通过针孔光阑照射到试样上，X射线在粉末试样中的不同晶面发生衍射，其衍射线形成一系列衍射圆锥，用垂直于入射线的平板底片接收这些圆锥母线，则在底片上得到一系列半径不等的同心圆环。如果衍射环半径 r 和试样到

底片的距离 D 已知,可计算出布拉格角 θ。

粉末照相法是较原始的衍射方法,有其自身的缺点,比如摄像时间长、衍射线强度精度低等,故粉末照相法基本不再使用。

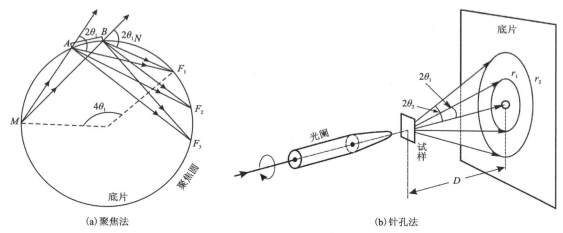

图 5-3 聚焦法和针孔法的衍射原理示意图

5.2 X射线粉晶衍射仪法

衍射仪的思想最早是由布拉格于1916年提出的,起初叫 X 射线分光计(X-ray spectrometer)。可以设想,在德拜相机的光学布置下,若有个仪器能接收到 X 射线并作记录,让它绕试样旋转一周,同时记录转角 θ 和 X 射线强度,就可以得到等同于德拜相机的效果。考虑到衍射圆锥的对称性,只要旋转半周即可。X 射线粉晶衍射仪就是基于该思路诞生的,是按照照相法多晶衍射的原理,采用各种辐射探测器探测 X 射线在晶体中的衍射花样,进行实验和分析的仪器。

相对于照相法,X 射线衍射仪法的特点是用计数器做探测器,用计算机实现自动化控制,大大提高了衍射强度的测量准确性、自动化程度和检验能力,并增加了数据分析能力。随着现代科学技术的高速发展,人们对 X 射线检测提出了新的要求,由此诞生了集多种功能于一体的高性能 X 射线衍射仪,如可配有高级光学部件的石墨单色器,可安装各种功能附件。实现高温衍射、小角散射、薄膜衍射、织构及应力测试,还可配备环境气氛附件、自动换样台及极图附件等。

5.2.1 X射线粉晶衍射仪的组成及工作原理

X 射线粉晶衍射仪主要由 X 射线发生器(由 X 射线管和高压发生器组成)、单色器、X 射线强度测量系统(探测器)、测角仪、信号处理与记录系统(计数电路)等组成。下面介绍 X 射线粉晶衍射仪的主要组成部分及其工作原理。

5.2.1.1 X射线发生器

X 射线发生器的作用是产生 X 射线粉晶衍射仪所用的光源,即 X 射线光管,其基本结构和 X 射线的产生原理在 X 射线的物理学基础中已经介绍过,本章不再赘述。

由于试样的衍射强度与入射 X 射线的衍射强度成正比,因此,提高入射 X 射线的强度可以提高衍射数据的信噪比,使得图谱更加清晰。而入射 X 射线的强度依赖 X 射线发生器,X 射线发生器的功率越大,则产生的 X 射线强度越大。

按照额定功率将 X 射线发生器分为普通型和高功率型两类。前者使用密封式 X 射线管,受阳极靶面冷却能力的限制,一般功率在 2～3kW 之间。后者使用旋转阳极 X 射线管,一般功率在 12kW 以上,其靶面受电子束轰击的部位不停地变更,可以有效提高冷却效果,增加 X 射线的强度。采用该技术可拆卸式旋转阳极靶的 X 射线源的最大功率可达 100kW。

5.2.1.2 测角仪

1. 测角仪类型

测角仪是 X 射线衍射仪的核心部件,由光源臂、试样台和狭缝系统组成。根据测角仪圆取向,可将测角仪分为垂直式和水平式两种(图 5-4)。早期多采用水平式测角仪,近年来生产的商品用 X 射线粉晶衍射仪多配置垂直式测角仪。根据光源、试样和检测仪的运动模式不同,测角仪可分为 $\theta/2\theta$ 型和 θ/θ 型。$\theta/2\theta$ 型测角仪工作时,光源保持不动,试样和检测器以 1:2 的角速度同向旋转,检测器的角度读数始终是 X 射线入射角读数的 2 倍。对试样而言,X 射线的入射角始终等于衍射角,如布鲁克的 D8-FOCUS 中的测角仪。θ/θ 型测角仪在工作时,试样保持不动,光源和检测器以相同的速度相对转动,使 X 射线的入射角始终等于衍射角。水平式测角仪一般采用 $\theta/2\theta$ 模式,垂直式测角仪一般采用 θ/θ 模式,如马尔文帕纳科的 X′Pert PRO DY2198 粉晶衍射仪即采用这种方式,检测过程中靶和检测器同速升起。布鲁克的 D8-FOCUS 中的测角仪虽为垂直测角仪,但采用了 $\theta/2\theta$ 模式。

(a) 水平式测角仪($\theta/2\theta$型)   (b) 垂直式测角仪(θ/θ型)

图 5-4 测角仪

由于光源一般比较贵重,所以垂直测角仪中的 θ/θ 型比较昂贵,但优势也很明显。第一,试样水平放置,保持不动,从而对试样的制备要求降低,如对于无法研磨得很细的试样、块状试样、液体试样等操作比较容易,不用担心试样脱落或洒落污染试样台;第二,相对于 $\theta/2\theta$ 型测角仪,θ/θ 型测角仪减小了角度的误差;第三,方便利用一些要求试样台不转动的附件。

2. 衍射仪的聚焦原理

以 $\theta/2\theta$ 型测角仪为例,分析衍射仪聚焦几何原理。聚焦几何的关键问题是一方面要满足布拉格方程的反射条件,另一方面要满足反射线的聚焦条件。图 5-5 为测角仪的聚焦几何示意图,r 为测角仪圆的半径,S 为来自 X 射线管的

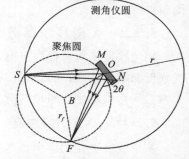

图 5-5 测角仪的聚焦几何示意图

线光源，F 为接收狭缝，S 和 F 两点位于测角仪圆圆周上。试样放置于测角仪试样台中心，试样 MN 表面中心 O 点与测角仪圆圆心重合。过 S、F 和 O 这 3 点作一个外接圆，该外接圆叫聚焦圆，聚焦圆半径为 r_f，圆心为 B。当 X 射线从 S 照射试样的时候，总会有一些晶面满足布拉格方程发生衍射，衍射角为 2θ。在理想情况下，多晶试样是弯曲的，曲率与聚焦圆相同。因此，若 X 射线照射 O 点正好满足布拉格条件，则 X 射线照射到试样上的任一点都满足布拉格条件（圆弧 $\overset{\frown}{SF}$ 对应的圆周角相等）。若在 F 点放置一个接收光阑，则在试样各处产生的 2θ 衍射角的衍射线都能通过接收光阑进入计数管，这样便达到了聚焦的目的。在检测过程中，计数器沿测角仪圆移动，试样与计数器同轴、以 1∶2 的角速度旋转，接收不同晶面的衍射线。连接 OB，由于 $\angle SOF = \pi - 2\theta$，则 $\angle SOB = \angle FOB = \dfrac{\pi}{2} - \theta$，则根据几何关系有

$$r_f = \dfrac{r}{2\sin\theta} \tag{5-1}$$

实际中，测角仪圆的半径 r 始终不变。由式（5-1）可以看出，聚焦圆的半径 r_f 随着 θ 的增大而不断减小。聚焦圆半径与 θ 的关系如图 5-6 所示。从图中可见，当 θ 比较小时，聚焦效果较好，随着 θ 的增大，试样与聚焦圆相切程度下降，聚焦效果必然下降，所以应重视低 2θ 角（一般指 $2\theta = 10° \sim 60°$）的衍射线。

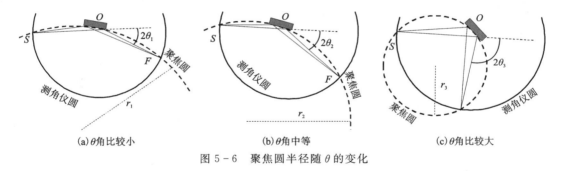

图 5-6　聚焦圆半径随 θ 的变化

5.2.1.3　单色器

在 X 射线粉晶衍射实验中，所谓单色化就是使 X 射线的波长尽量单一。X 射线管产生的特征 X 射线的波长并不唯一，如有 $K_{\alpha 1}$、$K_{\alpha 2}$、K_β 等特征 X 射线，还有连续 X 射线，经过样品衍射之后还会产生荧光辐射，这样接收到的 XRD 图谱中不但有背底，而且不同波长的特征 X 射线各自都会产生一套衍射峰。图 5-7 为 SnO$_2$ 未经单色处理的 XRD 图谱在高角度出现分峰，每个强峰后面都跟着一个一半强度的小峰，这两个峰分别由 $K_{\alpha 1}$ 射线和 $K_{\alpha 2}$ 射线在晶体中的相同 d 值晶面发生衍射产生的。当衍射仪分辨率比较高时，还能看到 K_β 射线在相同 d 值晶面上产生的衍射峰，这样相同 d 值晶面出现了 3 个衍射峰，给数据分析带来很多不便。因此，在 X 射线进入强度探测器的计数管之前，要采取一些措施尽量保持 X 射线的单色，降低衍射背底，提高衍射峰的相对强度，共保留一套衍射峰，以获得高质量的衍射图谱。单色化处理的方法包括滤波片、晶体单色器和波高分析器等。

1. 滤波片

在"2.4 X 射线与物质的相互作用"一节中曾经讨论过，为了从 K_α 与 K_β 混合的 X 射线中滤

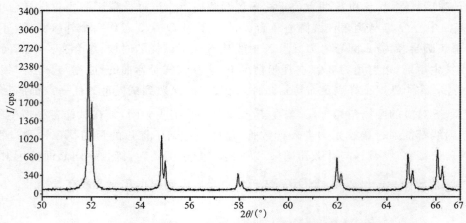

图 5-7 未经单色处理的 XRD 图谱高角度的衍射峰

去 K_β 射线,可选择一种合适的材料作为滤波片,这种材料的吸收限刚好位于 K_α 射线与 K_β 射线波长之间,滤波片将强烈地吸收 K_β 射线,而对 K_α 射线吸收很少,从而让 K_α 射线通过。但是利用滤波片很难将 $K_{\alpha1}$ 射线和 $K_{\alpha2}$ 射线区分开,因为两者波长差别很小,很难获得单色光,往往后期还需软件配合去掉 $K_{\alpha2}$ 产生的衍射峰。此外,其他荧光辐射及连续谱线也很难去掉,导致粉末衍射图谱上存在较深的背景,有时将强度很低的衍射峰埋没。为了得到高质量的衍射图,现在的 X 射线粉末衍射仪多采用晶体单色器。

2. 晶体单色器

晶体单色器是一种 X 射线单色化装置,主要由一块单晶体组成。把单色器按一定取向位置放在入射 X 射线的光路或衍射 X 射线的光路中,对于相同的入射角度,只有一种波长的 X 射线能够满足单晶体的一组晶面的衍射条件而被衍射,并进入探测器,其他波长的 X 射线都不能进入探测器,这就是单色器的基本原理。

图 5-8 为晶体单色器的位置及单色原理示意图。在设置上,首先来自光源的混合波长的特征 X 射线在试样中被衍射,衍射线在第 1 聚焦圆上聚焦于接收狭缝 RS,第一次衍射线中包含了 $K_{\alpha1}$、$K_{\alpha2}$ 和 K_β 等,试样晶面的衍射角为 $2\theta_1$(不同波长的特征 X 射线的 $2\theta_1$ 不同)。这些衍射线通过 RS 到达晶体单色器 C,只有唯一波长的 X 射线,如 $K_{\alpha1}$ 射线能够被单色器的晶面衍射,此时的衍射角为单色器晶面对 $K_{\alpha1}$ 射线的衍射角($2\theta_2$)。这

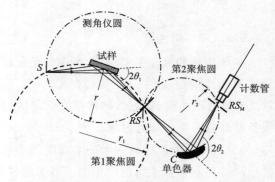

图 5-8 晶体单色器的位置及单色原理示意图

些 $K_{\alpha1}$ 衍射线在第 2 聚焦圆上被聚焦于接收狭缝 RS_M,然后进入计数管。在第 2 聚焦圆上,其他波长的特征 X 射线因不满足单色器的衍射条件而不能被聚焦,故不能进入探测器。这种晶体单色器被置于衍射光路上。同样,它也可被放置于入射光路上。

单色器前置可提高入射线波长的分辨力,但从消除来自 X 射线管的杂波及试样的各种荧光辐射来看,单色器后置比较好。例如 Co 靶测定 Fe 试样时,Co 靶的 K_β 射线可能激发出 Fe

试样的荧光辐射,那么单色器后置就可以大幅降低荧光辐射引起的背底,使衍射峰清晰,有利于弱峰的分析及衍射强度的测量。

选择单色器的晶体及晶面时,有两种方案:一是强调分辨率,二是强调反射能力(强度)。对于前者一般选用石英等晶体做单色器,对于后者则使用热解石墨单色器,如表 5-1 所示。石墨单色器(0002)晶面的反射效率显著高于其他单色器,甚至比石英单色器高出 10 多倍。

表 5-1 常用的单色器材料

晶体	衍射晶面	晶面间距/nm	对 CuK_α 的反射强度
石英	$(10\bar{1}1)$	0.333 3	43
氟化锂	(200)	0.201	93～110
石墨	(0002)	0.334 5	500～600

采用晶体单色器,X 射线衍射强度公式中的洛伦兹偏振因子(角因子)改为

$$L_P = \frac{1+\cos^2 2\theta_M \cos^2 2\theta}{\sin^2\theta\cos\theta} \tag{5-2}$$

式中:$2\theta_M$ 是单色器晶体的衍射角。

单色器不仅对消除 K_β 射线非常有效,而且可消除荧光辐射和连续波长的 X 射线,极大地降低衍射背底,特别是在微量分析、晶体缺陷的研究及小角散射测量中被广泛使用。但使用单色器会使衍射强度降低,这一点可以通过高功率旋转阳极 X 射线发生器来弥补。另外,晶体单色器并不能排除所用的 K_α 射线的高次谐波。例如 $(1/2)\lambda_{K\alpha}$ 及 $(1/3)\lambda_{K\alpha}$ 辐射线与 $\lambda_{K\alpha}$ 一起在试样和单色器上发生反射,并进入探测器,但利用计数电路中的波高分析器可以屏蔽这些高次谐波所贡献的信号。

5.2.1.4 X 射线强度测量系统

X 射线强度测量系统是根据 X 射线光子的计数来记录衍射线的强度。X 射线测量系统首先通过计数器将 X 射线信号转化为电信号,再由计数电路进一步转换、放大和处理,转变为可直接读取的有效数字,最后将结果在电脑中显示和记录。

5.2.2 试样及制备方法

在 X 射线粉晶衍射仪法中,试样制备对于衍射峰的位置和强度产生的影响要比在照相法中大得多。因此,制备符合要求的试样是 X 射线粉晶衍射技术中重要的一环。衍射仪的试样制备包括两个步骤:首先,把试样研磨成适合衍射仪检测的粉末;然后,把粉末试样制成具有平整平面的试片。在这个步骤及之后的试片安装和衍射图谱记录的整个过程中,要确保试样化学组成、结构及理化性能的稳定性和可靠性,这样衍射图谱才有意义。

5.2.2.1 试样要求

在 X 射线粉晶衍射仪中,试样有粉末状、块状、薄膜状等,一般都是多晶体材料,极少数特殊研究中会用到非晶体材料。

1. 粉末样品

粉末样品主要是对粒度有要求。试样受光照时晶粒的取向是完全随机的,因此要求粉末

的粒度十分细小。一般来说,定性分析时粒度应小于 $40\mu m$(350 目);定量分析时粒度应小于 $10\mu m$。不同晶粒大小的粉末样品要求也存在差异,高吸收或者颗粒基本是单晶体的试样,要求更为严格。如石英粉末的颗粒尺寸至少小于 $5\mu m$,同一试样不同样片强度测量的平均偏差才能达到低于 1%,若颗粒尺寸控制在 $10\mu m$ 以内,则误差在 2%~3%。但是若试样本身已经处于微晶状态,为了能制得平滑粉末试片,试样粉末能通过 300 目网筛便足够了。当晶粒尺寸小于 200nm 时,衍射峰会发生宽化,所以晶粒也不能过细。比较方便的确定粒度的操作是用两个手指捏住少量粉末并碾动,两手指间没有颗粒感即可。

2. 块状样品和薄膜样品

块状样品和薄膜样品尺寸没有严格的要求,只要不超过衍射仪的有效照射面积即可,但其表面应该保持平整和清洁,确保实验结果的可靠性。

5.2.2.2 试片制备方法

X 射线粉晶衍射仪要求试片表面十分平整并避免择优取向。试片装上试样后,其平面必须能与衍射仪轴重合,与聚焦圆相切。试片表面不规则、不平整、毛糙等都会引起衍射峰的宽化、位移,使强度产生复杂的变化。此外,晶体都是各向异性的,把粉末压平的过程很容易引起择优取向,尤其是片状、棒状的样品。择优取向严重影响衍射强度测量的正确性。克服择优取向没有通用的方法,根据实际情况可具体采取一些措施。

(1)通常无显著择优取向且在空气中又稳定的粉末样品,可通过压片法或涂片法制作试样。压片法最常用。一般衍射仪都附带了有样槽的玻璃片,供压片法制样使用。压片法是先把粉末样品压入玻璃片上的样槽中,填满压紧,然后用毛玻璃片或者刮刀片把多余凸出的粉末刮去,可得到一个表面平整的试片。涂片法相对于压片法,所需要的试样量很少。首先,把粉末撒在显微镜的载玻片上(撒的位置要与制样框窗孔的位置对应);然后,加上足够量的丙酮或者酒精(试样在其中不溶),使粉末成为薄层浆液状,均匀涂布开来,粉末的量以能够形成一层单颗粒层即可,待丙酮或酒精蒸发后,粉末黏附在玻璃片上,可供衍射仪使用,若试片需要永久保存,可滴上一滴稀的胶黏剂。

(2)在压片过程中容易引起择优取向的样品,可以采用一些专门方法来避免择优取向。常规的方法主要有两种:一种是喷雾法,一种是塑合法。所谓喷雾法就是把粉末筛到一个玻璃烧杯里,待杯底盖满一薄层粉末后,把塑料胶喷成雾珠落在粉末上,这样塑料雾珠便会把粉末颗粒收集,形成微细的团粒,待干燥后,把这些团粒从烧杯中扫出,分离出小于 115 目的团粒用于制作试片,试片的制作类似上述涂片法。把制得的细团粒撒在一张涂有胶黏剂的载玻片上,待胶干后,倒掉多余的颗粒。用喷雾法制得的粉末细团粒也可以用常规的压片法制成试片,或者直接把试样粉末喷在倾斜放置的涂有胶黏剂的载玻片上,得到的试片也能大大地克服择优取向,粉末取向的无序度要比常规的涂片法制得的好得多。所谓塑合法就是把试样粉末和可溶性硬塑料混合,用适当的溶剂溶解后,使混合物干涸,然后再磨碎成粉末。所得粉末可按常规的压片法或涂片法制成试片。避免择优取向还可以通过向试样中加入各向同性物质(如 MgO、CaF_2 等),混合均匀,混入物还能起到内标的作用。

(3)但是若为了研究试样的某一特征衍射,择优取向却是十分有用的。此时,试样将力求使晶粒高度取向,以得到某一晶面的最大强度,如在层状黏土矿物的鉴定与研究中,其(001)面的衍射具有特别的价值,让黏土矿物在酒精或水溶液中自然沉降,自然干燥,即可制得"定向试片"。

5.2.2.3 试片厚度

试片的厚度对 X 射线透明度产生影响,厚度不合适会引起衍射峰的位移和不对称的宽化,此误差使衍射峰向较小的角度方向位移。尤其对于线吸收系数 μ 较小的试样,向小角度方向引起的位移 $\Delta(2\theta)$ 很显著。若厚度为 x_t,则 2θ 位移为

$$|\Delta(2\theta)| = \frac{x_t \cos\theta}{r} \tag{5-3}$$

式中:r 为测角仪半径;θ 为布拉格角。

因此,如果要准确测量 2θ 或要提高仪器分辨率,应该使用薄层粉末试样。通常仪器所附带的制作试样的样框厚度为 1~2mm,对于所有试样的要求均已足够了。

5.2.3 检测条件和实验参数

试片制备好后,在实施 X 射线衍射分析之前,还必须对仪器进行精心调整和校准,以获得最大衍射强度、最佳分辨率和正确角度读数,这样才能显示出衍射仪法的优点。根据实验对象及目的,选择合适的检测条件和实验参数。

1. 辐射光源

与辐射光源有关的实验参数包括 X 射线管靶材类型、焦点尺寸、管电压与管电流等。为了减少试样的荧光辐射,靶材选择须满足:$Z_{靶} \leqslant Z_{样} + 1$ 或 $Z_{靶} \gg Z_{样}$,$Z_{靶}$ 和 $Z_{样}$ 分别是靶材的原子序数和试样的原子序数。如果试样中含有多种元素,应以原子序数最小的元素来选择靶材。在实际工作中,靶材的选择还必须考虑其他方面,其中 Cu 靶是用途最广的靶材。X 光管的表观焦点尺寸(线焦点)主要与辐射线的出射角有关。采用较小的辐射线出射角,表观焦点尺寸较小,可以有效提高分辨率,但此时的辐射效率即强度降低。因此,要同时兼顾分辨率与辐射强度选择出射角。管电压的影响很复杂,管电流的影响则相对简单。常用 Cu 靶的最佳管电压范围为 35~45kV。当管电压恒定,X 射线辐射强度与管电流成正比。因此,一般可通过调节管电流来增大辐射线的输出功率,但最大负荷(管电压与管电流之积)不允许超过额定功率的 80%,否则会影响 X 射线管的使用寿命。

2. 各类狭缝宽度

在衍射仪中有 3 个狭缝是经常更换的,分别为发散狭缝(DS)、防散射狭缝(SS)和接收狭缝(RS)。狭缝是允许 X 射线通过的区间,区间的宽度即狭缝宽度,通过狭缝光阑来调节。狭缝宽度影响 X 射线的强度。增大狭缝宽度,可使 X 射线的强度增加,但分辨率随之下降。因此,狭缝宽度的设置通常选择以测量范围内 2θ 最小的衍射峰为依据。定性分析时常选用 1°的发散狭缝,当低角衍射特别重要时,可使用(1/2)°或(1/6)°发散狭缝。防散射狭缝一般与发散狭缝开口角相同。接收狭缝的宽度影响衍射谱线的分辨率,要综合考虑其强度和分辨率的关系。定性分析一般采用宽度为 0.3mm 的接受狭缝。当分析有机化合物的复杂谱线时,为了获得比较高的分辨率,可采用宽度为 0.15mm 的接受狭缝。

3. 扫描范围和扫描速度

扫描范围就是 2θ 的测量,范围通常与被测试样和实验目的有关。利用 Cu 靶对无机化合物进行常规定性分析时,扫描范围一般为 2°~90°;对于有机物扫描范围一般为 2°~60°。但在定量分析时,可以只对预测衍射峰的附近区域进行扫描,例如扫描待测样品和标准物质的最

强峰或次强峰的 2θ 范围；在晶胞参数及应力测定时，为了减小面网间距 d 值的测量误差，扫描范围通常取高角衍射区，并且也可以只对预测衍射峰的附近区域进行扫描；在定性分析时，也可只对衍射峰比较强的角度范围进行扫描。扫描速度是计数管在测角仪圆上均匀转动的角速度，单位用(°)/min 表示。扫描速度也是一个十分重要的参数。扫描速度慢，可使衍射峰峰形光滑，但测试时间长，若无必要则会浪费仪器资源。扫描速度快，可提高检测效率，但可能造成强度和分辨率下降，同时还可能导致衍射峰的位置向扫描方向偏移。在定性分析时，可采用 $2°\sim4°$/min 的扫描速度；在定量分析及点阵参数的确定时，可采用 $0.5°$/min 或更慢的扫描速度。扫描速度的选择可根据具体情况而定。

4. 其他参数

另外，还有很多检测和实验条件，如管电压、管电流、扫描模式等，此处不再赘述。表 5-2 给出了几种不同分析的推荐实验条件示例。当实验对象、实验目的、实验仪器不同时，相应的测试条件也会有所变动，因此在实际工作中要灵活应用。

表 5-2 衍射仪测试条件示例

条件	未知试样的简单物相分析	铁化合物的物相分析	高分子有机物测定	微量相分析	定量	晶胞参数测定
靶	Cu	Cr、Fe、Co	Cu	Cu	Cu	Cu、Co
管压/kV	35~45	30~40	35~45	35~45	35~45	35~45
K_β 滤波片	Ni	V、Mn、Fe	Ni	Ni	Ni	Ni
管流/mA	30~40	20~40	30~40	30~40	30~40	30~40
定标器量程(cps)	2000~20 000	1000~10 000	1000~10 000	200~4000	200~20 000	200~4000
时间常数/s	1、0.5	1、0.5	2、1	10、2	10、2	5~1
扫描速度/(°)·min^{-1}	2、4	2、4	1、2	1/2、1	1/4、1/2	1/8~1/2
发散狭缝/(°)	1	1	1/2、1	1	1/2、1、2	1
接收狭缝/mm	0.3	0.3	0.15、0.3	0.3、0.6	0.15、0.3、0.6	0.15、0.3
扫描范围/(°)	2~90(70)	10~120	2~60	2~90(70)	最(次)强峰	高角度衍射线

5.2.4 衍射仪数据采集及处理

现代 X 射线衍射仪都实现了计算机自动化控制，包括加高压、加电流、测角仪转动、数据采集、数据存储、数据处理等操作流程。

直接从衍射仪得到的数据，是一系列 2θ 角度位置的 X 射线强度数据。要了解有关物质结构的信息，必须对这些原始数据进行初步处理，之后才能用于进一步的分析计算，如物相鉴定、物相定量分析、晶胞参数精确测定、纳米颗粒尺寸计算、应力测试等。

目前，衍射数据处理软件很多。每个仪器生产商都为自己生产的 X 射线衍射仪配备专门的衍射数据处理软件，这些软件的数据格式各不相同，基本互不兼容。专门的 X 射线衍射数据处理软件也有很多，如 HighScore、Search-Match、MDI Jade X-ray Run 等，其中最流行的可能要数 MDI Jade 了。这些软件各有优势，但不管使用哪种软件，一般原始图谱的数据处理有 3 个基本过程：平滑、扣除背景和标记峰位。经过这 3 个基本处理后可得到一张记录

I-2θ值的X射线粉晶衍射图谱(图5-9),该图谱可用于各种分析。图谱的横轴为衍射角2θ,纵轴为衍射强度I。

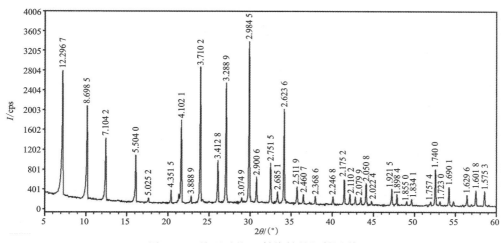

图5-9 处理后的X射线粉晶衍射图谱

本章小结

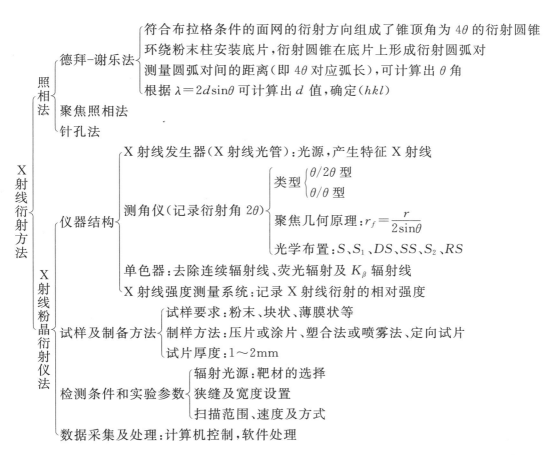

思考题

1. 在 X 射线衍射仪中,在毛玻璃板上的粉末晶体为什么要尽量压平整?
2. 用 X 射线衍射仪进行样品检测时,扫描的角度范围越大越好吗?为什么?
3. 用 X 射线衍射仪进行样品检测时,扫描速度越慢越好吗?
4. "在 X 射线衍射仪中,发射狭缝和接收狭缝越宽谱峰的衍射强度越大,图像越清晰"这句话对吗?为什么?

6　X射线粉晶衍射图谱的应用

通过前面各章节的学习,了解了X射线粉晶衍射图谱的含义、粉晶衍射图谱与晶体结构之间的关系、X射线衍射方法等,最后通过照相法或X射线粉晶衍射仪法获得X射线衍射图谱,可进行物相定性和定量分析、晶胞参数精确计算、纳米颗粒尺寸计算等。

6.1　物相分析

物相简称相,是具有某种晶体结构并能用某化学式表征其化学成分(或有一定的成分范围)的固体物质。当材料的组成元素为单一元素或多种元素但不发生相互作用时,物相即为该组成元素;当组成元素发生相互作用时,物相则为相互作用的产物。由于组成元素间的作用有物理作用和化学作用之分,故可分别产生固溶体和化合物两种基本相。因此,材料的物相包括纯元素、固溶体和化合物。物相分析可分为两种:确定所研究的材料由哪些物相组成(定性分析)和确定各种组成物相的相对含量(定量分析)。化学分析、光谱分析、X射线荧光光谱分析、电子探针等分析的是材料的组成元素及其相对含量,属于元素分析,而对元素间作用的产物即物相(固溶体和化合物)无法直接鉴别,X射线衍射可对材料的物相进行分析。例如一种材料含有Si、Al、O三种元素,用元素分析方法,仅能给出该材料中的这3种元素以及各自的含量,而不能直接给出Si、Al、O之间相互作用的产物。确定化合物类型及其各自的含量,可以采用X射线衍射法的定性和定量分析来完成。此外,对于同素异形体,仅仅通过元素分析也是远远不够的,例如金刚石和石墨、石英和方石英、不同结构的Fe(体心立方结构的α-Fe、面心立方结构的γ-Fe和体心立方结构的高温相δ-Fe),元素完全相同结构不同的材料,要区分它们最好的方法也是借助X射线衍射法。

6.1.1　物相定性分析

物相定性分析的任务是鉴别出待测样品是由哪些物相组成。采用X射线粉晶衍射法,先检测待测物质的X射线粉晶衍射图谱,再与标准卡片中的数据进行对照,可确定待测样的物相。

6.1.1.1　定性分析基本原理

X射线的衍射分析是以晶体结构为基础的。X射线衍射图谱反映了晶体中晶胞大小、点阵类型、原子种类、原子数目和原子排列等规律。每种物相均有自己特定的结构参数,因而表现出不同的衍射特征,即特定的衍射线数目、峰位和强度,具有一套确定的$d-I/I_1$特征值(I_1是衍射图谱中最强峰的强度值)。即使该物相存在于混合物中,也不会改变其衍射谱特征。尽管物相种类繁多,却没有两种衍射谱完全相同的不同物相。因此,X射线衍射谱可作为鉴别物相的标志。

如果将各种单相物质在一定的规范条件下所测得的标准衍射图谱制成数据库,则对某种物质进行物相分析时,只需将所测衍射图谱与标准图谱对照,就可确定所测材料的物相,这样物相分析就成了简单的对照工作。然而,由于物相种类非常多,查找对照并非易事。此外,大量物质是多种物相的混合体,其衍射谱是各相衍射谱的简单叠加,进一步增加了对照的难度。因此,物相定性分析除了必须具备粉末衍射的数据库外,还须相应配套的检索方法。

6.1.1.2 PDF 数据库

粉末晶体的标准衍射图谱可通过对标准物质进行 X 射线粉晶衍射得来。标准物质的 X 射线衍射数据是 X 射线物相鉴定的基础。作为 X 射线衍射参考标准谱的样品的基本要求是:它必须是纯物质,衍射图谱必须有良好的重现性;该物质必须是单相的,是经过精密的化学组成分析后可确定其化学式。这种参考的标准图谱不仅能通过实验得到,而且也能通过对晶体结构的模拟计算得到,所有这些图谱组成了"粉末衍射卡片集",即 PDF 卡片或 PDF 数据库。

1. PDF 卡片的由来及发展

早在 1919 年,A. W. Hull 已经指出,可以用 X 射线衍射进行物相鉴定,但 X 射线真正成为一种常规的物相检测手段是 1938 年以后的事情。1936—1938 年,美国 Dow Chemical Company 的 Don Hanawalt 等人试图寻找一种物相鉴定的方法,并发表了一系列文章介绍利用 X 射线粉晶衍射的方法来鉴定物相。他们于 1938 年整理发布了第一批重要化合物的 1054 种衍射数据,为物相定性分析提供参考。1941 年,在美国材料与试验协会(American Society for Testing and Materials,简称 ASTM)的赞助下,美国 Dow Chemical Company 将这批数据以 3in×5in(76.2mm×127mm)的卡片形式再版发行,称为粉末衍射档案(powder diffraction file,PDF 卡片),合称第一辑(Set 1),公布了 1300 种物质的衍射数据。即使现在 PDF 数据库早已变成了电子版的数据库,但依然沿用 PDF 卡片的名称。同年,在 ASTM、美国结晶协会、英国物理学会的共同支持下,粉末衍射化学分析联合委员会成立,并先后发行了一系列粉末衍射档案[Set 2(1945 年)、Set 3(1949 年)、Set 4(1953 年)、Set 5(1955 年)],至此共收录了约 4500 张卡片。此后档案逐年增编,每年出版一辑,并分为有机和无机两部分,称为 ASTM 卡片,截至 1963 年共出版了 13 辑。纸质版的 PDF 卡片采用印刷体,每张卡片记录一种物相的相关数据,赋予卡片一个单独的编号 XX-XXXX,其中连接号之前的数字为卡片所在的辑号,之后的数字则为卡片所在辑中的序号。1969 年,粉末衍射化学分析联合委员会更名为粉末衍射标准联合委员会(The Joint Committee on Powder Diffraction Standards,简称 JCPDS),继续负责收集、编辑和出版粉末衍射卡片集,简称 PDF 卡片集,卡片号码也改成 JCPDS No. XX-XXXX,仍沿用之前的编码格式。1978 年,为凸显该工作的国际性,JCPDS 正式更名为国际衍射数据中心(The International Centre for Diffraction Data,简称 ICDD)。由 ICDD 出版的标准衍射数据卡片称为 ICDD-PDF 卡片,格式变为 ICDD PDF No. XX-XXXX。截至 1986 年,ICDD 收录发行的 PDF 卡片超过了 46 000 张,依然采用纸质卡片形式出版发行。1987 年,ICDD 首次采用 CD-ROM 磁盘的形式将所有的 PDF 卡片电子化,便于查找和检索,总的存储量小于 1GB。这是 PDF 发展史上堪称里程碑式的进步,电子化的 PDF 数据库使其使用更加便捷、广泛,功能得以大幅扩展。

随着 PDF 的发展,其数据量日益庞大,它不但包含了标准的粉晶衍射数据,也包含了单晶结构数据,其数据不仅仅来自 ICDD,同时也来自世界上其他著名的结构数据库。PDF 所有来源数据库都有不同的编号，如 00 代表国际衍射数据中心（ICDD，粉末衍射），01 代表国际晶体结构数据库（International CrystalStructure Database，ICSD，德国），02 代表剑桥结构数据库（Cambridge Structure Database，CSD，英国），03 代表国家标准技术研究所（National Institute of Science & Technology，NIST，美国），04 代表莱纳斯·鲍林文件（LinusPauling File，LPF，瑞士），05 代表国际衍射数据中心（ICDD，单晶）。这些合作的数据库即包含了 1 个粉晶衍射的数据库（00）和 5 个单晶的数据库（01～05），即现在的 PDF 数据库已经不仅仅是粉晶衍射的数据库，而是一个庞大的功能齐全的晶体学数据库。在 PDF 卡片编号中也体现了不同的数据库来源，2009 年 ICDD 正式将原来的两组六个数字的编号 XX－XXXX 改为 3 组 9 个数字编号：XX－XXX－XXXX，如 06—016—6666，06 即为数据来源，016 为卷号，6666 为第 6666 张卡片，旧的卡片编号格式已在全球废除。

ICDD 每年会更新 PDF 数据库，删除和修正数据库中一些质量差的数据，并增加新的数据，以保证 PDF 数据库的质量越来越高。2024 年 ICDD 已经正式发行了 2025 版 PDF－5＋数据库，它涵盖了之前的所有数据，收录的数据量超过了 110 万条，其中超过 45 万条为无机物，超过 65 万条为有机物，而且内置检索软件，方便检索。

2. PDF 卡片（数据库）的内容

早期的 PDF 卡片信息相对单薄，如仅有卡片编号、名称、实验条件、晶体学数据、光学数据、试样来源、X 射线分晶衍射结果等，如图 6－1 所示编号为 05－0628 号石盐的 PDF 卡片。而在 ICDD 最新发行的 PDF－5＋数据库中，单张卡片包含了超过 137 种信息，如图 6－2 所示同样为石盐的 PDF 卡片的界面信息，编号为 00－005－0628，其展示的信息更丰富。

Halite,sys **05-0628**

d	2.82	1.99	1.63	3.258	NaCl
I/Io	100	55	15	13	SODIUM CHLORIDE (HALITE)

Rad. CuKa 1.5405 Filter: Ni
Dia. Int. Diffrctometer I/Icor.4.40
Ref. Swanson, Fuyat. Nartl.Bur.Stand.(US).
Circ.539,2 41 (1953)

Sys.Cubic S.G. Fm3m(225)
a 5.6402 b c A C
α β γ Z 4 mp804
Ref. Ibid
Dx 2.16 Dm 2.17 SS/FOM F17=93(.011,17)

εα nωß 1.542 εv Sian 2V
Ref. Dana's System of Mineralogy. 7th ed. II4

Color: Colorless
x-ray pattern at 26°C. CAS#7647-14-5. An ACS reagent grade sample recrystalized twice from hrdrochloric acid. Halite group, halite subgroup. PSC:cF8

d (A)	Int	hkl
3.26	13	111
2.821	100	200
1.994	55	220
1.701	2	311
1.628	15	222
1.410	6	400
1.294	1	331
1.261	11	420
1.1515	7	422
1.0855	1	511
...	...	...

图 6－1　早期的 PDF 卡片

从图 6－2 可以看出，新版数据库的电子卡片几乎包含了一种物相的所有信息[2D\3D 晶体结构、化学键（bonds）、选区电子衍射花样（SAED pattern）、背散射电子衍射谱（EBSD pattern）、德拜环（Debye ring）、模拟和原始测试的衍射数据（simulated profile 和 raw diffraction date）]，而且衍射数据中包括了中子衍射、电子衍射和 X 射线衍射的数据和图谱，甚至每个物相不同的高温、高压下的数据。界面的下半部分，显示了 PDF 卡片信息（PDF）、晶体结构数据（crystal、structure）、物理性能（physical、optical）、分类（classification）、参考文献（references）等。每个菜单都可打开看到详细信息。

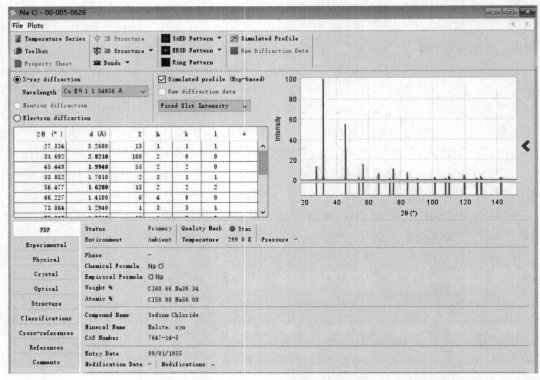

图 6-2　ICDD 的 PDF 数据库界面

PDF 的卡片状态用 Status 表示，主要有以下 3 种状态：①Primary，通常是表明 PDF 卡片收录的数据质量最好，且为室温下的衍射数据；②Alternate，某一材料诸多 PDF 卡片中的一张，并不一定表明该 PDF 卡片收录的数据质量差；③Deleted，该 PDF 卡片有目前尚未解决的错误，已经被当前的 PDF 数据库删除，但该卡片仍然可以检索，方便用户参考该数据。一般情况下，标识为"Deleted"的 PDF 卡片，会由质量更好的 PDF 卡片代替。

PDF 卡片的质量标记以"Quality Mark（QM）"在卡片中显示，它是 ICDD 编辑对每一张 PDF 卡片质量评价的标记，主要用于定义 PDF 卡片的质量。具体信息如表 6-1 所示。

表 6-1　PDF 卡片的质量标记（QM）代表的含义

QM	平均 $\Delta 2\theta$	晶体学信息	警告	其他
Star(S)	$\leqslant 0.03°$	晶胞参数已知；无未指标化的衍射峰	无	大部分衍射谱为 Exp-based 计算衍射谱，分子式由化学分析确定
Good(G)	$\leqslant 0.03°$	材料中可能有明显的无定形成分；衍射数据具有良好的信噪比；利用化学分析来验证材料的特定成分或结构	无	光谱学、分布函数、商业来源

续表 6-1

QM	平均 $\Delta 2\theta$	晶体学信息	警告	其他
Indexed(I)	$\leqslant 0.06°$；所有单个衍射峰$<0.2°$	已知晶胞参数；指标化衍射峰的位置和强度均符合衍射原理	无对称性错误；杂质峰或未指标化的衍射峰不超过2条，且不属于强峰	具有完整的衍射图；晶面间距 $d\leqslant 2.0$Å 的衍射峰所对应的晶面间距在小数点后面至少保留3位有效数字
Calculated(C)		衍射谱由单晶结构模拟计算所得；误差因子 $R<0.10$；所有的$\|F(calc)\|$对应的$\|F(obs)\|$已核对；或者键长、键角、化学式、密度数据可相互印证；所有数字的有效位数与Star相同	如果计算的衍射谱不满足 Star 要求，则被归为 Blank	如果单晶结构数据是由Rietveld精修方法得来的，一般 PDF 卡片中不采纳计算的衍射谱，而选择原始纯相的实验谱收录在 PDF 卡片中
Prototyping(P)		含有空间群信息；PDF 卡片中的结构如空间群、原子坐标均来自相似结构，且没有相关的文献报道过该物相的结构数据		大部分结构数据来自 LPF（Linus Pauling File）
Minimal Acceptable (M)		可能有明显的无定形成分；实验衍射谱具有良好的信噪比		物相成分无化学分析结果支持
Blank (B)		无晶胞参数；衍射峰未指标化		不符合更高级别的判定标准
Low-Precision (O)		材料表征和衍射精度低；无晶胞参数；未指标化的衍射峰、空间群不明确或杂质的衍射峰大于或等于3条；3条强线中的其中一条衍射峰未指标化	编辑会加入评论解释	衍射数据质量低，仍存在一些未解决的问题等

2. 卡片索引

如何迅速地从数百万张卡片中找到所需卡片，就得靠索引。早期的卡片总体可分为无机相和有机相两大类，每类的索引又可分为字母索引和数值索引两种。所谓字母索引就是按物相英文名称的第一个字母排序检索，也叫名称索引；数值索引就是按物相的 d 值检索。

在 ICDD 最新的数据库系统中，PDF 卡片的检索变得非常容易。如图 6-3 所示，左上角首先选择数据分类，依次向右有检索限定条件，比如环境、卡片状态、质量标记、数据来源，均可限定检索数据范围；下方左侧有不同的检索方法，例如元素信息检索（Periodic Table）、化学式或名称（Formula/Name）检索、2D 结构（2D structure）检索、分类（Classifications）方法、晶体学（Crystallography）信息（如晶系、空间群、晶胞参数等）检索、衍射数据（Diffraction）检索、物理性能（Physical Properties）检索、参考文献（Reference）检索等。

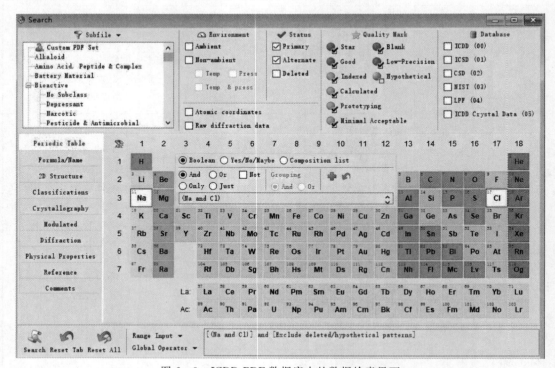

图 6-3　ICDD PDF 数据库中的数据检索界面

6.1.1.3　物相定性分析方法

前面已经述及，物相定性分析的任务就是鉴别出待测样品是由哪些物相组成的。而鉴别的依据就是 ICDD PDF 数据库，所以物相定性分析的核心就是如何运用数据库进行检索。早期的物相检索工作是借助卡片索引人工完成，耗时耗力。随着科技的发展，手工检索方式已被淘汰，计算机检索大大提高了检索的速度和准确性。

物相检索工作主要包括以下几个步骤。

（1）用 X 射线粉晶衍射仪检测结晶物质，得到原始 XRD 数据。

（2）用计算机软件对该数据进行处理，即第 5.2.4 节衍射数据采集机处理中描述的包括平滑、扣除背景和标记峰位等的基本处理环节，得到一张记录 $I-2\theta$ 值的 X 射线粉晶衍射图谱。

（3）检索方法选择，在软件中，首先选择物相隶属的子数据库类型（有机、无机、金属、矿物等），可缩小检索范围，提高效率，然后选择合适的检索方法，如根据待检索物相的元素信息、名称或卡片编号等进行检索，无论使用哪种软件，检索方法都大同小异，检索过程都会调用 ICDD PDF 数据库。

（4）物相的比对匹配和选择，在（3）步骤使用任一种检索方法输入检索信息（卡片编号除外），数据库都会提供系列物相供选择，因此要将这些物相逐一与实测数据进行匹配、比对、淘汰，最后选择最相关的物相即得到检索结果。所谓相关，有两重含义：一是对应出现的衍射峰的位置一致(每个实测峰的位置与数据库中检索出的物相的衍射峰位置一一对应,即对应峰的 2θ 基本相同),根据布拉格方程计算出的 d 值在误差范围内;二是各衍射峰相对强度顺序也一致。

(5)检查结果的合理性,了解样品来源、处理过程及其他分析结果,检查物相鉴定结果是否合理。一般自己做物相定性分析,这个过程在(4)步骤就该综合考虑,但若是送检样品,务必要对结果的合理性进行分析。

物相定性分析的(4)步骤是最复杂也是最难的。所谓计算机软件的自动检索只是可以快速地在庞大的系统中锁定少部分物相,并不能一步到位。一般直接检索卡片编号的方法很少用,其他每种检索方法都会得到系列物相。因此,进一步的比对工作必须由人工完成,计算机只能辅助,将检索出的物相与待测物相一一比对。尤其对于混合物相,衍射峰很多,每次只能匹配一个物相,就会涉及实测峰的组合,检索起来更复杂,单靠电脑的匹配检索往往有误检和漏检的可能。

图 6-4 为采用计算机检索系统分别对一例单相物质[图 6-4(a)]和一例多相混合物[图 6-4(b)]进行物相定性分析的结果。计算机检索后,直接显示出物相的名称、PDF 卡片编号、衍射峰对应的面网指数(hkl)或 d 值,可标出混合相中每个衍射峰所属的物相。

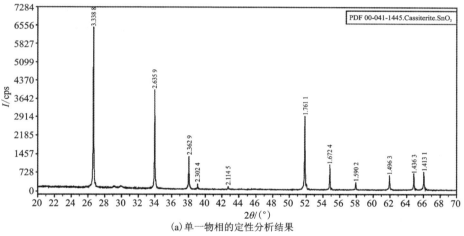

(a) 单一物相的定性分析结果

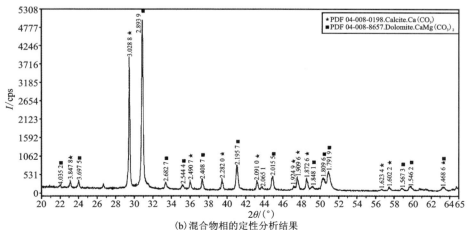

(b) 混合物相的定性分析结果

图 6-4 采用计算机软件进行物相定性分析的结果

物相定性分析应注意的问题：①d 比 I/I_1 重要；②低角度的衍射线比高角度的重要，因为低角度的衍射峰一般强度高，且重叠的概率小；③强线比弱线重要；④鉴定混合物时，采用尝试法，即先找到一种物相的衍射峰（采用任意搭配组合）并标注，然后再查找剩余的衍射峰；⑤注意检测结果的合理性。

任何方法都有局限性，有时 X 射线衍射分析要与其他方法配合才能得出正确的结论。例如合金钢中常常碰到的 TiC、VC、ZrC、NbC、TiN 都具有 NaCl 型结构，晶胞参数也比较接近，而且它们的晶胞参数还会因固溶其他合金元素而发生变化。在此情况下，单纯用 X 射线衍射分析可能会得出错误的结论，应与化学分析、电子显微镜等配合。

6.1.2 物相定量分析

物相定量分析就是用 X 射线衍射方法来测定混合物中各种物相的百分比含量。物相的定量分析是在定性分析的基础上进行的，它的依据是一种物相所产生的衍射线强度，是与其在混合物中的含量相关的。多相材料中某相的含量越多，则它的衍射强度就越高。但由于衍射强度还受其他因素的影响，在用衍射强度计算物相含量时，必须进行适当修正。

6.1.2.1 定量分析基本原理

X 射线衍射定量分析的理论基础是物质参与衍射的体积或质量与其所产生的衍射强度成正比。因此，可通过衍射强度的大小求出混合物中某相参与衍射的体积分数或质量分数。

由第 4 章可知，单相多晶材料的衍射强度为

$$I_{相} = |F_{hkl}|^2 \cdot L_p \cdot P_{hkl} \cdot A \cdot e^{-2M} \cdot \frac{V}{V_0^2} \tag{6-1}$$

式（6-1）只适用于单相试样，但通过稍加修正后同样适用于多相试样。设试样是由 n 种物相组成的平板试样，其线吸收系数为 μ_l，第 j 相的 (hkl) 面网的衍射相对强度为 I_j，则 $A = \frac{1}{2\mu_l}$，则第 j 相的相对强度为

$$I_j = |F_{hkl}|^2 \cdot L_p \cdot P_{hkl} \cdot \frac{1}{2\mu_l} \cdot e^{-2M} \cdot \frac{V_j}{V_{0j}^2} \tag{6-2}$$

式中：V_j 为第 j 相被辐射的体积；V_{0j} 为第 j 相的晶胞体积。

若平板试样被辐射体积 V 为单位体积 1，第 j 相的体积分数为 f_j，则第 j 相被照射体积 $V_j = f_j$。当第 j 相含量改变时，强度公式中只有 f_j 和 μ_l 改变。显然，在同一测定条件下，影响 I_j 大小的只有 μ_l 和 V_j，其他均可视为常数。这样把所有的常数部分设为 C_j，此时 I_j 可表示为

$$I_j = C_j \cdot \frac{1}{\mu_l} \cdot f_j \tag{6-3}$$

C_j 被称为强度因子，只与检测条件和第 j 相的结构有关，$C_j = \left(\frac{1}{V_{0j}^2} \cdot P_{hkl} \cdot |F_{hkl}|^2 \cdot L_p \cdot e^{-2M} \right)_j$。

若第 j 相的质量分数为 w_j，质量为 M_j，试样的总质量为 M，则

$$w_j = \frac{M_j}{M} = \frac{\rho_j \cdot V_j}{\rho \cdot V}, \tag{6-4}$$

由此得

$$f_j = \frac{V_j}{V} = \frac{\rho}{\rho_j} \cdot \omega_j \tag{6-5}$$

又由于

$$\mu_l = \rho \mu_m = \rho \sum_{j=1}^{n} w_j \mu_{mj} \tag{6-6}$$

式中：μ_m 和 μ_{mj} 分别为试样、第 j 相的质量吸收系数。

这样可得到物相定量分析的两个基本公式。

体积分数：

$$I_j = \frac{C_j \cdot f_j}{\mu_l} = \frac{C_j}{\rho \mu_m} \cdot f_j \tag{6-7}$$

质量分数：

$$I_j = \frac{C_j \cdot f_j}{\mu_l} = \frac{C_j}{\rho_j \mu_m} \cdot w_j \tag{6-8}$$

式(6-7)和式(6-8)即为定量分析的基本公式，通过测量各衍射线的相对强度，借助这些公式即可计算出各相的体积分数或质量分数。但由于试样的密度 ρ 和质量吸收系数 μ_m 也随组成相的含量变化而变化。因此，各相的衍射线强度随其含量的增加而增加，它们是正向关系，而非正比例关系。

6.1.2.2 定量分析方法

定量分析方法有多种，如直接对比法、外标法、普通内标法、K 值法、绝热法等。这些方法中，每种方法都有其优缺点及适用性，在具体运用时可根据条件选择不同的方法。

1. 直接对比法

直接对比法，也称强度因子计算法。假定试样中共包含 n 种物相，每相各选一根不相重叠的衍射线，以某相的衍射线作为参考（假设为第一相）。由式(6-7)可知，其他相的衍射强度与参考线强度之比为

$$\frac{I_j}{I_1} = \frac{C_j f_j}{C_1 f_1} \tag{6-9}$$

则

$$f_j = \frac{I_j}{I_1} \cdot \frac{C_1}{C_j} \cdot f_1 \tag{6-10}$$

若各相均为晶体材料，则第 j 相的体积分数为

$$f_j = \left[\left(\frac{I_j}{I_1}\right)\left(\frac{C_1}{C_j}\right)\right] / \sum_{j=1}^{n}\left[\left(\frac{I_j}{I_1}\right)\left(\frac{C_1}{C_j}\right)\right] = \frac{I_j}{C_j} / \sum_{j=1}^{n} \frac{I_j}{C_j} \tag{6-11}$$

将式(6-5)代入式(6-11)，则质量分数为

$$w_j = \left[\left(\frac{I_j}{I_1}\right)\left(\frac{C_1}{C_j}\right)\left(\frac{\rho_j}{\rho}\right)\right] / \sum_{j=1}^{n}\left[\left(\frac{I_j}{I_1}\right)\left(\frac{C_1}{C_j}\right)\right] = \frac{I_j \rho_j}{C_j \rho} / \sum_{j=1}^{n} \frac{I_j}{C_j} \tag{6-12}$$

式(6-11)和式(6-12)为直接对比法的使用方程。只要计算出各物相的强度因子比 (C_1/C_j) 和衍射强度比 (I_j/I_1)，或者确定每项的 I_j/C_j，就可计算出每一项的体积分数。计算质量分数则须进一步测出 ρ_j/ρ。

例如钢中的残余奥氏体含量测定，若钢中只包含奥氏体和铁素体，则奥氏体含量的表达

式为

$$f_\gamma = \frac{(C_\alpha/C_\gamma)(I_\gamma/I_\alpha)}{1+(C_\alpha/C_\gamma)(I_\gamma/I_\alpha)} \quad (6-13)$$

式中:f_γ 为奥氏体的体积分数;C_γ、C_α、I_γ、I_α 分别为奥氏体、铁素体的强度因子和相对积分强度,只要求出以上各值,即可计算出奥氏体体积分数。

该方法的优点是不需要向被测试样中加入标准物质,但需要计算强度因子 C_j,对于结构复杂的物相困难较大。故直接对比法一般用于结构比较简单的物相的定量分析,比如同素异构体中残余奥氏体含量的确定。

2. 外标法

标准物质不加到待测试样中,且通常以待测试样中纯相为标样,制成一系列外标试样,进行 X 射线衍射实验,得到外标试样的衍射强度,通过待测样品与外标试样对应衍射峰的强度进行比较,确定其待测样品中某相的含量,这种物相定量分析的方法叫外标法。外标法有两种情况,一种是待测试样中各物相的质量吸收系数相同或相近,另一种是待测物中各物相的质量吸收系数不同。

1) 待测试样中各物相的质量吸收系数相近或相同

假设混合物中包含 n 个物相,它们的质量吸收系数和密度接近(如同素异构物质),即 $u_{m1}=u_{m2}=\cdots=u_{mj}=\cdots=u_{mn}=u_m$。要求第 j 相的含量,则第 j 相的纯相为外标样品。由物相定量分析的基本原理可知,实测样品中第 j 相某 (hkl) 面网的衍射强度为

$$I_j = \frac{C_j}{\rho_j \mu_m} \cdot w_j \quad (6-14)$$

相同检测条件下,纯第 j 相相同晶面的衍射强度($w_j=1$)为

$$I_j' = \frac{C_j}{\rho_j \mu_m} \quad (6-15)$$

则

$$w_j = I_j/I_j' \quad (6-16)$$

只要分别测出待测样中第 j 相和纯 j 相相同面网的衍射强度,即可计算出待测样中第 j 相的含量。

2) 待测物中各物相的质量系数不同

假设试样由 n 种物相组成,外标试样选择 n 种与被测试样中相同的纯相,按相同的质量分数将它们混合,作为外标试样,即 $w_1':w_2':w_3':\cdots:w_n'=1:1:1:\cdots:1$,其中第一相为参考相。则根据物相分析基本原理,有

$$I_j'/I_1' = (C_j/C_1)(\rho_1/\rho_j) \quad (6-17)$$

对于被测试样,相应的衍射强度比为

$$I_j/I_1 = (C_j/C_1)(\rho_1/\rho_j)(w_j/w_1) \quad (6-18)$$

当各相均为晶质材料时,同时满足

$$\sum_{j=1}^n w_j = 1 \quad (6-19)$$

式(6-17)、式(6-18)和式(6-19)联立,可得

$$w_j = \frac{(I_1'/I_j')(I_j/I_1)}{\sum_{j=1}^{n}[(I_1'/I_j')(I_j/I_1)]} \quad (6-20)$$

式(6-20)表明,只要测得外标样品某晶面的衍射强度比(I_1'/I_j')和实际试样相应晶面的衍射强度比(I_j/I_1),即可计算出各相的质量分数。

这两种外标法都不需要计算强度因子,不需要制作工作曲线,也不必已知质量吸收系数。但是,前提是要得到纯相物质。待测试样中各相质量吸收系数相同或相近时仅需要待测相的纯相做外标样品,而当待测试样中各相的质量吸收系数不同时,则需要得到各个相的纯相物质做外标样。

3. 普通内标法

普通内标法就是将一定数量的标准物质(内标样品)掺入待测样中,以这些标准物质的衍射线作为参考,来计算未知试样中各相的含量,该法避免了强度因子的计算问题,也不需要待测样为纯物质。

在包含 n 种相的多相物质中,第 j 相质量分数为 w_j,若掺入质量分数为 w_s 的标样,则第 j 相的质量分数变为 $(1-w_s)w_j$,则加入内标物质后的第 j 相物质的衍射强度为

$$I_j = \frac{C_j}{\rho_j \mu_m} \cdot (1-w_s)w_j \quad (6-21)$$

掺入的内标物质的衍射强度为

$$I_S = \frac{C_s}{\rho_s \mu_m} \cdot w_s \quad (6-22)$$

式(6-21)和式(6-22)联立,可得

$$w_j = \left(\frac{C_s}{C_j} \cdot \frac{\rho_j}{\rho_s} \cdot \frac{w_s}{1-w_s}\right) \cdot \frac{I_j}{I_s} = R \cdot \frac{I_j}{I_s} \quad (6-23)$$

若两相物质 j 和 s 一定,所用的 X 射线的波长一定,因每个待测试样中加入的内标物质的质量分数 w_s 保持恒定,则 R 为常数。因此,第 j 项的含量只与 $\frac{I_j}{I_s}$ 有关。但是要确定 w_j,必须先确定 R。

由式(6-23)可知,R 为直线的斜率。其确定方法如下:制备不同 j 相含量 w_j' 的已知试样(至少 3 个),都掺入相同含量的标准物质 w_s。分别测出 I_j'/I_s,绘制出 I_j'/I_s 与 w_j' 的直线,即定标曲线(图 6-5)。用最小二乘法求得直线斜率,即为 R 值。

相分析时,在待测试样中混入相同质量分数的 w_s 的内标物质,制成混合试样,在同样的衍射条件下测出 $\frac{I_j}{I_s}$,可利用 R 及式(6-23)求出第 j 相的质量分数 w_j,或在工作曲线上查出 w_j。但需要注意的是未知试样与定标试样所含标样的质量分数 w_s 必须相同,但两类试样所含物相种类可以不一样。

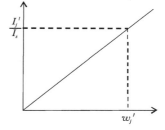

图 6-5 普通内标法的定标曲线

普通内标法的优点是不需要计算强度因子。缺点是需要作定标曲线,相对也比较繁琐。

4. K 值法

K 值法也称基体冲洗法,由 F. H. Chung 于 1974 年提出,具有简便、快速的优点。该法实

质上也是一种内标法,但不同的是无须绘制定标曲线,只需求出定标曲线的斜率 K。其推导的 K 值与标样加入量无关,且测算容易,故被广泛应用而取代了内标法。

在内标法的基础上,选择公认的参考物质 c 和纯 j 相物质,将它们按质量比 1∶1 进行混合,混合物的质量分数 $w_j = w_c = 0.5$。分别将两者质量分数代入式(6-8),可得

$$\frac{I_j}{I_c} = \frac{C_j}{C_c} \cdot \frac{\rho_c}{\rho_j} \tag{6-24}$$

令

$$K_j = \frac{C_j}{C_c} \cdot \frac{\rho_c}{\rho_j} \tag{6-25}$$

称 K_j 为第 j 相物质的参比强度。它只与两相物质的特性有关,当两相物质按 1∶1 质量比混合时,其两相的衍射强度之比即为参比强度。将参比强度代入内标法的式(6-23),可得

$$w_j = \frac{1}{K_j} \cdot \left(\frac{w_s}{1-w_s}\right) \cdot \frac{I_j}{I_s} \tag{6-26}$$

利用式(6-26)可计算出第 j 相的含量。

目前,许多物质的参比强度已经被测出,并以 I/I_{cor} 列入 PDF 卡片中,通常是以 $\alpha - Al_2O_3$ (corundum)作为参考物质,并取各自的最强线计算其参比强度。

利用参比强度 K,计算混合相中第 j 相的含量,计算步骤分为 3 步:①查表或实验测定第 j 相的参比强度 K_j;②类似普通内标法向待测试样中加入已知含量(w_s)的参考物质 s 相,测定混合样的 I_j 和 I_s;③代入式(6-26)计算 w_j。

即使原待测样中存在非晶质也可以使用 K 值法,且可看成无非晶质。假定混有质量分数为 w_s 的物质有 n 相,所有物相均为结晶质,则有

$$\sum_{j=1}^{n} w_j = 1 \tag{6-27}$$

将式(6-26)代入(6-27)则有

$$\sum_{j=1}^{n} \frac{I_j}{K_j} = \frac{1-w_s}{w_s} \cdot I_s \tag{6-28}$$

考虑了择优取向等各种影响后,如果有

$$\sum_{j=1}^{n} \frac{I_j}{K_j} \ll \frac{1-w_s}{w_s} \cdot I_s \tag{6-29}$$

表明试样中存在非晶质,求出各组分的 w_j,并考虑参考物质的质量分数 w_s,则非晶质的含量为

$$w_0 = 1 - \left(w_s + \sum_{j=1}^{n} w_j\right) \tag{6-30}$$

如果

$$\sum_{j=1}^{n} \frac{I_j}{K_j} \approx \frac{1-w_s}{w_s} \cdot I_s \tag{6-31}$$

则可认为待测试样中各组分均为结晶质。

5. 绝热法

绝热法是 1975 年 F. H. Chung 在基体冲洗法的基础上提出的。相分析过程中不另加入内标物质,而由试样中某一项充填,好似系统与外界隔绝,故称绝热法。亦可直接由基体冲洗

法(K 值法)公式推导出计算公式。

待测试样有 n 相，全为结晶质，每项的 K 值（参比强度）已知或可求取。因为 $w_j = w_j \big/ \sum_{j=1}^{n} w_j$，将式(6-26)代入，即得

$$w_j = \frac{I_j / K_j}{\sum_{j=1}^{n}(I_j / K_j)} \qquad (6-32)$$

因此，只要获得各物相的参比强度 K_j，测出各物相的衍射强度 I_j，即可计算每一项的质量分数。其中，各个物相的参比强度为相同参考物质，测量谱线与参比谱线晶面指数也相对应。

绝热法的优点：不加入内标物质，不必作定标曲线，一个试样一次测量能分析出全部物相含量。

绝热法的缺点：不能用于鉴定含未鉴定相或非晶质的试样，也不能只对试样中的一部分物相进行分析，必须所有物相的 K 值都已知。

绝热法不能取代 K 值法，虽然 K 值法只能用于鉴定粉末试样，而绝热法可用于鉴定粉末和块体试样。但是 K 值法可判断试样中有无非晶物质并估算其含量，能用于鉴定包含未知物相的试样，并只对其中部分物相进行定量分析，这些是绝热法所不能办到的。

6.1.2.3 定量分析注意事项

定量分析常采用绝热法，大部分 PDF 卡片都给出了参比强度值(I/I_{cor})。由于种种原因，一种物相可能有很多张卡片，而这些卡片所给出的参比强度不尽相同，甚至差别很大。因此定量分析要注意以下问题：①选用 ICDD 数据库中的最新卡片或者质量标记(QM)为"star" "good" "calculated"等的卡片，可靠性高；②定性分析的物相均有参比强度值；③若采用绝热法时，混合相中各物相均应为结晶质；④绝热法和 K 值法由于只采用了各物相的最强衍射峰的强度，且峰强会受择优取向、结晶程度、制样方式等诸多因素的影响，因此只能得到物相含量的半定量分析结果，误差在 5%～10% 之间。

很多 XRD 分析软件都有定量分析的功能，例如利用 X-ray Run 对混合相进行定性分析完成后，直接点击定量分析，定量分析的结果就会显示出来，非常方便。利用绝热法对图 6-4 (b)中的混合相进行定量分析的结果如图 6-6 所示。

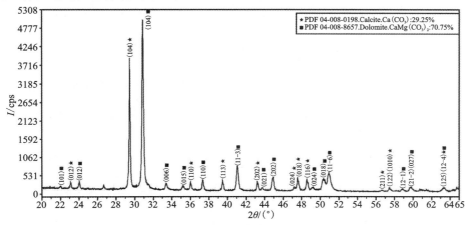

图 6-6 利用 XRD 图谱对混合相的定量分析结果

6.2　X射线衍射峰的指标化

每种晶体都有独特的衍射谱。衍射谱中的每一根谱线都对应着晶体的某一组面网的衍射。粉末衍射图谱的指标化实质上就是通过计算分析求出各个衍射线的衍射面网的衍射指数(hkl)。指标化可以检查粉末图谱中是否有第二相，这也是测定晶体结构的第一步。

指标化方法可以分为两大类：图解法和分析法，前者仅适用于立方晶系、四方晶系和斜方晶系，而后者对所有晶系都适用。下面主要介绍分析法。

6.2.1　分析法的基本原理

分析法主要是通过理论分析确定各晶系不同面网指数与$\sin^2\theta$之间的关系。如果衍射谱线满足某种关系，则可确定晶系。将布拉格方程代入各晶系面网间距计算公式，提出常数项，可得到各晶系的面网指数(hkl)与$\sin^2\theta$之间的关系式。

立方晶系：

$$\sin^2\theta = \frac{\lambda^2}{4a^2}(h^2+k^2+l^2) = A(h^2+k^2+l^2) \tag{6-33}$$

四方晶系：

$$\sin^2\theta = \frac{\lambda^2}{4a^2}(h^2+k^2) + \frac{\lambda^2}{4c^2}l^2 = A(h^2+k^2) + Cl^2 \tag{6-34}$$

斜方晶系：

$$\sin^2\theta = \frac{\lambda^2}{4a^2}h^2 + \frac{\lambda^2}{4b^2}k^2 + \frac{\lambda^2}{4c^2}l^2 = Ah^2 + Bk^2 + Cl^2 \tag{6-35}$$

六方和三方晶系：

$$\sin^2\theta = \frac{\lambda^2}{3a^2}(h^2+hk+k^2) + \frac{\lambda^2}{4c^2}l^2 = A(h^2+hk+k^2) + Cl^2 \tag{6-36}$$

单斜晶系：

$$\sin^2\theta = \frac{\lambda^2}{4a^2\sin^2\beta}h^2 + \frac{\lambda^2}{4b^2}k^2 + \frac{\lambda^2}{4c^2\sin^2\beta}l^2 - \frac{\lambda^2\cos\beta}{2ac\sin^2\beta}hl$$
$$= Ah^2 + Bk^2 + Cl^2 - Dhl \tag{6-37}$$

从以上各式可以看出，立方晶系(hkl)晶面的$\sin^2\theta$有公因子$A = \frac{\lambda^2}{4a^2}$；四方晶系($hk0$)面的$\sin^2\theta$有公因子$A = \frac{\lambda^2}{4a^2}$；斜方晶系($h00$)晶面的$\sin^2\theta$有公因子$A = \frac{\lambda^2}{4a^2}$；三六方晶系($hk0$)面的$\sin^2\theta$有公因子$A = \frac{\lambda^2}{3a^2}$，其公因子大小与四方晶系不同；对于单斜晶系，可推导出不同($h0l$)面的$\sin^2\theta$的差值之比为1∶2∶3∶4∶5⋯；而三斜晶系的$\sin^2\theta$与面网指数无确切的对应关系，因此可据此判断其为三斜晶系。

6.2.2　立方晶系指标化

由式(6-27)可知，立方晶系(hkl)晶面的$\sin^2\theta$有公因子$\frac{\lambda^2}{4a^2}$，因此有$\sin^2\theta_1 : \sin^2\theta_2 : \sin^2\theta_3$
$\cdots : \sin^2\theta_n = (h_1^2+k_1^2+l_1^2) : (h_2^2+k_2^2+l_2^2) : (h_3^2+k_3^2+l_3^2) : \cdots : (h_n^2+k_n^2+l_n^2) =$

$N_1:N_2:N_3:\cdots:N_n$。其中,$N_1:N_2:N_3:\cdots:N_n$ 为一系列整数。在立方晶系中,不同点阵类型的晶体,由于结构因子的作用,能产生衍射的晶面不同,因此 N 值数列不同,如表 6-2 所示。

表 6-2 不同格子类型的立方晶系晶体能发生衍射的面网及其 N 值特点

简单立方			体心立方			面心立方			金刚石立方		
(hkl)	N	N_n/N_1	(hkl)	N	N_n/N_1	(hkl)	N	N_n/N_1	(hkl)	N	N_n/N_1
(100)	1	1	(110)	2	1	(111)	3	1	(111)	3	1
(110)	2	2	(200)	4	2	(200)	4	1.33	(220)	8	2.66
(111)	3	3	(211)	6	3	(220)	8	2.66	(311)	11	3.67
(200)	4	4	(220)	8	4	(311)	11	3.67	(400)	16	5.33
(210)	5	5	(310)	10	5	(222)	12	4	(331)	19	6.33
(211)	6	6	(222)	12	6	(400)	16	5.33	(422)	24	8
(220)	8	8	(321)	14	7	(331)	19	6.33	(333)	27	9
(221)、(300)	9	9	(400)	16	8	(420)	20	6.67	511	32	10.67
(310)	10	10	(330)、(411)	18	9	(422)	24	8	(440)	35	11.67
(311)	11	11	(420)	20	10	(333)、(511)	27	9	(531)	40	13.33

由以上分析可知,在实际应用时,立方晶系的衍射线条指标化可以按如下步骤进行:①根据实测衍射图谱求出每个衍射峰的 $\sin^2\theta$ 值;②计算 $\sin^2\theta_n/\sin^2\theta_1$ 值,即得到 N_n/N_1 的值,若不是整数,则乘以 2 或 3,个别情况下乘以 4,最后都化为整数;③根据 N_n/N_1 很容易得到 N_n,从而得到对应的衍射晶面指数 (hkl),完成指标化。

例如 CdTe 的 X 射线衍射数据的 2θ 列于表 6-3 的第 1 列,按照上述指标化的步骤对其进行指标化,依次执行计算 $\sin^2\theta$、$\sin^2\theta_n/\sin^2\theta_1$($N_n/N_1$)、$N_n/N_1$ 化整数、写出 (hkl),将所得数据列于表 6-3,最后一列的 (hkl) 即指标化结果。根据出现的 (hkl),查表 6-2,可判断出该 CdTe 为面心立方点阵结构晶体。

表 6-3 CdTe 的衍射数据及指标化过程

$2\theta/(°)$	$\sin^2\theta$	N_n/N_1	$(N_n/N_1)\times 3$	(hkl)
23.75	0.042 3	1	3	(111)
39.31	0.113 1	2.67	8	(220)
46.43	0.155 4	3.67	11	(311)
56.82	0.226 4	5.35	16	(400)
62.35	0.268	6.33	19	(331)
71.21	0.338 9	8.01	24	(422)
76.30	0.381 6	9.02	27	(333)、(511)
84.47	0.451 8	10.68	32	(440)
89.41	0.494 9	11.70	35	(531)

6.3 晶胞参数的精确测定

晶胞参数是反映晶体物质结构尺寸的基本参数,每种晶体物相在一定条件下具有特定的晶胞参数,但是晶体的晶胞参数随晶体的成分和外界条件的改变而改变。因此,在很多研究工作中,常常需要精确测定晶胞参数,如在研究固溶体类型和成分的测定、相图中的相界和热膨胀系数的测定、宏观应力的测定、化学热处理层的分析等。晶胞参数的变化反映了晶体内部的成分和受力状态的变化,但由于晶胞参数的变化量级很小(约为 10^{-5} nm),因而需要十分精确的测定。此外,由于实验目的的不同,对晶胞参数的精度要求也不同。精度要求越高,工作难度就越大。晶胞参数的精确计算需要谨慎处理各种误差。

6.3.1 测量误差来源

6.3.1.1 晶胞参数误差分析

用 X 射线衍射法测量晶体的晶胞参数,首先要获得晶体物质的衍射谱,即 $I-2\theta$ 曲线,标出各衍射峰的干涉面指数(hkl)和对应的峰位 2θ,然后运用布拉格方程和面网间距公式计算该物质的晶胞参数。以立方晶系为例,晶胞参数的计算公式为

$$a = \frac{\lambda}{2\sin\theta}\sqrt{h^2+k^2+l^2} \tag{6-38}$$

因此,同一个相的各条衍射线均可通过式(6-38)计算出晶胞参数 a。理论上讲,a 的每个计算值都应相等,实际上却有微小差异,这是由于测量误差导致的。

由式(6-38)可知,晶胞参数 a 的测量误差主要来自于波长 λ、$\sin\theta$ 和干涉面指数(hkl)。其中,波长 λ 的有效数字已达 7 位,可以认为没有误差($\Delta\lambda = 0$);干涉面指数(hkl)为正整数,也没有误差。因此,$\sin\theta$ 成了精确测量晶胞参数的关键因素。

$\sin\theta$ 的精度取决于 θ 的测量误差,该误差包括偶然误差和系统误差,偶然误差是因偶然因素产生,没有规律可循,也无法消除,只有通过增加测量次数,统计平均值,将误差降低到最低程度;系统误差则是由实验条件导致的,具有一定的规律,可以通过适当的方法减小甚至消除误差。

下面通过布拉格方程来分析 θ 对误差的影响。图 6-7(a)表示 $\sin\theta$ 随 θ 变化的情况,可以看出,当 θ 从 0 增大到 90°时,$\sin\theta$ 随 θ 的变化是极其缓慢的,假如在不同 θ 下的测量精度 $\Delta\theta$ 相同,则在 θ 较大时所得到的 $\sin\theta$ 值比在 θ 较小时所得到的值精确得多。

对布拉格公式两边微分,由于 λ 精度很高,微分时可视为常数,即 $d\lambda = 0$。从而导出晶面间距的相对误差为

$$\frac{\Delta d}{d} = -\Delta\theta \cdot c\tan\theta \tag{6-39}$$

式(6-39)中,当 $\Delta\theta$ 一定时,θ 越大则 $\frac{\Delta d}{d}$ 越小。可见晶胞参数的相对误差取决于 $\Delta\theta$ 和 θ 的大小。以立方晶系为例进一步分析,在立方晶系中,$\frac{\Delta d}{d} = \frac{\Delta a}{a} = -\Delta\theta \cdot c\tan\theta$,如图 6-7 所示

为 θ 和 $\Delta\theta$ 与 $\frac{\Delta d}{d}$ 或 $\frac{\Delta a}{a}$ 的变化关系曲线。由图 6-7(b) 可知：①对于一定的 $\Delta\theta$，当 θ 增加到 $90°(2\theta\rightarrow180°)$ 时，$\frac{\Delta d}{d}$ 或 $\frac{\Delta a}{a}$ 接近于 0，d 或 a 的测量精度最高，因而在晶胞参数测定时选用高角度的衍射线；②当 θ 相同时，$\Delta\theta$ 愈小，则 $\frac{\Delta d}{d}$ 或 $\frac{\Delta a}{a}$ 愈小，d 或 a 的测量误差也就愈小。

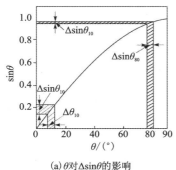
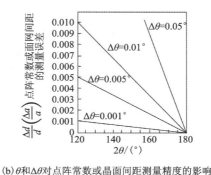

(a) θ 对 $\Delta\sin\theta$ 的影响　　(b) θ 和 $\Delta\theta$ 对点阵常数或晶面间距测量精度的影响

图 6-7　立方晶系中 θ 对晶胞参数或面网间距测量精度的影响

6.3.1.2　2θ 误差来源

X 射线衍射仪检测的 2θ 的误差主要有测角仪误差、试样误差及其他误差。

测角仪误差主要有 2θ 的零度误差、2θ 的刻度误差、试样表面离轴误差和入射线的垂向发散误差。测角仪调整好后，把 2θ 转到零度位置，此时 X 光管焦点的中心线、测角仪转轴线和发散狭缝中心线必须处在同一直线上。若 2θ 的零度偏离将会带来误差，不过这种误差与机械制造、安装和调整中的误差有关，属于系统误差，它对各衍射角的误差是恒定的；2θ 的刻度误差来自测量过程中真正转动的角度和控制台上显示的转动角度不一致，这种误差随 2θ 角度的大小而变，不同测角仪 2θ 的刻度误差不同，而对同一台测角仪这种误差是固定的；入射 X 射线的垂向发散误差是由于测角仪上的索拉狭缝层存在间距，造成入射线的发散，使其并不严格平行于衍射仪的平台而引起角度误差。

试样误差有平板样品误差、晶粒大小误差和试样吸收误差等。根据衍射原理，试样表面应是凹曲形，曲率半径等于聚焦圆半径，这样试样表面各处的衍射线聚焦于一点。而实际上试样是平板试样，入射光又有一定的发散度，除试样中心点外，其他各点的衍射线均有所偏离，从而引起 2θ 的误差。在衍射仪测试中，X 射线照射样品的面积并不大，若晶粒尺寸过大，则参加衍射的晶粒过少，个别体积稍大并产生衍射晶粒的空间取向对峰位会有明显的影响。其次为试样的吸收误差，也称透明误差。通常只当 X 射线在试样表面发生衍射时，测量结果才与理论计算一致。但实际上，由于 X 射线具有一定的穿透能力，即在试样表面一定深度范围内都会发生衍射，吸收效应导致 X 射线能量的损失，使 2θ 发生偏离。

其他误差如角因子偏差、定峰偏差、温度变化、X 射线折射及其非单色引起的误差等也会不同程度地对 2θ 产生影响。

6.3.2　晶胞参数精确计算

晶胞参数的精确计算应尽可能消除误差。任何实验都包括偶然误差和系统误差，X 射线衍射实验也不例外。采用多次重复测量求平均值的方法可以消除偶然误差,却不能消除系统误差。因此,晶胞参数的精确计算取决于系统误差的消除程度。消除系统误差的方法很多,但不管采用哪种方法,都须借助于 θ,因此首先要确定峰位对应的 2θ,才能精确计算晶胞参数。

峰位测量方法有峰顶法、切线法、半高宽法和抛物线拟合法等。当衍射峰非常尖锐时,采用峰顶法,即直接以峰顶所在的位置定为峰位;当衍射峰两侧的直线部分较长时,采用切线法,即以两侧直线部分的延长线的交点所对的 2θ 为峰位;当图谱中同时有 K_{a1} 和 K_{a2} 的衍射峰且峰型比较敏锐时,可以用半高宽法;当峰形漫散时,采用半高宽法产生的误差较大,可采用抛物线拟合法,将衍射峰的顶部拟合成对称轴平行于纵轴、张口朝下的抛物线,以对称轴与横轴的交点为峰位。具体方法可参考其他书籍。

峰位确定后,即确定了 2θ,可采取具体方法消除具有一定规律性的系统误差,精确计算晶胞参数。

6.3.2.1 标准物质校正法

标准物质校正法也称内标法,就是利用一种已知晶胞参数的物质(内标样品或标准样品)来标定衍射谱线的方法。表 6-4 所列为经过精确测量晶胞参数的常用标准物质。标准物质校正法的做法:首先,将标准物质粉末掺入待测试样粉末中,混合均匀,或者在块状待测试样表面黏附一层标准物质的粉末;然后,用 X 射线粉晶衍射仪测试混合样,得到的 XRD 图谱即为两种物质的衍射谱;最后用标准物质的峰位误差来校正待测样的峰位,即可消除 2θ 测量误差。标准物质校正法的理论简单,易于理解。

表 6-4 常用标准物质及其晶胞参数

标准物质	Al	Si	Si	Ag	NaCl	CaF_2
纯度/%	99.99	99.84	99.9	99.999	—	99.999
晶胞参数/Å	4.049 58	5.430 78	5.430 75	4.086 13	5.640 09	5.426

以立方晶系为例,计算方法如下。

若标样的半衍射角、面网间距分别为 θ_c 和 d_c,试样的半衍射角、面网间距分别为 θ_s 和 d_s。则试样和标样的角度差为

$$\Delta\theta = \theta_s - \theta_c \tag{6-40}$$

在实际检测中,由于系统误差的存在,θ_s 和 θ_c 有相同的角度误差,因此 $\Delta\theta$ 的值不变,且可从实测图谱中读取,故

$$\theta_s = \theta_c + \Delta\theta \tag{6-41}$$

已知标样的晶胞参数为 a_c,由 $\lambda = 2 d_c \sin\theta_c$。$\dfrac{1}{d_c^2} = \dfrac{h_c^2 + k_c^2 + l_c^2}{a_c^2}$(取其中一组面网)可计算出标样的 θ_c 和 d_c。检测用的 λ 不变,根据布拉格方程 $2 d_c \sin\theta_c = 2 d_s \sin\theta_s$,可得

$$d_s = \frac{\sin\theta_c}{\sin(\theta_c + \Delta\theta)} \cdot d_c \tag{6-42}$$

将根据式(6-42)求出的 d_s 代入面网间距的计算公式,可得试样的晶胞参数为

$$a_s = d_s \cdot \sqrt{h_s^2 + k_s^2 + l_s^2} \tag{6-43}$$

该晶胞参数消除了系统误差,即精确计算的晶胞参数。

标准物质校正法的优点是使用简捷、方便、可靠,缺点是测量精度不可能超过标准物质本身的晶胞参数精度。

6.3.2.2 线对法

线对法就是利用同一次测量所得到的两根衍射线的线位差值,来计算晶胞参数。由于在计算过程中两衍射线的线位相减,因而消除了衍射仪 2θ 的零位设置误差。利用这种方法,在仪器未经精细调整的条件下,即可获得较高的晶胞参数测量精度。

同样以立方晶系为例,取两根衍射线 θ_1 和 θ_2,由布拉格方程和面网间距的计算公式,可得

$$\begin{cases} 2a\sin\theta_1 = \dfrac{\lambda}{\sqrt{m_1}}, m_1 = h_1^2 + k_1^2 + l_1^2 \\ 2a\sin\theta_2 = \dfrac{\lambda}{\sqrt{m_2}}, m_2 = h_2^2 + k_2^2 + l_2^2 \end{cases} \tag{6-44}$$

由此可推导出点阵参数为

$$a^2 = \frac{B_1 - B_2\cos(\theta_2 - \theta_1)}{4\sin^2(\theta_2 - \theta_1)} \tag{6-45}$$

其中,$B_1 = \lambda^2(m_1 + m_2)$,$B_2 = 2\lambda^2\sqrt{m_1 m_2}$。

式(6-45)就是线对法的基本公式,根据两根衍射线的 $(\theta_2 - \theta_1)$、$(h_1 k_1 l_1)$ 和 $(h_2 k_2 l_2)$ 即可计算出晶胞参数 a 值,消除角度的系统误差。

对式(6-45)取对数再微分,得到线对法晶胞参数相对误差的表达式

$$\frac{\Delta a}{a} = -\left[\frac{\cos\theta_1 \cos\theta_2}{\sin(\theta_2 - \theta_1)}\right] \cdot \Delta(\theta_2 - \theta_1) \tag{6-46}$$

式中 θ_1 和 θ_2 的误差是同向的,即 $\Delta(\theta_2 - \theta_1)$ 是一个很小的值。选两条衍射线,让 θ_1 取值较小,θ_2 接近 90°(即 $2\theta_2$ 接近 180°),此时 $\cos\theta_2$ 较小,而 $\sin(\theta_2 - \theta_1)$ 较大,因此晶胞参数相对误差很小,也可采用多条线求值后取平均值的方法,进一步提高测量精度。

6.3.2.3 图解外推法

根据晶胞参数的误差分析可知,当 2θ 趋近于 180°时,晶胞参数误差趋近于零,然而实际检测中的最大 2θ 也达不到 180°,但是利用此规律进行数据处理也可以消除系统误差,这就是图解外推法(外延法)。

以立方晶系为例来分析图解外推法的基本原理。在立方晶系中,综合各种误差,有

$$\Delta a/a \approx -(\cot\theta)\Delta\theta + \left(\frac{s}{R}\right) \cdot \left(\frac{\cos^2\theta}{\sin\theta}\right) + \frac{\cos^2\theta}{2\mu R} + \frac{\varepsilon^2\cot^2\theta}{24} + \frac{\delta^2}{24}\cot^2\theta \tag{6-47}$$

式(6-47)左侧为总的误差,右侧由 5 项组成,依次为 2θ 的零位误差、设备的离轴误差、试样的吸收误差、试样的平面性误差和入射线的垂向发散误差。这些误差均随着 2θ 趋向 180°时趋近于 0,并且近似正比于 $\cos^2\theta$。测量试样中 2θ 大于 180°的各衍射线的 2θ,并分别求出其 a 值,然后,以 $\cos^2\theta$ 为横坐标、晶胞参数 a 为纵坐标,作 $a - \cos^2\theta$ 的关系图,拟合近似为一直线。将该直线外推至 $\cos^2\theta = 0$,即 $2\theta = 180°$,直线在纵轴的截距即为 a 值,这就是图解外推法,$f(\theta) = \cos^2\theta$ 为外推函数。

在图解外推法中,选择合适的外推函数使 $a - f(\theta)$ 曲线为直线且符合好很重要。为此,尼

尔逊(J. B Nelson)等设计出了新的外推函数 $f(\theta)=\dfrac{1}{2}\left(\dfrac{\cos^2\theta}{\sin\theta}+\dfrac{\cos^2\theta}{\theta}\right)$,可使曲线在较大的 θ 范围内保持良好的直线关系。李卜逊(H. Lipson)等测定了 Al 在 298℃时的衍射数据,并分别采用两种外推函数 $\left[f(\theta)=\cos^2\theta\text{ 和 }f(\theta)=\dfrac{1}{2}\left(\dfrac{\cos^2\theta}{\sin\theta}+\dfrac{\cos^2\theta}{\theta}\right)\right]$ 得出了 Al 的晶胞参数,如图 6-8 所示。在图 6-8(a)中,外推函数 $f(\theta)=\cos^2\theta$,当 $\theta>60°$ 时,测量数据与直线符合较好,直线外推至 $\theta=90°$ 的晶胞参数为 $a=0.407\,82\text{nm}$,但在低角度时,测量数据偏离直线较远;在图 6-8(b)中,外推函数 $f(\theta)=\dfrac{1}{2}\left(\dfrac{\cos^2\theta}{\sin\theta}+\dfrac{\cos^2\theta}{\theta}\right)$,在较大的 θ 角范围内($\theta>30°$)均具有较好的直线性,沿直线外推至 $\theta=90°$ 时所得的晶胞参数为 $0.407\,808\text{nm}$,结果更为精确。

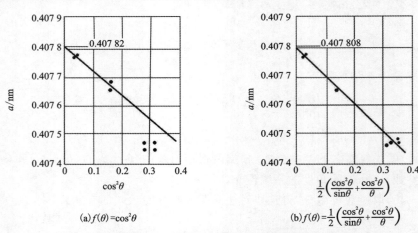

图 6-8　采用不同外推函数精确测定 Al 的晶胞参数的外推示意图

6.3.2.4　最小二乘法

通过直线图解外推至 $\theta=90°$,虽可以消除系统误差,但一组实验点并不一定刚好在同一直线上,因此外推直线可能得出不同的结果。此外,不同条件适用的外推函数也不同。采用最小二乘方法处理,可以克服这些缺点。

最小二乘法是在外延法的基础上,对多个实验点数据运用最小二乘的原理,求得回归直线方程,再通过回归直线方程的截距求得晶胞参数。它适合任何晶系和任何外推函数,比图解外推法更具普遍性。

设回归方程为
$$Y=kX+b \tag{6-48}$$

式中:Y 为晶胞参数值;X 为外推函数值,一般取 $X=\dfrac{1}{2}\left(\dfrac{\cos^2\theta}{\sin\theta}+\dfrac{\cos^2\theta}{\theta}\right)$;$k$ 为斜率;b 为直线的截距,就是 θ 为 90°时的晶胞参数。

设有 n 个实验点 (X_i,Y_i),$i=1,2,3,\cdots,n$,因为这些点不一定在回归直线上,可能存有误差 e_i,即 $e_i=Y_i-(kX_i+b)$,所有实验点的误差平方和为
$$\sum_{i=1}^{n}e_i^2=\sum_{i=1}^{n}[Y_i-(kX_i+b)]^2 \tag{6-49}$$

按最小二乘法的原理,误差平方和为最小的直线即最佳直线。求 $\sum_{i=1}^{n} e_i^2$ 最小值的条件为

$$\frac{\partial \sum_{i=1}^{n} e_i^2}{\partial k} = 0, \quad \frac{\partial \sum_{i=1}^{n} e_i^2}{\partial b} = 0 \tag{6-50}$$

得方程组

$$\begin{cases} \sum_{i=1}^{n} X_i Y_i = k \sum_{i=1}^{n} X_i^2 + b \sum_{i=1}^{n} X_i \\ \sum_{i=1}^{n} Y_i = k \sum_{i=1}^{n} X_i + \sum_{i=1}^{n} b \end{cases} \tag{6-51}$$

求解得

$$b = \frac{\sum_{i=1}^{n} Y_i \sum_{i=1}^{n} X_i^2 - \sum_{i=1}^{n} X_i \sum_{i=1}^{n} X_i Y_i}{n \sum_{i=1}^{n} X_i^2 - (\sum_{i=1}^{n} X_i)^2} \tag{6-52}$$

在外推函数消除系统误差的基础上,采用最小二乘法将偶然误差降到最低,这样得到的回归直线的纵轴截距即为精确的晶胞参数值。

下面仍以李卜逊等所测 Al 的数据为例,具体数据如表 6-5 所示。X 射线采用 Cu K_α 线,计算时所用波长 $\lambda_{K_{\alpha1}} = 0.154\,050\,\text{nm}$,$\lambda_{K_{\alpha2}} = 0.154\,434\,\text{nm}$。采用的外推函数为 $f(\theta) = \frac{1}{2}\left(\frac{\cos^2\theta}{\sin\theta} + \frac{\cos^2\theta}{\theta}\right)$,$f(\theta)$ 的值作为 X,a 的值作为 Y 代入式(6-52),得 $b = 0.407\,808\,\text{nm}$。

所得的 b 是当 $X = 0$($\theta = 90°$)时的 Y 值。此时,大部分的系统误差已通过外延法消除,经最小二乘法所定出的直线亦消除了偶然误差,故 b 就是精确的晶胞参数 a 值。

表 6-5 精确测定 Al 的晶胞参数的相关数据

(hkl)	辐射	$\theta/(°)$	a/nm	$\frac{1}{2}\left(\frac{\cos^2\theta}{\sin\theta} + \frac{\cos^2\theta}{\theta}\right)$
(331)	$\lambda_{K_{\alpha1}}$	55.486	0.407 463	0.360 57
	$\lambda_{K_{\alpha2}}$	55.695	0.407 459	0.355 65
(420)	$\lambda_{K_{\alpha1}}$	57.714	0.407 463	0.310 37
	$\lambda_{K_{\alpha2}}$	57.942	0.407 458	0.305 50
(422)	$\lambda_{K_{\alpha1}}$	67.763	0.407 663	0.137 91
	$\lambda_{K_{\alpha2}}$	68.102	0.407 686	0.133 40
(333)	$\lambda_{K_{\alpha1}}$	78.963	0.407 776	0.031 97
(511)	$\lambda_{K_{\alpha2}}$	79.721	0.407 776	0.027 62

注意:以上晶胞参数的 4 种精确测定方法,不管采用哪种,一般采用高角度的衍射峰,因为高角度的衍射峰测量误差远远小于低角度衍射峰的测量误差。此外,晶胞参数的精确计算是在 XRD 图谱精确测定的基础之上进行的。XRD 图谱的影响因素比较多,故常规进行晶胞

参数的精确测定采用计算机软件(如 SHELXL、Fullprof)进行,对影响图谱的各种因子进行修正后再计算。

6.4 纳米物质平均晶粒尺寸计算

大部分物质的晶体都不是完整晶体,例如存在亚晶粒。物质晶体的不完整性会影响 X 射线的空间干涉强度分布,在偏离布拉格方向上也会出现一定的衍射强度,造成 X 射线衍射峰形状发生变化,如衍射峰宽化、峰强度降低等。因此,通过衍射峰形分析(或称线形分析)可以定量揭示不完整晶体中的一些结构信息,如亚晶粒尺寸和微观应力等。本节内容主要讨论亚晶粒尺寸与 X 射线衍射峰形的关系。

关于晶粒尺寸变化对 X 射线衍射峰形的影响可以这样理解:若入射线 λ 确定,理想粉末晶体不消光的晶面在满足布拉格条件时,其衍射角 2θ 是固定的,衍射结果为一条线,俗称棒峰(理论计算位置),如图 6-9 中 2θ 所对应的线。然而,在实际测量中,由于每台仪器的设计和测量都不是毫无误差的。因此,即使是由完整晶体组成的粉末晶体,所有不消光的晶面的 X 射线衍射都会有微小偏离布拉格的情况,棒峰都会转化成有一定宽度的衍射峰(如图 6-9 中的宽化峰),故每个物相实际的 X 射线衍射图谱都是由一系列衍射峰组成的。这种晶体衍射峰的宽化是由仪器及检测条件共同造成的,与试样本身无关。而当晶粒细化后,由于 X 射线对试样作用体积基本不变,此时参与衍射的晶粒数目增加,有缺陷的晶粒及其缺陷晶面必然增多,它们同时参与衍射,则

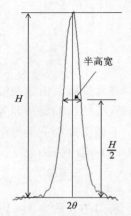

图 6-9 衍射峰的半高宽

稍微偏离布拉格条件的晶面数目亦增加,引起衍射峰的进一步宽化。晶粒越细小,衍射峰越宽,当晶粒细化至非晶质时,衍射峰宽化成有稍微凸起的鼓包。因此,一般情况下,晶体的颗粒越大(每个颗粒所含的晶胞数目越多),衍射效果越好,衍射峰越敏锐;晶粒颗粒越细小,衍射效果越差,衍射峰越宽,衍射强度越低。故衍射峰的敏锐程度可采用半高宽来衡量(full width at half maximum,简称 FWHM),也称为半峰宽,即衍射峰高度一半处的宽度,如图 6-9 所示。把仅仅由仪器和实验条件决定的衍射峰的半高宽称为仪器宽度半高宽,半高宽用其对应的 2θ 宽度来衡量,单位为弧度(rad)。

实践证明,粒度大于 200nm 的晶体颗粒产生的 X 射线衍射都可视为标准衍射,即衍射峰的半高宽为一固定值,称为"仪器宽度",不同检测条件或仪器条件,"仪器宽度"不同。当粒度小于 200nm 时,衍射峰会进一步发生宽化,并且粒度越小,半高宽越大。直到粒度小至类似于非晶体时,衍射峰变成平台状或者只有一小鼓包。

若晶粒细化引起的衍射峰的宽化度为 β,则晶粒尺寸 D 与宽化度之间具有特定的定量关系,该公式由德国著名化学家德拜和他的研究生后来的英国物理学家谢尔顿·理查德·谢乐(Scherrer)首先提出,是 XRD 分析晶粒尺寸的著名公式,即谢乐公式

$$D = \frac{K\lambda}{\beta \cos\theta} \tag{6-53}$$

式中：D 为垂直于晶粒某 (hkl) 晶面方向的平均厚度（单位为 nm 或 Å，与 λ 单位一致）；θ 为半衍射角；λ 为 X 射线波长；K 为是与晶粒形状相关的因子，对于球形，$K \approx 1.07$，对于其他形状，K 的变化与反射级次和形状有关，一般取 $0.89 \sim 0.94$。但当采用积分宽度测定结晶尺寸时，积分宽度定义为积分强度除以峰高强度，这种方法去掉了结晶形状分布因子，故谢乐公式中 $K=1$。β 为宽化度，可通过实测样品衍射峰的半高宽扣除仪器宽度得到（须经仪器因子校正），计算时须转化为弧度（rad）。设仪器宽度为 B_s，可以通过测量标准物质的半高宽得到，试样的半高宽为 B_m，若 X 射线的衍射峰形呈对称分布，其强度按高斯分布，则宽化度 β 可通过下式计算

$$\beta^2 = B_m^2 - B_s^2 \tag{6-54}$$

若 X 射线的衍射峰形不呈对称分布，则其强度按柯西分布，则宽化度 β 可通过下式计算

$$\beta = B_m - B_s \tag{6-55}$$

根据衍射峰的特点，选择式（6-54）或式（6-55）求出宽化度，代入式（6-53）就可以求出垂直于某晶面方向上的尺寸。

在利用 X 射线衍射图谱计算晶粒尺寸时应注意以下 5 点：①衍射峰的宽化主要由晶粒细化和应力引起，因此使用时先消除应力的影响；②标准样品必须无晶粒细化、无应力、无畸变，要求结构稳定、衍射峰分布合理、晶粒尺寸为 $1 \sim 5\mu m$，常用 NIST-LaB_6、Silicon-640、α-Al_2O_3 等为标准试样；③谢乐公式适用范围为小于 200nm，当晶粒尺寸在 30nm 左右时，其计算结果最准确，因此该法更适合纳米尺寸的测量；④谢乐公式所得晶粒尺寸为垂直于某 (hkl) 晶面方向的尺寸，而非晶体宏观颗粒尺寸；⑤在计算晶粒尺寸时，一般采用低角度的衍射线。

该法对于计算各种二维纳米材料的厚度非常实用，如石墨、石墨烯、氮化碳、二硫化钼、二氧化锡及各种层状黏土矿物等。

6.5 利用 X 射线衍射法测定晶体密度

使用多晶 X 射线衍射法可以精确测定晶体的晶胞参数，根据晶胞参数可以计算出晶胞的体积，再测出晶体密度，即可计算出每个单胞中的分子的数目。

设 M 为某物质的摩尔质量，则一个分子的质量

$$m = \frac{M}{R} \tag{6-56}$$

式中：m 为一个分子的质量；M 为某物质的摩尔质量，单位为 g/mol；R 为阿伏加德罗常数，$R = 6.02557 \times 10^{23} mol^{-1}$。

则每个单位晶胞中的分子数目为

$$Z = \frac{V D_m}{m} = \frac{V D_m R}{M} \tag{6-57}$$

式中：Z 为一个晶胞中的分子的数目；V 为晶胞体积，单位为 $Å^3$，即 $10^{-24} cm^3$；D_m 为晶体密度测定值，单位为 g/cm^3；m 为一个分子的质量，单位为 g。

对于完整的晶体，由于其点阵结构特征，每个晶胞中分子的数目应为整数，该整数值与该

晶体所属空间群的等效点系的重复点数有关。

得到 Z、M、V 的数据,可推出晶体密度的计算值 D_x(即按照 X 射线衍射法计算的晶体密度值)

$$D_x = \frac{ZM}{VR} \tag{6-58}$$

例:已知 $K_4UO_2(CO_3)_3$ 晶体属于单斜晶系,它的晶胞参数为:$a=10.240$Å,$b=9.199$Å,$c=12.222$Å,$\beta=95.13°$,密度实测值为 $D_m=3.468$g/cm³,求 Z 的值。

解:首先根据单斜晶系晶胞体积的计算公式,计算晶胞体积

$$V = abc\sin\beta = 10.240 \times 9.199 \times 12.222 \times 95.13° = 1\,146.52(\text{Å}^3)$$

计算摩尔质量

$$M = 39.098\,3 \times 4 + 238.029 + 15.999\,4 \times 11 + 12.011 \times 3 = 606.45(\text{g/mol})$$

则单位晶胞的分子数为

$$Z = \frac{VD_mR}{M} = \frac{1\,146.52 \times 10^{-24} \times 3.468 \times 6.025\,57 \times 10^{23}}{606.45} = 3.949 \approx 4$$

根据 V、Z、M 的数据,可计算出晶体的密度 D_x

$$D_x = \frac{ZM}{VR} = \frac{4 \times 606.45}{1\,146.52 \times 10^{-24} \times 6.025\,57 \times 10^{23}} = 3.531\,3(\text{g/cm}^3)$$

一般情况下,密度的实验测定值 D_m 与 X 射线衍射法的测定值 D_x 误差在 1‰~1.5‰ 之间。

6.6 应力测定

材料中的应力是指产生应力的各种因素,如外力、温度变化、材料加工相变等去除之后,在材料内部存在并保持平衡的内应力。释放这些应力,会引起材料的体积、形状及点阵等发生变化,即产生一定程度上的结构畸变,这些畸变将影响其 X 射线衍射峰的位移、宽化及强度变化等。因此,可以利用 X 射线衍射方法来测量材料中的各种应力。

材料中的内应力可分为宏观应力、微观应力和超微观应力。宏观应力是在较大范围内存在并保持平衡的应力,由于其存在范围较大,应变分布均匀,这样方位相同的各晶粒中同名 (hkl) 晶面的间距变化就相同,导致各衍射峰位向某一方向发生位移,即半衍射角产生 $\Delta\theta$ 位移。由布拉格方程式的微分式,求得由 $\Delta\theta$ 引起的面网间距应变量(Δd)。再由应力与应变的关系即可求出宏观应力的大小。但是由于 X 射线的穿透能力有限,因此用此法得到的检测结果只能反映材料表面部分的情况。宏观应力的检测方法有 X 射线衍射仪法和专门的 X 射线应力仪法。当被测工件比较大时,衍射仪法无法进行,可采用应力仪法。

微观应力是在数个晶粒范围内存在并保持平衡的应力,由于其存在范围小,应变分布不均匀,不同晶粒中,同名的 (hkl) 面网间距有的增大,有的减小,衍射峰位产生不同方向的位移,引起衍射峰的漫散宽化。因而,可通过衍射峰的宽化程度来测定微观应力的大小,根据宽化度与微观应力的关系式可计算出微观应力。

超微观应用是在若干个原子范围内存在并平衡着的应力。释放此应力会使原子偏离平衡位置,产生点阵畸变,导致衍射强度下降,但超微观应力不会引起宏观体积和形状的改变。

6.7 其他应用

除以上应用之外，X 射线粉晶衍射仪还可用于晶体其他信息的测定，如热膨胀系数、结晶度、聚合度、择优取向、薄膜厚度、固溶体成分和固溶度的测定等。另外，也可表征非晶质物质的结构，如通过径向分布函数表征非晶态原子的分布规律，由此获得非晶态结构的 4 个常数，即配位数、最近邻原子的平均距离、短程原子有序等和原子平均位移，通过对非晶态物质结构的研究，可以更好地了解非晶态物质的独特性能。

本章小结

X 射线衍射结果的应用
- 物相分析
  - 定性分析
    - 定性分析的基本原理：每种物相都具有一套确定的 $d - I/I_1$ 特征值。
    - PDF 数据库：ICDD PDF 数据库
    - 定性分析的方法：计算机检索（各种衍射数据处理系统）
  - 定量分析
    - 直接对比法：体积分数 $f_j = \dfrac{I_j}{C_j} / \sum\limits_{j=1}^{n} \dfrac{I_j}{C_j}$；质量分数 $w_j = \dfrac{I_j \rho_j}{C_j \rho} \sum\limits_{j=1}^{n} \dfrac{I_j}{C_j}$
    - 外标法：
      - u_{mi} 相同或相近：$w_j = I_j / I'_j \left(I_j = \dfrac{C_j}{\rho_j \mu_m} \cdot w_j, I'_j = \dfrac{C_j}{\rho_j \mu_m} \right)$
      - u_{mi} 不同：$w_j = \dfrac{(I'_1/I'_j)(I_j/I_1)}{\sum\limits_{j=1}^{n} [(I'_1/I'_j)(I_j/I_1)]}$
    - 普通内标法：$w_j = \left(\dfrac{C_s}{C_j} \cdot \dfrac{\rho_j}{\rho_s} \cdot \dfrac{w_s}{1-w_s} \right) \cdot \dfrac{I_j}{I_s} = R \cdot \dfrac{I_j}{I_s}$
    - K 值法：$w_j = \dfrac{1}{K_j} \cdot \left(\dfrac{w_s}{1-w_s} \right) \cdot \dfrac{I_j}{I_s}$
    - 绝热法：$w_j = \dfrac{I_j/K_j}{\sum\limits_{j=1}^{n}(I_j/K_j)}$
- 指标化
  - 图解法：适用于部分晶系
  - 分析法：适用于所有晶系，确定 (hkl) 与 $\sin^2\theta$ 之间的关系
- 晶胞参数的精确测定
  - 测量误差来源
  - 晶胞参数的精确计算
    - 标准物质校正法
    - 线对法
    - 图解外延法
    - 最小二乘法
- 纳米物质平均晶粒尺寸的计算：$D = \dfrac{K\lambda}{\beta \cos\theta}$
- 其他应用：晶体密度、应力测定、结晶度、热膨胀系数、薄膜厚度、择优取向、非晶质的结构、固溶体成分及固溶度、小角衍射等

思考题

1. TiO_2 的化学分析与物相分析所得到的信息有何不同?
2. X 射线物相定性和定量分析与 X 射线荧光光谱分析在实验原理及目的上有何区别?
3. 在多项混合试样中,某几条衍射线的实测强度远大于标准卡片所列强度,这可能是由什么原因造成的?
4. 用 XRD 图谱计算的纳米物质的晶粒尺寸与宏观的粒度有什么区别?
5. 若某混合物含有一项非晶质,用 X 射线粉晶衍射法怎么求取该混合相中各物相的含量?
6. 在 $\alpha\text{-}Fe_2O_3$ 及 Fe_3O_4 混合物的衍射图谱中,两相最强线的参比强度 $I_{\alpha\text{-}Fe_2O_3}/I_{Fe_3O_4}=1.3$,试借助参比强度值计算 $\alpha\text{-}Fe_2O_3$ 的相对含量。
7. 利用 Cu K_α 射线照射立方晶系试样,高角区的 $\sin 2\theta$ 分别为 0.503、0.548、0.726、0.861 及 0.905。①标定各衍射晶面指数并判断格子类型;②通过最小二乘法精确计算晶胞参数 a。
8. 采用 Cu K_α 射线作用 Ni_3Al 所得 I-2θ 衍射花样($0\sim 90°$),共有 10 个强峰,其衍射半角 θ 分别是 21.89°、25.55°、37.59°、45.66°、48.37°、59.46°、69.64°、69.99°、74.05°、74.61°。已知 Ni_3Al 结构属立方晶系,试标定各衍射线条的晶面指数,确定其格子类型,并精确计算其点阵常数。
9. 有一种碳含量为 1‰的淬火钢,仅含马氏体和残余奥氏体两种物相,用 Co K_α 射线测得奥氏体(311)晶面反射积分强度为 2.33(任意单位),马氏体的(112)与(211)晶面衍射线重合,其积分强度为 16.32(任意单位),试计算钢中参与奥氏体的体积分数,已知马氏体的 $a=0.286$ nm,$c=0.299$ nm,奥氏体的 $a=0.361$ nm。

7 电子光学基础

人眼的分辨率大约为0.1mm,要想看清比0.1mm还小的东西,就要借助放大镜或显微镜,把所要观察的物体至少放大到0.1mm以上。在远古时代,这是完全不可思议的。公元前13世纪,人类对光有了初步认识,经历3000年的缓慢发展后,在13世纪,人类发明了眼镜,从此借助眼镜,近视的人们可以看到比较清晰的世界。但眼镜并不能使人类看到超乎肉眼分辨能力的小物体。于是人类又经历300年的摸索,于16世纪末发明了光学显微镜(Optical Microscope,简称OM)[13]。如果说眼镜帮助人们清除了日常生活中的障碍,光学显微镜则开启了人类对微观世界的探索旅程,先后出现了大批研究显微镜的专家及对微观世界的重大发现,相关的光学理论也得到了发展和完善。理论与实践互相促进,推动了光学显微镜的进一步发展。19世纪末,光学显微镜的种类越来越多,功能也越来越强大,如立体视场显微镜、相位衬度显微镜、暗场显微镜(生物研究)、偏光显微镜(研究岩浆、岩石)、附带照相机(或摄像机)显微镜、激光扫描显微镜、共焦显微镜、声波显微镜、冷冻显微镜、近场显微镜等。但是由于可见光波长的限制,不管如何完善光学显微镜的透镜和结构,其放大倍数和分辨率总是被限定在2000倍左右和几百纳米的水平,不可能再有突破。但科学家的追求是不会停止的,2014年诺贝尔化学奖颁发给了3位在显微镜分辨率领域取得重大突破的学者——德国的赫尔(Stefan W. Hell)、美国的贝奇格(Eric Betzig)和莫纳(William E. Moerner),他们证明了采用特殊的荧光显微术,光学显微镜的分辨率可达到10~20nm。在19世纪至20世纪初,科学家们另辟蹊径,在阴极射线管、量子力学和电子光学发展的道路上,尝试采用电子波作为光源来提高分辨率,并寻找能够使电子波聚焦的方法,终于在光学显微镜诞生200多年后制造出了电子显微镜。从此,突破光学显微镜分辨率的极限不再是"天方夜谭"。目前电子显微镜的分辨率已经达到了亚埃级。

7.1 电子光学基础理论的发展

1895年,伦琴在研究阴极射线的时候发现了X射线,让当时致力于提高显微镜分辨率的显微学家眼前一亮,看到了一丝希望。X射线具有波动性,而且X射线的波长(0.001~10nm)可见光的波长短得多,是制造超级分辨率显微镜的理想照明源。然而令人遗憾的是,当时人们没有办法制造出能使X射线聚焦的透镜,因此没能制造出X射线显微镜。但是X射线的发现却给了科学家们一个重要的启示:那就是世界上还存在着比人们熟知的可见光波长更短的"光线",这也是制造更高分辨率显微镜的希望所在。

20世纪20年代,多项重量级的科学发现相继问世,奏响了人类发明电子显微镜的序曲。1923年,法国科学家德布罗意(Louis de Broglie,1892—1987)提出了电子具有波粒二象性的特征,成功推导出了电子波长的表达式$\lambda = h/mv$,这个电子波长之后被科学界命名为德布罗意波长。他因此获得了1929年的诺贝尔物理学奖。值得关注的是德布罗意电子波长表达式中 m 与 v 都与电子的加速电压有关，尤其速度 v，提高电压，v 增大，λ 就会变短。因此，通过高压加速电子可以获得超短波长的电子波，电子波是制造超高分辨率显微镜的绝佳"光源"。那么如何让电子波聚焦呢？这时，量子力学领域的著名奠基人之一奥地利物理学家薛定谔（Erwin Schrodinger，1887—1961）登场了，他于1926年成功推导出了电子波在电磁场中的运动方程，从而获得1933年的诺贝尔物理学奖。薛定谔方程引导科学家思考一个问题：电子波在电磁场中的传播与光波在介质（玻璃）中的传播是否相似呢？光波可以经过玻璃透镜聚焦，电子波是否也可以经过电磁场聚焦？学术上的巧合常常让人感到不可思议，同一时期，德国科学家布施（Hans Walter Hugo Bush，1884—1973）在研究阴极射线时发现了轴对称的电磁场对电子束具有汇聚作用，并于1926—1927年间发表了文章，彻底解决了电子束作为显微镜照明源的可行性问题，奠定了几何电子光学基础。在1927年，美国贝尔实验室的戴维森（Clinton J. Davisson，1881—1958）首次发现了电子衍射现象。1928年，英国物理学家汤姆孙（George P. Thomson，1892—1975）报道了他利用改进的阴极射线管进行的电子束穿过铝和金等薄金属产生的衍射现象，他改进的阴极射线管是历史上第一台专门用于电子衍射研究的设备。戴维森和汤姆孙因发现电子衍射共享了1937年的诺贝尔物理学奖。这些理论和实验的发展夯实了电子光学基础理论，孕育着电子显微镜的诞生和发展。

7.2 光学显微镜的分辨率

光学显微镜是利用可见光或紫外光作为光源，经过透镜折射成像的仪器。光具有波动性，光波经透镜折射后发生相互干涉，产生衍射效应。1835年，英国数学家、天文学家艾里（乔治·比德尔·艾里，George Biddell Airy）解释了光的衍射现象，他指出：一个理想的点，经过透镜成像后，由于衍射效应，在像平面上形成的并不是一个点，而是一个由直径不同的明暗相间的衍射环包围着的光斑，光斑的中心最亮，其强度从中心向外逐渐减弱，大约84%集中于中心亮斑上，其余16%的光能量分布在各级明环上。之后人们把它称为艾里斑或艾里盘（Airy disk 或者 Airy spot），如图7-1所示。即便是一个理想的点光源，经过透镜之后在显微图像上都会变成一个具有一定半径的光斑。如果被观察物体上的两个点距离比较远，如图7-1左侧图所示的两个物点 S_1、S_2，经过显微镜形成了两个艾里斑 S_1'、S_2'，但完全可以区分开来。如果 S_1、S_2 不断靠近，近到它们显微像的艾里斑大部分重叠在一起，则这两个点就分辨不清了，从而使显微镜的分辨率下降。1874年，英国物理学家瑞利（Rayleigh Criterion）发现：当两个相邻物点形成的两个亮斑重叠部分的叠加强度是单一亮斑中心强度的81%时，两个物点间的距离是人眼可以分辨的极限，这就是瑞利判据（图7-1右侧图），此时两个物点间的距离即为透镜的极限分辨率 Δr_0。对于光学成像系统而言，Δr_0 对应的像面即为艾里斑的第一暗环的半径 R_0。像面上衍射图像的中央亮斑半径越大，透镜的分辨率越小。显微镜的分辨率就是指成像物体上能区分出来的两点间的最小距离。

由衍射理论推导得

$$R_0 = \frac{0.61\lambda}{n\sin\alpha} M \tag{7-1}$$

7 电子光学基础

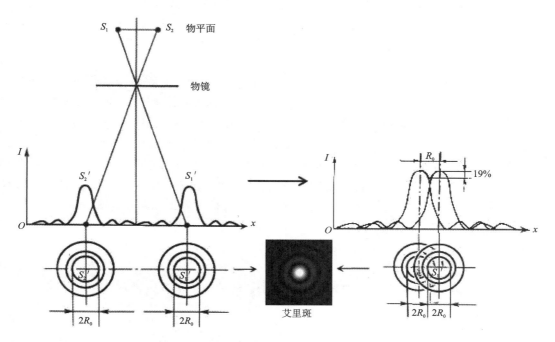

图 7-1 光学显微镜成像的衍射效应示意图

式中：R_0 为艾里斑中心到第一暗环的距离，即艾里斑中心亮斑的半径；λ 为光线的波长；n 为透镜周围环境介质的折射率；α 为透镜的孔径半角，习惯上称 $n\sin\alpha$ 为数值孔径（numerical aperture，简称 NA）；M 为透镜的放大倍数。

将 R_0 折算回物平面上点 S_1 和 S_2 的位置上去时，就形成两个小圆斑，其半径

$$\Delta r_0 = \frac{R_0}{M} \tag{7-2}$$

即

$$\Delta r_0 = \frac{0.61\lambda}{n\sin\alpha} \tag{7-3}$$

如果把试样上点 S_1 和 S_2 的距离进一步缩小，那么人们就无法通过透镜把它们的像 S_1'、S_2' 分辨开来。由此可见，若以任一物点为圆心，并以 Δr_0 为半径作一个圆，此时相邻的第二物点若位于圆周之内，则透镜无法分辨出此两物点，如果第二物点位于圆周之外，便可被透镜鉴别出来。

从式(7-3)可知，决定显微镜分辨率大小的因素有物镜周围环境介质的折射率、光源的波长、透镜孔径半角的大小。若只考虑衍射效应，在照明光源和介质一定的条件下，孔径半角 α 越大，透镜的分辨率越高。但在光源固定的条件下，分辨率有一极限值。

提高数值孔径的办法有两种：①增大透镜的直径或减小物镜的焦距可以增大孔径半角 α。但增大 α 的同时会导致像差增大，该方法的设备制造相对困难。实际上最大孔径半角一般取 $\alpha = 70° \sim 75°$，$\sin\alpha$ 的最大值约为 0.95。②增大物镜与观察物之间的折射率 n，空气作为介质时，$n=1$，则数值孔径 NA＝0.95。对于油镜，松柏油作为介质时，$n=1.515$，则数值孔径 NA＝

1.439。溴苯作为介质时,$n=1.66$,$NA=1.577$。目前为止,没有比溴苯折射率更高的浸透介质。

若以空气为介质,显微镜的分辨率为

$$\Delta r_0 \approx \frac{\lambda}{2} \tag{7-4}$$

这说明,显微镜的分辨率取决于光源的波长,波长越短,分辨率越高。可见光波长一般为 380~760nm,则分辨率的极限约为 200nm($0.2\mu m$),即无法分辨距离小于 200nm 的两点。若降低照明光源的波长,可提高显微镜的分辨率。可见光只是电磁波谱中的一小部分,比其波长短的还有紫外线、X 射线和 γ 射线等。用紫外线作照明光源,分辨率是原来的 2 倍,现代紫外光显微镜的分辨率极限为 100nm(紫外光的波长在 200~400nm 之间)。X 射线和 γ 射线无法折射和聚焦,它们均不能成为显微镜的照明光源。因此,波长是制约光学显微镜分辨率的一个重要因素,要想得到更高的分辨率,必须采用更短波长的射线作为显微镜的光源。

7.3 电子波

电子束具有波动性,电子波的波长取决于电子运动的速度 v 和质量 m,即

$$\lambda = \frac{h}{mv} \tag{7-5}$$

式中:h 为普朗克常量;m 为运动电子的质量;v 为电子的速度,电子的速度与其受到的加速电压有关。当加速电压小于 500V 时,电子的速度比光速小得多,式(7-5)中的 m 与电子的静止质量 m_0(9.109×10^{-31}kg)相近。设电子的初始速度为 0,加速电压为 U,则加速电子消耗的功全部转化为其动能,则有

$$eU = \frac{1}{2}m_0 v^2 \tag{7-6}$$

式中:e 为电子所带的电荷。

由式(7-5)和式(7-6)可得电子波的波长为

$$\lambda = \frac{h}{\sqrt{2em_0 U}} \tag{7-7}$$

将电子的电荷 e(1.626×10^{-19}C)、电子质量 m_0 和普朗克常量 h(6.626×10^{-34}J·S)代入式(7-7),可得

$$\lambda = \frac{12.25}{\sqrt{U}}(\text{Å}) \tag{7-8}$$

式中:U(加速电压)的单位为 V(伏特);λ(波长)的单位为 Å(埃)。

一般透射电镜电压为 100~200kV,这时电子的运动速度可与光速相比,计算电子波长时必须经过相对论的校正。根据狭义相对论得出的质能公式为

$$eU = \Delta mc^2 = mc^2 - m_0 c^2 \tag{7-9}$$

则

$$m = m_0 + \frac{eU}{c^2} \tag{7-10}$$

式中:c 为光速(3×10^8m/s),m 为经相对论校正的电子的质量。

根据狭义相对论,运动粒子的质量与速度关系为

$$m = \frac{m_0}{\sqrt{1-\left(\frac{v}{c}\right)^2}} \quad (7-11)$$

则经过相对论校正的电子的速度为

$$v = c\sqrt{1-\left(\frac{m_0}{m}\right)^2} \quad (7-12)$$

把式(7-12)代入式(7-5)得到

$$\lambda = \frac{h}{c\sqrt{(m+m_0)(m-m_0)}} \quad (7-13)$$

根据式(7-10)可得

$$\begin{cases} m - m_0 = \dfrac{eU}{c^2} \\ m + m_0 = 2m_0 + \dfrac{eU}{c^2} \end{cases} \quad (7-14)$$

把式(7-14)代入式(7-13)得

$$\lambda = \frac{h}{c\sqrt{\left(2m_0+\dfrac{eU}{c^2}\right)\dfrac{eU}{c^2}}} = \frac{h}{\sqrt{2m_0 eU\left(1+\dfrac{eU}{2m_0 c^2}\right)}} = \frac{h}{\sqrt{2m_0 eU}} \cdot \frac{1}{\sqrt{1+\dfrac{eU}{2m_0 c^2}}} \quad (7-15)$$

根据式(7-7)和式(7-8),$\dfrac{h}{\sqrt{2m_0 eU}} = \dfrac{12.25}{\sqrt{U}}$(Å),将电子的电荷 e(1.602×10^{-19} C)、电子的静止质量 m_0(9.109×10^{-31} kg)和光速(3×10^8 m/s)代入 $\dfrac{e}{2m_0 c^2}$,得 $\dfrac{e}{2m_0 c^2} = 0.9788 \times 10^{-6}$。则式(7-15)经相对论校正的电子波的波长计算式变为

$$\lambda = \frac{12.25}{\sqrt{U(1+0.9788 \times 10^{-6} U)}} (\text{Å}) \quad (7-16)$$

根据式(7-16)计算出的不同加速电压下电子波的波长如表7-1所示。

表 7-1 不同加速电压下电子波的波长(经相对论校正)

加速电压/kV	电子波波长/Å	加速电压/kV	电子波波长/Å
1	0.388	40	0.0601
2	0.274	50	0.0536
3	0.224	60	0.0487
4	0.194	80	0.0418
5	0.173	100	0.0370
10	0.122	200	0.0251
20	0.0859	500	0.0142
30	0.0698	1000	0.0087

在不同的加速电压下,电子波的波长不同。只要能使加速电压提高到一定值就可得到很短的电子波。在透射电子显微镜常用的 100～200kV 加速电压下,电子波的波长要比可见光小 5 个数量级。因此,用高压加速电子就成为近现代电子显微镜的最重要的特点,用这样的电子波作为照明源可显著提高显微镜的分辨率。

7.4 电磁透镜

能够使电子束聚焦的透镜称为电子透镜。电子透镜分为电场式、磁场式和电磁场式 3 种。现代电子显微镜的光路中多采用同轴磁透镜或者电磁透镜,电场式的静电透镜一般在电子束离开电子枪的第一次会聚中使用,后续会聚光路中均不使用静电透镜。

7.4.1 静电透镜

电子在静电场中会受到电场力的作用,使运动方向发生偏转,通过设计静电场的大小和形状可实现电子的聚焦和发散,那么把利用静电场制成的透镜称为静电透镜。图 7-2 为由上、下两个电位不等的同轴圆筒构成的最简单的静电透镜示意图。静电场的电力线由正极指向负极,虚线为等位面,与电力线方向垂直。当电子束从上到下沿中心轴向进入静电场时,电子受到电场力的作用方向如箭头所示,运动轨迹为沿等位面的法线方向,于是就会在中心轴线的某一点会聚。如果发射电子的阴极位于静电透镜的电场内,那么这种静电透镜被称为浸没透镜。在电子显微镜中,电子枪发射的电子束使用这类静电透镜进行第一次会聚。静电透镜需要施加很高的电压(甚至数万伏电压)才可以改变焦距和放大倍率,因此常会引起击穿。静电透镜的像差也较大。

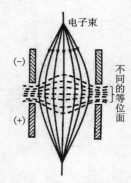

图 7-2 静电透镜示意图

7.4.2 电磁透镜

运动的电子在磁场中也会受到磁场力的作用发生偏折,从而达到会聚和发散。把利用磁场制成的透镜称为磁透镜,而用通电线圈产生的磁场来使电子波聚焦成像的装置叫电磁透镜。电磁透镜与静电透镜相比有明显优势:一是通过改变线圈中的电流强度,就能轻而易举地改变透镜的焦距和放大倍数;二是用来供给线圈电流的电源电压更低,为几十到上百伏,不用担心击穿;三是电磁透镜的像差较小。所以,在现代电子显微镜光路中均采用电磁透镜。

7.4.2.1 电磁透镜的聚焦原理

1. 电子在磁场中的运动

电子在磁场中运动时会受到磁场作用力,磁场作用力亦称为洛伦兹力,即

$$\boldsymbol{F} = q\boldsymbol{v} \times \boldsymbol{B} = -e\boldsymbol{v} \times \boldsymbol{B} \tag{7-17}$$

式中:$\boldsymbol{F}$ 为洛仑磁力;q 为带点粒子的电量,对于电子,其运动电子电量 $q=-e$;v 为电子运动的速度;$\boldsymbol{B}$ 为电子所在位置的磁感应强度。

$\boldsymbol{F}$ 的方向垂直于矢量 v 和 $\boldsymbol{B}$ 所决定的平面,力的方向可由左手法则确定。电子在磁场中的

运动有 3 种情况,如图 7-3 所示。

(1)电子沿磁场方向入射。此时 $v /\!/ B$,则 $F=0$,电子不受磁场力作用,其运动速度的大小及方向不变,电子在磁场中以原来速度 v 做匀速直线运动,如图 7-3(a)所示。

(2)电子沿垂直于磁场的方向入射。此时 $v \perp B$,电子只改变运动方向,不改变运动速度,从而在垂直于磁力线方向的平面上做匀速圆周运动,如图 7-3(b)所示。

(3)电子以任意角度进入磁场。若此时电子的运动方向 v 与此磁场方向 B 既不平行也不垂直,而是成一定夹角 φ。将电子的速度分解为沿 B 方向的分量 v_x 和垂直 B 方向的分量 v_y。电子的运动可以看作是沿 B 方向的匀速直线运动和垂直 B 方向的匀速圆周运动的合成。此时电子的运动轨迹为等距螺旋线,如图 7-3(c)所示。其中,圆形轨迹半径 $r=mv\sin\varphi/eB$。在电子显微镜中,为了减小球差,通常用近轴电子成像,故 φ 很小,$v_x=v\cos\varphi \approx v$。因此,同时从 P 点发出不同角度 φ 的电子束,将同时到达 P' 点,这就是均匀磁场能使运动的电子束聚集成像的基础。$PP'=v_x t=2\pi r$,所以 PP' 的长度正好与电子以速度 v 垂直于磁力线方向入射时做圆周运动的圆周长相等。

如果将磁场转换成不均匀磁场。此时,运动的电子也做螺旋运动,如图 7-3(d)所示。但其半径和螺距随磁场的强弱而发生变化。因为螺旋的半径 r 与电子运动的速度成正比,与磁场强度成反比,即磁场强度越大,螺旋半径越小。因此,在对称分布的不均匀磁场中,电子的运动轨迹为半径不断减小的螺旋线,直到一束电子交于一点。

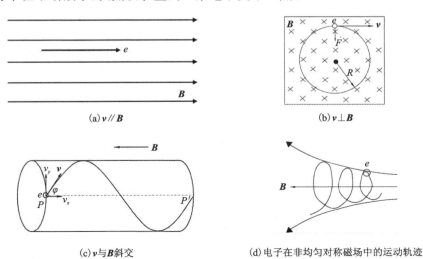

图 7-3 电子在磁场中的运动轨迹

2. 电磁透镜的聚焦原理

由于电子在磁场中的运动轨迹会发生变化,故设计磁场的形状和大小就可以实现电子束的会聚。布施正是利用了这一特性,发现了轴对称的磁场能使电子束会聚。在实际的电子显微镜中,用一对通电线圈产生轴对称的磁场来实现电子束的会聚作用,即电子显微镜的电磁透镜。

图 7-4 为电磁透镜的聚焦原理示意图。图 7-4(a)为一对用两个通电短线圈产生的轴对称但不均匀分布的磁场。磁力线的方向环绕线圈,磁力线上任意一点的磁场强度 B 都可以

分解为平行于透镜主轴的分量B_z和垂直于透镜主轴的分量B_r。自上而下速度为v的平行电子束进入透镜磁场,将分别受到B_z和B_r磁场分量的作用。例如在A点,平行的磁场分量B_z使电子向前运动,而垂直磁场方向的分量B_r会使电子的运动方向发生改变,共同作用的结果是电子一边前进,一边向主轴靠近。最后电子的运动轨迹如图7-4(b)所示作近轴螺旋线(转角为ϕ)。一束平行于主轴的入射电子束通过电磁透镜时将被聚焦在轴线上一点,即焦点F[图7-4(c)],这与光学玻璃凸透镜对平行主轴入射光线的聚焦作用十分相似[图7-4(d)],F亦为焦点。

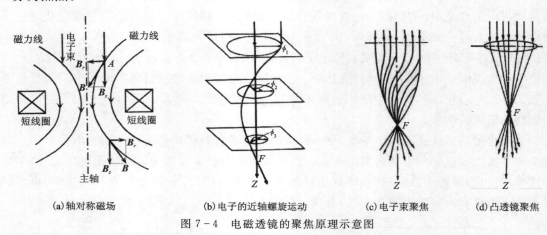

(a)轴对称磁场　　　(b)电子的近轴螺旋运动　　(c)电子束聚焦　　(d)凸透镜聚焦

图7-4　电磁透镜的聚焦原理示意图

电磁透镜的物距L_1、像距L_2、焦距f和放大倍数M之间的关系与光学透镜一致,为

$$\begin{cases} \dfrac{1}{f} = \dfrac{1}{L_1} + \dfrac{1}{L_2} \\ M = \dfrac{L_2}{L_1} \end{cases} \tag{7-18}$$

由式(7-18)可得放大倍数为

$$M = \frac{f}{L_1 - f} \tag{7-19}$$

由经典电磁理论,电磁透镜的焦距可近似计算

$$f = K \frac{U_r}{(IN)^2} \tag{7-20}$$

式中:K为常数;U_r为经相对论校正的电子的加速电压;IN为电磁透镜的激磁安匝数,I为线圈中的电流强度,N为线圈匝数。

从式(7-20)可以看出:①无论激磁方向如何,电磁透镜的焦距总是正的,因此电磁透镜全是凸透镜,没有凹透镜,所以电磁透镜只有会聚作用,没有发散作用;②改变激磁电流,电磁透镜的焦距和放大倍数将发生相应改变,因此电磁透镜是一种可变焦距或变倍率的会聚透镜;③焦距f与加速电压成正比,而电压的波动一方面影响电子的波长,另一方面影响焦距,因此通过稳定加速电压,可减小焦距波动、降低色差、提高分辨率。

7.4.2.2　电磁透镜的结构

电子显微镜中的电磁透镜结构如图7-5(a)所示,首要组成是一对轴对称的金属线圈,线圈的外围包裹着内侧对称开口的磁轭或者软磁铁壳。软磁铁壳的作用是屏蔽磁力线、减少漏磁,把导线外围的磁力线限制在软磁铁壳中,软磁铁壳中的开口可使磁力线溢出并集中在开口狭缝附近的一个小区域内,从而增强磁场强度。为了进一步缩小磁场轴向宽度,在软磁壳开口狭缝(环形的间隙)上下接出一对成圆锥状的极靴,极靴由被极化到接近饱和的高导磁性材料制成,上下极靴间孔隙很窄,当线圈中有电流通过时,在极靴间隙附近会产生强而集中分布的磁通量,可使磁场集中到透镜主轴附近几毫米的范围内,获得近似均匀的磁场,形成近似理想的透镜,使由光源发出的电子束聚焦在焦点处。随着裸线圈、软磁壳及极靴的安装,电磁透镜的磁感应强度 B_z 越来越大,分布范围越来越窄,B_z 沿 Z 轴的分布示意图如图 7-5(b) 所示。

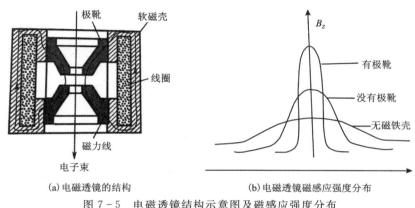

(a)电磁透镜的结构　　　　　(b)电磁透镜磁感应强度分布

图 7-5　电磁透镜结构示意图及磁感应强度分布

7.4.2.3　电磁透镜的像差

随着加速电压的增大,电子波的波长显著减小,远远小于光学显微镜。例如在 100 kV 的加速电压下,电子波的波长为 0.037 0Å,为可见光波波长的十万分之一,理论上分辨率可达 0.018 5Å。但实际上,现代电子显微镜的分辨率很难达到理论值,究其原因,主要是电磁透镜存在像差。像差有两类,一类是几何像差(内因),另一类是色差(外因)。几何像差是由于透镜几何形状上的缺陷引起的像差,又分为球差和像散。色差是由于电子波的波长或能量发生一定幅度的改变而引起的像差。

1. 球差

球差 δ_s 即球面像差,是由于电磁透镜的近轴区和远轴区磁场对电子的折射能力不同而造成的。远轴电子距离线圈近,磁感应强度大,受到的洛仑磁力大,因此偏转程度大,而近轴电子偏转程度小,因此电子并不会聚于一点。如图 7-6 所示,当物点 P 发出不同孔径角的电子,远轴电子(大孔径角)聚焦在 F_1(像平面 P_1),近轴电子(小孔径角)聚焦在 F_2(像平面 P_2),位于远轴和近轴之间的电子则会聚在两个像平面之间。如果像平面沿光轴在近焦点 F_1 和远焦点 F_2 之间水平移动,就可以在像平面上得到一个最小的散焦圆斑。最小的散焦圆斑的半径用 R_s 表示,将 R_s 折算到物平面上就可以得到对应点 P 的圆斑,半径为 $\Delta r_s = \dfrac{R_s}{M}$($M$ 为透镜的放大倍数)。这样光轴上的物点 P 经电磁透镜折射后本应在光轴上形成一个像点,但由于球差的原因形成了等同于成像物体 $2\Delta r_s$ 的散焦斑。其意义在于:当物平面上两点间的距离小

于 $2\Delta r_s$ 时,则该透镜不能将其分辨。用 δ_s 表示球差的大小,其计算式为

$$\delta_s = 2\Delta r_s = C_s \alpha^3 \qquad (7-21)$$

式中:C_s 为球差系数;α 为透镜的孔径半角。通常情况下,C_s 值相当于电磁透镜的焦距大小,为 1~3mm;对于高分辨率的透射电镜,$C_s<1$mm。可见,减小球差系数和孔径半角均可减小 Δr_s。由于球差与孔径半角为三次方的关系,所以用小孔径角的电子(近轴电子)成像时,可显著减小 Δr_s,提高分辨率。若用小孔光阑挡住外围大孔径角的电子,则可以使球差迅速下降,如在透射电子显微镜中设计聚光镜光阑和物镜光阑。现代物镜可获得的 C_s 大约为 0.3mm,甚至更小,因此分辨率更高。

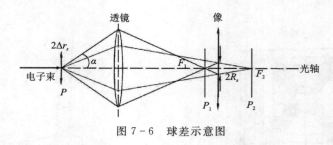

图 7-6 球差示意图

球差除了影响电磁透镜的分辨率外,还能引起图像的畸变(distortion)。球差的存在使电磁透镜对边缘区域的聚焦能力比中心部分强,反映在像平面上的情况是:像的放大倍数将随着离轴距离的加大而不同,这时图像虽然是清晰的,但是由于离轴向尺寸的不同,图像产生不同程度的位移,即发生了畸变。原来正常的图像是正方形,如图 7-7(a) 所示,如果径向放大倍数随其离轴距离的增大而加大,则位于正方形 4 个角区域的点径向距离最大,位于中心部位的点则较小,因此角区域放大倍数比中心部分大,整个图像放大后呈枕形畸变,如图 7-7(b) 所示。相反如果径向放大倍数随其离轴距离的增大而缩小,这时图像如图 7-7(c) 所示,这种畸变称为桶形畸变。除此之外,电磁透镜还存在磁转角,势必伴随旋转畸变,如图 7-7(d) 所示。球差系数随激磁电流的减小而增大,故当电磁透镜在较低的激磁电流下工作时,球差比较大,这也就是电子显微镜在低放大倍数下工作时,图像易产生畸变的原因。当用电子显微镜对样品进行电子衍射分析时,畸变会影响衍射斑点和衍射环的准确位置。

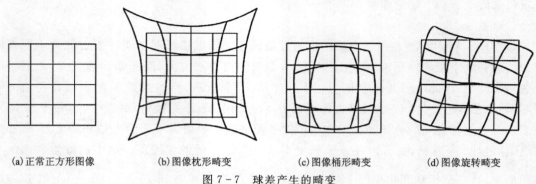

(a) 正常正方形图像　　(b) 图像枕形畸变　　(c) 图像桶形畸变　　(d) 图像旋转畸变

图 7-7 球差产生的畸变

在实际中,球差不可避免,那如何才能减少球差所带来的影响呢?这是在透射电子显微镜诞生之后,显微学家们一直致力于解决提高分辨率的问题。在光学显微镜中,通常采用将

凸透镜和凹透镜进行组合的方法来减小球差。然而，在电子光学系统中，电磁透镜只有凸透镜，没有凹透镜，因此，不能采用光学显微镜消除球差的方法来消除球差。

早在1947年，德国著名的物理学家、数学家谢雷兹(Otto Scherzer)就建议采用多级透镜的设计减小球差，直到他离世(1982年)也没有完全实现。他的学生罗斯(Harald Rose)和罗斯的学生海登博士(Max Haider)继续研究并最终设计出球差校正器，并于1997年将球差校正器安装在一台200kV场发射枪的飞利浦CM200透射电子显微镜上，得到了砷化镓样品的原子结构像，球差系数由1.2mm降为0.5mm，点分辨率由2.4Å降低至1.4Å(镓和砷原子列间距)。

球差校正器的原理是使用多极子校正装置调节和控制电磁透镜的聚焦中心，从而实现对球差的校正。多极子校正装置如图7-8(a)所示。通过多组可调节磁场的电磁透镜组对电子束的洛伦兹力的作用调节电子的方向。如图7-8(b)所示，在透射电子显微镜的光路中安装球差校正器，球差校正器起到类似光学显微镜中凹透镜的作用，抵消电磁透镜(凸透镜)引起的球差，可大幅提高透射电镜的分辨率，减小畸变。装有球差校正器的透射电子显微镜也称为球差透射电子显微镜(special aberration corrected transmission electron microscope，简称AC-TEM)。在透射电子显微镜中，球差校正器可安装在第二聚光镜后或物镜后，目前最高端的透射电子显微镜在第二聚光镜和物镜后均安装了球差校正器。

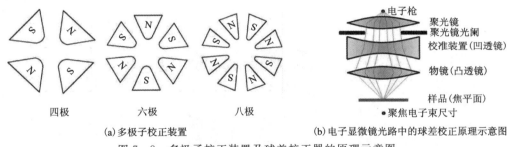

(a) 多极子校正装置　　　　　　(b) 电子显微镜光路中的球差校正原理示意图

图7-8　多极子校正装置及球差校正器的原理示意图

2. 像散

像散(δ_a)是由于透镜磁场轴向不对称，或者说磁场的非旋转对称而引起的像差。如极靴的内孔不圆、材质不均匀、上下极靴的轴线错位及孔内被污染等，都会使电磁透镜的磁场具有一定的椭圆度，即不完全对称，从而造成磁场不同方向对电子的折射能力不同。电子进入电磁透镜不能位置汇聚能力不同，使圆形物点的像变成了一个漫射圆斑。如图7-9所示，平面A和平面B分别为短轴的强聚焦方向和长轴的弱聚焦方向，物点P通过这两个方向分别聚焦在F_1(像平面P_1)和F_2(像平面P_2)，两焦点相距Δf_a；而在其他方向上，焦点位于像平面P_1和像平面P_2之间。在聚焦最好的情况下，在P_1和P_2之间可得到一个最小的散焦圆斑。设该散焦圆斑的半径为R_a，折算到物点P的位置上，就是一个半径为r_a的圆斑，$\Delta r_a = \dfrac{R_a}{M}$($M$为透镜的放大倍数)，用$\delta_a$表示像散的大小，其计算式为

$$\delta_a = 2\Delta r_a = \Delta f_a \alpha \tag{7-22}$$

式中：Δf_a为电磁透镜出现椭圆度时造成的焦距差；α为孔径半角。可见，像散取决于磁场的椭圆度和孔径半角。

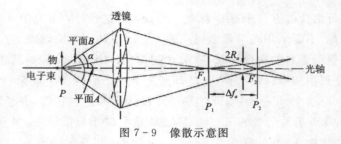

图 7-9 像散示意图

像散跟球差一样，不但会影响电磁透镜的分辨率，还会影响图像的形状，如会使圆形的电子束斑[图 7-10(a)]变成椭圆形[图 7-10(b)]。像散对分辨率的影响往往大于球差。如果电磁透镜在制造过程中已经存在像散，则可以通过引入一个强度和方位都可以调节的校正磁场来补偿，即消像散器。其工作原理是通过通电线圈来调节电子的运动方向。因此，像散基本是可以消除的。

消像散器的工作原理如图 7-10(c)所示，由两组 4 对小电磁线圈（电磁透镜）排列在电磁透镜磁场的外围，也称八极透镜。其中，每 4 个互相垂直的线圈为一组，在任一直径方向上的两个线圈产生的磁场方向相反，用两组控制电路来分别调节这两组线圈中电流的大小和方向，即能产生一个强度和方向可变的合成磁场，以补偿原有的不均匀磁场缺陷（如图中椭圆形实线），达到消除或降低像散的效果。目前的扫描电子显微镜自动化程度很高，基本都有自动消像散功能，操作极为方便。

(a) 圆形电子束斑

(b) 有像散时的电子束斑

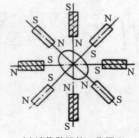
(c) 消像散器的工作原理

图 7-10 像散及消像散器的工作原示意图

3. 色差

色差是由于成像电子的能量或波长不同而引起的像差。不同能量的电子到达磁场中磁感应强度相同位置时所受到的磁场力不同，因此偏折的程度不同，导致焦点的位置不同。如图 7-11 所示，在电子束入射的极限位置，低能电子偏折程度大，在距离透镜中心近的地方聚焦，如 F_1 处（像平面 P_1），高能电子偏折程度小，在距离透镜中心远的地方聚焦，如 F_2（像平面 P_2）。当电子波长在其最大值与最小值间变化时，光轴上的物点 P 将形成系列散焦斑。当像平面沿光轴在近焦点 F_1 和远焦点 F_2 之间水平移动时，也会在像平面上形成一个最小的散焦斑。假设该散焦圆斑的半径为 R_c，折算到物点 P 的位置上时，就得到了一个半径为 $2\Delta r_c$ 的圆斑，则 $\Delta r_c = \dfrac{R_c}{M}$（$M$ 为透镜的放大倍数）。用 δ_c 表示色差的大小，其计算式为

$$\delta_c = 2\Delta r_c = C_c \alpha \left| \frac{\Delta E}{E} \right| \qquad (7-23)$$

式中：C_c 为色差系数；α 为孔径半角；$\dfrac{\Delta E}{E}$ 为电子束的能量变化率。

当 C_c 和孔径角 α 一定时，Δr_c 的大小取决于电子束的能量变化率 $\dfrac{\Delta E}{E}$，而电子束的能量变化率取决于加速电压的稳定性和电子穿过样品时发生非弹性散射的程度。一般情况下，电子穿过薄样品时，非弹性散射可以忽略。因此，稳定加速电压可在一定程度上减小色差。新型高档电子显微镜采用在光源后加装单色器来有效消除色差。

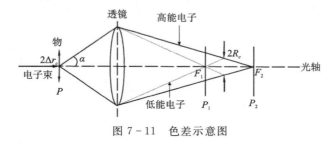

图 7-11 色差示意图

7.4.2.4 电磁透镜的分辨率

光学显微镜的分辨率取决于像差和衍射。在光学系统内，通过发散透镜（凹透镜）和会聚透镜（凸透镜）的组合及显微镜表面形状的设计，可将像差消除到忽略不计的程度。故光学显微镜的分辨率主要由衍射效应决定，分辨率 $\Delta r_0 = \dfrac{0.61\lambda}{n\sin\alpha}$。电子作为一种成像射线源，类似光线。因此，瑞利判据也适用于电磁透镜。在电子显微镜下，电子传递路径为真空条件，而电子显微镜下孔径半角 α 也非常小，所以 $n=1$，$\sin\alpha \approx \alpha$，则电子显微镜下由衍射效应产生的分辨率为

$$\Delta r_0 = \dfrac{0.61\lambda}{\alpha} \tag{7-24}$$

由式（7-24）可知，大的孔径角会提高分辨率。但是电磁透镜还存在像差，像差分为球差、像散和色差，分别都会形成所限定的分辨率 δ_s、δ_a、δ_c。因此，显微镜的实际分辨率 δ 可用下式表示

$$\delta^2 = \delta_s^2 + \delta_a^2 + \delta_c^2 + \Delta r_0^2 \tag{7-25}$$

在电子显微镜中，像散和色差可通过适当的方法来减小，甚至可以基本消除，而球差很难完全消除。因为电磁透镜是会聚透镜，不能像光学显微镜那样采用凸透镜和凹透镜组合抵消的方法，所以一般认为电磁透镜的分辨率主要由衍射效应和球差引起。但从式（7-21）和式（7-24）看，同样孔径半角的改变造成的衍射和球差对分辨率的影响相反。因此，两者必须兼顾，先确定最佳孔径半角 α_0，使得衍射效应埃利斑和球差的散焦斑尺寸相等，令 $\dfrac{0.61\lambda}{\alpha} = C_s\alpha^3$，得到最佳孔径半角，再将该孔径半角代入 $\Delta r_0 = \dfrac{0.61\lambda}{\alpha}$ 或 $\delta_s = C_s\alpha^3$，得到分辨率为

$$\delta = 0.488 C_s^{\frac{1}{4}} \lambda^{\frac{3}{4}} \tag{7-26}$$

一般情况下，电磁透镜的分辨率统一表示为

$$\delta = A C_s^{\frac{1}{4}} \lambda^{\frac{3}{4}} \tag{7-27}$$

式中：A 为常数，$A \approx 0.4 \sim 0.55$。

随着球差校正技术和电子能量单色器技术的飞速发展，电子显微镜的分辨率大幅提高，可实现亚埃级分辨成像、亚电子伏特能量分辨的谱分析。例如日本 JEOL 公司的 JEM-ARM200F 透射电子显微镜，其扫描透射像的空间分辨率已达到 0.05nm，可以分辨原子列。

7.4.2.5 电磁透镜的景深和焦长

1. 景深

由于电磁透镜的孔径半角很小，因而其景深大、焦长长，这是电磁透镜区别于光学显微镜的又一特点。从理论上讲，当透镜的焦距、像距一定时，只有一层样品平面与透镜的理想物平面重合，在理想像平面获得该层平面的图像。但由于衍射效应和像差的存在，偏离理想物平面的物点都会存在一定程度的失焦，在透镜的像平面上产生一个具有一定尺寸的失焦圆斑，如果失焦圆斑的半径不超过衍射效应和像差引起的散焦斑的半径，则对透镜的分辨率不产生影响，在像平面上依然可得到清晰的图像。把透镜物平面允许的轴向偏差称为透镜的景深，即像平面固定在保证图像清晰的位置，物平面沿光轴可以上下移动的最大距离。

如图 7-12 所示，D_f 为景深，Δr_0 为透镜分辨率，α 为孔径半角，M 为放大倍数，四者之间有如下关系

$$D_f = \frac{2\Delta r_0}{\tan\alpha} \approx \frac{2\Delta r_0}{\alpha} \tag{7-28}$$

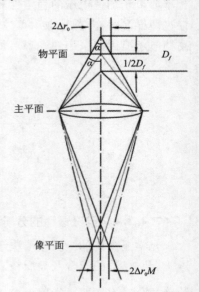

图 7-12 景深示意图

式(7-28)表明，电磁透镜的孔径半角越小，景深越大。一般电磁透镜 $\alpha = 10^{-2} \sim 10^{-3}$ rad，则 $D_f = (200 \sim 2000)\Delta r_0$，若 $\Delta r_0 = 1$nm，则 $D_f = 200 \sim 2000$nm，即对凹凸度为 200nm 左右的样品表面，各部位细节在像平面上均清晰可见。电磁透镜的景深越大，对图像的聚焦操作越有利。

2. 焦长

焦长，也称焦深，是指样品固定（或物平面不动），在保证像清晰的前提下，像平面可以沿着光轴移动的最大距离。如图 7-13 所示，D_L 即为焦长。焦长 D_L、分辨率 Δr_0 及像点所张的孔径半角 β 之间的关系为

$$D_L = \frac{2\Delta r_0 M}{\tan\beta} \approx \frac{2\Delta r_0 M}{\beta} \tag{7-29}$$

因为 $\beta = \frac{\alpha}{M}$，所以焦长可简化为

$$D_L = \frac{2\Delta r_0}{\alpha} M^2 \tag{7-30}$$

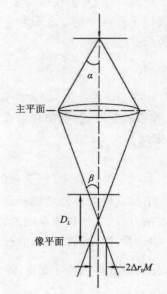

图 7-13 焦长示意图

当电磁透镜的放大倍数和分辨率一定时，透镜焦长随孔径半角的减小而增大。如 $\Delta r_0 =$

1nm，$\alpha=10^{-2}\sim10^{-3}$ rad，$M=200$ 倍时，则 $D_L=8\sim80$mm。这表明该透镜实际像平面在理想像平面上或下 $8\sim80$ mm 范围内移动是不改变透镜的聚焦状态的，图像仍然保持清晰。通常电子显微镜的放大倍数可以很高，如当 $M=2000$ 倍时，同样条件下，其焦长可达 $80\sim800$mm。电磁透镜的这一特点给电子显微镜图像的照相记录带来了很大便利。

从以上分析可知，电磁透镜的景深和焦长都反比于孔径半角 α，减小孔径半角，电磁透镜的景深和焦长均增大。

本章小结

电子光学基础
- 光学显微镜分辨率的极限（瑞利判据）：$\Delta r_0 = \dfrac{0.61\lambda}{n\sin\alpha}$
- 电子光学的理论基础
  - 德布罗意波：电子的波粒二象性（1928 年诺贝尔物理学奖）
  - 薛定谔方程：电子在磁场中的运动方程（1933 年诺贝尔物理学奖）
  - 布施：轴对称的磁场对电子有会聚作用
  - 戴维森和汤姆孙：电子衍射（1937 年诺贝尔物理学奖）
- 电子波
  - 电子波的波长与速度和质量的关系：$\lambda = h/mv$
  - 电子波的波长与加速电压的关系（未经相对论校正）：$\lambda = \dfrac{12.25}{\sqrt{U}}$（Å）
  - 经相对论校正之后的电子波长与电压的关系：$\lambda = \dfrac{12.25}{\sqrt{U(1+0.9788\times10^{-6}U)}}$（Å）
- 电磁透镜
  - 聚焦原理：轴对称的电磁场
  - 焦距和放大倍数：$f = K\dfrac{U_r}{(IN)^2}$，$M = \dfrac{f}{L_1-f}$
  - 球差
    - 产生原因：近轴区和远轴区磁场对电子的折射能力不同造成的
    - 球差引起的分辨率：$\delta_s = 2\Delta r_s = C_s\alpha^3$
    - 消除或减小球差的方法：减小孔径半径和球差系数
  - 像散
    - 产生原因：由透镜磁场轴向不对称引起
    - 像散引起的分辨率：$\delta_a = 2\Delta r_a = \Delta f_a\alpha$
    - 消除方法：消像散器
  - 色差
    - 产生原因：成像电子的能量或波长不同而引起的
    - 像散引起的分辨率：$\delta_c = 2\Delta r_c = C_c\alpha\left|\dfrac{\Delta E}{E}\right|$
    - 消除方法：稳压、单色器
  - 分辨率：$\Delta r_0 = AC_s^{\frac{1}{4}}\lambda^{\frac{3}{4}}$（$A\approx 0.4\sim0.55$）
  - 景深焦长
    - 景深：物平面沿光轴上下可移动的最大距离，$D_f = \dfrac{2\Delta r_0}{\tan\alpha}\approx\dfrac{2\Delta r_0}{\alpha}$
    - 焦长：像平面沿光轴上下可移动的最大距离，$D_L = \dfrac{2\Delta r_0}{\alpha}M^2$

思考题

1. 电子的本质是什么？与可见光有何异同？
2. 为什么电子可以作为电子显微镜的光源？其优点是什么？
3. 简述电磁透镜的聚焦原理。
4. 为什么在电子显微镜中采用电磁透镜而不采用静电透镜？
5. 电磁透镜的像差是怎么产生的，如何消除和减小像差？
6. 电磁透镜为什么会产生景深和焦长？电磁透镜的景深和焦长对电子显微镜成像有什么影响？假设电磁透镜没有像差，也没有衍射艾里斑，即分辨率极高，此时它的景深和焦长如何？

8 电子与固体物质的相互作用

当高能电子束沿一定方向轰击固体物质的时候,电子与组成物质元素的原子核及核外电子会发生单次或多次碰撞,在碰撞过程中,有一些电子会被反弹出样品表面,有一些电子会从样品中激发出各种信号,还有一些电子会穿透样品,其余电子会渗入样品中,逐渐失去动能而被样品吸收。在该过程中,会发生电子散射、电子吸收、电子透射和衍射现象,伴随产生的各种物理信号会携带样品的各种信息,电子显微镜即通过接收和处理这些物理信号进行样品的检测分析。

8.1 电子散射

电子散射是指电子束与固体物质作用后,物质原子的库仑场使其运动方向发生改变的现象。根据能量是否发生变化,电子的散射分为弹性散射和非弹性散射。碰撞过程中电子能量和波长不变、仅运动方向发生改变的散射为弹性散射。电子能量减小、波长增大、运动方向亦发生改变的散射为非弹性散射。根据电子的波动特性,还可将电子散射分为相干散射和非相干散射。相干散射的电子碰撞后波长不变,并与入射电子有确定的位向关系,而非相干散射的电子与入射电子无确定位向关系。

电子散射源自于物质原子的库仑场。原子由原子核和核外电子两部分组成,这样物质对电子的散射可看成是原子核和核外电子的库仑场分别对电子的散射。原子核是由质子和中子组成,每一个质子的质量为电子质量的 1836 倍,因此原子核的质量远远大于核外电子的质量,故原子核和核外电子对电子的散射特征完全不同。

8.1.1 弹性散射

当入射电子与原子核作用为主要过程时,入射电子在散射前后的最大能量损失 ΔE_{max} 为

$$\Delta E_{max} = (2.17 \times 10^{-3}) \cdot \frac{E_0}{A} \sin^2\theta \tag{8-1}$$

式中:ΔE_{max} 为电子散射前后的最大能量损失;A 为原子的质量数(质子数和中子数之和);θ 为散射半角,散射角(2θ)为散射方向与入射方向的夹角,当散射角小于 90°时称为前散射,大于 90°时称为背散射;E_0 为入射电子的能量。因此,电子散射后的能量主要取决于散射角的大小。以能量为 100 keV 的入射电子为例,当散射角 $\theta < 5°$ 时,ΔE_{max} 在 $10^{-3} \sim 10^{-1}$ keV 之间;背散射($\theta \approx 90°$)时,ΔE_{max} 达到最大,可达数个电子伏特。当入射电子的能量高达 $100 \sim 200$ keV 时,散射电子的能量损失相比入射电子的能量可以忽略不计,因此原子核对入射电子的散射可以看成是弹性散射。

8.1.2 非弹性散射

当入射电子与核外电子的作用为主要过程时,由于入射电子与核外电子的质量相同,发

生散射作用时,入射电子将其部分能量转移给原子的核外电子,使核外电子的分布结构发生变化,引发多种激发现象(如产生二次电子、特征 X 射线、俄歇电子等),这种激发是由于入射电子的作用产生的,故称为电子激发。入射电子被激发后其能量显著减小,是一种非弹性碰撞。

8.1.3 散射的表征

当入射电子被一孤立原子核散射时,如图 8-1(a)所示,散射的程度通常用散射角表示。散射角与原子核的电荷 Ze、电子的入射方向与原子核的垂直距离 r_n、入射电子的加速电压 U 的关系为

$$2\theta = \frac{Ze}{U r_n} \tag{8-2}$$

则

$$r_n = \frac{Ze}{2\theta U} \tag{8-3}$$

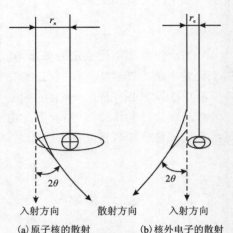

(a) 原子核的散射　　(b) 核外电子的散射

图 8-1　原子核和核外电子对入射电子的散射示意图

可见,当电子的加速电压和原子核一定时,电子的散射程度主要取决于 r_n。r_n 越小,2θ 越大,则散射越强。当入射电子作用在以原子核为中心、r_n 为半径的圆周之内时,其散射角均大于 2θ。通常用散射截面的面积大小来衡量一个孤立原子把入射电子散射到 2θ 以外的能力,散射截面的面积即以原子核为中心、r_n 为半径的圆面积。该截面也称孤立原子核的弹性散射截面,用 σ_n 表示,则 $\sigma_n = \pi r_n^2$。

同理,如图 8-1(b)所示,当入射电子与孤立的核外电子作用时,有

$$2\theta = \frac{e}{U r_e} \tag{8-4}$$

$$r_e = \frac{e}{2\theta U} \tag{8-5}$$

式中:r_e 为电子入射方向与核外电子的垂直距离。

同理,用 σ_e 表示孤立电子的散射截面,则 $\sigma_e = \pi r_e^2$。很显然,核外电子的散射是非弹性的,故又称为非弹性散射截面。

一个孤立原子总的散射截面面积为原子核的弹性散射截面面积与所有核外电子的非弹性散射截面面积之和

$$\sigma = \sigma_n + Z\sigma_e \tag{8-6}$$

其中,弹性散射截面面积和非弹性散射截面面积的比值为

$$\frac{\sigma_n}{Z\sigma_e} = \frac{\pi r_n^2}{Z\pi r_e^2} = \frac{\pi \left(\frac{Ze}{2\theta U}\right)^2}{Z\pi \left(\frac{e}{2\theta U}\right)^2} = Z \tag{8-7}$$

很明显,相同条件下,一个孤立原子核的散射能力是其核外电子散射能力的 Z 倍。因此在一个孤立原子中,弹性散射所占份额为 $\frac{Z}{1+Z}$,非弹性散射所占份额为 $\frac{1}{1+Z}$。由此可见,随

着原子序数 Z 的增大,弹性散射比重增加,非弹性散射的比重减小。因此,电子作用物质的元素愈轻,电子散射中非弹性散射的比例就愈大,而重元素主要为弹性散射。

电子的弹性散射和非弹性散射都会携带物质的信息,因此都可以用来进行物质结构、化学组成及性能等的检测。

8.2 电子吸收及电子衍射

电子吸收是指入射电子与厚度比较大的物质作用后,能量逐渐减小的现象。电子吸收是由非弹性散射引起的。由于库仑场的作用,电子被吸收的速度远高于 X 射线。不同物质对电子的吸收不同,入射电子的能量愈高,其在物质中沿入射方向所能传播的距离就愈大。电子吸收决定了入射电子在物质中传播的路程,限制了电子与物质发生作用的范围。

电子衍射是指入射电子与晶体物质相互作用时,晶体中原子有规律地排列,大量原子散射波互相干涉,在某些方向加强,在某些方向削弱,在相干散射增强的方向产生了电子的衍射波。电子衍射可分为高能电子衍射和低能电子衍射。在晶体中,电子衍射花样在研究材料微区的物相和结构、晶体的取向、晶体的缺陷及位错等方面具有重要用途。

8.3 电子与固体物质作用时产生的物理信号及其成像原理

电子与固体物质相互作用过程中产生的各种物理信号如图 8-2 所示。由图可知,在该过程中,可产生逸出样品表面的二次电子(secondary electrons)、背散射电子(backscattered electrons)、特征 X 射线(characteristic X-rays)、俄歇电子(auger electrons)和阴极荧光(cathodoluminescence),电子也可被样品吸收,产生吸收电子(absorption electrons),另外也可产生从样品下表面穿出的直接透射电子(transmitted electrons)、高角弹性散射电子和低角非弹性散射电子等。使用不同的电子显微镜接收这些信号并加以分析整理就可得到材料的微观形态、结构和成分等信息。

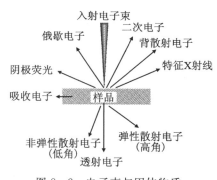

图 8-2 电子束与固体物质作用产生的各种信号

8.3.1 图像衬度

所谓衬度是指在荧光屏或照相底片上,眼睛能观察到的光强度或感光度的差别。电子显微镜图像的衬度取决于电子束或 X 射线在荧光屏上或照相底片上不同区域的信号强度差别。通俗地讲,就是不同像点间的明暗差异,差异越大,衬度就越高,图像越清晰。

设样品相邻两个区域参与成像的电子束强度分别为 I_1 和 I_2,则电子束的相对强度差即衬度,用 C 表示,$C=(I_1-I_2)/I_1=\Delta I/I_1=1-I_2/I_1$。当 C 为 5%~10% 时,人眼就能观察到这个衬度,低于 5% 则难以观察到。各种信号的图像即按该方式显示出来。

8.3.2 二次电子及其图像

二次电子是指被入射电子从样品中轰击出来的原子的核外电子。入射电子与样品相互作用后,样品中的原子最外层电子(价带或导带中的电子)电离,脱离原子核的束缚,变成自由电子。那些在样品表面层、且能量高于材料逸出功的自由电子才能从样品表面逸出,成为真空中的自由电子,这些电子称为二次电子。因此,轰击出二次电子只需要很小的入射电子的能量($E<50\text{eV}$),相应的二次电子的能量也较低,一般小于50eV,大多在2~5eV之间,因此二次电子只能从样品表面5~10nm的深度穿出。

8.3.2.1 二次电子的成像原理

二次电子的成像原理与二次电子的产额有关。二次电子产额即产生二次电子数量的多少,用二次电子系数 δ_{SE} 表示,即

$$\delta_{SE} = \frac{n_{SE}}{n_0} = \frac{I_{SE}}{I_0} \tag{8-8}$$

式中:δ_{SE} 为二次电子系数;n_{SE} 和 n_0 分别为试样发出的二次电子和入射电子的数量;I_{SE} 和 I_0 分别为二次电子电流和入射电流。

二次电子产额与以下3个因素有关。一是样品的成分,不同元素发射二次电子的能力不同,不过这个差别较小。当原子序数 $Z<20$ 时,二次电子产额随原子序数的增大而增大,但当 $Z>20$ 后,二次电子产额几乎不随原子序数的变化而变化。二是入射电子的能量,随着加速电压的增大,入射电子能量逐渐增大,随着进入样品深度的增大,二次电子的产额先增大到最大值,之后减小,并趋于稳定,其最大值出现在特定能量对应的加速电压上。三是入射电子束与试样表面法线之间的夹角,这是影响二次电子成像的根本因素。

当高速电子束轰击样品表面时,电子的入射角度与出射电子(即二次电子)的距离关系如图8-3(a)所示。假定入射电子束与试样表面法线之间的夹角为 θ,试样内沿入射束轨迹方向产生自由电子的深度为 x,自由电子逸出样品表面的最短距离则为

$$L_{\min} = x\cos\theta \tag{8-9}$$

当 θ 越大,$x\cos\theta$ 越小,即 $L_{\min}$ 越短,将会有更多的自由电子能够逸出样品表面,成为二次电子,相应的二次电子的产额增大。即二次电子系数 δ_{SE} 随试样表面倾斜角 θ 的增大而增加,即

$$\delta_{SE}(\theta) \approx \frac{\delta_0}{\cos\theta} \tag{8-10}$$

式中:δ_0 为电子束沿与试样标样法法线相反的方向入射的二次电子系数。也就是说,二次电子信号强度 $I_{SE} \propto 1/\cos\theta$。当 $\theta=0°$ 时,二次电子系数和强度最小,而随着角度的增大,二次电子系数和二次电子信号强度均增大,如图8-3(b)所示。这表明二次电子对试样表面状态非常敏感。

由以上分析可知,二次电子产额主要与入射电子和样品表面法线之间的夹角有关。在实际电子显微镜中,一般电子束的入射方向不变,因此样品表面的凹凸不平造成了电子束与样品表面法线之间的夹角不同,如图8-4(a)所示,入射电子竖直向下照射到样品的 A、B、C、D 4个不同倾斜度的表面,$\theta_C > \theta_A = \theta_D > \theta_B$,因此各斜面产生的二次电子系数大小为 $\delta_C > \delta_A = \delta_D > \delta_B$,相应地,二次电子电流强度为 $I_C > I_A = I_D > I_B$。检测器接收到这些从不同斜面发射的二

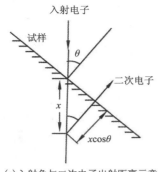 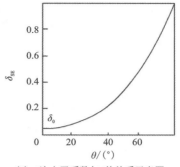

(a) 入射角与二次电子出射距离示意图　　(b) 二次电子系数与 θ 的关系示意图

图 8-3　二次电子产额与试样表面法线之间夹角的关系

次电子,并把它们转化为信号强度,反映在明暗程度不同的图像上。信号强度最大的 C 区最亮,A、D 区次之,B 区最暗。这说明二次电子产额越大,图像越亮;反之,图像变暗。因此,电子束照射凹凸不平的样品表面时,在不同部位产生的二次电子系数不同,得到的二次电子信号强度不同,图像的明暗程度不同,形成了样品的微区形貌像,这就是二次电子的成像原理。二次电子图像是通过图像上相邻区域的黑白对比度来反映形貌的,因此二次电子图像也称为形貌衬度。二次电子的成像原理也称为形貌衬度原理。图 8-4(b) 为硅微粉的二次电子像,即微区形貌像。

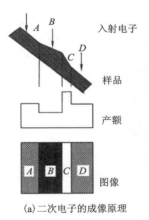 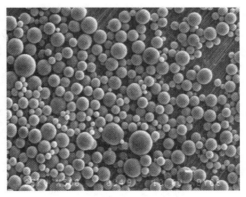

(a) 二次电子的成像原理　　　　　　(b) 硅微粉的微区形貌

图 8-4　二次电子的成像原理及微区形貌像示例

对于低原子序数的样品,二次电子图像也可以反映原子序数衬度。除此之外,二次电子还具有较好的电位衬度,在正电位区域二次电子因为受到吸引使得产额降低,形成的图像偏暗,反之负电位区域的二次电子形成的图像偏亮。总体来说,二次电子以表征形貌为主,原子序数为辅,容易受电位的影响。

8.3.2.2　二次电子图像举例

观察图 8-5 电子束照射样品中的特殊部位,分析其图像亮度。在样品表面的尖端部位[图 8-5(a)]、样品表面的小颗粒[图 8-5(b)]和侧面[图 8-5(c)],电子束与其表面法线的夹角较大,二次电子产额也较大,图像有时会出现超亮区域(亮度饱和),以至于看不清颗粒表面的具体形态。因此一般做形貌衬度时,样品表面要相对平整。图8-5(d)为样品表面较深的凹槽部位,虽然也产生较多的二次电子,但是这些二次电子很多不能被检测器接收到,因此图像较暗。

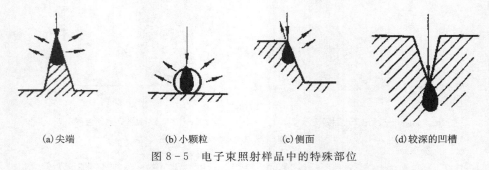

(a)尖端　　　　　(b)小颗粒　　　　　(c)侧面　　　　　(d)较深的凹槽

图8-5　电子束照射样品中的特殊部位

二次电子的信号强度对微区表面形貌十分敏感,一般用来显示形貌衬度。另外,二次电子主要产生于样品表层5~10nm的深度范围,产生的深度浅,此时入射电子束进入样品后还没有发生明显的侧向扩散,因此二次电子的信号反映的是与入射电子束直径相当、体积很小的范围内的形貌特征,故空间分辨率高。

图8-6为不同样品的二次电子图像,在二次电子图像上,可观察的内容包括材料的微观形状、尺寸、边界特征、颗粒分布等。尺寸大小的重要参考依据为放大倍数和比例尺。

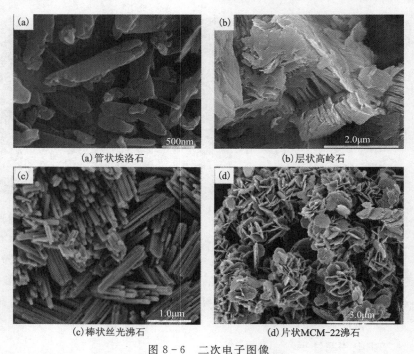

(a)管状埃洛石　　　　　　　　　　(b)层状高岭石

(c)棒状丝光沸石　　　　　　　　　(d)片状MCM-22沸石

图8-6　二次电子图像

8.3.3　背散射电子及其图像

背散射电子是指入射电子与较厚的样品发生弹性或非弹性碰撞后,被样品反弹回来的部分入射电子。因此,背散射电子包括弹性背散射电子和非弹性背散射电子。弹性背散射电子是指被样品中的原子核反弹回来的入射电子,其散射角大于 90°,属于高角背散射电子。这类背散射电子能量基本没有损失,接近入射电子的能量,为 $10^3 \sim 10^5$ eV。非弹性背散射电子是指入射电子和样品中原子的核外电子撞击后产生非弹性散射,不仅方向改变,能量也有不同程度的损失的电子,其中,有些电子经多次散射后仍能反弹出样品的表面,就形成了非弹性背散射电子。这类非弹性背散射电子散射角通常在 20°～60°之间,为低角背散射电子。非弹性散射电子的能量范围较宽,分布在几十电子伏特到几千电子伏特范围内。因背散射电子能量较大(一般大于 50eV),因此可以从样品表层 100nn 至 1μm 的深度穿出。散射角介于高角和低角背散射电子之间的电子为中角背散射电子,中角背散射电子一般包含弹性背散射电子和非弹性背散射电子。

背散射电子可形成原子序数衬度和形貌衬度,也可发生衍射形成衍射图像,下面分别介绍。

8.3.3.1 背散射电子的原子序数衬度

背散射电子对原子序数非常敏感,主要原因是电子束照射不同元素的原子,产生的背散射电子产额不同,原子序数越大,背散射电子产额越大。背散射电子产额用背散射系数 η_{BE} 来表示。

类似于二次电子系数,背散射电子系数可以表示为

$$\eta_{BE} = \frac{n_{BE}}{n_0} = \frac{I_{BE}}{I_0} \tag{8-11}$$

式中:η_{BE} 为背散射电子系数;n_{BE} 和 n_0 分别为试样发出的背散射电子数量和入射电子数量;I_{BE} 和 I_0 分别为背散射电子电流和入射电流。

背散射电子发射概率 P_{BE} 与试样的原子序数 Z 有关,可表示为

$$P_{BE} \propto \frac{Z^2 \rho t}{E_0^2 A} \tag{8-12}$$

式中:ρ 为试样密度;t 为试样厚度;E_0 为入射电子的能量;A 为相对原子质量。

可见,背散射电子的发射概率与原子序数关系很大,除此之外还与试样密度、相对原子质量和试样的厚度有关。而试样密度和相对原子质量也与原子序数 Z 有关,故背散射电子发射概率 P_{BE} 受原子序数影响最大。背散射电子发射概率越大,其产生的数量 n_{BE} 和形成的电流 I_{BE} 越大,因此背散射系数 η_{BE} 越大。图 8-7 为背散射系数与原子序数的关系曲线,可见,背散射电子系数随着原子序数 Z 的增加而显著增大,在原子序数 $Z<40$ 时此现象尤为突出。因此,背散射电子系数对原子序数十分敏感。

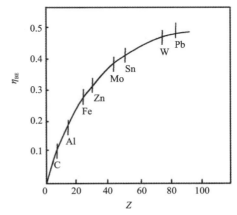

图 8-7 背散射系数随原子序数的变化曲线

当试样是由两种及两种以上的元素形成的化合物时,其原子序数可用平均原子序数 $\overline{Z}$ 来

表示,按各组成元素的原子序数及其质量百分浓度加权得到

$$\overline{Z} = \sum_{i=1}^{n} c_i z_i \quad (8-13)$$

式中:$\overline{Z}$ 为平均原子系数;z_i 为第 i 种元素的原子序数;c_i 为第 i 种元素的质量百分含量。

在样品中原子序数不同的部位,背散射电子发射概率不同,背散射电子系数不同,从而背散射电子的信号强度不同。原子序数大的区域,背散射电子信号强度大,对应的区域图像亮,反之图像暗。因此,背散射电子像的衬度主要为成分衬度,或者叫原子序数衬度。

利用平均原子序数造成的衬度变化可以对各种金属、合金及原子序数差异比较大的材料进行成分的定性分析。在重元素区域,图像上是亮区;而在轻元素区域,图像上是暗区。

图 8-8 为 Cu-Al 合金和 ZrO_2-Al_2O_3-SiO_2 系耐火材料的背散射电子像。不同的物相若原子序数差异大,则具有不同的背散射能力。用背散射电子像可以大致确定材料中物质相态的差别。

用背散射电子进行成分分析时,为避免形貌衬度对原子序数衬度的干扰,被分析的样品可经抛光处理,得到的图像效果更佳。

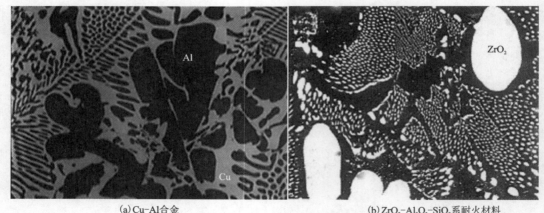

(a) Cu-Al 合金　　　　　　(b) ZrO_2-Al_2O_3-SiO_2 系耐火材料

图 8-8　背散射电子的成分衬度

8.3.3.2　背散射电子的形貌衬度

背散射电子的产额也与试样表面的凹凸起伏有关,因此,背散射电子像也可用于形貌分析。背散射电子的发射强度随着电子束入射试样的方向而变化。电子束垂直试样表面入射和以大角度入射(与试样表面法线的夹角)时,背散射系数沿试样表面上方的角分布如图 8-9 所示。当电子束垂直入射至 P 点,假设试样表面法线反向射出的背散射电子系数为 η_n,则与表面法线夹角为 φ 的方向上的背散射系数 $\eta_{BE}(\varphi)$ 可表达为

$$\eta_{BE}(\varphi) = \eta_n \cos\varphi \quad (8-14)$$

由式(8-14)可知,沿样品表面法线方向的背散射电子系数最大,背散射电子强度最大。在 $\varphi=60°$ 时,背散射系数为法线方向的一半,则强度也减弱至 50%。随着 φ 的增大,背散射系数越来越小,意味着背散射信号强度越来越低。$\eta_{BE}(\varphi)$ 的角分布可用中间的球面来表示,不同 φ 角对应 $\eta_B(\varphi)$ 的大小由 P 点指向球面。因此,背散射探测器相对于试样表面的位置对它

但当电子束与试样表面法线成大角度入射时,背散射电子的角分布不再符合式(8-14),而是变成不对称的分布。此时 $\eta_{BE}(\varphi)$ 的角分布像个拉长的椭球,而且该椭球的长轴方向与试样表面的夹角近似地等于入射束与试样表面的夹角,也就是电子束大角度入射时依然可得到很高的背散射强度。试样表面的倾斜程度对背散射系数有重要影响,假设入射束与试样表面法线之间的夹角为 θ,则背散射系数 $\eta_{BE}(\theta)$ 与原子序数 Z 和 θ 的关系可表示为

$$\eta_{BE}(\theta) = \frac{1}{(1+\cos\theta)^P} \tag{8-15}$$

式中:$P = 9/\sqrt{Z}$。

式(8-15)表明背散射系数不但与原子序数 Z 有关,也与样品表面的倾斜程度有关。对于大角度入射的电子束,背散射电子系数的角分布有明显的方向性,在向前散射方向出现峰值。

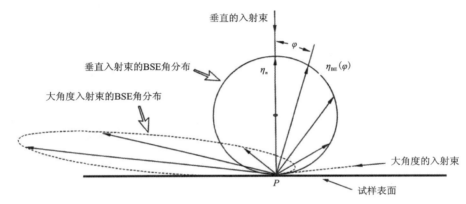

图 8-9 背散射电子系数在试样表面上方的角分布示意图

根据式(8-14)和式(8-15)可以看出,背散射电子的信号与试样表面的起伏有关,也可形成形貌衬度像,其形成原理如图 8-10 所示。试样表面的起伏导致局部范围内背散射系数不同,图 8-10 中的虚线小椭圆分别表示样品表面局部范围背散射系数的角分布范围。这种形貌衬度和探测器的位置及其相对试样的接受角度有关。观察到的图像形貌取决于所用的探测器类型、位置和参数。

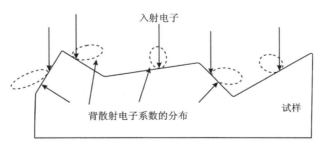

图 8-10 背散射电子的形貌衬度形成原理示意图

背散射电子的形貌衬度不能与二次电子比拟,比二次电子分辨率低得多。图 8-11 为同一视域下 $SrTiO_3 + MgO$ 复相陶瓷的二次电子像[图 8-11(a)]和背散射电子像[图 8-11

(b)]。很显然,二次电子像中的凹凸起伏更明显,而背散射电子像中,因原子序数差异造成的明暗更突出。

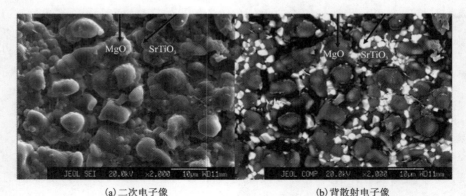

(a) 二次电子像 (b) 背散射电子像

图 8-11 SrTiO$_3$+MgO 复相陶瓷的二次电子像和背散射电子像对比

一般来说,高角背散射电子相对所包含的原子序数衬度较强,电子束与试样深度较浅,与形貌关系较小。因此,高角背散射电子可以体现最纯的成分衬度。中角背散射电子兼具成分衬度和形貌衬度,不过由于出射角度依然比较大,作用深度也并不深,分辨率没有受到太大影响,依然可以维持在较高水平。低角背散射电子中,非弹性散射的电子所占比例进一步提高,作用深度有了较为明显的加大,成分衬度较前两者有了一定的弱化,而对形貌衬度的体现则会进一步的加强,兼具成分衬度和形貌衬度,但是相对能够体现的表面细节不多,且图像分辨率有所降低。

8.3.3.3 背散射电子的衍射

在扫描电子显微镜中,当电子束掠射到块状晶体试样的表面,在电子与试样相互作用产生的背散射电子中,总有一部分背散射电子满足布拉格条件,从而相对于某一对 $\{hkl\}$ 和 $\{\overline{hkl}\}$ 晶面,其衍射方向形成一对衍射锥,经过放大,在底片上便接收到一对平行线,即菊池线对或菊池带。菊池线对对晶体取向变化很敏感,通过分析菊池谱,可以获得丰富的取向信息,由此开拓出一系列与取向有关的分析技术,这便是背散射电子衍射技术(electron backscatter diffraction,简称 EBSD)及由它分支出来的取向成像显微术(orientation imaging microscopy,简称 OIM)。

8.3.4 透射电子

当样品比较薄且入射电子的有效穿透深度大于样品的厚度时,就有部分入射电子穿透样品成为透射电子。透射电子种类繁多,有直接穿透样品、能量不发生改变的弹性透射电子,有在晶质样品中被晶面衍射并穿透样品的电子,有与原子碰撞时被高角散射的弹性电子,还有与原子碰撞时有能量损失的低角度散射电子等。所有这些穿透样品的电子在与试样作用过程中都可以携带试样材料的信息,这些透射电子主要为透射电子显微镜(TEM)及扫描透射电子显微镜(STEM)中的成像信号,其成像过程及图像亦很复杂,有电子衍射花样、质厚衬度图像、衍衬图像(明场像、暗场像和中心暗场像)、高分辨图像(晶格条纹像、二维晶格像及结构像)、高角散射环形暗场像及电子能量损失谱等。相关内容在后续章节中具体讲述。

8.3.5 吸收电子

入射电子进入样品后,经过多次非弹性碰撞,能量损失殆尽,既无力穿透样品、又无力逸出样品表面的那部分入射电子,称为吸收电子。

当样品足够厚时,透射电子强度为0,则入射电子强度为二次电子、背散射电子和吸收电子的强度之和。即

$$I_0 = I_S + I_B + I_A \tag{8-16}$$

式中:I_0 为入射电子强度;I_S 为二次电子强度;I_B 为背散射电子强度;I_A 为吸收电子强度。

则

$$I_A = I_0 - (I_B + I_A) \tag{8-17}$$

显然,吸收电子强度与二次电子和背散射电子的强度存在互补的关系。当原子序数增大时,背散射电子强度增大,二次电子对原子序数不敏感,故吸收电子强度减小。所以吸收电子像与背散射电子像也是互补的,成反相。在原子序数相对较大的区域,背散射电子图像较亮,而吸收电子图像较暗,在原子序数相对较小的区域,则相反。图 8-12 为同一视域下的奥氏体铸铁的背散射电子和吸收电子图像。因此,吸收电子也能产生原子序数衬度,其图像也是成分像,可进行定性的微区成分分析。

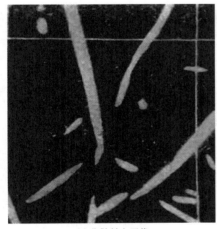 

(a) 背散射电子像　　　　　　　　(b) 吸收电子像

图 8-12　奥氏体铸铁的显微组织

接收吸收电子成像时,在样品和地之间接一个高灵敏度的微电流放大器,它可以检测出 $10^{-6} \sim 10^{-12}$ A 这样小的电流,而吸收电流信号一般为 $10^{-7} \sim 10^{-9}$ A,故该电流放大器可以检测出被试样吸收的电子,从而得到吸收电流图像。

8.3.6　特征 X 射线

电子束与物质作用亦可产生特征 X 射线。与 X 射线管产生特征 X 射线的原理类似,当电子束轰击样品的时候,若电子束的能量足够大,就可使组成样品的原子内层电子被激发而电离,产生空穴,原子处于激发态,较外层的高能级电子向内层空穴跃迁。在高能级向低能级跃迁的过程中,多余的能量会以 X 射线的形式释放。由于该 X 射线的能量只与电子在原子核外两个能级上的能量有关(发生跃迁的高能级和产生空穴的低能级),而与入射电子束的能

量无关,即只与原子序数有关,故称为特征 X 射线。特征 X 射线穿透能力比较强,可以从样品表面 $0.5\sim5\mu m$ 深度产生。

每个元素都有一系列特征 X 射线的波长或者能量与之对应。因此,检测出从样品中激发出来的特征 X 射线的波长或者能量,就可以根据莫塞莱定律计算出对应的原子序数 Z,从而确定样品中所包含的元素。表 8-1 和表 8-2 分别为部分元素的特征 X 射线的波长和能量。

不同元素分析时用不同线系,轻元素用 K_α 线系,中等原子序数元素用 K_α 或 L_α 线系,一些重元素常用 M_α 线系。入射到试样表面的电子束能量必须大于等于相应壳层电子的结合能,故电子束的加速电压应大于等于该层电子的激发电压,根据所分析的元素不同,加速电压通常为 $10\sim30\mathrm{kV}$。

表 8-1 几例不同元素的特征 X 射线的波长　　　　　　　　　　　单位:nm

元素		$K_{\alpha 1}$	K_β	$L_{\alpha 1}$	$M_{\alpha 1}$
4	Be	114.00			
11	N	11.91	11.58		
26	Fe	1.936	1.757	17.59	
29	C	1.541	1.392	13.34	
35	Br	1.041	0.933	8.375	
55	Cs			2.892	
74	W			1.476	6.983
83	Bi			1.144	5.118

表 8-2 几例不同元素的特征 X 射线的能量　　　　　　　　　　　单位:eV

元素		$K_{\alpha 1}$	K_β	$L_{\alpha 1}$
4	Be	0.108		
11	Na	1.041		
26	Fe	6.403	6.390	0.704
29	Cu	8.047	8.904	0.928
35	Br	11.293	13.290	1.480
55	Cs	30.970	34.984	4.286
74	W	59.310	67.233	8.396
83	Bi	77.097	87.335	10.836

特征 X 射线检测方法有两种:一种是利用特征 X 射线的波长不同来展谱的波长色散谱仪,简称波谱仪(wavelength dispersive spectrometer,简称 WDS);另一种是利用特征 X 射线能量不同来展谱的能量色散谱仪,简称能谱仪(energy dispersive spectrometer,简称 EDS)。下面分别简述这两种检测方法的检测原理。

8.3.6.1 波长色散谱仪

波长色散谱仪是利用分光晶体对不同波长的特征 X 射线进行展谱、鉴别和测量的。如图 8-13 所示，入射电子束作用于样品后，从样品中激发出不同波长的特征 X 射线向四周发射。分光晶体是一种已知面网间距为 d_{hkl} 的平面单晶体，当不同波长的 X 射线（λ、λ_1、λ_2 等）照射其上时，满足布拉格方程 $2d\sin\theta=\lambda$ 的特征 X 射线将在特定的方向（θ、θ_1、θ_2 等）产生衍射，若在面向衍射线的方向安装一个检测器，便可接受不同波长的特征 X 射线。

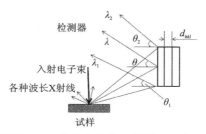

图 8-13 分光晶体的工作原理示意图

虽然平面单晶体可将不同波长的特征 X 射线分散展开，但是由于同一波长的特征 X 射线是从样品表面不同方向发射出来，能够进入分光晶体的部分也只有满足布拉格方程时才能被衍射，对于某一波长的特征 X 射线检测效率极低。因此，需要对检测方法进行改进。将分光晶体的晶面做适当弯曲，让射线源（S）、弯曲晶面的表面和检测器（D）窗口位于同一个圆周上，该圆称为罗兰圆（Rowland）或者聚焦圆，如图 8-14 所示。此时，整个分光晶体只收集同一波长的特征 X 射线。根据分光晶体弯曲程度的差异，通常有两种不同的聚焦方法：约翰型（Johann）聚焦法和约翰逊（Johannson）型聚焦法。

约翰型聚焦法是把分光晶体弯曲成使它的衍射晶面的曲率半径等于聚焦圆半径的两倍[图 8-14(a)]。当点光源 S 发出的某一波长的特征 X 射线照射到分光晶体上的 A、B、C 三个点时，可近似认为三者的入射角相等，由此 A、B、C 三个点均满足衍射的条件，其衍射线聚焦于 D 点附近。从图中几何关系可以看出，A、B、C 三个点并不能完全聚焦于 D 点，只是一种近似聚焦。另一种改进的聚焦即约翰逊型聚焦法[图 8-14(b)]，这种方法中分光晶体的曲率半径等于罗兰圆半径，此时，从点光源 S 发射出来的同一波长的特征 X 射线照射到分光晶体上的 A、B、C 三个点时，恰好满足布拉格条件，产生的衍射线束正好完全聚焦于 D 点，这种聚焦方法也称为全聚焦法。

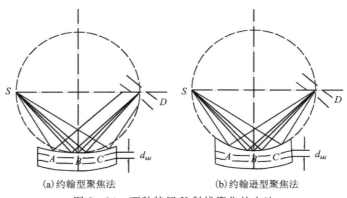

(a) 约翰型聚焦法　　　(b) 约翰逊型聚焦法

图 8-14 两种特征 X 射线聚焦的方法

采用晶面弯曲的分光晶体，尤其是采用约翰逊型分光晶体聚焦后，可大大提高相同波长的特征 X 射线的收集效率。但是一块分光晶体不能仅仅收集一种波长的特征 X 射线，因此在实际应用中波谱仪可分为直进式和回转式波谱仪两种。

图 8-15(a)为直进式波谱仪的工作原理图。在这种波谱仪中,X 射线照射分光晶体的方向是固定的,即出射角保持不变,分光晶体沿着直线向前推进并转动,同时检测器随之移动。在这个过程中,样品(S)、分光晶体(C_1、C_2、C_3)和检测器(D_1、D_2、D_3)始终位于同一罗兰圆上,只是罗兰圆不断改变。分光晶体推进至不同的位置(L_1、L_2、L_3)时,可以收集到不同波长的特征 X 射线(λ_1、λ_2、λ_3)。由图中的几何关系分析可知,分光晶体推进的距离 L、罗兰圆半径 R 及布拉格角(入射角)存在如下关系

$$L = 2R\sin\theta \tag{8-18}$$

式中:L 为分光晶体向前推进的距离(距样品的距离),可直接在仪器上读取;R 为聚焦圆半径,为已知参数。

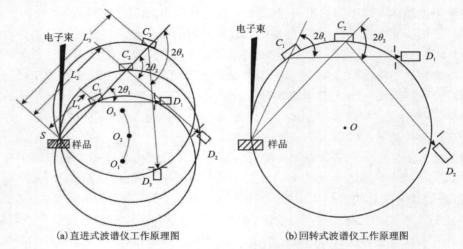

(a) 直进式波谱仪工作原理图　　　　(b) 回转式波谱仪工作原理图

图 8-15　两种波谱仪的工作原理图

特征 X 射线进入分光晶体被衍射,因此必须满足 $\lambda = 2d\sin\theta$(d 为已知分光晶体的晶面间距,λ 为检测到的特征 X 射线的波长,θ 为布拉格角)。将 $\sin\theta$ 代入式(8-18),可得

$$\lambda = L \cdot \frac{d}{R} = L \cdot K \tag{8-19}$$

式中:K 称为仪器常数。

由式(8-19)可知,被检测的特征 X 射线的波长 λ 与试样(点光源)到分光晶体的距离 L 为线性关系,因此直进式波谱仪也称线性波谱仪。只要测出 L 的长度,即可通过计算得到 λ,从而确定对应的元素。如在图 8-15(a)中,当圆心在 O_1,分光晶体距光源 S 的距离为 L_1 时,检测器可接收到波长为 λ_1 的特征 X 射线,则 $L_1 = 2R\sin\theta_1$,$\lambda_1 = 2d\sin\theta_1$,即可计算出 λ_1。同理,把分光晶体从 L_1 推至 L_2 或 L_3(可通过仪器上的手柄或驱动电机,使分光晶体沿出射方向直线移动),可求得 θ_2、θ_3、λ_2、λ_3。

示例:当聚焦圆的半径为 140mm 时,用 LiF 晶体为分光晶体,以面网间距为 0.201 3nm 的(200)晶面为衍射平面,在 $L = 134.7$mm 处,可探测到波长多大的特征 X 射线?在 $L = 107.2$mm 处,又可探测到波长多大的特征 X 射线?

解：根据直进式波谱仪的几何关系，$R=140\text{mm}$，$d=0.2013\text{nm}$，$L=134.7\text{mm}$ 时，由式(8-19)可得

$$\lambda = L \cdot \frac{d}{R} = 134.7 \cdot \frac{0.2013}{140} = 0.1937 (\text{nm})$$

经查相应元素的特征 X 射线波长数值，发现可能为 Fe K_a（$\lambda=0.1937\text{nm}$）的特征 X 射线。而在 $L=107.2\text{mm}$ 处，探得波长 $\lambda=0.154\text{nm}$，经查可能是 Cu K_a（0.154nm）的特征 X 射线。

在直进式波谱仪中，不同波长的特征 X 射线照射晶体的方向固定，其在样品中行进的路径基本相同，因此样品对 X 射线的吸收条件也基本相同，这是直进式波谱仪的最大优点。直进式波谱仪的波长分辨率在整个波段上都是一样的。有

$$\Delta\lambda = K \cdot \Delta L \tag{8-20}$$

由式(8-20)可知，$\Delta\lambda$ 与 λ 无关。但直进式波谱仪结构比较复杂，而且由于结构上的限制，L 不能推进得太长，一般只能在 10～20cm 范围内变化。在 $R=20\text{cm}$ 时，θ 变化范围在 15°～65°之间。因此，一个分光晶体只能测定某一原子序数范围内的元素。通常一个波谱仪中装有两块分光晶体可以互换，而一台电子探针仪上往往装有 2～6 个波谱仪一起工作，可以同时测定几个元素。表 8-3 为波谱仪常用的分光晶体及其测定元素范围。利用波谱仪进行元素分析时，需要根据被分析元素的范围选择合适的分光晶体，而且需要逐个元素分析，速度慢。目前，携带波谱仪的电子探针仪能分析的元素范围包括元素周期表中的铍(Be)到铀(U)。

表 8-3 常用的分光晶体及其测定元素范围

名称	反射晶面	晶面间距/nm	检测波长范围/nm	测定元素
氟化锂(LiF)	(200)	0.2013	0.08～0.38	K：^{19}K～^{37}Rb L：^{51}Sb～^{92}U
邻苯二甲酸氢铷 ($C_8H_5O_4Rb$，RAP)	(10$\bar{1}$0)	0.3061	5.8～2.3	K：^{9}F～^{15}P L：^{24}Cr～^{40}Zr M：^{57}La～^{79}Au
异戊四醇 ($C_5H_{12}O_4$，PET)	(002)	0.4371	0.20～0.77	K：^{14}Si～^{26}Fe L：^{37}Rb～^{65}Tb M：^{72}Hf～^{92}U
硬脂酸铅[($C_{14}H_{27}O_2)_2$Pb，STE]	—	5.02	22～88	K：^{5}B～^{8}O L：^{20}Ca～^{23}V
石英(SiO_2)	(10$\bar{1}$1)	0.3343	0.11～0.63	K：^{16}S～^{29}Cu L：^{41}Nb～^{74}W M：^{80}Hg～^{92}U

图 8-15(b)为回转式波谱仪的工作原理图。罗兰圆的圆心 O 不动，分光晶体(C)和检测器(D)在罗兰圆的圆周上以 1∶2 的角速度运动，以保证满足布拉格方程。当分光晶体运动至

C_1 和 C_2 时,检测器分别在 D_1 和 D_2 位置可以检测到不同波长的特征 X 射线,类似直进式波谱仪的计算方法,分别通过几何关系和布拉格方程式可计算出 λ_1 和 λ_2。

回转式波谱仪比直进式波谱仪结构简单,但特征 X 射线的出射方向改变很大,在样品表面平整度较差的情况下,由于特征 X 射线在样品内行进路径不同,往往会因吸收条件变化而造成较大的误差。

8.3.6.2 能量色散谱仪

前已述及,各种元素都有自己特定的 X 射线的波长,特征波长的大小取决于能级跃迁过程中释放出的特征能量 ΔE。能量色散谱仪(EDS)就是利用不同元素特征 X 射线光子的能量不同来进行检测分析的。

X 射线能量色散谱仪(EDS)是 1969 年在锂漂移硅固体检测器研制成功后发展起来的,其中最关键的部件是检测器。早期,电子显微镜或 X 射线荧光光谱仪等 X 射线检测中普遍使用液氮致冷的锂漂移硅检测器(lithium drifted silicon detector,简称 LDSD),习惯记作 Si(Li)半导体检测器。之后,随着检测器的发展,现在商业能谱仪中多数采用电致冷的硅漂移检测器(silicon drift detector,简称 SDD)。下面以 Si(Li)半导体检测器能谱仪为例,阐述能谱仪的工作原理。

如图 8-16 为 Si(Li)半导体检测器能谱仪的工作原理示意图,其主要由半导体探头、场效应晶体管、前置放大器、主放大器和多道脉冲分析器及计算机组成。Si(Li)半导体探头前方为 Be 窗,其作用为:一是将整个探头密封在液氮冷却的低温和真空环境之中,二是阻挡背散射电子进入检测器损伤探头,三是低原子序数的 Be 可以减小 X 射线的吸收。低温环境可以防止 Li 原子在室温下扩散,还可降低前置放大器的噪声,有利于提高图谱的峰-背底比。

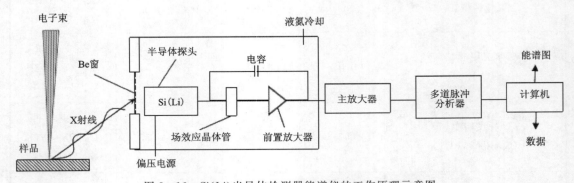

图 8-16 Si(Li)半导体检测器能谱仪的工作原理示意图

Si(Li)半导体检测器能谱仪的工作过程如下:样品中发出的特征 X 射线光子经过 Be 窗照射到 Si(Li)半导体上,引起 Si 电离,激发出一定数目的电子-空穴对。在 100K 左右的低温下,产生一个电子-空穴对平均消耗的能量 ε 约为 3.8eV。因此,假设由某元素发出的特征 X 射线光子的能量为 E,则产生电子-空穴对的数目 N 为

$$N = \frac{E}{\varepsilon} \tag{8-21}$$

这些电子-空穴对通过加在晶体两端的偏压进行收集,再经前置放大器、信号处理单元和

数模转换器处理后转换成电流脉冲,电流脉冲经主放大器转换成电压脉冲。

式(8-21)中的电子-空穴对数对应的电荷量为

$$Q = Ne = \left(\frac{E}{\varepsilon}\right)e \quad (8-22)$$

这些电荷在电容 C_F 上积分,产生的电压脉冲 V 为

$$V = Q/C_F \quad (8-23)$$

如 Mn K_α 射线的能量 E 为 5.895keV,则产生的电子-空穴对数为 1551 个,电压脉冲高度为 0.25mV;而 Fe K_α 射线可产生 1685 个电子-空穴对,电压脉冲高度为 0.27mV;Cu K_α 射线可产生 2110 个电子-空穴对,电压脉冲高度为 $V=0.34$mV。可见,不同元素产生的特征 X 射线的能量不同,电压脉冲高度也不同。入射 X 射线的能量越高,相应的电压脉冲高度就高。

多道脉冲高度分析器首先把脉冲信号转换成数字信号,建立起电压脉冲幅值与道址的对应关系。图 8-17 为 Al、Si、Ca 的 X 射线能谱图的检测记录过程。横轴为 X 射线的能量,将其划分为一系列道址,每个道址上分配的 X 射线能量相同(图 8-17 中的 20eV)。道址从前向后依次编号,随着道址号增大,X 射线的累积能量增大。由于不同 X 射线的能量对应不同的元素,因此可将道址号与元素对应起来。而电压脉冲高度是与特征 X 射线的能量相对应的,因此不同的脉冲高度与道址号也是一一对应的。X 射线能谱仪在不同时间接收到不同的电压脉冲高度,将其一一记录在相应的道址上,即可确定元素。而不同时间接收到的相同脉冲高度用计数的方法(图中 1、2、3、4、5 等)记录在同一道址上,累积为谱峰的强度(峰的高度),在能谱图中用纵轴表示。强度越大,相应元素的含量越高。

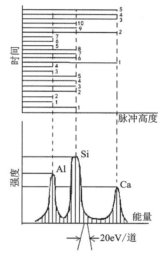

图 8-17 Al、Si、Ca X 射线能谱图检测过程示意图

Si(Li)半导体检测器需在液氮冷却条件下工作,在测量能量小于 30keV 的特征 X 射线的过程中得到了广泛使用和普遍认可。由于检测器工作温度接近 77K,器件具有的反向漏电流为 10^{-14}A 量级,另外检测器的电容在 1pF 左右,产生的噪声很小。因此,Si(Li)半导体检测器能谱仪具有极佳的能量分辨率。

后来用厚度为 1μm 的金刚石薄膜代替 7.5μm 铍入射窗,进一步减少了对特征 X 射线的吸收,从而使 Si(Li)半导体检测器能谱仪的测量范围向超轻元素方向发展,使它能满足元素周期表中 C 以后的元素分析工作,并且可实现在线的定性定量分析。

8.3.6.3 能谱仪和波谱仪的性能比较

能谱仪和波谱仪检测原理完全不同,因此在性能上也有较大差异,具体如下。

(1)灵敏度:因为 Si(Li)探头可以安放在比较接近样品的位置(10 cm 左右),因此它对 X 射线源所张的立体角很大。此外,X 射线信号直接由探头收集,不必通过分光晶体衍射,不存在衍射导致的强度损失,故灵敏度高(可达 10^4 cps/nA,入射电子束单位强度所产生的 X 射线计数率),因此能谱仪的探测效率比波谱仪高。

(2) 分析速度:能谱仪可在同一时间内对分析点内所有元素的 X 射线光子的能量进行测定和计数,在几分钟内就可以得到定性分析结果,而波谱仪只能逐个测量每种元素的特征波长。

(3) 可检测元素范围:带 Be 窗的检测器可测 $^{11}Na \sim ^{92}U$,但 20 世纪 80 年代推向市场的新型超薄窗口材料可测 $^4Be \sim ^{92}U$;波谱仪只能逐个测量每种元素的特征波长,可测范围 $^4Be \sim ^{92}U$。

(3) 空间分辨率:能谱仪因检测效率高,可在较小的电子束流下工作,使束斑直径减小。目前,能谱仪分析的最小微区已经达到纳米数量级,而波谱仪的空间分辨率仅处于微米数量级。

(4) 可靠性:能谱仪结构简单,没有机械传动部分,数据的稳定性和重现性较好。但波谱仪的定量分析误差(1‰~5‰)远小于能谱仪的定量分析误差(2%~10%)。

(5) 对样品的要求:能谱仪不必聚焦,因此对样品表面没有特殊要求,适合于粗糙表面的分析工作。波谱仪需要样品表面平整。

(6) 分辨率:在一般情况下,波谱仪的能量分辨率可达 5~10eV,Si(Li)检测器的能量分辨率约为 150eV。可见波谱仪的分辨率比能谱仪高一个数量级,体现在图谱上,波谱图的峰背比远高于能谱图,谱峰尖锐,不易重叠,如图 8-18 所示。由于能谱仪的探头直接对着样品,所以由背散射电子或 X 射线激发产生的荧光 X 射线信号也被同时检测到,从而使得 Si(Li)检测器检测到的特征谱线在强度提高的同时背底也相应提高,谱线的重叠现象严重,故仪器分辨不同能量特征 X 射线的能力变差。

(7) 工作条件:能谱仪的探头必须保持在低温状态,须用液氮或者电冷却。因此,能谱仪的检测极限(谱仪能测出的元素的最小百分浓度)要比波谱仪低。波谱仪的检测极限为 0.01%~0.1%,能谱仪的检测极限为 0.1%~0.5%。

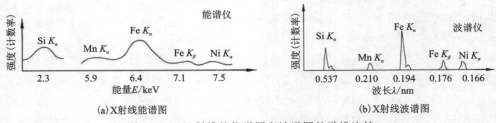

图 8-18 X 射线的能谱图和波谱图的谱线比较

总的来说,波谱仪分析的元素范围广、检测极限小、分辨率高,适用于精确的定性定量分析。其缺点是:要求试样表面平整光滑,分析速度较慢,需要用较大的束流,从而容易引起样品和镜筒的污染;能谱仪在分析元素范围、探测极限、分辨率、谱峰重叠、定量分析结果等方面不如波谱仪,但其分析速度快,可用较小的束流和微细的电子束,对试样表面要求不如波谱仪那样严格,因此特别适合与扫描电子显微镜配合使用。

8.3.7 俄歇电子

当入射电子束照射样品时,入射电子将样品原子的内层电子激发形成空穴后,外层高能电子回迁,此时多余的能量若不是以特征 X 射线的形式辐射,而是把它转移给同层或者外层的另一个电子,使其电离,逸出样品表面,该电子即为俄歇电子。因此,俄歇电子与特征 X 射线同时产生,且具有特征能量,故利用俄歇电子也可以进行元素分析。俄歇电子的产生跃迁方式可参见"2.4.2.2 俄歇效应"一节。

俄歇电子具有以下特点:①类似于特征 X 射线,不同元素俄歇电子的能量不同。俄歇电子的能量取决于原子壳层的能级,只与原子核外 3 个能级的能量有关;②能量低,一般为 50~1500eV,因此只有样品表面几个原子层(0.1~1nm)深度范围产生的俄歇电子才能逸出样品表面,并保持原有的特征能量;③俄歇电子产额随原子序数的增加而减小,且原子序数较小的元素的俄歇电子谱简单易识。因此,俄歇电子能谱适合测样品表面层轻元素和超轻元素的分析。轻元素的特征 X 射线产额很低,例如 Al 的特征 X 射线的产额为 $\delta_x=0.040$,C 更小,仅为 0.0009,信息强度十分微弱。但这类元素的俄歇电子产额很高,因此用其进行成分分析时灵敏度远远优于 X 射线。

俄歇电子是 1925 年被发现的,但直到 1967 年高真空(大于 10^{-9} Pa)技术的获得和高灵敏度电子分析仪器的制成才使得俄歇电子谱仪(AES)进入了实用阶段。X 射线与物质作用也会产生俄歇电子,但是俄歇电子谱仪一般采用电子束作为光源,可显著提高俄歇电子的强度。另外,俄歇电子是在样品的浅表层产生,入射电子束的侧向扩展几乎不存在,因此俄歇电子谱仪的空间分辨率很高,与入射电子束的束斑直径相当。

俄歇电子谱就是记录产生的俄歇电子的能量和数量关系的谱图,有直接谱和微分谱。直接谱和微分谱的横坐标都是俄歇电子的能量,用 Kinetic Energy/eV 表示,直接谱的纵坐标为俄歇电子的数量 N(E),而微分谱的纵坐标是通过对直接谱进行微分得到 dN(E)/d(E),因此把这种谱也叫俄歇电子的微分谱,如图 8-19 所示。每个峰位对应原子产生俄歇电子的能量,如 Si LMM 谱峰表示 Si 产生 LMM 俄歇电子的能量(L 层被激发,M 层电子跃迁至 L 层空位,释放的多余能量将 M 层另一个电子轰击出去,该电子即为俄歇电子)。同类原子由于产生俄歇电子类型不同,因而能量不同,在图谱中可产生不止一个峰。

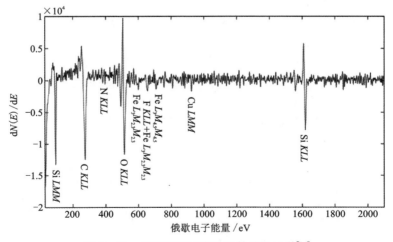

图 8-19 硅纳米颗粒表面的俄歇电子谱[14]

俄歇电子谱的用途:①据俄歇电子能量进行表面元素的定性分析,如图 8-19 为某硅纳米颗粒表面的俄歇电子谱[14],其表面由 Si、C、Ni、Cu 和 Fe 元素组成;②据俄歇电子峰位的高度及其能量对应的灵敏度因子可计算各元素的相对含量；③据俄歇电子峰的位移可以进行元素的化学态分析。另外，俄歇电子谱还可以对特征 X 射线衍射难以分析的含量低、原子序数低的物相进行鉴定分析。

8.3.8 阴极荧光

发光是材料吸收能量后放出光子的行为，因激发源不同，可分为阴极荧光（CL）、光致发光（PL）和电致发光（EL）等。阴极荧光的激发源是阴极射线，光致发光的激发源是能量较大的光子，电致发光的激发源是外加电场。电子束属于阴极射线，当电子束照射的固体样品为半导体（本征或掺杂型）时，也会产生发光现象。

电子束激发试样产生阴极荧光的原因可以通过固体电子能带理论解释。如图 8-20 所示，材料具有一个电子能态被占满的价带和一个空的导带，价带和导带之间有一能量间隔为 E_{gap} 的禁带。如果试样被有足够能量的电子轰击，试样中原子的电子获得能量会从低能级的价带跃迁至高能级的导带。此时价带产生一个空位，导带多出一个电子，形成了电子-空穴对。当高能电子回到基态价带时，它们有可能会被内部的结构缺陷或者外部的杂质陷阱捕获。在捕获的过程中，

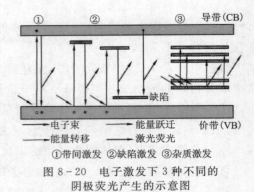

图 8-20 电子激发下 3 种不同的阴极荧光产生的示意图

由于能量差异，多余的能量会以发光的形式释放，即荧光现象。电子束激发产生阴极荧光的方式有 3 种：①带间激发，即受入射电子的激发，价带电子进入导带，去激过程中导带电子跃回价带释放能量，形成带间激发（图 8-20①）；②缺陷激发，由于带间存在缺陷，去激过程发生在缺陷能级中（图 8-20②）；③杂质激发，由于材料中杂质的存在，在带间存在杂质能级，因此去激过程发生在杂质能级中（图 8-20③）。大多数光子在可见光范畴，有些在紫外线和红外线区域。由于间隔是严格确定的，所以该辐射就会在特定能量处产生一个与成分有关的明显谱峰。

阴极荧光产生的物理过程与固体物质的种类有关，并对固体中的杂质和缺陷的特征十分敏感。因此，利用阴极发光现象研究物体中发光微粒，确定物质的发光区域及光波波长，也可分析晶体结构、环带构造、缺陷和有无杂质等。利用阴极发光信息检测杂质十分有效，它比 X 射线光谱的灵敏度高 3 个数量级。此外，对鉴定发光的物质相也十分有效。例如渗入到钨中的氧化钍可以观察到蓝色荧光，钢中夹杂 Al_2O_3 发红光，夹杂 $MgO \cdot Al_2O_3$ 发绿光，夹杂 $6Al_2O_3 \cdot CaO$ 发蓝光等。图 8-21 为不同物质的阴极荧光图谱或图像。

除了以上各种信号外，电子束与固体物质作用还会产生等离子体振荡、电子感生电导、声子激发、电声效应等。这些作用过程产生的信号经过调制后也可用于专门的分析，如电子感生电导可以用来测量半导体中少数载流子的扩散长度和寿命；等离子体振荡过程可导致入射电子能量的损失，对其能量测量可进行成分分析和成像，由此衍生出能量分析电子显微技术和能量选择电子显微技术；入射电子与晶格作用产生的声子激发使得入射电子能量发生低损失，这种低损失能量的电子是产生电子通道效应的主要衬度来源；电声效应是扫描电子显微镜所发展的新成像技术，由电声效应所产生的声波信息也是十分重要的成像信息。

8 电子与固体物质的相互作用

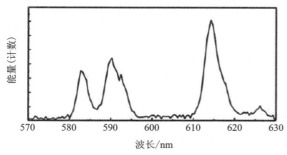
(a) NaYF$_4$：Eu^{3+}的在570～630nm的阴极荧光光谱

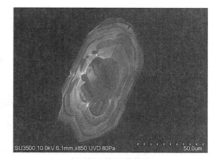
(b) 锆石的环带构造

图 8-21 不同物质的阴极荧光光谱或图像

总之,电子束与固体物质作用后会产生大量的物理信号,用于不同的分析技术和方法,常见的物理信号及对应电子显微分析方法如表 8-4 所示。

表 8-4 常见物理信号及对应的检测技术或分析方法

物理信号	检测器或检测方法	电子仪器	结果
二次电子	二次电子检测器	扫描电子显微镜(SEM)、扫描透射电子显微镜(STEM)、电子探针(EPMA)	表面形貌像
弹性散射电子/透射电子	背散射电子检测器	扫描电子显微镜(SEM)	成分像
	暗场和明场检测器	透射电子显微镜(TEM)	暗场像、明场像
	选区电子衍射	透射电子显微镜(TEM)	电子衍射花样
	汇聚束电子衍射/微衍射	扫描透射电子显微镜(STEM)	
	高角环形暗场检测器(HAADF)	扫描透射电子显微镜(STEM)	Z 衬度像
非弹性散射电子	电子能量损失谱仪(EELS)	透射电子显微镜(TEM)、扫描透射电子显微镜(STEM)	电子能量损失谱
	背散射电子衍射仪(EBSD)	扫描电子显微镜(SEM)	背散射电子衍射谱
俄歇电子	俄歇电子检测器	俄歇电子谱仪(AES)	俄歇电子谱
特征 X 射线	波长色散谱仪(WDS)	电子探针(EPMA)	元素定性定量分析元素分布图
	能量色散谱仪(EDS)	扫描电子显微镜(SEM)、透射电子显微镜(TEM)、扫描透射电子显微镜(STEM)、电子探针(EPMA)	
阴极荧光	阴极荧光检测器(CL)	扫描电子显微镜(SEM)	阴极荧光像/谱

本章小结

电子与固体物质的相互作用
- 电子与固体物质的相互作用过程：电子散射、吸收及衍射
- 电子与物质作用产生的物理信号及图像
  - 二次电子
    - 特点：价电子，能量小于50eV，多为2～5eV，样品表面5～10nm的深度
    - 成像原理：即形貌衬度原理，样品表面凹凸不平时二次电子信号强度不同
    - 图像：形貌像（比例尺、放大倍数）
  - 背散射电子
    - 特点：被反对弹回来的入射电子，为几十到几千电子伏特，100nm至1μm的深度
    - 成像原理：原子序数衬度原理，原子序数不同，背散射电子信号强度不同
    - 图像：成分像，适合原子序数差异比较大的样品
  - 透射电子：穿透薄样品的电子，有弹性的、非弹性的，有直接透射的、衍射的，高角散射的、低角散射的……成像复杂
  - 吸收电子
    - 产生：被厚样品吸收的入射电子
    - 图像：成分衬度，与背散射电子成反像
  - 特征X射线
    - 产生：电子束激发原子→空位→跃迁→特征X射线，0.5～5μm深度产生
    - 应用：元素的定性定量分析、分布图
    - 检测
      - 波谱仪
        - 原理：通过检测特征X射线的波长进行元素的定性分析
        - 仪器：分光晶体→罗兰圆（约翰和约翰逊型聚焦）→谱仪（直进式和回转式）
      - 能谱仪
        - 原理：通过检测特征X射线的能量进行元素的定性分析
        - 仪器：Si(Li)半导体检测器、SDD检测器
    - WDS和EDS性能比较
  - 俄歇电子
    - 特点：具特征能量，样品表面0.1～1nm的深度产生
    - 用途：样品表面轻元素的定性定量分析、化学态分析
    - 检测器：俄歇电子谱仪（真空度大于10^{-9}Pa）
  - 阴极荧光：半导体、磷光体及其他发光材料

思考题

1. 二次电子成像时，样品表面可否抛光处理？为什么？
2. 背散射电子成像时，样品表面可否抛光处理？为什么？
3. 背散射电子成分像与X射线成分像的成像原理及图像有何区别？
4. 表面形貌衬度与原子序数衬度有何不同？
5. 俄歇电子的成分分析与X射线的成分分析有何区别？

9 扫描电子显微镜

扫描电子显微镜(scanning electron microscope,简称 SEM),简称扫描电镜,是以电子束作为照明源,把细聚焦的电子束以光栅状扫描方式照射到厚样品表面,从样品表面激发出二次电子、背散射电子、特征 X 射线、阴极荧光等与样品表面状态相关的电子信号,然后经检测器收集和信号处理在屏幕上成像,从而获得样品表面微区的形貌、化学组成和结构等信息。

9.1 扫描电子显微镜的结构与工作原理

扫描电子显微镜主要由电子光学系统、信号检测放大系统、图像显示和记录系统、真空和电源系统等部分组成。图 9-1 为 SU8010 场发射扫描电镜及其结构剖面示意图。

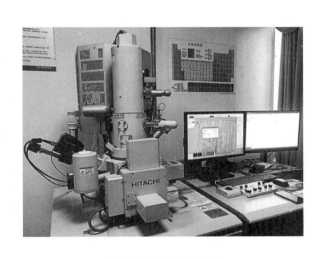

(a) SU8010 场发射扫描电镜　　(b) SU8010 扫描电镜的结构剖面示意图

图 9-1　SU8010 场发射扫描电镜及其结构剖面示意图

9.1.1 电子光学系统

电子光学系统的功能是产生具有一定能量、强度和直径的电子束,将其照射到样品表面上,并实现在样品表面的扫描。电子光学系统主要由电子枪、电磁透镜与光阑、扫描线圈、消像散器、样品室和电源等组成。

9.1.1.1 电子枪

在利用电子束作为光源的电子显微镜中,如扫描电镜、透射电镜、电子探针、隧道扫描电镜等,电子束的产生离不开电子发射装置——电子枪。在扫描电镜中,为了获得较高信号强度和高分辨率的图像,电子束应具有较高的亮度和尽可能小的束斑直径。扫描电子显微镜的分辨率与电子波长关系不大,而与电子在试样上的最小扫描范围有关。电子束斑越小,电子在试样上的扫描范围就越小,分辨率就越高,但必须保证使用较小的电子束斑时还应具有足够的强度。因此,扫描电子显微镜的加速电压一般为 1~30 kV。在实际中,电子枪的类型是影响电子束斑和亮度的重要因素,也是影响电子显微镜分辨率的重要因素。

电子枪的分类很多,按产生的电子束流的强弱可将电子枪分为强流电子枪和弱流电子枪;按电子发射方式可将电子枪分为热发射枪和场发射枪;按场发射又可分为冷场发射和热场发射;按电子枪的发射温度可分为常温 300 K(冷场发射)、1500~1800K(热场发射、肖特基 Schottky 热发射)、1800~2000K(LaB_6 热发射)、2700K(发叉式钨丝热发射)。电子枪的发射材料有 W、LaB_6(六硼化镧)、YB_6、TiC 或 ZrC 等物质,其中 W、LaB_6 应用最多。早期的电子显微镜多用发叉式热钨丝的电子枪,后演变为 LaB_6 电子枪,现在大多使用场发射的电子枪。

下面分别介绍常规热发射电子枪和场发射电子枪的结构及性能。

1. 热发射电子枪

热发射电子枪通常为三级电子枪,由阴极(或称发射极)、栅极(或称控制极、韦氏圆筒、负偏压栅极)和阳极(或称为加速极或引出极)组成。阴极有钨丝、LaB_6 晶体等,栅极和阳极一般由不锈钢制成。

图 9-2 为热发射型电子枪的结构示意图。阴极灯丝在真空中外加高压作用下发热,升至一定温度时发射出高能电子,热发射的电子束为白色。由于热阴极电子发射的电流密度随阴极温度的波动而变化,而阴极电流的不稳定又会使加速电压发生变化,为了稳定电子束电流、减小电压的波动,电子枪采用自偏压系统(偏执电阻调节),因此又称自偏压电子枪。阴极产生的电子通过栅极,穿过阳极小孔后,形成一束电子流进入聚光镜系统。栅极距离阴极较近,做成细丝罩式,围

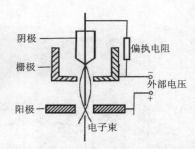

图 9-2 热发射型电子枪的结构示意图

在阴极周围,通过偏置电阻与阴极相连,可以控制阴极表面电场强度,从而改变阴极发射的电子束流。栅极相对阴极加负电压,而阳极接地将电子按一定的分布形式引出发射系统,所以阳极又称加速极或引出极。这种结构的电子枪是一个浸没物镜(或称为阴极透镜)。栅极主要起以下作用。

(1)使阴极电子发生汇聚。在改变偏执电压后,强烈地影响电子枪内静电场的分布,在栅极开口处等位面强烈弯曲,折射作用很强。因此,电子在栅极与阳极之间的区域内向主轴收敛,在轴线上汇聚,由此形成了第一交叉斑,也称最小电子束截面。通常所说的交叉斑大小,即指这个最小交叉截面的大小,它比阴极顶端发射面积还小,因此单位面积的电子密度最高。电子束离开交叉斑后,重新形成一个发射的锥体继续前进,看起来好像是从交叉斑处发出的照明电子束,因此该处也被称为有效光源或者虚光源。电子束的交叉截面一般呈椭圆形,因为真正的电子源是一个弯曲的丝,而不是一个点光源。电子束的发射角(或发散角)也是指由此发出的电子束与主轴的夹角。

(2)稳定和控制束流。栅极对电子产生排斥作用,可以控制阴极发射电子的有效区域,当

束流增大时,偏执电压增加,栅极电位降低,对电子的排斥作用增强,使阴极有效区域减小,束流减弱;反之,则可增大阴极发射面积,提高束流强度,从而将束流稳定在一定的区域内。

热发射型电子枪的形状如图 9-3 所示。采用钨丝作为阴极灯丝时,钨丝被制成发叉形或钨尖阴式结构,如图 9-3(a)~(d)所示,尖端曲率半径约为 $100\mu m$(发射电子的截面),升温至 2800K 时发射电子。早期钨灯丝电子枪一直占主导地位,但由于其发射截面大、亮度低、束斑直径大且寿命短,故后来发展出 LaB_6 晶体作为阴极材料。LaB_6 作为阴极材料时将其制成如图 9-3(e)和(f)所示的锥形,尖端曲率半径可加工到 $10\sim 20\mu m$,在 1800K 时即发射电子束,而且电子束亮度为钨丝在 2800K 时的 10 倍,束斑直径可达到 $5\sim 10\mu m$,仅为钨丝束斑直径的 1/5,因此分辨率显著提高。但 LaB_6 的工作温度低、电子束流小,因而对真空度要求高,制备成本也较高。另外,热发射型电子枪的阴极灯丝材质还有六硼化铈(CeB_6)。

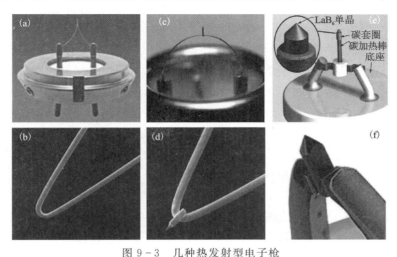

图 9-3 几种热发射型电子枪
(a)、(b)发叉式灯丝;(c)、(d)钨尖阴式结构灯丝;(e)间热式六硼化镧;(f)直热式六硼化镧

2. 场发射电子枪(FEG)

若在金属表面加一个强电场,金属表面的势垒就会变浅,由于隧道效应,金属内部的电子穿过势垒从金属表面发射出来,这种现象叫场发射。为了使阴极的电场集中,将金属尖端的曲率半径做成小于 $0.1\mu m$ 的尖锐形状,如图 9-4 所示。这样的阴极叫发射极(或尖端)。与热发射电子枪相比,场发射电子枪的亮度更高,光源尺寸更小。电子束的相干性也很好。

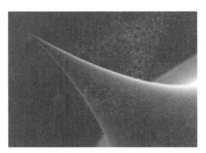

图 9-4 场发射电子枪(钨单晶)

场发射电子枪又可分为冷场和热场两种,也可称为冷阴极电子枪和热阴极电子枪。两种场发射电子枪的结构如图 9-5 所示。场发射电子枪主要由阴极、第一阳极和第二阳极组成。热发射电子枪还有栅极保护。场发射的电子束可以是单色电子束。阴极与第一阳极的电压较低,一般为 $3\sim 5kV$(电压太高会打钝灯丝),阴极与第二阳极产生的电压较高,一般为数十千伏至数万千伏。

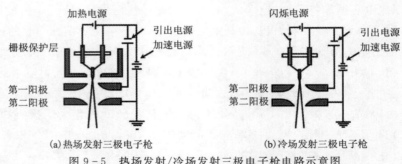

图 9-5 热场发射/冷场发射三极电子枪电路示意图

1) 冷场发射电子枪

冷场发射不加热,室温下使用,阴极一般采用沿着[111]生长的钨单晶,发射面为(310)晶面,针尖的曲率半径为 $0.1\sim0.5\mu m$。发射尖前的强电场高达 $4\times10^9 V/m$,由于隧道效应发射出来的电子束会在阴极尖后面形成虚交叉斑,直径约为 10nm,比发射面积还要小。因为空气不能将热能传给发射出的电子,所以发射能量仅 $0.3\sim0.5eV$,因此有非常好的能量分辨率。但冷场发射存在以下不足:一是对真空度要求极高,因低功函数要求表面干净,无外来原子,故要求极高的真空度(约 $10^{-8} Pa$ 或更高);二是需要定期进行闪光处理,因冷场发射是在室温下进行,发射极上易有残留气体吸附层,从而产生背底噪声,发射电流下降,电子束亮度降低,故需定期进行闪光处理,即瞬时加大发射电流,使发射极产生瞬间高温出现闪光现象,以蒸发阴极表面吸附的分子层,净化发射表面。

2) 热场发射电子枪

在施加强电场的状态下,将发射极加热到比常规热电子发射低的温度(1600~1800K),由于电场的作用,发射极表面势垒降低,仍能发射电子,这种发射称为肖特基发射,利用这种原理工作的电子枪称为肖特基电子枪。由于加热,热场电子枪的发射能量为 $0.3\sim0.5eV$,高于冷场发射能量,这是它的缺点。但是热场发射电子枪不产生气体吸附,大大降低了背底噪声,不需要闪光处理。例如 ZrO/W(100) 发射极材料,在钨丝尖上扩散一层 Zr 单原子层,再经氧化处理形成 ZrO/W 阴极,ZrO 的逸出功小于 $2.7\sim2.8eV$,W 为 $4.5eV$,在外电场作用下,表面逸出功显著降低,加热至 1600~1800K 时就能发射电子,且发射表面干净,噪声低,光源亮度高,束斑直径小,稳定性好。

常用热发射型、热/冷场发射型电子枪的特性见表 9-1。

表 9-1 热发射型和热/冷场发射型电子枪的性能对比

性能	热发射型		场发射型		
	W	LaB$_6$	热场		冷场
			ZrO/W(100)	W(100)	W(310)
亮度 $A\cdot cm^{-1}\cdot sr^{-1}$	约 5×10^5	约 5×10^6	约 5×10^8	约 5×10^8	约 5×10^5
光源直径/μm	50	10	0.1~1	0.01~0.1	0.01~0.1
能量发射度/eV	2.3	1.5	0.6~0.8	0.6~0.8	0.3~0.5

续表 9-1

性能		热发射型		场发射型		
		W	LaB$_6$	热场		冷场
				ZrO/W(100)	W(100)	W(310)
使用条件	真空度/Pa	10^{-3}	10^{-5}	10^{-7}	10^{-7}	10^{-8}
	阴极温度/K	2800	1800	1800	1600	300
	使用寿命/h	60～200	1000	>5000	>5000	>5000
发射	发射电流/μA	约100	约20	约100	20～100	20～100
	短时稳定度	1%	1%	1%	7%	5%
	长时稳定度	1%/h	3%/h	1%/h	6%/h	5%/15min
维护(闪光处理)		无	无	无	无	定期进行
价格/操作性		便宜/简单	中等/简单	贵/容易	贵/容易	贵/复杂

注："亮度"性能以 200kV 电压量为例。

9.1.1.2 电磁透镜和透镜光阑

扫描电镜的光学镜筒部分一般有三级电磁透镜，其功能是把电子枪的束斑逐级聚焦缩小，照射到样品上。图 9-6 为扫描电镜的三级透镜聚焦示意图。前两级是强磁透镜，主要任务是使电子束强烈汇聚，如将电子枪第一交叉斑的直径 d_1 分别缩小至 d_2 和 d_3，因此前两级电磁透镜也称为聚光镜。第三级透镜(也叫物镜，或末级透镜)为弱磁透镜，它的功能之一是将电子束斑进一步缩小至直径为 d，汇聚在样品上。另外，物镜焦长较长，可保证在样品室和透镜之间留有尽可能大的空间，以便装入各种信号探测器，物镜中还需留有空间容纳扫描线圈和消像散器。物镜大多采用上、下极靴不同孔径不对称的磁透镜，目的是不影响对二次电子的收集。

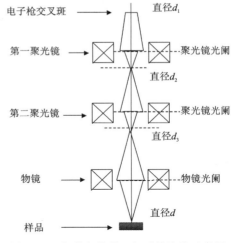

图 9-6 扫描电镜的三级透镜聚焦示意图

两级聚光镜和物镜都装有光阑。聚光镜光阑为固定光阑，作用是挡掉大部分无用的电子，使电子光学系统免受污染。物镜光阑为移动光阑，安装在物镜的上下极靴之间，可在水平面内移动以选择不同孔径光阑孔(100μm、200μm、300μm、400μm)。它除了具有固定光阑的作用外，还可使电子束入射到样品上的孔径半角减小到 10^{-3} rad 左右，从而减小透镜的像差，提高图像的分辨率。通常把物镜中心到试样表面的距离称为工作距离。扫描电子束的发散度主要取决于物镜光阑半径与工作距离的比值。

改变电磁透镜的励磁电流，可改变电子束直径和电子束流。电磁透镜的励磁电流越大，电子束直径越小，电子束流也越小，分辨率越高。电磁透镜可以把普通热阴极电子枪的电子束斑缩小到 6nm 左右，而采用 LaB$_6$ 电子枪和场发射电子枪，电子束斑缩小得更小，故现在普遍使用的场发射扫描电镜的分辨率都很高。

9.1.1.3 扫描线圈

扫描线圈,也叫偏转线圈,是扫描电镜中必不可少的部件,它的作用是使电子束偏转,并在试样表面做有规律的扫描。这个扫描线圈与显示系统的扫描线圈由同一个锯齿波发射器控制,两个严格同步,实现在样品上和荧光屏上的同步扫描。扫描电镜的放大倍数 $M=l/L$,其中 l 为荧光屏的尺寸(固定),L 为电子束在试样上扫过的幅度。通过调节扫描线圈中的电流就可以改变 L,从而改变放大倍数。电流越小,电子束偏转越小,L 越小,M 越大;反之,M 就小。

扫描线圈采用磁偏转式,由上偏转线圈和下偏转线圈组成,大多位于第二聚光镜和物镜之间,也有的放在物镜的空腔内。上下偏转线圈中的电流方向相反,受到的洛仑兹力的方向相反。当电子束进入上偏转线圈时,方向发生一次偏转;进入下偏转线圈时,方向发生第二次偏转,后经物镜照射到样品上。电子束的一次偏转,可以完成 x 方向的一条线的扫描(行扫),然后移动到下一行再扫,沿 y 方向的扫描为帧扫,完成一帧图像(一个矩形区域)。这种扫描方式叫光栅扫描,在进行形貌分析时采用光栅扫描,如图 9-7(a)所示。如果电子束经上偏转线圈后未经下偏转线圈改变方向,直接通过物镜后照射到样品表面,这种扫描方式为角光栅扫描(也叫摇摆扫描),如图 9-7(b)所示。上偏转线圈中电子束的偏转角度愈大,电子束在样品中摆动的角度就越大。这种电子扫描模式使用较少,一般在电子通道花样分析中才使用。改变上下偏转线圈中电流的周期可改变扫描速度,实现快扫和慢扫,以满足不同需求。

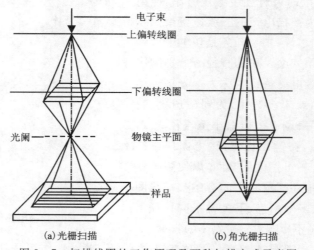

图 9-7 扫描线圈的工作原理及两种扫描方式示意图

早期的扫描电镜普遍采用上述模拟扫描系统,让电子束连续地在试样上和荧光屏上扫描获取图像。电子束在试样上获取信息的小区域称为像元,一个像元发出的信息会在荧光屏上形成一个对应的像点,扫描区域各个像元产生对应像点就构成一帧图像。像元的面积越小,图像的分辨率就越高。但是像元在试样上的最小区域最终取决于入射电子束的尺寸,只有入射电子束与像元尺寸相当或小于像元尺寸,图像才能真正聚焦。因此,扫描电镜的分辨率实际上由入射电子束的尺寸决定,图像由照片胶片记录。而现代扫描电镜的主流是采用数字扫描系统,电子束不是连续地扫描而是离散式的,电子束依次在阵列编址的各个位置 (x,y) 停留给定时间(即驻留时间 dwell time)、激发该点的信号,然后迅速移动到下一个位置激发下一个像元的信号,电子束在两个点之间移动时,束流实际上被关闭/屏蔽。使用数字帧存储器采集数字图像并显示在屏幕上。在扫描一帧图像的过程中可以进行图像处理,提高图像质量。采集图像的速度非常快,所获得的图像立即存储到计算机内,可随时调出、进一步处理和使用。

9.1.1.4 样品室

扫描电镜的样品室除了放置样品外,还要安置各种信号探测器和附件,每种信号收集与相应检测器的安放位置有很大关系。安置不当,有可能收集不到信号或信号很弱,从而影响分析精度。因此,样品室的设计非常讲究。

样品台是样品室中一个复杂而精密的组件,不仅能夹持一定尺寸的样品,并能使样品在三维空间平移、倾斜、转动(360°)、上升或下降等,以利于自由选择样品上的每个位置。现代扫描电镜样品台的运动基本都是计算机控制,鼠标操作。样品台在三维方向的移动精度可达 $1\mu m$。目前,新式扫描电镜的样品室已经堪称微型实验室,带有多种附件,可使样品在样品台上进行加热、冷却、拉伸和抗疲劳等实验,在动态条件下检测样品。此外,有些样品室还预留可装附件的孔洞,允许后期根据实验需要扩展安装所需的附件,如机械手等。

9.1.2 信号检测及处理系统

信号检测和处理系统的作用是收集、放大和转换电子束与样品相互作用产生的物理信号,如二次电子、背散射电子、特征 X 射线、阴极荧光等,并将其调制成图像或其他分析数据。每种信号都由不同的信号探测器接收。扫描电镜可携带的信号探测器有二次电子探测器、背散射电子探测器、X 射线检测器、背散射电子衍射仪、阴极荧光探测器及扫描透射探测器等,如表 9-2 所示。其中,二次电子探测器是扫描电镜的标配,其他探测器可以以附件的形式选配。下面简要介绍几种常用的探测器。

表 9-2 扫描电镜可携带的常见探测器、接收信号、图像及材料信息

探测器	接收信号	图像	信息
二次电子探测器	二次电子	二次电子像	形貌衬度
背散射电子探测器	背散射电子	背散射电子像	原子序数衬度
X 射线检测器 (能谱仪和波谱仪)	特征 X 射线	成分像	元素组成或分布
吸收电子探测器 (电流放大器)	吸收电子	吸收电子像	原子序数衬度 (与背散射电子像成反像)
背散射电子衍射仪	背散射电子	背散射电子衍射花样	晶体结构、晶粒取向等
阴极荧光探测器	阴极荧光	阴极荧光像/谱	晶体缺陷、发光微粒、发光光谱

9.1.2.1 二次电子探测器

扫描电镜的二次电子探测器一直沿用 1960 年奥特利的两位学生埃弗哈特和索恩利设计的埃弗哈特-索恩利检测器,安装于样品侧,与电子束的方向近似垂直。二次电子探测器通常采用闪烁式计数器进行检测、放大后成像。图 9-8 为二次电子探测器的工作原理示意图。

从样品表面产生的二次电子信号在收集极正电场的作用下被拉向收集极,进入栅网,并加速前进撞击闪烁体,引起电离。当离子与自由电子复合时,发光产生的可见光信号沿光导管送到光电倍增管放大,同时将光信号转化为电信号输出,再经视频放大器放大后成为调制信号。

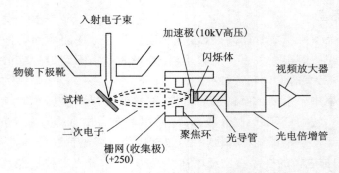

图 9-8 二次电子探测器的工作原理示意图

9.1.2.2 背散射电子探测器

早期有些扫描电镜的背散射电子与二次电子共用一个探测器。由于背散射电子的能量大,因此用上述二次电子探测器接收背散射电子时,可将探测器上的收集极的正电压改为负电压,这样收集极可排斥带负电荷的电子。由于二次电子的能量很低,不能进入检测器窗口,只有能量比较大的背散射电子才能进入检测器。但是由于正对着检测器窗口的立体范围内背散射电子数量很少,因此采用这种方法接收背散射电子的效率非常低。后来扫描电镜的专用背散射电子探测器在样品上方呈"甜甜圈"形排列,与电子束同轴,这可以使立体收集角最大化。当探测器的所有部分都用来收集与电子束对称的背散射电子时,就会产生原子序数衬度。而通过使用不对称的定向背散射电子检测器从样品上方的一侧收集背散射电子,就会产生强烈的形貌衬度。

背散射电子探测器有 3 种:闪烁体型、半导体型和微通道板型。闪烁体型即类似于二次电子探测器,灵敏度高,响应时间快,价格便宜,不易污染,但是结构复杂。半导体型探测器由掺杂的半导体材料(通常为硅)组成,放在样品上方,当背散射电子入射到半导体上时,发生碰撞使硅电离,产生电子-空穴对。在硅中产生电子-空穴对的能量为 3.6eV,产生的电子-空穴对的数量与入射电子的能量和数量成正比。半导体型探测器只对高能电子敏感,只能检测背散射电子。半导体型探测器灵敏度、响应时间一般,但是结构简单,价格便宜,不易污染。微通道板型探测器灵敏度最高,响应时间快,但是结构较复杂,价格贵,而且易污染。

9.1.2.3 X 射线检测器

电子束从样品表面激发出来的特征 X 射线与样品表面的元素组成有关,可通过 X 射线检测器检测。X 射线检测器有能谱仪(EDS)和波谱仪(WDS)。一般在扫描电镜中经常安装能谱仪,虽然也可以配装波谱仪,但因为仪器使用环境并不专用于波谱仪,效果没有电子探针安装的波谱仪效果好。安装能谱仪的扫描电镜可以进行元素的定性和半定量分析。另外,能谱仪所需的探针电流小,对电子束照射后易损伤的试样(如生物试样、离子导体、玻璃试样等)损伤小,因此最常使用。

X射线能谱仪是扫描电子显微镜的常用附件,其结构及工作原理在前面章节已经详细讲述过,此处不再赘述。

9.1.2.4 阴极荧光探测器(CL)

阴极荧光是在电子束轰击样品时产生的一种发光现象,发光的强度和波长与物质的内部结构有关,比如包含杂质、缺陷等。因此,阴极荧光探测器的作用就是收集、分离试样所发的光波并成像。阴极荧光探测器一般多安装在扫描电镜上,即 SEM-CL,也可在电子探针中安装。如图 9-9 所示,阴极荧光探测器的核心部件是一个具有 200~900 nm 波长全色和单色接收功能的高清晰探头及长 75mm、厚 6mm 的镀铝抛物面反光镜,探头中央有一个小孔,当电子束通过这个小孔打到被放在抛物面探头的第一个焦点处的样品上,激发样品表面产生荧光信号,光信号经抛物面反光镜反射到第二焦点,然后经分光后,一组平行光进入光导管,把光线送到光电倍增管(photomultiplier,简称 PM),从而放大并收集信号。

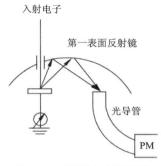

图 9-9 阴极荧光探测器

9.1.3 图像显示和记录系统

图像显示和记录系统的作用是把信号检测系统输出的调制信号转换为荧光屏上的图像。由于镜筒中在样品表面扫描的电子束和显像管中的电子束是同步扫描的,因此由信号检测器输出的与样品表面特征相关的信号就会同时在显示屏上转化扫描图像(image on viewing screen),供观察和照相记录。观察者往往借助显示屏上的图像寻找视场和记录图像。为了寻找视场,配备的控制系统可进行扫描调节;为了得到清晰的样品表面细节,也可进行亮度、对比度、放大倍数、像散等的调节。调节好一幅满意的图像后再进行采集。现代的扫描电子显微镜都采用数字图像输出,采集完的图像可直接保存在计算机中,供随时调用。

9.1.4 真空系统和电源系统

为了确保电子光学系统正常工作、电子束能正确传播、样品不受污染,扫描电镜的电子光学镜筒和试样室需要一定的真空度。不同电子枪的扫描电镜或不同用途的扫描电镜对真空度的要求不同。通常情况下,钨灯丝电子枪的扫描电镜要求保持优于 10^{-3} Pa 的真空度;LaB_6 电子枪的扫描电镜要求不低于 10^{-5} Pa 的真空度;场发射电子枪的扫描电镜通常要求 10^{-7} Pa 以上的真空度。而特殊用途的环境扫描电镜或可变气压扫描电镜可采用很低的真空度,如可在 1~3000Pa 之间调整,可对含水的试样甚至液态试样进行观察。

为了满足真空度的要求,扫描电镜的真空系统通常由二级真空泵组成:第一级是机械泵,可抽到 10^{-1} Pa 的低真空度;第二级为油扩散泵或分子泵,可进一步把扫描电镜的真空度提高到 10^{-3} Pa 或 10^{-4} Pa。对于场发射扫描电镜需要更高的真空度,需要再加上离子泵。

另外,扫描电镜的正常运转都需要电源供给,因此各部分装置都有电源和安全保护回路电源等,支持仪器的运行。而且出于保护仪器在断电环境下的安全使用,有时也会加装临时电源装置。

9.2 扫描电子显微镜的性能参数

9.2.1 分辨率

扫描电子显微镜的图像分辨率是指能分辨出两点或两线间最小距离的能力,而能量分辨率是指能区分开来的特征 X 射线的最小能量。扫描电子显微镜的分辨率与许多因素有关,如电子枪种类、加速电压、电子束流尺寸、电子束流大小、信噪比等。电子枪的种类在前面章节已经讲过,场发射的扫描电镜分辨率最高,其次为 LaB_6 电子枪,最后为热发射的钨灯丝电子枪。下面简要介绍其他因素对分辨率的影响。

9.2.1.1 信号种类对分辨率的影响

扫描电子显微镜可接收不同的信号类型,不同信号的能量不同,在不同样品中作用的深度和广度不同,因此产生的图像分辨率不同。在轻元素中,每种信号进入样品表面一定深度会发生横向扩展,在样品表面的作用范围为一个滴漏状的体积,如图 9-10(a)所示。入射电子束在被样品吸收或不同信号散射出样品表面之前在这个滴漏状体积中活动,其横向扩展的最大幅度即为分辨率。虽然俄歇电子不是扫描电镜的接收信号,但在此一并分析。

俄歇电子和二次电子因其本身能量较低且平均自由程很短,只能在样品的浅层表面内逸出。从前面章节内容可知道,能激发出俄歇电子的样品表层深度为 0.5~2nm,激发二次电子的层深为 5~10nm。入射电子束进入浅层表面时,尚未横向扩展开,因此俄歇电子和二次电子只能在一个和入射电子束斑直径相当的圆柱体内被激发出来。因为束斑直径就是一个成像检测单元(像点)的大小,所以这两种电子的分辨率就相当于束斑的直径。入射电子束进入样品较深部位时,横向扩展的范围变大,从这个范围内激发出来的背散射电子能量很高,它们可以从样品的较深部位处弹射出表面,横向扩展后的作用体积大小就是背散射电子的成像单元,从而使它的分辨率比俄歇电子和二次电子低。

入射电子束在样品更深的部位激发出特征 X 射线,因此其作用体积范围更大,横向扩展也更大,图像分辨率比背散射电子更低。这就是 X 射线的面扫描像分辨率低的原因。

因此,用扫描电镜进行图像分析时,二次电子信号的分辨率最高。扫描电镜的分辨率一般指二次电子像的分辨率。二次电子的分辨率基本与束

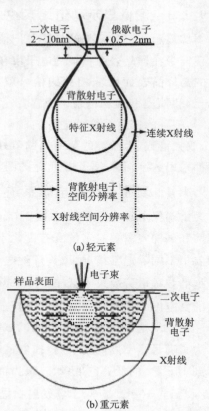

图 9-10 电子束进入不同样品产生的信号的深度、作用体积及分辨率

斑直径一致,束斑直径称为扫描电镜的性能指标。不同厂商、不同型号的扫描电镜的束斑直径不同。

在扫描电镜中,当电子束进入重元素样品中时,作用体积不呈滴漏状,而是半球状,如图9-10(b)所示。当电子束进入重元素表面后立即横向扩展,因此在分析重元素时,即使电子束的束斑很细小,也不能达到较高的分辨率,此时二次电子的分辨率和背散射电子的分辨率之间的差距明显变小。由此可见,在其他条件相同的情况下(如信号噪声比、磁场条件及机械振动等),电子束的束斑大小、检测信号的类型及检测部位的原子序数是影响扫描电镜分辨率的因素。

9.2.1.2　加速电压对分辨率的影响

在电子光学基础一章中,了解到现代电子显微镜相对于光学显微镜的一个重要特点就是采用高压加速得到波长很短的电子波,从而提高分辨率。图9-11为不同加速电压下不同电子枪可达到的分辨率示意图。不论哪种电子枪都有随着加速电压增高而分辨率提高的趋势。

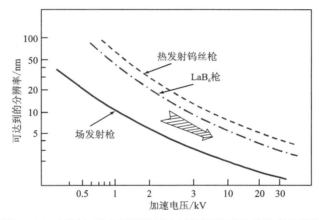

图9-11　不同加速电压下不同电子枪可达到的分辨率示意图

另外,随着加速电压增大,入射电子的能量增大,它们在试样内的扩散体积增大则会导致空间分辨率降低。因而,加速电压过高并不利于改善SEM成像的分辨率,还会使像的细节变得不清晰并产生反常的衬度。因此,在实验过程中,在保持入射束直径小于一定值的前提下(即在保证观察所需的分辨率条件下),尽量采用低一点的加速电压,一般在5~30kV之间。观察金属与合金试样可用15~25kV的加速电压。在较低的加速电压下(≤5kV),入射束与试样的相互作用局限在接近表面的区域内,因而所获图像包含更多表面细节;在较高的加速电压下(15~30kV),电子束所成的像则提供较多来自试样表面以下较深区域的信息。

研究表明,在1kV的加速电压下,电子束的直径会急剧增大。对于低能电子束,当能量发散ΔE较大时,色差成为重要的影响因素,在低加速电压下图像分辨率会下降。观察导电性不良的试样时,如果发生电荷积累,降低加速电压是有效的解决方法之一。目前,许多扫描电镜可在0.3~0.5kV的低电压下工作,这有利于绝缘体试样及表面层的分析。

9.2.1.3　电子束的直径对分辨率的影响

电子束斑直径愈细,扫描电镜的分辨率就愈高。电子束的直径主要取决于电子光学系统,尤其是电子枪的类型,如场发射的电子枪的束斑直径远远小于热发射的电子枪的束斑直径。电子束的直径还与电磁透镜的聚焦有关,电磁透镜的像差也会影响电子束的直径,从而影响分辨率。但随着电子束直径变小,电子束流也变小。图 9-12 为不同电子枪的电子束斑直径与电子束流的关系。当电子束斑直径缩小到一定程度时,束流强度太低,不能从试样表面激发出足够的信号。这时噪声的作用就显得突出了,从而影响成像和分辨率。故理想的电子束不仅尺寸小,还要束流大。场发射枪就具有这个特点,场发射枪的电子束斑是热电子发射束斑的 1/5000~1/500,束流强度比热电子发射束流强度大 1000 倍,故场发射枪是高性能扫描电镜的理想电子源,高分辨扫描电镜都使用场发射电子枪。

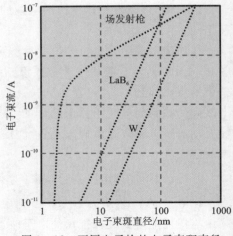

图 9-12　不同电子枪的电子束斑直径与电子束流的关系

9.2.1.4　信号噪声比对分辨率的影响

信号噪声比也是影响扫描电镜分辨率的一个重要因素。实验研究证实,即使束斑尺寸很小,分辨率足够高,但是图像的噪声明显时,试样中的细节仍不易观察到。当略微增加束斑尺寸且束流增加到一定值时,分辨率几乎没有明显变化,但是由于噪声消失使图像更加清晰,分辨率和试样细节的可见性都很好。可见,足够大的束流 I 是最佳图像品质及可见性所必需的,只有在扣除噪声后,图像细节与背景间仍有可分辨的衬度,才能被观察到。

在扫描电镜中,噪声来源于两个方面:一个是电噪声,它主要来源于放大器、电路等,可以通过改进电路设计,提高元件质量,将电噪声降到最小的程度;另一个是统计涨落噪声,它来源于进入到探测器中的电子信号的统计涨落,这是本征的、不可消除的,但是可以通过增大电子束流来提高信号电流,从而提高信噪比,还可以通过适当延长帧扫时间来提高信噪比。增大束流有两个途径:一个途径是增大束斑,但增大束斑会降低分辨率;另一个途径是改用强电子源,如用六硼化镧(LaB_6)或场发射的电子枪。

9.2.1.5　其他因素

除了以上因素外,机械振动、磁场条件、样品条件等也会影响扫描电镜的成像分辨率。比如机械振动会引起束斑漂移;杂散的磁场会改变电子信号的运动轨迹;不同样品的成像分辨率也有差异,不是所有样品的成像质量都能达到仪器的分辨率。

9.2.2　放大倍数

当入射电子束在样品表面做光栅扫描时,若电子束在样品表面扫描的幅度为 A_S,在荧光屏上显示的宽度为 A_C,则扫描电镜的放大倍数 M 为

$$M = A_C/A_S \tag{9-1}$$

一般扫描电镜的荧光屏尺寸是固定不变的,放大倍率的变化是通过改变电子束在试样表面的扫描幅度来实现的。因此,只要减小电子束在样品表面的矩形扫描幅度,就可以得到较大的放大倍数;反之,若增加矩形扫描幅度,则放大倍数减小。电子束在样品表面扫描的矩形

幅度大小是通过调节扫描线圈中的电流实现的。减小扫描线圈中的电流,电子束偏转的角度减小,在试样上移动距离变小,放大倍数增加;反之,放大倍数减小。

目前的扫描电镜图像都采用电脑显示,图像尺寸是可变的,图像上的放大倍数一般是按图像的标准尺寸 120mm×90mm 进行标注的(老式 120 胶卷每张照片的尺寸)。在实际应用时,更应关注图上的比例尺。扫描电镜的放大倍数可以从 10 倍到 100 万倍,甚至 300 万倍连续可调。放大倍数提高的极限取决于电子束的束斑直径,相当于扫描电镜的分辨率。

下面举例说明扫描区域与分辨率的关系。若电子束在样品中的扫描区域大小为 24μm×18μm,控制电子束在该区域内逐点移动(1280×960)。通过计算,24μm/1280 = 18.75nm,18μm/960 = 18.75nm,则两点间的距离为 18.75nm。若电子束的束斑直径为 100nm,则电子束移动时,相邻的点重叠很多,因此产生的信号也会彼此重复,导致图像不清晰。若束斑直径为 5nm,则同样的扫描区域或者更小,比如从 24μm×18μm 小到 12μm×9μm,按点数 1280×960 计算,12μm/1280 = 9.37nm,9μm/960 = 9.37nm,两点间距离为 9.37nm,大于束斑与束斑中心间距 5nm,所以能得到清晰图像。

但实际上分辨率还受肉眼分辨能力的限制。如果实际观察的放大倍数不变,为了保证足够的信噪比,有时采用较低的仪器分辨率反而会改善图像的清晰度。例如人眼的分辨率为 0.1mm,采用不同的放大倍数 M,则仪器的分辨率 Q 满足如下条件就足够了

$$Q \leqslant \frac{0.1}{M} (\text{mm}) \tag{9-2}$$

在不同放大倍数下,仪器的最低分辨率见表 9-3。当然,若仪器的分辨率不变,放大倍数也不是越大越好,只要能清楚地观察样品细节就好,一般低倍下观察样品全貌,高倍观察局部细节。有时候放大倍数太大了适得其反,不但图像变模糊,而且反映不出样品的微观形态。

表 9-3 不同放大倍数仪器的最低分辨率要求

放大倍数	仪器最低分辨率/nm	放大倍数	仪器最低分辨率/nm
20×	≤5000	10 000×	≤10
100×	≤1000	50 000×	≤2
500×	≤200	100 000×	≤1
1000×	≤100	200 000×	≤0.5
5000×	≤20	500 000×	≤0.2

9.2.3 景深

扫描电子显微镜在聚焦完成后,一定纵深范围内的物体都能呈现清晰的图像。这种纵深范围被称为景深。扫描电镜的末级透镜(物镜)采用小孔径角、长焦距,可获得很大的景深。扫描电镜的景深比一般光学显微镜大 100~500 倍,比透射电镜大 10 倍左右,这非常有利于扫描电镜在样品表面的成像。比如表面凹凸不平的试样在不同深度处的特征都能同时聚焦,成像立体感强。景深与入射束的孔径半角及放大倍数有关,要想获得较大的景深可采取的措施有两种,一是减小孔径半角,二是减小放大倍数。但过小的放大倍数达不到检测要求。因此,在扫描电镜中,可采用较小的物镜光阑或者增加工作距离来减小孔径半角。不同放大倍数

下不同孔径角的景深不同,如表9-4所示。

对于粗糙表面(如断面、磨光面等),光学显微镜因景深小而无能为力,透射电镜由于制样困难,观察表面形貌必须采用复型样品,且难免有假像,扫描电镜景深大且可清晰成像,直接观察。因此,扫描电镜是凹凸不平的样品表面,尤其断口观察的最佳设备。

表9-4 扫描电镜中不同放大倍数和不同孔径角下的典型景深数据

放大倍数	扫描宽度/μm	景深/μm	
		$\alpha=2mrad$	$\alpha=10mrad$
10×	10 000	10 000	2000
50×	2000	2000	400
100×	1000	1000	200
500×	200	200	40
1000×	100	100	20
10 000×	10	10	2
100 000×	1	1	0.2

9.3 扫描电子显微镜的样品制备

普通扫描电镜要求被观察试样为无磁性、干燥且导电性良好的固体。潮湿的样品需要干燥处理,不导电或导电性差的样品需镀膜处理。磁性样品应尽量避免在扫描电镜下观察。

常规扫描电镜样品从形态上看,有块体、颗粒、粉末及薄膜等。对于块体样品,尺寸不得超过仪器的规定,每台仪器试样座、样品台大小不同,视实际情况切割样品;块体的上下底面应相对平行,尽量平行样品台,用导电胶黏结在样品台上;细小颗粒可用导电胶、银导电胶水或碳导电胶水固定在样品台上;粉末样品可先在酒精中用超声波分散,然后用铜网捞起即可,亦可直接撒在粘了一层导电胶的样品台上;薄膜样品用具有黏性的导电胶等平粘在样品台上。一般来说,无论哪种材料,要确保在样品台上黏结牢固,不至于在真空下掉落。

扫描电镜样品从导电性来看,有强导电、弱导电和不导电材料。金属、合金、类金属材料,具有很好的导电性,用导电胶黏结好样品后,连同样品台一起放在扫描电镜下直接观察。而一些非金属材料一般导电性差或不导电,需根据观察区域以及观察目的决定是否喷镀导电层进行镀膜处理。一般不导电或导电性差的样品在电子束作用下会产生电荷堆集,影响入射电子束斑形状和样品发射的二次电子运动轨迹,使图像质量下降。这样的样品视情况可以采取镀膜处理。镀膜不但可以增加样品的导电性,还可以增强样品表面的机械稳定性,避免电子束击穿样品,若是二次电子成像,镀膜还可以增强样品表面的二次电子发射概率。

镀膜材料种类很多,有稳定性强的重金属材料,如金、镉、铂、铬、银、铜及轻元素碳、铝等。扫描电镜的二次电子成像多采用喷金镀膜,因为金的熔点低(1063 ℃),易于蒸发,二次电子发射率高,化学稳定性也好。但是进行X射线能谱分析时,金元素的存在会影响能谱的正确分析,因此能谱分析可选喷碳,准确性更高。扫描电镜一般都配备镀膜仪。不同材料的镀膜厚度要求不同，可以通过喷镀时间来控制。一般来说，表面粗糙、孔隙多的样品喷镀时间要长些，表面平整、致密的样品喷镀时间可以短些。

而对于一些生物样品，比如含水多的动植物样品，需要做固定、脱水等前期处理，然后喷金。生物样品的固定是指采用化学固定剂或干燥及高温等物理方法迅速杀死细胞的过程。目的是尽可能使细胞中的各种细胞器以及大分子保持原有生活状态，不发生位移，使得脱水、干燥后至电镜观察期间，组织结构变化最小。但是有些生物样品，经过喷镀后会损坏样品表面。而使用者的观察目的就是当观察样品表面微观结构时，也可选择不镀膜，用特殊的扫描电镜在低电压低真空下观察。

不管是哪种样品，在观察二次电子成像时，制样和观察过程中尽量减少对材料表面形貌的损伤，如热损伤、污染、划痕、机械力破坏、电子束击穿等，而在背散射电子成像和能谱分析中，样品表面可进行抛光处理。

9.4 扫描电子显微镜的应用

随着科技的发展和研究的深入，扫描电子显微镜越来越广泛地应用于材料学、化学、生物学、矿物学、宝石学、地球科学、天文学、环境工程、工程地质等领域。扫描电子显微镜可携带的检测器有二次电子检测器、背散射电子检测器、特征 X 射线检测器（能谱仪/波谱仪）、阴极荧光探测器及背散射电子衍射仪等。不同检测器可接收不同的信号类型来表征试样不同的信息，在前面章节关于各种信号的成像原理及其图像都已经讲过。在扫描电镜使用过程中，大多数会利用不同的信号检测器进行综合分析。

9.4.1 二次电子像在不同领域的应用

二次电子成像是扫描电镜最基本的功能，可以通过二次电子观察纳米材料的形态、尺寸大小、分布等，还可以观察材料的断口、矿物的形态、宝石的表面形貌、工程地质的土壤结构和生物体形态等。

在材料学中常用二次电子成像观察纳米材料的形态及分布。图 9-13 为合成的不同纳米材料的二次电子像，图 9-13(a)为球形 SiO_2 纳米颗粒[15]，图 9-13(b)为口罩用纳米纤维，图 9-13(c)为 Mn 掺杂的 ZnO 六方柱状纳米颗粒[16]，图 9-13(d)为 4A 沸石分子筛纳米晶粒。

在材料合成过程中，不同条件下的二次电子像也可辅助研究分析材料的合成条件及性能，如图 9-14(a)为在不同氨水体积分数条件下制备的有序宏孔-微孔金属有机框架单晶 SOM-ZIF-8[17]。图 9-14(b)、(c)分别为采用两步碳热冲击法在不同温度（873K、1073K 和 1273 K）下在碳纤维上合成的 AuNi 纳米颗粒和不同尺寸[(56.8±7.3)nm、(13.5±2.8)nm 和(6.3±1.6)nm]的 Cu、Au、Pt 纳米颗粒[18]。

除了材料学，扫描电子显微镜的二次电子像在其他领域也有广泛应用。图 9-15(a)在工程上滑带土中沿一个方向强烈的擦痕表示该滑坡目前处于滑动状态；图 9-15(b)断层泥中的石英颗粒表面的形态可用于判断断层的稳定性；图 9-15(c)为宝石中珍珠的层理；图 9-15(d)为矿物中的发状海泡石，比表面积大，表明吸附性好，可作为吸附材料；图 9-15(e)为生物学中经光照处理的细菌；图 9-15(f)为生物学中合成的蛋白-无机物杂化纳米花[19]。

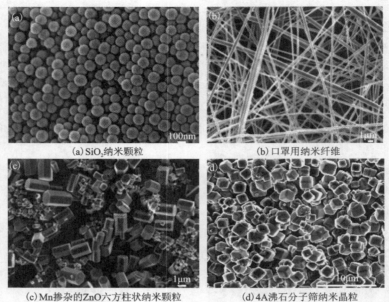

图9-13 二次电子像在纳米材料形貌观察中的应用

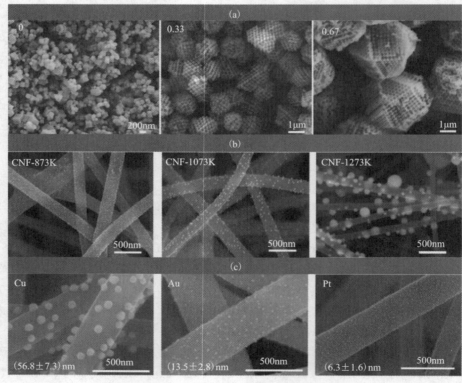

图9-14 二次电子像在材料合成条件中的应用
(a)不同氨水体积分数条件下制备的有序宏孔-微孔金属有机框架单晶SOM-ZIF-8；(b)在不同温度下(873K、1073K和1273K)在碳纤维上合成的AuNi纳米颗粒；(c)在碳纤维上合成的不同尺寸Cu、Au和Pt纳米颗粒

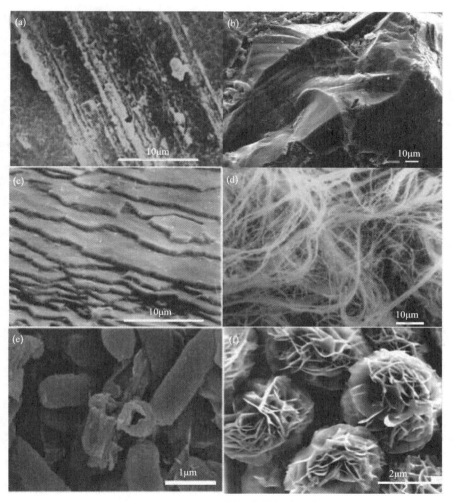

图 9-15 二次电子像在其他领域的应用
(a)滑带土中的擦痕;(b)断层泥中的石英颗粒表面形态;(c)珍珠的层理;(d)海泡石;(e)细菌;(f)蛋白-无机物杂化纳米花

随着扫描电镜技术的发展,简单静态条件下的二次电子像已经不能满足研究工作的需要。扫描电镜还可以在外界压力、温度、湿度等改变时原位观察形貌的实时变化。图 9-16(a)为实时观察不同湿度条件下(35%、55%、75%、95%)钙基蒙脱石的膨胀过程的二次电子像[20];图 9-16(b)为 $T=1400℃$ 下 CeO_2 高温烧结过程中,不同时间采集样品表面的二次电子像,可看出随着煅烧时间的延长,晶界逐渐模糊[21]。

9.4.2 X 射线能谱分析及其与二次电子像联用

扫描电镜下 X 射线的能谱分析有定点分析、线分析和面分析。定点分析灵敏度最高;面分析灵敏度最低,但可直观观察元素分布。点、线、面分析方法用途不同,在实际操作中要根据试样的特点及分析目的合理选择分析方法。

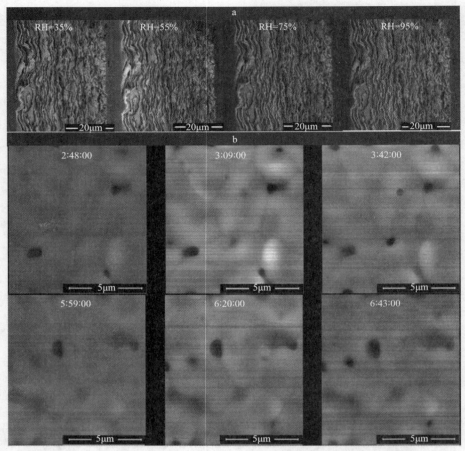

图 9-16 动态条件下原位采集的二次电子像
(a)湿度连续变化的钙基蒙脱石的膨胀过程的二次电子像;(b)CeO_2的高温烧结过程的二次电子像

9.4.2.1 定点分析

定点分析即选取试样中某个感兴趣的点,将电子束作用在该点上,让能谱仪只收集该点的特征 X 射线,由特征 X 射线的能量判定分析点所含的元素及其相对含量。图 9-17(a)为聚偏氟乙烯膜的二次电子像,选取 A 点,用 EDS 进行定点分析可到 A 点元素组成[图 9-17(b)]。扫描电镜下测出元素含量一般用质量百分数(%)或原子百分数(%)表示。EDS 所测元素含量的检测限一般为 0.1%~0.5%,中等原子序数的无重叠峰主元素的定量分析误差约为 2%。在检测限之外的元素没有检出,所以检测限内的元素含量是归一化的含量,即已检出的各元素含量的总含量为 100%,因此所测出含量为相对含量而不是绝对含量。

9.4.2.2 线分析

元素线分析(multipoint analysis)是让电子束沿一条线进行扫描,能谱仪相应地收集从该条直线上激发出来的特征 X 射线,从而获得某元素沿该条线的浓度分布曲线。图 9-18 为铜网上的铝沿直线的分布。

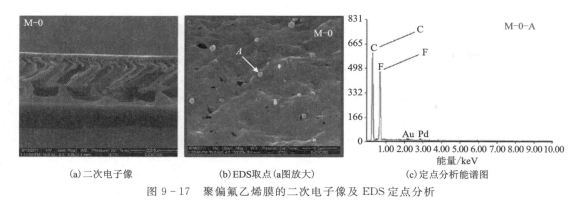

图 9-17 聚偏氟乙烯膜的二次电子像及 EDS 定点分析

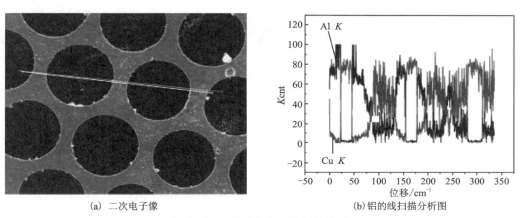

图 9-18 铜网上铝的线扫描分析

9.4.2.3 面分析

面分析是将能谱仪固定于某一元素的特征 X 射线信号能量的位置上,让电子束在样品表面做光栅扫描,把检测器检测到的 X 射线信号调制成荧光屏上的亮度,获得某元素在扫描范围内的浓度分布图,即面扫描图像。图 9-19 为锂电池正极极料二次电子像及部分元素的面扫描图像,图像中散点分布的亮区表示元素分布的区域。图像越亮,表明元素含量越高。通常在显示的时候,为了区分面上的不同元素,可为不同元素设置不同的颜色(在此处全部以灰度表示)。面扫描图像的分辨率一般较低,图像比较模糊,要得到质量好的面扫描图像,样品需要抛光打磨。

面扫描图像结合二次电子像可用来研究材料中的元素分布,尤其在材料改性、复合或组装中,二者联合可以很好地反映合成材料的复合组装效果。图 9-19 为超细 V_3S_4@CNF 的二次电子像和面扫描像[22]。通过静电纺丝及后续的碳化、原位硫化,将超细硫化钒颗粒封装在碳纤维的碳基质中,形成一种柔性自支撑电极材料 V_3S_4@CNF,这种独特的碳纤维包覆作用能够很好地缓解电极循环中 V_3S_4 的体积膨胀,使 V_3S_4@CNF 具有更好的电化学性能。图 9-19(a,b,c)为不同放大倍数的 V_3S_4@CNF,可以看出碳纤维外表面光滑,仅在放大的单根纤维中隐约透出白色小颗粒,并无明显的颗粒附着或者堆积在纤维表面。在扫描电镜下对放大的单根纤维进行 X 射线能谱分析,分别得到 C、N、S、V 的面扫描图像[图 9-19(d~g)],

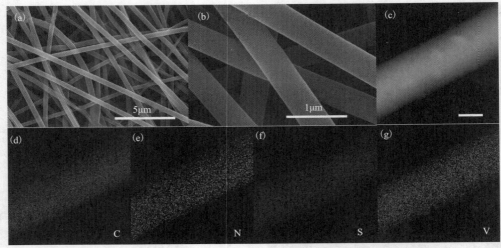

(a)~(c)不同放大倍数二次电子像;(d)~(g)分别为C、N、S、V元素面扫描图像

图9-19 锂电池正极材料的二次电子像及部分元素的面扫描图像

4种元素的分布图与纤维形状一致,充分说明这些元素均匀分布在纤维中,也就是该实验成功地将超细硫化钒颗粒封装在碳纤维的碳基质中。

9.4.3 背散电子像与X射线成分分析联用

背散射电子衬度图像主要反映原子序数的相对高低,可以比较方便地看到不同元素在样品中的分布情况,也可结合二次电子像和X射线成分像进行综合分析,比较适合原子序数差异大的样品。

图9-20为一例合金的高温无缝焊接背散射电子像,图中不同部位明暗程度不同,反映出不同原子序数的元素分布情况。但根据背散射电子像只能判断原子序数的相对高低,不能给出具体元素。在扫描电镜下,结合能谱仪分析,分别在亮度不同1、2、3、4这4个部位进行定点分析,就可得到不同亮度区域的元素组成,分析结果见表9-5。

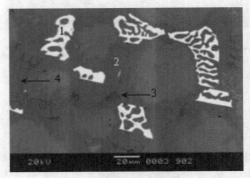

图9-20 一例合金的高温无缝焊接背散射电子像

表9-5 合金中不同部位的元素组成

分析部位	Ti	Cr	Co	Ni	Mo	W	Nb
1(白色骨骼相)	0.23	15.83	22.85	11.72	5.26	44.11	—
2(颗粒间焊接基体)	0.52	14.81	35.94	43.12	—	3.26	2.36
3(灰块相)	—	65.52	11.72	4.10	2.51	16.15	
4(灰色骨骼相)		66.27	12.51	4.36	2.30	14.57	

图 9-21 为一例陨石的背散射电子像,同样图像上亮度不同的部位代表不同的原子序数,利用扫描电镜携带的能谱仪进行点分析就可得到不同部位的元素组成,也可以对不同元素进行面分析得到某种元素在平面上的分布,从而得到该陨石的组成。通过检测得知该陨石主要由 Fe、Ni、Al、Si 等元素组成。

9.4.4 阴极荧光像/谱(CL)与二次电子像联用

在扫描电子显微镜下,阴极荧光像可以提供材料中痕量元素的信息,提供因机械作用导致的缺陷,揭示样品的环带构造、微裂痕和成长机制,以及晶体生长、替代、变形和起源等的基础信息。近年来,随着半导体材料和发光材料的发展,阴极荧光光谱仪的应用也越来越普及。在医药工业中,阴极荧光探测器可以用来筛选活性药物成分,并提供光谱指纹图谱;另外,阴极荧光像在司法鉴定和食品科学中也有重要价值;在生命科学中,荧光显微分析结合电子显微镜的高空间分辨能力,可作为发光标记使用。

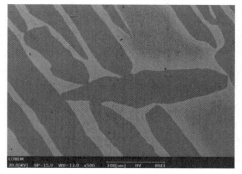

图 9-21 一例陨石的背散射电子像

如在研究 α-Si_3N_4 纳米线的发光性能时,在扫描电镜下对其做二次电子像以及相应的阴极荧光光谱分析[23](图 9-22)。图 9-22(a)和图 9-22(b)为 α-Si_3N_4 纳米线的二次电子图像,图 9-22(c)为 30kV 加速电压下 α-Si_3N_4 纳米线的 CL 谱。纳米线的 CL 谱中有两个峰分别位于 368nm(3.37eV)和 567nm(2.19eV),可知 α-Si_3N_4 纳米线的发光波长。研究发现,随着激发光源不同 α-Si_3N_4 纳米线发光波长也不同,这种可变的发光性能使它在光电纳米器件中具有潜在的应用前景。

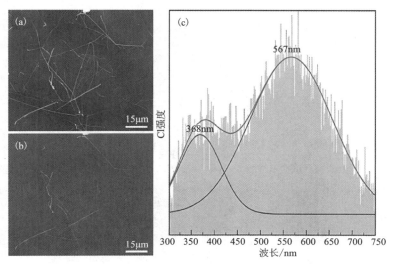

图 9-22 α-Si_3N_4 纳米线的发光性能

(a)和(b)为 α-Si_3N_4 纳米线的二次电子图像;(c)30kV 加速电压下 α-Si_3N_4 纳米线的 CL 谱

9.4.5 样品台减速技术下的扫描电镜的应用

常用扫描电镜的加速电压为 20~30kV,有些样品在该电压下会被电子束击穿而损伤。因此产生了一种样品台减速技术来实现在低电压下观察样品,既保护了样品,又实现了较高的分辨率。

不同厂家样品台的减速技术叫法不同,有的称为电子束减速技术,有的称为柔光技术,统称为 BDM(beam decelerate mode,简称 BDM)技术。该技术的操作方式如图 9-23 所示,电子枪依然保持在高电压下(加速电压 V_{AV})产生入射电子束,通过一个减速电压(V_{Sbias})在试样台上加载一个负电位,电子在出物镜极靴后受到负电位的作用而不断减速,形成一个减速电场,最终以低能状态着落在样品表面,此时的电压为着落电压(V_{BDM}),可见 $V_{BDM}=V_{AV}-V_{Sbias}$。

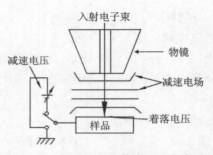

图 9-23 样品台减速技术原理示意图

在 BDM 技术下,样品台的负电位对于原始电子来说起减速作用,但是对于从样品表面产生的带负电荷的二次电子和背散射电子来说,却是起加速作用。因此,样品表面产生的电子信号的运动轨迹和图像衬度与正常模式都会变得不同。

首先,BDM 技术可以提升低电压下的分辨率。样品台低电压减速模式有很多优点:①冷场电镜使用样品台减速技术,即使在低电压条件下也能获得很小的束斑,提高分辨率;②在低电压下,入射电子的散乱区域很小,可以获得样品最表面的对比度信息;③对于绝缘物即使不进行表面导电处理也可以直接观察。图 9-24 为同一幅视域在常规 20kV 和减速 5kV 条件下获得的样品表面形貌。由图可知,在减速模式的低电压下,样品的条纹细节更清晰。

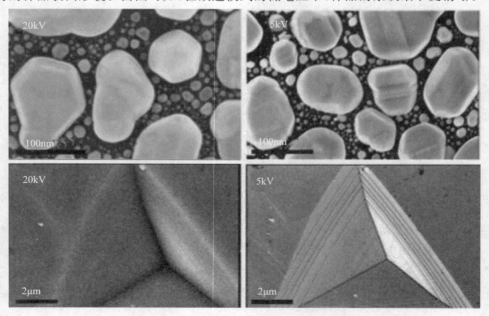

图 9-24 常规 20kV 和减速 5kV 条件下,样品表面形貌的差异

其次，在 BDM 模式下，二次电子和背散射电子的能量、出射角度都比较接近，从探测的角度来说难以完全区分。因此，一个探测器接收到的电子信号基本都是二次电子和背散射电子的混合信号，兼有形貌和成分衬度（图 9-25）。以往为了同时对比形貌和成分衬度，往往需要分别拍摄二次电子像和背散射电子像，然后进行对比，以判断试样形貌和成分的对应信息；或者利用探测器信号混合，将二次电子的形貌衬度和背散射电子的成分衬度叠加在一张图像上（图 9-26）。减速模式下一个探测器就可获得常规模式二次电子衬度和背散射电子衬度混合的效果。但是不同角度探测器的实际效果也有一定的差异。二次电子和背散射电子受到电场加速后，都会变成高能量的电子，而且出射角度都有增大的趋势。二次电子因为能量小，所以受到电场力的作用较大，各个方向的二次电子都会被电场推到相对较高的角度。背散射电子虽然也会被电场往上方推，不过因为能量相对较高，所以出射角增大的幅度不如二次电子明显，低角背散射电子变成中角背散射电子，中角背散射电子变成高角背散射电子。受到样品台减速电场作用的结果就是二次电子趋向于集中在高角附近，而背散射电子的分布范围相对二次电子要广泛一些，不过相对不使用减速模式时角度有所偏高。因此，越处于高角的探测器接收到的信号中相对二次电子所占比例较多，有着更多二次电子信号的特点，如形貌衬度比重更高；越是低位探测器接收到的背散射电子信号相对较多，表现在衬度上有着更多背散射信号的特点（图 9-27）。较高位探测器的衬度表面形貌更清晰，而较低位探测器的衬度成分比重更多（亮暗对比更明显）。

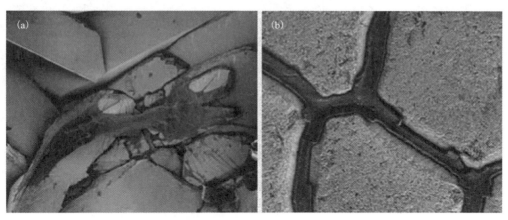

图 9-25　BDM 模式下硫酸盐上的细胞(a)和贝壳的内壁(b)

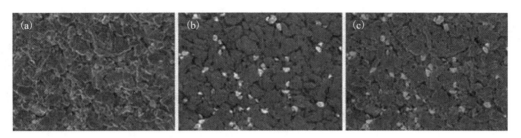

图 9-26　常规模式下的二次电子像(a)、背散射电子像(b)和叠加的混合像(c)

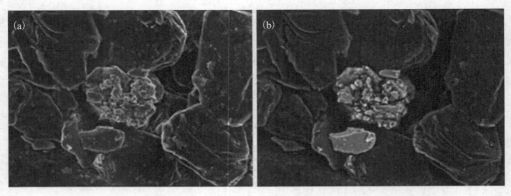

图 9-27 减速模式下较高位探测器(a)和较低位探测器(b)的衬度对比

最后,相同着落电压下,使用减速模式,图像信息更丰富。对于减速模式来说,并不一定非要在低着落电压下才能使用。有时候为了同时获得二次电子和背散射电子的混合信号,同时在一张图像上获取形貌和成分衬度,在其他电压下也可使用减速模式。如图 9-28 所示,金相试样在 10kV 的探测器下背散射电子像中只有成分衬度,在 3~13kV 的减速模式下则增加了很多形貌信息。

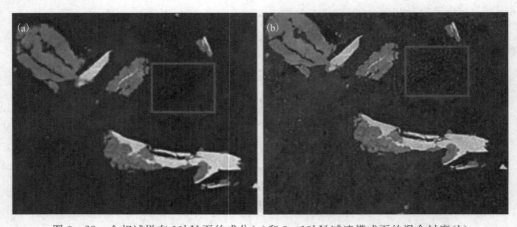

图 9-28 金相试样在 10kV 下的成分(a)和 3~13kV 减速模式下的混合衬度(b)

总之,在减速模式下各个探测器获得的基本都是二次电子和背散射电子的混合信号,都表现出综合衬度的特点。但相对来说,较高位探测器的高角背散射电子和二次电子占比较高,表面敏感度和分辨率更高,不过相对立体感较差,也更容易受到荷电的影响;较低位探测器的二次电子占比较少,中低角背散射电子占比较多,表面敏感度和分辨率都有所下降,不过立体感和抗荷电能力则更好。因此,减速模式下究竟使用哪个探测器,需要根据样品的实际情况及观测目的来进行选择。减速模式对操作者有较高的要求,除了要掌握操作技巧外,也需要对图像的综合衬度进行解读和分离。

本章小结

扫描电子显微镜
- 结构与工作原理
  - 电子光学系统
    - 电子枪
      - 热发射电子枪
      - 场发射电子枪
    - 电磁透镜和透镜光阑
    - 扫描线圈
    - 样品室
  - 信号处理系统
    - 二次电子探测器
    - 背散射电子探测器
    - X 射线检测器
    - 阴极荧光探测器
  - 图像显示和记录系统
  - 真空和电源系统
- 性能参数
  - 分辨率
    - 图像分辨率：指能分辨出两点或两线间最小距离的能力
    - 能量分辨率：指能区分开来的特征 X 射线的最小能量
    - 影响因素：信号种类、加速电压、电子束的直径、信号噪声比等
  - 放大倍数：$M = A_C / A_S$
  - 景深：一定纵深范围内的物体都能呈现清晰的图像
- 样品制备
  - 块体、颗粒、粉末及薄膜样处理
  - 干燥、潮湿样处理
  - 强导电、弱导电和不导电
  - 生物样品
- 应用
  - 二次电子像的应用
  - X 射线能谱分析方法及与二次电子像联用：定点分析、线分析、面分析
  - 背散电子像与 X 射线成分分析联用
  - 阴极荧光像/谱(CL)与二次电子像联用
  - 样品台减速技术下扫描电镜的应用

思考题

1. 简要论述扫描电子显微镜的结构及工作原理。
2. 总结一下扫描电子显微镜有哪些用途？
3. 在扫描电子显微镜成二次电子像时，放大倍数是不是越大越好？
4. 用于扫描电镜观察的试样有什么要求？如果要观察的试样导电性不好，需要怎么做才能得到清晰的二次电子像？
5. 一般情况下，扫描电镜的样品需要喷金，在做背散射电子图像时样品是否要喷金？
6. 在扫描电子显微镜下做导电性差的样品的 X 射线成分分析时，样品表面一定要喷镀处理使其导电吗？

10 透射电子显微镜的结构与工作原理

透射电子显微镜是以波长极短的电子束作为照明源,用电磁透镜聚焦成像的一种高分辨率、高放大倍数的电子光学仪器。透射电子显微镜英文为 transmission electron microscope 或 transmission electron microscopy,英文缩写为 TEM,前者意义是透射电子显微镜,后者意义是透射电子显微学。本书中,如果不加特殊注明,将是以第一种意义使用这个词汇。

早期,透射电子显微镜功能主要是观察内部组织形态,通过增加附件后,其功能从原来的样品内部组织形态观察、电子衍射结构分析,发展到原位成分分析(能谱仪 EDS)、特征能量损失谱(EELS)分析、背散射电子衍射(EBSD)分析及原子分辨率的原子像获取等。它的功能越来越强大,分辨率越来越高。但是不管如何发展,透射电子显微镜的基本结构与工作原理不变,结构主要由电子光学系统、电源系统和真空系统等组成,针对不同的使用功能增加了不同的附件。本章主要介绍透射电子显微镜的基本结构。

10.1 电子光学系统

在透射电子显微镜中,把从电子枪到成像接收介质的部分统称为电子光学系统。电子光学系统是透射电子显微镜的核心,其作用是提供亮度高、尺寸小的电子束,并使其穿透样品,在荧光屏上成像。整个电子光学系统部分完全置于显微镜的镜筒之内,所以习惯上也将电子光学系统称为镜筒。典型透射电子显微镜的电子光学系统自上而下依次为照明系统、成像系统、观察记录系统(图 10-1)。为了获得更高的性能,新型 TEM 的结构更加复杂,有多个透镜,如 2 个聚光镜、汇聚小透镜、物镜、物镜小透镜、3 个中间镜、投影镜等,各种球差、色散等校正系统使操作更加自动化。

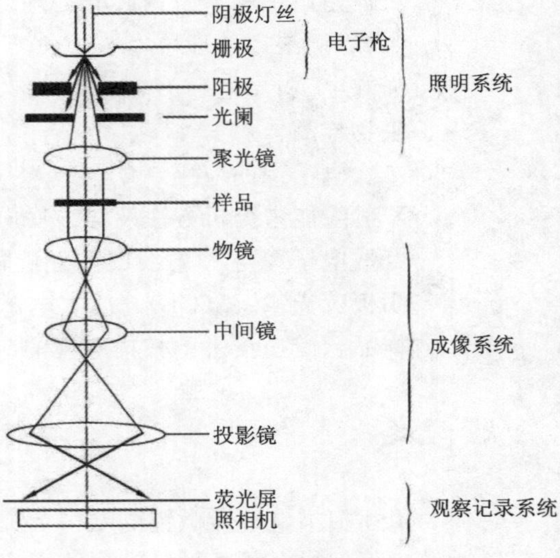

图 10-1 TEM 电子光学系统的结构

10.1.1 照明系统

照明系统主要由电子枪、聚光镜系统和偏转线圈等组成。照明系统的功能是向样品及成像系统提供一束亮度高、孔径角小、束流稳定的照明光源,要求输出的电子束波长单一稳定,亮度均匀一致,调整方便,像散小。

电子枪可以参考扫描电子显微镜一章中电子枪的介绍,只是加速电压更高一些,本章不再赘述。

10.1.1.1 聚光镜系统

聚光镜系统包含聚光镜及聚光镜光阑,其光路如图10-2所示。

1. 聚光镜

聚光镜系统的作用是将从电子枪的阳极小孔射出的电子束斑进一步缩小。现代电镜一般采用双聚光镜系统。第一聚光镜是短焦距的强磁透镜,其作用是把来自光源的电子束的交叉斑进一步缩小,汇聚在第二聚光镜的共轭面上。第二聚光镜是长焦距的弱磁透镜,极靴孔较大,其作用是控制照明孔径角和照射面积,把第一聚光镜缩小的电子束斑投射到样品上,并为样品室提供足够的空间。光斑的大小由改变第一聚光镜的焦距来控制,第二聚光镜只是在第一聚光镜限定的最小光斑条件下,进一步改变样品上的照明面积。当第一聚光镜的后焦点与第二聚光镜的前焦点重合时,电子束通过第二聚光镜会变成平行光束,便于获得高质量的衍射花样。

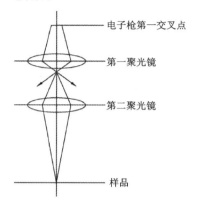

图10-2 聚光镜系统光路示意图

2. 聚光镜光阑

在第二聚光镜的后焦面上有一个活动的聚光镜光阑,孔径一般为20~400μm,用来限制和改变照明孔径角。光阑是为挡掉发散的电子,保证电子束的相干性和电子束照射所选区域而设计的带孔小片。透射电子显微镜的光学通道上多处加有光阑,以遮挡旁轴光线及散射光。光阑有固定光阑和活动光阑两种,固定光阑为管状无磁金属物(钼、铂等),嵌入透镜中心,操作者无法调整。活动光阑是用长条状无磁性金属薄片制成,上面纵向等距离排列有几个大小不同的光阑孔,直径从数十到数百个微米不等,以供选择使用。由于小光阑孔很容易被污染,高性能的电子显微镜中常用抗污染光阑(或称自洁光阑)。

抗污染光阑的结构如图10-3所示。光阑片具有4个直径大小不同的光阑孔,每个光阑孔的周围开有缝隙,便于当光阑孔受到电子束的照射后热量能散出。光阑片被安装在光阑杆机构上,可以通过光阑杆机构调节光阑孔的位置,使光阑孔中心位于电子束的轴线上(光阑中心和主焦点重合)。此处的聚光镜光阑即为活动光阑。做一般分析时,可选用200~300μm的大孔径光阑;而在做微束分析时,则要选孔径小一些的光阑。通过安装聚光镜光阑,可使电子束的孔径角进一步减小,便于获得近轴光线,减小球差,提高成像质量。

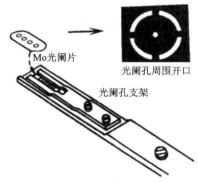

图10-3 抗污染光阑

通过聚光镜和聚光镜光阑,电子束聚焦到所观察的试样上,改变聚光镜的激磁电流就可改变磁场强度,从而控制照明强度及照明孔径角大小。当第一聚光镜的后焦点与第二聚光镜的前焦点重合时,电子束通过第二聚光镜后成为平行光束,大大降低了电子束的发散度,便于获得高质量的衍射花样。

3. 偏转线圈

透射电镜的电磁偏转线圈由上下两个偏转线圈组成,主要用于合轴调整、电子束倾斜

(beam tilt)、电子束移动(beam shift)、电子束扫描(beamscan)等。

偏转线圈可以很方便地使电子束偏转。两级偏转线圈对电子束的倾斜和平移原理如图 10-4 所示,电磁偏转线圈的上下两个偏转线圈是联动的。要使电子束入射到试样上的倾斜角为 θ_2 时,先用第一级偏转线圈(DEF1)向反方向偏转 θ_1,然后再用第二级偏转线圈(DEF2)使它偏转回来,可实现电子束的倾斜[图 10-4(a)]。这时 θ_1 和 θ_2 之间有如下关系

$$l_2 \tan \theta_2 = l_1 \tan \theta_1 \tag{10-1}$$

式中:l_1 是 DEF1 和 DEF2 之间的距离;l_2 是 DEF2 与试样之间的距离。如按以上关系设置流过偏转线圈(DEF1 和 DEF2)的励磁电流比,那么只要简单地调整一个电流,就能调整倾斜角 θ_2。此时,即使改变电子束照在试样上的倾斜角,电子束在试样上的位置也不变化。

图 10-4(b)为电子束平移的原理图。同样,如果上下偏转线圈偏转的角度相等但方向相反,电子束会进行平移运动。利用电子束平移及原位倾斜可以实现中心暗场成像操作,扫描时改变放大倍数、入射束的方向,从而改变衍射条件等功能。

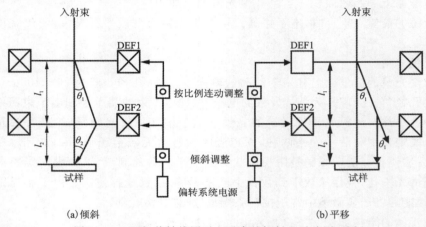

图 10-4 两极偏转线圈对电子束的倾斜和平移原理图

10.1.1.2 样品室

样品室中有样品杆、样品台及其旋转装置。透射电子显微镜的样品既小又薄,一般放在直径 3mm、厚度 50~100μm 的多孔金属载网中。多孔金属载网按材料划分一般可分为铜网、钼网、镍网等类型,按形状划分可分为方孔或圆孔。图 10-5 为方孔和圆孔铜网的放大图像。铜网通过样品杆送入样品室,安装在样品台上。

样品台位于物镜的上下极靴之间,其作用是承载样品并使样品能在物镜极靴孔内平移、倾斜、旋转,以选择感兴趣的样品区域或位向进行观察分析。样品台的要求非常严格,主要表现在 3 个方面:一是必须使载样品的铜网牢固地夹持在样品座中并保持良好的热、电接触,减小因电子照射引起的热或电荷堆积而产生样品的损伤或图像漂移;二是样品台应可以平移、倾斜,确保从不同方位获得各种形貌和晶体学信息,平移是任何样品台最基本的动作,通常在两个相互垂直方向上的样品平移最大值为 ±1mm,以确保铜网上大部分区域都能观察到;三是样品移动机构要有足够的机械精度,无效行程应尽可能小,在照相曝光期间,样品图像的漂移量应小于相应情况下显微镜的分辨率。

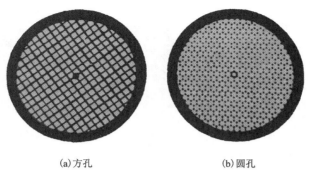

(a) 方孔   (b) 圆孔

图 10-5　铜网的放大图像

实现倾斜操作的样品台有顶插式和侧插式两种，一般高分辨型电镜采用顶插式样品台，分析型电镜采用侧插式样品台。顶插式样品台从极靴上方插入，具有以下优点：一是保证试样相对于光轴旋转对称，上下极靴间距可以做得很小，提高了电镜的分辨率；二是具有良好的抗振动性和热稳定性。但也存在不足之处：一是倾角范围小，且倾斜时无法保证观察点不发生位移；二是顶部信息收集困难，分析功能少。因此，目前的透射电镜采用侧插式，即样品台从极靴的侧面插入，这样顶部信息如背散射电子和 X 射线等收集方便，增加了分析功能。同时，试样倾斜范围大，便于寻找合适的方位进行观察和分析。但侧插式的极靴间距不能过小，这就影响了电镜分辨率的进一步提高。

侧插式样品台及其倾斜装置如图 10-6 所示，倾斜装置由分度盘和样品杆组成。分度盘是由两段带刻度的圆柱体组成，其中圆柱Ⅰ的一个端面与镜筒固定，圆柱Ⅱ可以绕水平轴线 x-x 旋转，水平轴线 x-x 与镜筒的中心线 z 垂直相交，水平轴就是倾斜轴。圆柱Ⅱ绕倾斜轴旋转时，样品杆也跟着转动，此时样品发生倾斜，倾斜的角度可直接在分度盘上读出。样品杆前端夹持载有样品的铜网，沿着圆柱分度盘的中间孔插入镜筒，将圆片状铜网送进电子束的照射位置。如果样品上的观察点正好和图中两轴线的交点 O 重合时，则样品不会移动到视域外面去。为了使样品上所有点都能有机会和交点 O 重合，样品杆可以通过机械传动装置在圆柱刻度盘Ⅱ的中间孔内作适当的水平移动和上下调整。有的样品杆本身还带有使样品倾斜或原位旋转的装置，这些样品杆和倾斜样品台合在一起就是侧插式样品台和单倾斜旋转样品台。目前，双倾斜样品台是很常用的，它可以使样品台沿 x 轴和 y 轴倾转±60°。

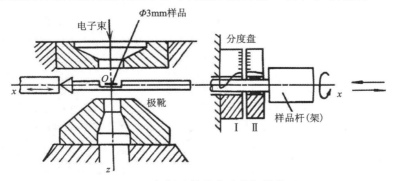

图 10-6　侧插式样品台及其倾斜装置

10.1.2 成像系统

成像系统在样品室的下面,它是透射电子显微镜电子光学最核心的部分,关系到整个透射电子显微镜的分辨率、成像操作和衍射操作。成像系统主要由物镜、中间镜和投影镜组成,在其光路上还设有物镜光阑和中间镜光阑,为了减小像差,还安装有像散校正器或球差校正器。

10.1.2.1 物镜及物镜光阑

物镜是成像系统中的第一个电磁透镜,试样放在物镜的前焦面附近。物镜的功能是形成样品的一次放大像及衍射谱。物镜的质量直接影响到整个系统的成像质量,物镜未能分辨的结构细节,中间镜和投影镜同样不能分辨,它们只是将物镜的成像进一步放大而已。因此,要求物镜有尽可能高的分辨率,提高物镜的分辨率是提高整个系统成像质量的关键。一般来说,焦距越短,球差系数越小,分辨率就越高。

物镜由透镜线圈、轭铁(磁路)和极靴组成。极靴的形状直接影响物镜的性能。图10-7为JEM-2010F型TEM的物镜极靴剖面图。在上下极靴之间形成旋转对称的强磁场,试样几乎放在极靴的中央,在试样下方的物镜后焦面上放置物镜光阑。一般来说,极靴内孔与上下极靴之间的距离越短,加工精度越高,物镜的分辨率就越高。因此,高分辨型的透射电镜配备了高分辨率物镜极靴和光阑组合,使得样品台的倾转角很小,从而获得较小的物镜球差系数。在分析型透射电镜上进行各种分析时需要较大的样品台倾转角,故极靴不同。为了消除像散,在下极靴下面装有消像散器。先进的透射电镜在下极靴下面还安装球差校正器,进一步消除球差,提高分辨率。

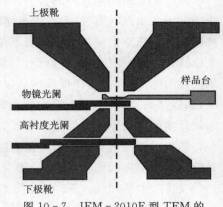

图10-7 JEM-2010F型TEM的物镜极靴剖面图

物镜光阑与聚光镜光阑一样,常用无磁性的金属(如铂、钼等)制造,光阑孔的直径在20~120μm之间。物镜光阑的作用如下。

1. 提高图像衬度

电子束通过薄样品后会产生散射和衍射,物镜光阑会挡掉大散射角(或衍射角)的电子,只让小孔径角的电子束从光阑孔中通过,因此可减小孔径半角,从而减小像差,提高图像质量。另外,只有通过光阑孔的电子束会在荧光屏上形成具有一定衬度的图像,当光阑孔越小,被挡掉的电子越多,图像的衬度就越大,所以物镜光阑又叫衬度光阑。

2. 进行明场和暗场操作

电子束通过薄样品的不同部位发生衍射的情况不同。在透射电镜下获得图像时,可以用透射电子束成像,也可以用衍射束来成像。其成像的方法就是在物镜的后焦面处插入物镜光阑,只有通过该光阑的电子束才可以参与成像。用光阑孔套住透射束,只让透射束通过成像时,即为明场操作,所成图像为明场像(BF);反之,若光阑孔套住衍射束,只让衍射束通过成像时为暗场操作,所成图像为暗场像(DF)。

10.1.2.2 中间镜及中间镜光阑

中间镜是电子束在成像系统中通过的第二个电磁透镜,位于物镜和投影镜之间。为弱励磁长焦距可变倍率透镜,要求电流的可调范围比较大,中间镜的放大倍数 M_i 在 0~20 倍之间;当中间镜的放大倍数 $M_i<1$ 时,起缩小的作用;对于极低倍放大的情况,不用物镜,只用中间镜和投影镜。中间镜的作用有两种,具体如下。

1. 控制总放大倍数

假设物镜、中间镜和投影镜的放大倍数分别为 M_o、M_i、M_p,则总放大倍数为 $M=M_o \times M_i \times M_p$。当 $M_i<1$ 时,用来缩小物镜像;当 $M_i>1$ 时,用来放大物镜像。改变中间镜的激励电流可以改变中间镜磁场强度,从而改变中间镜的放大倍数 M_i,进而改变整个成像系统总的放大倍数 M。例如 $M_o=100$,$M_i=10$,$M_p=100$,则 $M=100\ 000$ 倍;若 $M_i=1$,则 $M=10\ 000$ 倍;若 $M_i=0.5$,则 $M=5000$ 倍。

2. 进行成像操作和衍射操作

当电子束通过物镜之后,在其后焦面上将得到电子衍射花样,而在其像平面上可进一步将衍射谱转化为图像。要想实现在透射电镜的像平面上分别得到图像或电子衍射花样可通过调节中间镜的电流来实现。调节中间镜的励磁电流可改变中间镜的焦距,使中间镜的物平面与物镜的像平面重合,此时在荧光屏上可获得样品微区组织的形貌图像,即成像操作,其光路布置见图 10-8(a)。若调节中间镜的电流使中间镜的物平面与物镜的后焦面重合,这样可以把物镜后焦面上形成的电子衍射花样投射到中间镜的像平面上,经投影镜进一步放大,则在荧光屏上获得样品微区的电子衍射花样,即衍射操作,其光路布置见图 10-8(b)。

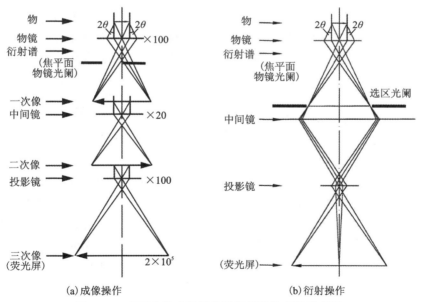

图 10-8 TEM 的成像操作及衍射操作光路示意图

为了分析样品上的一个微小区域的图像或衍射花样,在中间镜的物平面或物镜的像平面上放一个光阑,使电子束只能通过光阑孔限定的区域,这个光阑就叫中间镜光阑,也叫选区光阑。选区光阑由无磁性金属材料制成,一般孔直径位于 $20\sim400\mu m$ 之间。由于样品上待分析的微区很小,一般是微米数量级,制作这样大小的光阑孔在技术上难度较大,加之光阑孔极易污染,因此选区光阑一般都放在物镜的像平面位置,这样布置达到的效果与光阑放在样品平面处是完全一样的,但光阑孔的直径就可以做得很大,制备难度降低,且污染后易于清理。如果物镜的放大倍数是 100 倍,则一个直径等于 $100\mu m$ 的光阑就可以选择样品上直径为 $1\mu m$ 的区域。

通过移动选区光阑可以对微区进行选区电子衍射(selected area electron diffraction,简称 SAED)。选区电子衍射就是对样品中感兴趣的微区进行电子衍射,以获得该微区电子衍射花样的方法。

如图 10-8(b)所示,平行入射的电子束通过薄样品后,晶体内满足衍射条件的某晶面组(hkl)将产生与入射方向成 2θ 角的平行衍射束;之后,透射束和衍射束经过物镜汇聚,在物镜的后焦面上产生透射斑点和衍射斑点,即形成试样晶体的电子衍射花样;最后,这些透射束和衍射束继续前进并互相干涉后重新在物镜的像平面上成像,物镜像平面处的箭头指向为样品的一次像。在物镜像平面处插入一孔径可变的选区光阑,让光阑孔套住感兴趣的区域,则只有该区域的成像电子能够通过选区光阑,并最终在荧光屏上形成衍射花样。

如果调节中间镜的激磁电流,使中间镜的物平面分别与物镜的后焦面和像平面重合,则该区的电子衍射花样和图像分别被中间镜和投影镜放大,显示在荧光屏上,可实现对所选区域的形貌分析和结构分析。

选区光阑的水平位置在电镜中是固定不变的,因此在进行正确的选区操作时物镜的像平面和中间镜的物平面都必须与选区光阑的水平位置平齐。图像和光阑孔边缘聚焦清晰,说明它们在同一个平面上;若物镜的像平面和中间镜的物平面重合于光阑的上方和下方,在荧光屏上仍能得到清晰的图像,但因所选的区域发生偏差而使衍射斑点不能和图像一一对应。

为了确保衍射花样来自所选的区域,应当遵循如下操作。

(1)由成像操作使物镜精确聚焦,获得清晰的形貌图像。

(2)插入尺寸合适的选区光阑,套住感兴趣的区域,调节物镜电流,使光阑孔内的图像清晰,保证物镜的像平面与选区光阑面重合。

(3)调节中间镜的电流,使光阑边缘像在荧光屏上清晰,从而中间镜物平面与选区光阑面重合,至此物镜像平面、中间镜物平面和选区光阑面三面合一,保证了选区的精度。

(4)抽出物镜光阑,减弱中间镜电流,使中间镜的物平面上移到物镜后焦面处,由成像操作转变为衍射操作。这时在荧光屏上就会看到所选区域的电子衍射花样,再稍微调整中间镜电流,使中心斑点变得最小最圆即可。对于高档的现代电镜,也可通过"衍射"按钮自动完成。

(5)照相时适当减小第二聚光镜的激磁电流,减小入射电子束的孔径角,得到更趋于平行的电子束,这样可进一步缩小束斑尺寸,提高衍射斑点的清晰度。微区形貌和衍射花样可呈现在同一张底片上。

10.1.2.3 投影镜

投影镜位于中间镜的下方,跟物镜一样,投影镜为强励磁短焦距透镜。投影镜的作用是把经中间镜形成的二次像或电子衍射花样投影到荧光屏上,最终形成放大的图像或电子衍射花样。电子束进入投影镜时的孔径半角很小(约为 10^{-5} rad),因此它的景深和焦长都非常大。投影镜的激磁电流是固定的,即使改变其激磁电流,放大显微镜倍数,使显微镜的总放大倍数有很大变化,也不会提高图像的清晰度。有时,中间镜的像平面还会出现一定的位移,但由于这个位移距离仍处于投影镜的景深范围之内,因此在荧光屏上的图像依旧是清晰的。同样长的焦长可以放宽电镜荧光屏和底片平面严格位置的要求,使仪器的制造和使用都更加方便。

目前,高性能的透射电子显微镜大都采用五级透镜放大,设有 2~3 个中间镜(第一中间镜、第二中间镜甚至第三中间镜)和两个投影镜(第一投影镜、第二投影镜)。

另外,需要注意,电磁透镜形成的放大像不同于光学透镜的倒立像,它是一种旋转像。随着电磁透镜磁场强度的变化,电子显微像转动的角度也发生变化。放大倍数改变时,像也会发生转动。由于放大的图像观察模式和衍射模式下成像透镜的励磁电流不同,因而同一试样区形貌像和相应衍射花样的旋转角度不同。在对试样形貌进行晶体学分析时,需要测定并补偿衍射花样与形貌像二者之间的旋转角差(即像转角)。现在许多透射电镜在制造厂已经进行了像转角的补偿,针对这样的透射电镜不必测定像转角。

10.2 观察和记录系统

观察和记录系统的功能即对电子显微图像或衍射花样的视域观察、选择、采集与记录。

透射电镜上设有观察窗,观察窗外装备有双目光学显微镜。通过观察窗的光学显微镜聚焦可以看到电镜的荧光屏上呈现的电子显微图像或电子衍射谱。

观察和记录系统包括荧光屏和照相机构。荧光屏通常采用在铝板上涂覆荧光物质制成。该荧光物质在暗室操作下发绿光,人眼对其较敏感,有利于对高放大倍数、低亮度图像的聚焦与观察。在荧光屏下面放置一个可以自动换片的照相暗盒。照相时,只要把荧光屏掀往一侧垂直竖起,电子束即可使照相底片曝光。由于透射电子显微镜投影镜的焦长很长,即使荧光屏和底片之间有数厘米的间距仍能得到清晰的图像。

目前,电子显微镜的记录方式有照相胶片、成像板、数码相机等。

照相胶片已经在透射电镜上应用了很多年,是最传统的也是至今仍广泛应用的图像记录方式。照相底片是一种对电子束曝光敏感、颗粒度很小的溴化物乳胶底片。由于电子与乳胶相互作用比光子强得多,照相曝光时间很短,只需几秒钟。早期的电子显微镜用手动快门,构造简单,但曝光不均匀。新型电子显微镜均采用电磁快门,与荧光屏动作密切配合,动作迅速,曝光均匀。有的还装有自动曝光装置,根据荧光屏上图像的亮度,自动地确定曝光所需的时间。如果配上适当的电子线路,还可以实现拍片自动计数。底片具有探测效率较高(探测效率为 0.6)和视场大(像素点尺寸为 10~30 μm,像素点数在 5000×5000 以上)等优点,但也有非线性度、动态范围小、不能联机处理及暗室操作不方便等缺点。胶片记录的是模拟图像,如果需要数字化可以通过扫描仪转换成数字图像。

成像板(IP)是由薄膜构成的电子图像探测器,植入了特别设计的荧光体薄活性层,电镜图像直接在其上曝光,然后再用连接在电脑上的专用图像数字转换器(IP 读取器)获得所记录的图像。成像板和照相底片一样可以装在各种电子显微镜中使用,但分辨率不如照相底片高。

数码相机则为内置图像传感器,采用芯片阵列图像传感器探测图像,如电荷耦合器件(charge-coupled device,简称CCD)或者互补金属氧化物半导体(complementary metal oxide semiconductor,简称CMOS)。该器件将可见图像转换为电信号并输入相连的电脑,将获得的数字化图像显示在电脑显示器上。这种图像作为一个图像文件以可逆格式保存在电脑中。由于数码相机可以安置在透射电镜镜筒的不同部位,因而其图像的实际放大倍率不同于胶片或成像板上的图像。原始未经压缩的图像文件可储存于存档介质中,相关实验条件以及获得该图像的所有参数均需清晰记录,方便后续查阅及后续处理借鉴。

10.3 真空系统

透射电子显微镜工作时,整个电子通道均在真空系统中工作。主要原因:高速电子与气体分子相互作用导致电子散射,引起炫光并降低像衬度;电子枪会发生电离和放电现象,使电子束不稳定;残余气体会腐蚀灯丝,缩短灯丝寿命,且会严重污染样品。现在新型的电子显微镜中的电子枪、镜筒和照相室之间互相独立,均设有电磁阀,各部分可以单独抽真空和放气,这是为了在更换灯丝、更换样品、清洗镜筒等时,不破坏其他部分的真空状态。

真空系统由真空泵、阀门、气体隔离室组成。在电子显微镜中,凡是电子运行的区域都要求有尽可能高的真空度。为了保证电子在整个通道中只与试样发生相互作用,而不与空气分子发生碰撞,因此整个电子通道都必须置于真空系统之内。

普通透射电镜的真空度要求达到 $1.33\times10^{-2}\sim1.33\times10^{-5}\mathrm{Pa}$,加速电压较高的电子枪需要更高的真空度。若试样测试要求高分辨率,真空度需高于 $1.331\times10^{-4}\sim1.331\times10^{-5}\mathrm{Pa}$。真空泵一般由机械泵和扩散泵组成,真空度一般可达到 $1.33\times10^{-3}\mathrm{Pa}$;有些透射电镜利用离子泵来提高真空度,可达 $1.33\times10^{-6}\mathrm{Pa}$。

本章小结

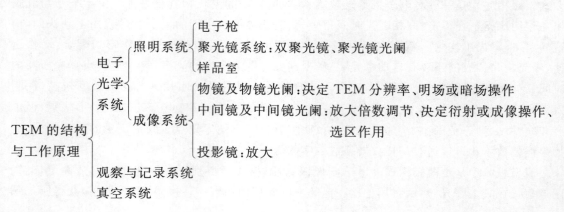

思考题

1. 透射电子显微镜与光学显微镜有什么区别?
2. 透射电子显微镜的光路与扫描电子显微镜有什么区别?
3. 物镜、中间镜和投影镜各起什么作用?
4. 聚光镜光阑、物镜光阑和中间镜光阑各起什么作用?
5. 查资料简述什么是点分辨、什么是晶格分辨率,二者有何区别。
6. 如何进行成像操作和衍射操作?
7. 如何选择明场操作和暗场操作?

11 透射电子显微镜的电子衍射

电子衍射是透射电子显微镜的主要功能之一。在透射电子显微镜中,当中间镜的物平面与物镜的后焦面重合时,就是电子衍射操作,可以在荧光屏上得到反映晶体结构信息的电子衍射花样。

电子衍射与 X 射线衍射的原理相似,都遵循布拉格方程所规定的衍射条件和几何关系。但是电子波与 X 射线相比有其自身的特性,因此电子衍射与 X 射线衍射相比,有很多不同点。

(1)电子波的波长比 X 射线短得多,故电子衍射的衍射角小得多。电子波波长一般只有千分之几纳米,而衍射用 X 射线波长在十分之几到百分之几纳米之间(常用波长为 0.05~0.25nm)。因此,如果按布拉格方程 $2d\sin\theta=\lambda$ 可知,电子衍射的 θ 角很小。在同等条件下,电子衍射的半角在 $10^{-3}\sim10^{-2}$ 数量级,即入射电子束和衍射电子束都近乎平行于衍射晶面,略微偏离布拉格方程的点也能发生衍射。而 X 射线衍射半角 θ 最大可以接近 $\frac{\pi}{2}$。

(2)反射球的半径大。反射球半径为电子波长的倒数,因此在波长很短的情况下,反射球面可看成是平面,衍射图谱可看成是倒易点阵的二维阵面在荧光屏上的投影,从而使晶体几何关系的研究变得简单方便,为晶体结构分析带来很大方便。

(3)散射强度高。物质对电子的散射强度为对 X 射线的散射强度的约 10^6 倍,电子在样品中的穿透距离有限,适合研究微晶、表面、薄膜的晶体结构。因此,试样的制备工作较 X 射线复杂。但摄像时,曝光只需数秒即可,而 X 射线衍射需要更长时间,有时甚至数个小时。

(4)电子衍射束的强度几乎与透射束相当,二者产生交互作用,使衍射花样特别是强度分析变得复杂,不能像 X 射线那样用强度来测定结构。因此,电子衍射的目的是进行微区结构分析,需要的是衍射斑点或衍射线的位置,而不是强度,更多需考虑衍射方向问题。X 射线衍射的目的是分析物相种类及结构,故衍射强度很重要。

(5)电子衍射不仅可以进行微区结构分析,还可观察形貌,这是 X 射线衍射所无法比拟的。例如小的单晶试样可能只有几微米甚至几十纳米,不可能用 X 射线衍射进行单晶衍射试验,但却可以用配有选区电子衍射装置的透射电子显微镜来研究,使得结构分析与形貌观察有机结合。

(6)衍射斑点位置精度低。电子衍射的衍射角小,衍射斑点的位置精度远比 X 射线低,不宜用于精确测定晶胞参数。

11.1 电子衍射的厄瓦尔德图解及衍射矢量方程

电子衍射同 X 射线衍射一样,同样遵循布拉格方程:$2d_{hkl}\sin\theta=\lambda$

因为
$$\sin\theta = \frac{\lambda}{2 d_{hkl}} \leqslant 1 \tag{11-1}$$

所以
$$d_{hkl} \geqslant \frac{\lambda}{2} \tag{11-2}$$

类似 X 射线在晶体中的衍射，电子照射晶体的时候，只有晶面间距大于等于 $\frac{\lambda}{2}$ 的晶面才能发生衍射。常见晶体的晶面间距 d_{hkl} 一般在 0.2～0.4 nm 之间，通常透射电镜的加速电压为 100～200 kV，电子波的波长一般在 10^{-2}～10^{-3} nm 之间，故电子在晶体中的衍射不成问题，且衍射半角 θ 极小，这是电子衍射花样特征区别于 X 射线的主要原因。

将布拉格方程变形为
$$\sin\theta = \frac{\frac{1}{d_{hkl}}}{2 \times \frac{1}{\lambda}} \tag{11-3}$$

只要满足了式(11-3)，就获得了产生衍射的条件。据此作图，以 O 为圆心、$\frac{1}{\lambda}$ 为半径做圆，如图 11-1 所示。将样品放置在 O^* 点，O^* 为倒易原点，则样品的倒易点分布在周围空间。让电子束沿直径 AO 方向入射到达圆周上的 O^* 点。若圆周上的 G 点为任一晶面 (hkl) 的倒易点，连接 O^*G、AG，则 $\triangle AO^*G$ 为圆内接直角三角形，令 $O^*G = \frac{1}{d_{hkl}}$，$\angle O^*AG = \theta$，则 $\sin\theta = \frac{\frac{1}{d_{hkl}}}{2 \times \frac{1}{\lambda}}$，即式

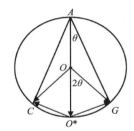

图 11-1　电子衍射的厄瓦尔德图解

(11-3)。此时，G 点所对应的正空间的面网 (hkl) 可以发生衍射。由于 $\angle O^*OG = 2\theta$，故 OG 为衍射方向。因此，只要倒易点落在该圆周上，如 C 点，总满足式(11-3)，对应的正空间的面网都能发生衍射。

将该圆推至空间则为厄瓦尔德球，让电子束沿球的竖直的直径 AO^* 入射，到达 O^* 点，则位于该球面上的倒易点所对应的正空间的面网都能发生衍射，衍射方向由球心指向球面上的倒易点，O^* 为倒易原点，由 O^* 指向球面上的倒易点的方向为倒易矢量方向。这就是电子衍射的厄瓦尔德图解。

令入射方向的单位矢量为 $\boldsymbol{S_0}$，衍射方向的单位矢量为 $\boldsymbol{S}$，则 $\boldsymbol{OO^*} = \frac{\boldsymbol{S_0}}{\lambda}$，衍射矢量 $\boldsymbol{OG} = \frac{\boldsymbol{S}}{\lambda}$。

因为 $\boldsymbol{O^*G} = \boldsymbol{OG} - \boldsymbol{OO^*}$，且 $\boldsymbol{O^*G} = \boldsymbol{g}_{hkl}$，
所以
$$\boldsymbol{S} - \boldsymbol{S_0} = \lambda \boldsymbol{g}_{hkl} \tag{11-4}$$

这就是电子衍射的衍射矢量方程，描绘了入射方向、衍射方向和衍射晶面之间的关系，把正空间与倒空间联系在一起了。在球面上任取一点都满足该矢量方程，即凡被球面截到的倒易点对应的晶面都能发生衍射。

11.2 零层倒易阵面与标准电子衍射花样

零层倒易阵面即正空间某晶带上所有晶面的倒易点组成的平面,零层倒易阵面经过倒易原点,且所有倒易矢量垂直于晶带轴。如图 11-2 所示,$(uvw)_0^*$ 为晶带轴 $[uvw]$ 的零层倒易阵面,O^* 为倒易原点,入射电子束平行并反向于晶带轴 $[uvw]$ 入射,到达 O^* 点。

构建厄瓦尔德球,其球心为 O,反射球与零层倒易阵面相切于 O^* 点。若有倒易点落在反射球面上,则满足布拉格方程,对应的正空间的面网可发生衍射。衍射线的方向由球心指向反射球面上的倒易点,此时在试样下方放置一张底片,透射束和衍射束就可以同时在底片上感光成像。

由于入射电子束的波长 λ 非常短,因此反射球的半径非常大。根据布拉格方程,在 λ 非常小的情况下,发生衍射的晶面的 2θ 也非常小,因此该角度范围所对应的球面近似可以看成是平面,从而近似地认为 O^* 点周围小范围内的零层倒易阵面 $(uvw)_0^*$ 与球面重合,则其上的阵点必然落在反射球面上,满足布拉格条件,可以发生衍射,如图中 G、H 点,衍射方向为 OG、OH。延长 OO^*、OG、OH 到达底片上的 O'、G' 和 H',则 O'、G' 和 H' 分别为透射线和衍射线的像点。实际上,O'、G' 和 H' 点也可以看成是

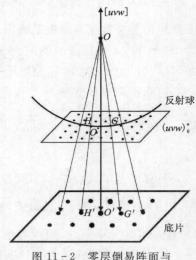

图 11-2 零层倒易阵面与电子衍射花样的关系图

O^*、G 和 H 在以球心 O 为发光源的照射下,在底片上的投影。同理,零层倒易阵面上多个倒易点落在球面上时,即有多条从光源 O 点发出的光线照射到球面上的倒易点,并分别在底片上成像,最后形成以 O' 为中心,多个像点(斑点)分布四周的图谱,即晶体的电子衍射花样。O^*、G 和 H 只是虚拟的倒易阵点,底片上的像点 O'、G' 和 H' 才是正空间中真实的点,这样反射球上虚拟的阵点通过投影转换成正空间真实的像点。

如此,底片上的衍射花样即为零层倒易阵面的放大像。标准电子衍射花样即为零层倒易阵面上的阵点在底片上的投影。衍射斑点的指数就是倒易阵点的指数,也就是对应的面网指数。所以,实际上的标准电子衍射花样是与电子束平行且方向相反的晶带轴的零层倒易阵面上的倒易点在底片上的投影(扣除消光的点),它反映了同一晶带轴上各晶面之间的相互关系。

标准电子衍射花样可通过作图法求得,即求出零层倒易阵面,具体方法可参考"1.5 倒易点阵"内容。

11.3 倒易点的扩展与偏移矢量

当电子束与某一晶带轴重合但方向相反入射时,就可在底片上得到该晶带轴的零层倒易阵面的投影,即标准电子衍射花样。然而,从几何意义上讲,零层倒易阵面上除了倒易原点

O^* 外，不可能有其他阵点落在反射球面上，因此该晶带轴上各晶面都不会产生衍射，即如图 11-3(a)所示的对称入射。要使该晶带中的某一晶面或多个晶面发生衍射，就必须让零层倒易阵面上的一个或多个倒易点落在反射球面上。因此，需要把晶体倾斜，让电子束与晶带轴偏离一个角度 α（即非对称入射）。此时，该零层倒易阵面$(uvw)_0^*$也转过一个角度 α，与反射球面相交，即有倒易点落在球面上，从而满足衍射的条件，如图 11-3(b)所示。

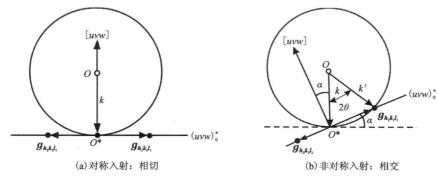

(a) 对称入射：相切 (b) 非对称入射：相交

图 11-3 倒易阵面与反射球相交的情况

实际上，即使是对称入射仍可获得多个晶面参与的标准电子衍射花样，其原因是：倒易点发生了扩展，变成了具有一定长度的棒状倒易杆，从而可与反射球面相交，对应的倒易点满足发生衍射的条件。为什么倒易点会发生扩展？这可以通过衍射强度的变化来理解。在晶体对 X 射线的衍射中，当 X 射线与晶面的夹角完全满足布拉格条件时，可以得到最高的衍射强度，而同一晶面族的晶面在稍微偏离 2θ 的方向近似衍射时，亦有衍射强度，只是衍射强度随偏离布拉格角的程度逐渐降低，故 X 射线的衍射峰发生宽化现象。

晶面对电子的衍射亦类似，衍射强度随偏离布拉格角的程度而变化，偏离布拉格角越大，衍射强度越低，直到强度变为零。可以假想通过倒易点存在具有一定长度的倒易杆，当倒易杆与反射球面相交的时候，即可满足衍射的条件。只是与倒易杆相交于不同部位时衍射强度不同，当衍射强度为零时对应的长度为倒易杆的极限长度。

倒易点的扩展有一定的规律性，与实际的晶体尺寸有关。实际的晶体都有确定的形状和有限的尺寸，因而它们的倒易阵点也不仅仅是几何意义上的"点"，而是与晶体的形状和尺寸相关的，也具有一定的外形尺寸。确切地说是倒易点扩大到了满足布拉格衍射条件的范围。该范围的定量表征是：沿着晶体尺寸较小的方向发生扩展，扩展量为该方向上晶体实际尺寸的倒数的两倍。电子显微镜中经常遇到的样品形状不一，故倒易点形状也各异。如图 11-4 所示，厚度为 t 的薄片晶体，其倒易点拉成长度为 $\frac{2}{t}$ 的倒易"杆"，长为 l 的棒状晶体被压成厚度为 $\frac{2}{l}$ 的倒易"盘"，直径为 d 的细小颗粒晶体则扩展成直径为 $\frac{2}{d}$ 的倒易"球"。

电子显微镜下使用的样品一般为薄晶试样，其倒易点将扩展成垂直于薄晶试样方向的倒易杆。样品厚度愈薄，其扩展的倒易杆愈长。电子束入射时，反射球可以同时截到多个倒易杆，从而形成以倒易原点为中心、多个阵点绕其周围的倒易面（零层倒易阵面）。但是，反射球与倒易杆相截的部位不同，衍射强度也不同，沿倒易杆不同方向上的强度分布规律如图 11-5

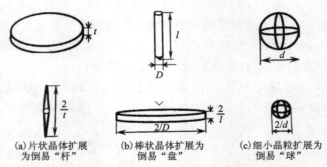

(a) 片状晶体扩展为倒易"杆"　(b) 棒状晶体扩展为倒易"盘"　(c) 细小晶粒扩展为倒易"球"

图 11-4　倒易点的扩展形状与晶体的形状尺寸的关系

所示。相截位置不同,其在底片上形成的衍射斑点的亮度、大小和形状也不相同。相截位置位于理论阵点(倒易杆中心)时,衍射强度最大,此时为标准衍射,衍射半角为布拉格角 θ。倒易杆的总长度为 $\frac{2}{t}$,在倒易杆上任何部位相截都可以产生衍射,出现衍射斑点,但此时的相截点已经偏离了理论阵点(倒易杆中心),出现了一个偏移矢量 s。偏移矢量 s 的方向是从倒易杆中心指向相截点。衍射角 2θ 因此也偏离了 $\Delta\theta$。图 11-5 中,k 为入射方向矢量,k' 为衍射方向矢量,g 为理论倒易矢量。在偏离布拉格条件时,产生衍射的条件可表示为

$$k'-k=g+(-s) \tag{11-5}$$

当 $\Delta\theta$ 为正值时(衍射角小于理论 2θ),$s>0$;反之,s 为负。精确符合布拉格条件时,$\Delta\theta=0$,$s=0$。

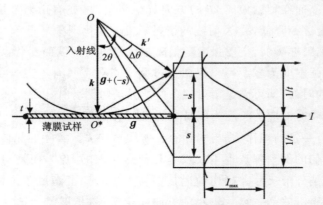

图 11-5　倒易杆偏移矢量及其强度分布

对称入射时,偏移矢量 s 的变化范围为 $-\frac{1}{t} \sim \frac{1}{t}$,一旦超出该范围,反射球就无法与倒易杆相截,也就无衍射斑点了。且对称入射时得到的衍射花样中,中心斑点四周各对称位置上的斑点形状、尺寸和强度均相同。在非对称入射时,当偏移矢量 s 在许可范围之内,仍能产生衍射,此时得到的衍射花样中各斑点的形状和大小不再像对称入射了,而且衍射强度变化很大,但各斑点的位置基本保持不变(实际上位置会发生微量变动,因变动量小于测量误差,故可忽略不计)。

11.4 电子衍射的基本公式和有效相机常数

11.4.1 电子衍射的基本公式

从零层倒易阵面与标准电子衍射花样一节中可知,电子衍射花样即为电子衍射的斑点在正空间中的投影,其基本上是零层倒易阵面的阵点经过空间转换后并在正空间记录下来的图像。如图 11-6 所示,O 为反射球的球心,G 点为零层倒易阵面上的一个倒易点,连接 O^*G,则 $O^*G = g_{hkl}$,且 G 点位于反射球面上,O^* 为倒易原点,则 OG 为晶面 (hkl) 的衍射方向,2θ 为其衍射角,O' 和 G' 分别为 O^* 与 G 的像点,即为透射斑点和一个衍射斑点。

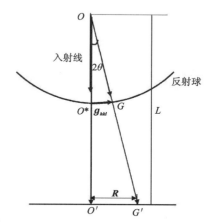

图 11-6 电子衍射花样的形成及衍射几何

由于入射电子束的波长非常小,因此反射球半径 $\dfrac{1}{\lambda}$ 非常大,很小的 2θ 所对应的球面近似可看成是平面,故可近似地认为 $OO^* \perp O^*G$,则 $O^*G // O'G'$,即有 $\triangle OO^*G \backsim \triangle OO'G'$,则 $\dfrac{OO^*}{OO'} = \dfrac{O^*G}{O'G'}$。

设 $O'G' = \boldsymbol{R}$,反射球心到底片的距离为 $OO' = L$,则 $\dfrac{\frac{1}{\lambda}}{L} = \dfrac{g_{hkl}}{R}$,故

$$\boldsymbol{R} = \lambda L\, \boldsymbol{g}_{hkl} \tag{11-6}$$

令 $K = L\lambda$,则

$$\boldsymbol{R} = K\, \boldsymbol{g}_{hkl} \tag{11-7}$$

这就是电子衍射的基本公式。通常对于电子衍射装置来说,L 为定值,称为相机长度。λ 只取决于加速电压 U 的大小,在不改变 U 的情况下,$K = L\lambda$ 是常数,故称 K 为相机常数。

从电子衍射基本公式可以看出,等式左边 $\boldsymbol{R}$ 为正空间矢量,右边的 $\boldsymbol{g}_{hkl}$ 为倒空间的矢量,因此相机常数 K 是一个协调正倒空间的比例常数。衍射花样简单地说就是落在反射球面上的所有倒易点所构成图形的放大像,K 就是放大倍数。相机常数 K 有时也被称为电子衍射的"放大率"。因此,单晶电子衍射花样中的斑点可以直接被看成是相应衍射晶面在背焦面上的倒易点,各个衍射斑点的矢量 $\boldsymbol{R}$ 也就是对应的倒易矢量 $\boldsymbol{g}_{hkl}$。

11.4.2 有效相机常数

从电子衍射的几何关系推导出了电子衍射的基本公式 $\boldsymbol{R} = K\, \boldsymbol{g}_{hkl} = \lambda L\, \boldsymbol{g}_{hkl}$,相机常数 K 被称为电子衍射的"放大率",这只是一种简单的理解。在透射电子显微镜中,电子衍射花样形成的实质是倒易阵面经物镜、中间镜和投影镜复杂的成像原理及放大后在荧光屏上显示的。在前面讲述的透射电子显微镜的衍射操作中,物镜的后焦面上会形成第一幅电子衍射花样,但并不真实显示,这幅电子衍射花样先经过中间镜和投影镜的放大后在荧光屏上形成第三幅

电子衍射花样被接收。在这个过程中,第一幅电子衍射花样中的矢量 $\boldsymbol{R}'$ 被相继放大两次,分别为中间镜像平面上的 $\boldsymbol{R}''$ 和投影镜后荧光屏上的 $\boldsymbol{R}'''$(图 11-7)。很显然,实际显示的 $\boldsymbol{R}'''$ 会随着物镜、中间镜和投影镜激磁电流的改变而改变。因此,此处的 $\boldsymbol{R}'''$ 可被理解为电子衍射的基本公式中的 $\boldsymbol{R}$,而 $\boldsymbol{R}=K\boldsymbol{g}_{hkl}$,故"放大率"$K$ 是变化的,而 $K=\lambda L$,λ 为波长,只要电压不变则 λ 不变,故"放大率"K 的变化受相机长度 L 变化的影响。物镜、中间镜和投影镜激磁电流的改变会引起物镜的焦距 f_0、中间镜的放大倍数 M_i 和投影镜的放大倍数 M_p 的改变,即相机长度 L 随 f_0、M_i 和 M_p 而改变。结合电子衍射的基本公式,也可以理解为第一幅电子衍射花样形成时的相机长度(物镜的焦距 f_0)被放大了 M_i 倍和 M_p 倍。因此,可将物镜的焦距 f_0 看作式(11-6)中的相机长度 L,实际的相机长度则为被放大了的 L',暂理解为图 11-7 中试样到荧光屏的距离(实际上该值并不固定)。则

$$L' = f_0 M_i M_p \tag{11-8}$$

式中:M_i、M_p 分别为中间镜和投影镜的放大倍数。这样,电子衍射的公式变为

$$\boldsymbol{R} = L'\lambda\,\boldsymbol{g}_{hkl} = K'\boldsymbol{g}_{hkl} \tag{11-9}$$

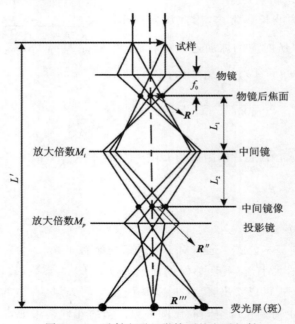

图 11-7　透射电子显微镜下的电子衍射

此处,$\boldsymbol{R}$ 即为图 11-7 中的 $\boldsymbol{R}'''$;$K'=L'\lambda$,为有效相机常数,它代表透射电子显微镜下衍射花样的放大倍率;L' 为有效相机长度,但其长度并不直接对应于样品到底片的实际距离。在透射电子显微镜中,试样到底片的距离是固定的,但有效相机长度 L' 却随物镜、中间镜和投影镜激磁电流的改变而改变,可大于试样到荧光屏的距离,也可小于试样到荧光屏的距离。由于电磁透镜的焦长非常长,因此 L' 的改变并不会影响荧光屏上图像的清晰度。

另外,从形式上,式(11-9)与式(11-7)完全相同。因此,习惯上,可以不加区别地使用 L 和 L'、K 和 K',并用 K 直接取代 K',称为放大倍率。在透射电子显微镜下,相机长度 L 通常是通过标样来标定的。标定出 L,即可得到 K 值,对于一个电子衍射花样,若知道 K 值,则只

要测量出 R 值就可以求出 d 值,从而为求电子衍射的斑点指数打下基础。这样正倒空间就通过相机常数和相机长度联系在一起了,即晶体的微观结构可以通过测定电子衍射花样(正空间),再由倒易点阵的定义就可推测各衍射晶面之间对应的关系了。

11.4.3 相机常数的测定

透射电子显微镜对样品微区结构分析的基本原理就是利用电子衍射的基本公式 $R = K g_{hkl}$,变形后可得 $R d_{hkl} = L\lambda$,要得到 d_{hkl} 才能得到晶体结构,R 可测量得出,因此解决问题的关键是要得到相机常数 K 值。每台透射电镜在出厂时对相机常数都做了标定,但在使用过程中还需要定期对相机常数进行标定,或者在具体检测中测定相机常数。相机常数的测定方法主要有标准物质标定法、已知相机常数计算法和内标法等。

1. 标准物质标定法

在相同的透射电镜电子衍射测试条件下,首先对一些晶体学参数已知的标准物质(纯物质)摄取衍射花样,比如金。由于标准物质是已知的,通过查询标准 PDF 卡片就可以知道其一系列的面网 (hkl) 及其间距 d_{hkl}。然后在电子衍射花样中测出 R_{hkl},并标定相应的斑点指数。再将对应的 R_{hkl}、d_{hkl} 代入电子衍射的基本公式 $R_{hkl} d_{hkl} = L\lambda = K$,即可得到相机常数。很显然,每组面网对应的衍射斑点就可以计算一个 K 值,取 3 个以上的 K 值,求出平均值($K = \frac{1}{n} \sum_{i=1}^{n} K_i$),即求得相机常数,可用来分析其他的电子衍射花样。用以标定相机常数的标准物质有 Au、Tl、Al 等,其中 Au 最常用。

2. 已知相机长度计算法

相机长度的计算公式为 $L = f_0 M_i M_p$,拍摄电子衍射花样时,是在物镜、中间镜和投影镜的激磁电流调节好后执行的,因此相机长度 L 就成为一个确定值,会与电子衍射花样同时显示出来,同时显示的还有加速电压。根据波长与加速电压的计算公式可算出 λ,于是二者相乘,$L\lambda$ 即为相机常数。

3. 内标法

内标法适合金属基材料,如对金属基合金薄膜直接观察时,由于金属基体的含量往往较高,故选择其他物相进行选区电子衍射时,经常不可避免地包含金属基体的衍射花样,而其衍射花样又是非常熟悉、可以肯定的,晶体学数据也很容易获得的。这时可以先标定金属基体的衍射斑点,再根据测量的 R 及标准 PDF 卡片查出的 d 值,计算出 K 值。

11.5 透射电子显微镜下的电子衍射花样

1. 单晶电子衍射花样

单晶电子衍射花样是二维倒易点阵的投影,若电子束的方向与晶带轴 $[uvw]$ 方向平行且反向,则单晶体的电子衍射花样实际上是垂直于电子束入射方向的零层倒易阵面上的阵点在底片上的投影。衍射花样由规则的二维网格形状的衍射斑点组成,斑点指数即为零层倒易阵面上的阵点指数(去除结构因子为零的阵点),透射电子显微镜下同一晶体不同晶带轴的电子衍射花样是不同的。图 11-8 为 $C-ZnO_2$ 单晶体不同晶带轴方向的单晶电子衍射花样[24]。衍射花样中心最大最亮的斑点为透射斑点,周围规则排列的斑点为衍射斑点。其产生有以下原因：①沿电子束入射方向透射的晶体试样很薄，所以倒易阵点在这个方向上扩展，拉长成倒易杆；②电子束有一定的发散度，这相当于倒易点阵不动而入射电子束在一定角度内摆动；③薄膜试样弯曲，这也相当于入射电子束不动而倒易点阵在一定角度内摆动。所有这些都增大了衍射线束与反射球面相截的概率，从而使其倒易阵点都能在底片上投影。因此，只要被衍射的单晶试样足够薄，就可以得到具有大量规则排列的衍射斑点的单晶电子衍射花样。

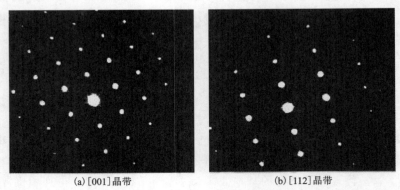

(a) [001]晶带　　　　　　　　(b) [112]晶带

图 11-8　C-ZnO$_2$单晶体不同晶带轴方向的单晶电子衍射花样

由于单晶电子衍射花样直接反映晶体的倒易阵点配置，因此在研究晶体几何学关系（如对称性、晶胞参数大小等，特别是孪晶、相变等取向关系）时，单晶电子衍射花样具有直观、方便、快速等优点。

2. 多晶电子衍射花样

当试样虽为单相，但由许多杂乱取向的小晶粒组成时，根据反射球构图和倒易点阵的概念，完全无序的多晶体可看成是一个单晶体围绕一点在三维空间内做 4π 球面度的旋转。因此，多晶体中不同晶粒的同一晶面族$\{hkl\}$的倒易点，就组成了一个以其面间距的倒数为半径的倒易球面，如图 11-9(a)所示。不同半径的倒易球由不同面网间距的晶面族的倒易点组成。每个倒易球面与反射球相交，其交线为圆，该圆周上的倒易点满足衍射的条件，衍射线的方向由反射球心指向该圆上所有倒易点。因此，每个晶面族$\{hkl\}$的衍射线就形成一个以入射电子束为轴，以 2θ 为半锥角的衍射圆锥，如图 11-9(a)所示衍射线（圆锥）即中间最小的一个倒易球面与反射球相交产生的。该衍射圆锥在底片上形成了一个衍射圆环，即为该晶面族的衍射花样。不同$\{hkl\}$衍射圆锥2θ不同，但各衍射圆锥均共顶、共轴。这些衍射圆锥照射到底片上，即形成一系列同心圆环，不同的圆环对应不同晶面族$\{hkl\}$的衍射，如图 11-9(b)所示透射电子显微镜下的 NiF 多晶薄膜的电子衍射花样。圆环的半径为放大了的倒易矢量长度，通过测量圆环的直径，可根据电子衍射基本公式计算 d 值。实际上，多晶体的每个圆环是由一系列衍射斑点组成，每个斑点都代表该晶面族下的一组晶面，但空间位向不同，因此这些晶面并不一定在一个晶带上，故多晶体的衍射花样没有统一的晶带轴。当多晶薄膜中的晶粒较少或较大时，圆环出现间断，如图 11-9(c)所示，晶粒较大的 NiF 多晶薄膜的电子衍射花样呈现断续圆环[25]。当晶粒少至单晶颗粒时，则完全变为单晶电子衍射花样。

3. 非晶电子衍射花样

非晶体的特点是近程有序而远程无序，即每个原子的近邻原子保持有序排布。因此，非

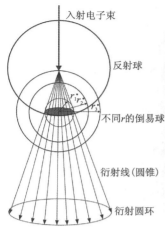 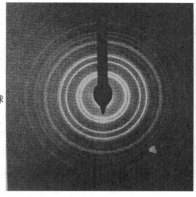 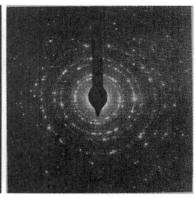

(a) 多晶电子衍射谱形成原理示意图　　(b) NiF多晶纳米薄膜的连续衍射圆环　　(c) NiF多晶纳米薄膜的断续衍射圆环

图 11-9　多晶电子衍射花样的形成原理及 NiF 多晶纳米薄膜电子衍射花样

晶态材料中仍然保留着相应结晶态结构中的近邻配位情况，形成具有确定配位数和一定大小的原子团。这些原子团形成的多面体在空间是随机分布的，不再具有周期性平移的特点，也不再有点阵和单胞。其原子团多面体在空间的取向是随机分布的，反映到倒空间也只有对应该原子近邻距离的一个或两个倒易球面，与反射球面相交的轨迹都是一个或两个半径恒定的、以倒易原点为中心的同心圆环。但由于单个原子团或原子多面体的尺度非常小，其中包含的原子数目非常少，倒易球面也远比多晶材料的厚，所以非晶材料的衍射图只含有一个或两个非常弥散的衍射环，加之强烈的透射束斑，非晶体的电子衍射环只是在透射斑周围形成了一定半径尺寸的光晕，如图 11-10 所示。

图 11-10　非晶电子衍射花样

4. 二次衍射花样

晶体对电子的散射能力很强，衍射束的强度往往与透射束强度相当。因此，衍射束又可以看成是晶体内新的入射束，继续在晶体中产生二次衍射或多次衍射，这种现象称为二次衍射或多次衍射效应。其电子衍射花样一般是在单晶衍射花样上出现一些附加斑点，这些二次衍射斑点有的可能与一次衍射斑点重合而使一次衍射斑点的强度出现反常，而不重合的斑点有些则是结构因子为零的禁止衍射的衍射斑点。因此，多次衍射效应给电子衍射花样分析带来了一定的干扰。

如图 11-11(a)所示，$(h_1k_1l_1)$、$(h_2k_2l_2)$ 和 $(h_3k_3l_3)$ 为同一单晶体中 3 组不同的晶面，其中由于消光作用，电子束通过 $(h_1k_1l_1)$ 时不产生衍射，通过 $(h_2k_2l_2)$ 时正常产生了一次衍射，由于其强度足够大，且其方向作为 $(h_3k_3l_3)$ 的入射线正好满足布拉格衍射条件，从而产生了二次衍射。二次衍射的方向看起来像 $(h_1k_1l_1)$ 的一次衍射，通常标注为"(hkl) 禁止"，事实上它不是 $(h_1k_1l_1)$ 的贡献。

另外，当电子束先后通过两片薄晶片时，也会产生二次电子衍射花样，如图 11-11(b)所示。上层 A 为单晶，下层 B 为多晶，当电子束相继穿过单晶膜和多晶膜时，若单晶的晶带轴为 [001]，则电子通过单晶后，将得到 (000)、(010)、(110) 等衍射束，这些衍射束和透射束又分别为多晶的入射束，产生二次衍射，从而在每个单晶衍射斑点周围都有一组多晶衍射环。由此可见，复膜的电子衍射花样可以看作是两套衍射谱的叠加，一套是单晶的一次衍射花样，另一套是多晶的一次衍射花样，然后把多晶的一次衍射花样的中心逐次移到各个单晶的一次衍射斑点上，叠加起来就得出包括二次衍射的电子衍射花样。

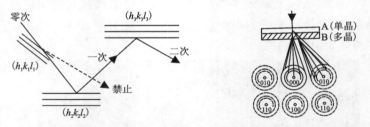

(a) 二次衍射效应产生的"禁止衍射"　　(b) 单晶和多晶复膜产生的电子衍射花样

图 11-11　二次衍射谱的产生原理及复膜的电子衍射花样

5. 高阶劳埃带斑点

当晶体点阵常数较大，晶体试样较薄时，倒易空间中倒易面间距较小。因此，与反射球相截的就不仅仅是零层倒易面，而是与零层倒易面上下几层相互平行的倒易面上的倒易杆均有可能相截，产生与之相应的电子衍射花样。如图 11-12(a)所示，当电子束平行于晶带轴 [uvw] 入射时，反射球面与零层倒易面 $(uvw)_0^*$ 及其上 +1 层倒易面即 $(uvw)_{+1}^*$ 相截，零层倒易面形成的电子衍射花样为位于中心的小圆带斑点，称为零阶劳埃带斑点；+1 层倒易面形成的衍射斑点偏离中心，由圆环带斑点组成，称为 +1 阶劳埃带斑点；同样还可能形成距离中心更远的同心圆环带斑点，称为 +2、+3 阶等的 N 阶劳埃带斑点。另外，当入射电子束与晶带轴 [uvw] 不平行时，如图 11-12(b)所示，则上下层倒易面上的倒易点与反射球都有相截的机会，得到不对称的劳埃带。衍射花样是一系列同心圆的弧带，或者是衍射斑点偏聚在一边的同心圆环带，可能形成 ±1、±2 阶劳埃带斑点。另外，在晶体点阵常数非常大，其倒易面间距非常小,晶体又很薄的情况下倒易点成杆状,此时几个劳埃带可以重叠在一起,为重叠劳埃带,可以在一套简单的平行四边斑点上又交叉重叠了另外一套或几套同一形状的平行四边形斑点。值得注意的是,只有零层倒易面上的 g 矢量与晶带轴 $[uvw]$ 垂直,而 ± 1、± 2 层倒易面上倒易点的 g 矢量与 $[uvw]$ 并不垂直,因此高阶劳埃斑点并不构成一个晶带。

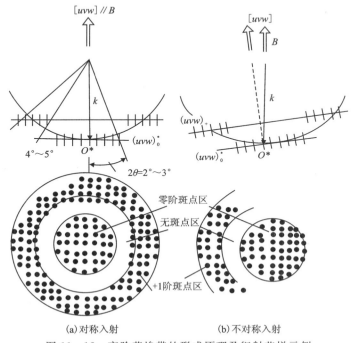

图 11-12 高阶劳埃带的形成原理及衍射花样示例

尽管高阶劳埃带电子衍射花样存在几种不同的形式,但由于这种衍射花样是各层倒易面上的阵点沿着衍射光束向底片投影的结果,而同一倒易平面上倒易点分布相同。各劳埃带中的斑点的分布规律应完全一样,只是根据晶体的点阵类型和晶轴的取向不同,彼此间或者重叠或者错开,这是一般判断高阶劳埃带的依据。

N 阶劳埃带中的衍射斑点是与第 N 层 $(uvw)^*$ 倒易面上的阵点相对应的。由此可见,零阶与高阶劳埃带结合在一起就相当于二维倒易平面在三维空间中的堆垛。因此,高阶劳埃带对分析和研究取向关系极有用处,从一张电子衍射花样就可以得到三维倒易点阵的有关信息,弥补了二维电子衍射花样不唯一的缺陷,对于相分析和取向研究非常有用。

6. 菊池线

当电子束入射到厚度较大(100~150nm)的试样上时,而且此试样单晶又较完整,则在衍射照片上除了衍射斑点外还会有一系列平行的亮暗线通过透射斑点或在其附近。当试样厚度再稍微增加时,点状花样完全消失,只剩下大量的亮、暗平行线对,如图 11-13 所示。日本显微镜专家菊池(S. Kikuchi)于 1928 年在云母电子衍射花

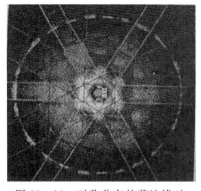

图 11-13 对称分布的菊池线对

样中首次发现了这些亮暗线,他同时从几何上对衍射做了解释,后来人们便以他的名字将其命名为菊池线。

菊池线产生的原因是:试样厚度的增大使电子束与试样的非弹性碰撞次数增多,产生大量非弹性散射电子,其能量和方向差异都较大,因此晶体内部出现了在空间所有方向上传播的子波;这些子波入射某些晶面,在符合布拉格条件的情况下,同样可使晶面发生衍射,即发生再次的相干散射,从而形成特定的衍射花样,即菊池线。

菊池衍射花样的特点是:菊池线对是与产生衍射的晶面(hkl)密切联系在一起的,随着晶体的微小倾动(如几度),菊池线对也随之发生敏感变化;而单晶斑点的位置对试样在小范围的倾动不敏感,只在斑点强度上略有反应。例如在仪器常数 $L\lambda=20\text{mmÅ}$ 时,试样倾动 $1°$,低指数斑点位置基本不动,而同指数的菊池线却移动了 10^3 nm。由于这一特点,菊池线往往被用来精确测定晶体取向,校正电子显微镜试样台的倾转角度及测定偏移矢量等。

利用菊池线对取向变化敏感的特点,对试样表面逐点快速分析菊池花样,可获得丰富的取向信息,由此开拓出一系列与取向有关的分析技术,如 EBSD 技术 (electron backscatter diffraction,简称 EBSD)及由它分支出来的取向成像显微术(orientation imaging microscopy,简称 OIM),一般在扫描电子显微镜下使用。

菊池线对的形成原理及衍射花样的标定都比较复杂,此处不详述,可参考相关书籍。

7. 会聚束电子衍射花样

选区域电子衍射(selected area electron diffraction,简称 SAED)是用近乎平行的电子束照射到试样上,在物镜后焦面上形成透射斑点和衍射斑点组成的衍射花样。会聚束电子衍射(convergent beam electron diffraction,简称 CBED)将具有足够大会聚角的电子束会聚到试样上,将物镜后焦面上的透射斑点和衍射斑点扩展成一个个衍射圆盘,试样的结构信息反映在圆盘中的各种衬度花样上。图 11-14 为 SAED 和 CBED 的光路及其 Si[111] 晶带的电子衍射花样。

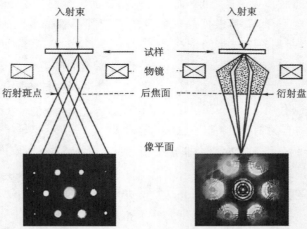

(a) SAED光路及Si[111]的SAED花样 (b) CBED光路及Si[111]的CBED花样

图 11-14 SAED 和 CBED 光路及其电子衍射花样

Kossel 和 Mollenstedt 在 1939 年首创了 CBED,他们将电子束以大会聚角会聚到试样上小于 30nm 的区域,首次实现了会聚束电子衍射。20 世纪 60 年代澳大利亚学者 Goodman 等在改装的电子显微镜上,用小束斑采用 CBED 技术研究了 MgO 和 CdS 的晶体结构。之后随着电子显微镜仪器水平的提高和人们对 CBED 谱形成机制研究的深入及实验技术的改进,CBED 已成为分析电子显微学的重要组成部分,在晶体对称性(包括晶体点群、空间群)、晶体晶胞参数、薄晶片厚度、晶体势函数、晶体和准晶体中位错矢量 b 测定及材料应变场研究等领域,都开展了广泛的应用研究,取得了丰硕成果。

11.6 单晶和多晶电子衍射花样的标定

电子衍射花样有简单的单晶电子衍射花样、多晶电子衍射花样及其他复杂的电子衍射花样(如多次衍射、超点阵斑点、高阶劳埃斑点、菊池衍射、会聚束电子衍射)等,本节主要讨论常见的单晶和多晶电子衍射花样的标定。单晶电子衍射花样的标定相对多晶比较复杂,其目的是确定各衍射斑点的指数(hkl),进一步确定晶带轴指数$[uvw]$,并确定样品的物相、点阵类型及位向等;而多晶电子衍射花样标定的目的多为通过衍射环的指数标定确定物相。

11.6.1 单晶体电子衍射花样的标定

在前面章节学习的标准电子衍射花样中,求零层倒易阵面或标准电子衍射花样是从理论上推算出相应晶体的电子衍射花样,标出衍射斑点。它是标定电子显微镜下实际产生的单晶电子衍射花样的理论基础,以下先从理论上分析电子衍射花样标定的步骤。

1. 已知相机常数和晶体结构的单晶电子衍射花样的标定

已知晶体结构的电子衍射花样的标定的任务在于确定花样中斑点的指数及其晶带轴方向$[uvw]$,并确定样品的点阵类型和位向。可从以下步骤中分析标定。

(1) 确定中心透射斑点 O(必为图谱中最亮的斑点),通过测量找出与中心斑点最近的 3 个斑点,连接成最小的平行四边形,由中心斑点到这 3 个斑点的矢量按长度由小到大依次排列为 R_1、R_2、R_3(图 11-15)。

(2) 通过电子衍射的基本公式 $R=Kg$,计算出相应的 g_1、g_2、g_3 及相应的 d_1、d_2、d_3。

(3) 与标准 PDF 卡片或者结构数据中的 d 值进行对比,定出相应衍射斑点的$\{h_1k_1l_1\}$、$\{h_2k_2l_2\}$、$\{h_3k_3l_3\}$晶面族。

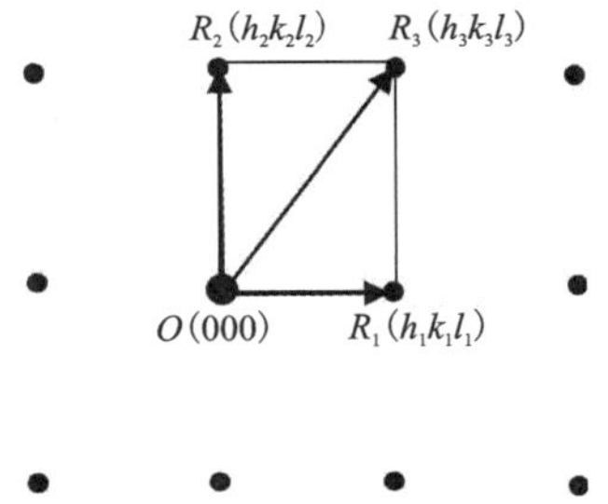

图 11-15 电子衍射花样的标定

(4) 假定距离中心斑点最近的 R_1 的斑点指数为 $(h_1k_1l_1)$,它为$\{h_1k_1l_1\}$晶面族中的一个。

(5) R_2 的斑点指数采用尝试法,在$\{h_2k_2l_2\}$晶面族指数中任取一个$(h_2k_2l_2)$,代入晶面夹角的计算公式 $\cos\varphi=\dfrac{h_1h_2+k_1k_2+l_1l_2}{\sqrt{(h_1^2+k_1^2+l_1^2)(h_2^2+k_2^2+l_2^2)}}$,算出 $\widehat{R_1R_2}$ 之间的夹角 φ。若 φ 与实测值一致,即可确定 R_2 的斑点指数;若 φ 与实测值不符,则重新选择$(h_2k_2l_2)$,直到计算出的 φ 与实测值一致为止。

(6) 之后按照矢量合成可得到 R_3 的斑点指数$(h_3k_3l_3)$,$R_3=R_1+R_2$(或 $g_3=g_1+g_2$),则 $h_3=h_1+h_2$,$k_3=k_1+k_2$,$l_3=l_1+l_2$,其他斑点的指数依次类推。

(7) 对标定出的斑点指数进行检验,通过已知结构的面网间距的计算公式计算出 d,并依

次计算出 $\boldsymbol{g}$ 和 $\boldsymbol{R}$。与图中测量值对比,如果相符,说明标定正确;如果不符,则需要重新标定。

(8)根据晶带定律 $hu+kv+lw=0$ 确定出晶带轴 $[uvw]$,即

$$\begin{cases} u=k_1l_2-k_2l_1 \\ v=h_2l_1-h_1l_2 \\ w=h_1k_2-h_2k_1 \end{cases} \tag{11-10}$$

示例:已知某镍高温合金的基体为面心立方结构,如图 11-16(a)所示,晶格常数 $a=3.597$Å,试对其电子衍射花样进行标定(衍射试验条件为:$L=770$mm,$\lambda=0.033\ 4$Å),标定过程如下。

第一步:测量最靠近透射斑点 $O(0,0,0)$ 的 3 个衍射斑点的矢量长度(取能够组成最小平行四边形的斑点)OA、OB 和 OC,如图 11-16(b)所示。测得 $OA=12.4$mm,$OB=20.3$mm,$OC=23.7$mm,即 $\boldsymbol{R}_1=OA$,$\boldsymbol{R}_2=OB$,$\boldsymbol{R}_3=OC$,且测得 $\varphi(\widehat{\boldsymbol{R}_1\boldsymbol{R}_2})=90°$。$OABC$ 为该衍射图的特征平行四边形。只要确定 A 点和 B 点的衍射指标,即可根据矢量运算得到 C 点的衍射指标。

第二步:据电子衍射公式计算 d_1、d_2、d_3。$d_1=L\lambda/\boldsymbol{R}_1=(770\times0.033\ 4)/12.4=2.074$(Å)。同理,计算出 $d_2=1.267$(Å),$d_3=1.085$(Å)。

第三步:确定 $\{h_1k_1l_1\}$、$\{h_2k_2l_2\}$、$\{h_3k_3l_3\}$。有两种方法,一是根据 d 计算出 $h^2+k^2+l^2$,从而确定晶面族指数;二是确切地知道晶体结构具体信息,可在 ICSD 晶体结构数据库或者标准 PDF 卡片中查询相同的面网间距对应的面网指数即晶面族指数。在此可根据 d 计算出 $h_1^2+k_1^2+l_1^2=3$,$h_2^2+k_2^2+l_2^2=8$,$h_3^2+k_3^2+l_3^2=11$,则 A、B、C 这 3 个斑点分别为 $\{111\}$、$\{220\}$、$\{311\}$ 晶面族中的一组晶面的衍射花样。

第四步:假定 A 点为 (111),确定 B 点的衍射指标。根据 $\varphi(\widehat{\boldsymbol{R}_1\boldsymbol{R}_2})=90°$,有

$$\cos\varphi=\frac{h_1h_2+k_1k_2+l_1l_2}{\sqrt{(h_1^2+k_1^2+l_1^2)(h_2^2+k_2^2+l_2^2)}}=0$$

则 $h_2+k_2+l_2=0$,根据 $\boldsymbol{R}_2$ 对应的晶面族为 $\{220\}$,则 $\boldsymbol{R}_2$ 斑点的指数有 6 种可能:$(2\bar{2}0)$、$(\bar{2}20)$、$(20\bar{2})$、$(\bar{2}02)$、$(0\bar{2}2)$、$(02\bar{2})$。

第五步:若 B 点为 $(2\bar{2}0)$,由矢量合成,得出 C 点的斑点指数为 $(3\bar{1}1)$。

第六步:对标定出的 3 个斑点指数进行验证,计算 $\varphi(\widehat{\boldsymbol{R}_1\boldsymbol{R}_3})$、$\varphi(\widehat{\boldsymbol{R}_2\boldsymbol{R}_3})$,结果与图中测量值相符,说明标定正确。利用矢量合成可外推标定出其他斑点指数,如图 11-16(c)所示;若不相符,则需对 B 点取其他指标,重新标定,直到完全符合为止。当然一开始也可为 B 点取另外 5 个指数之一,A 也可以取 $\{111\}$ 晶面族的其他指数。按照相同的方法标定,如 A 点取 $(11\bar{1})$ 和 B 点取 $(\bar{2}20)$,标定结果如图 11-16(d)所示。由标定结果不难看出,同一行或同一列衍射斑点指数 h_i、k_i、l_i 均为等差数列,这也可作为辅助检验衍射图标定结果是否正确的一个依据。

第七步:根据晶带定律确定晶带轴 $[uvw]$,如图 11-16(c)的晶带轴为 $[11\bar{2}]$,图 11-16(d)的晶带轴为 $[112]$。

对比图 11-16(c)和(d)的解析结果,发现 A 点取值不同,标定的结果就不同。事实上,本例的标定结果更多,而且晶带轴亦可不同。如果不考虑晶体的取向,衍射图谱的标定仅仅是

为了确认晶体结构,则标定成其中哪一种结果都是可以的,它们之间是互相等效的;若考虑晶体射取向,在实际中单凭一张电子衍射花样是不够的。

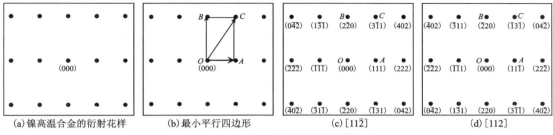

图 11-16　镍高温合金的衍射花样标定

2. 未知结构的单晶电子衍射花样的标定

通常的物质结构未知,会遇到两种情况。一种情况是虽然对衍射物质结构未知,但根据样品的化学成分、热处理状态等信息,或者通过对衍射物质的能谱分析、物质的空间分布,可以大体知道该物质属于什么范畴。此种情况较常见,对其电子衍射花样的分析标定相对比较容易,可以得到较令人信服的结果。另一种情况是物质的结构未知,且其他的资料也全然不知,分析相对较困难,仅凭一张晶体二维结构信息的电子衍射花样也不能确定唯一晶体的三维结构。事实上,这种情况在实验中比较少见,此处不做讨论。

前述第一种情况未知结构的电子衍射花样标定之前,首先,要根据已经掌握的有关信息,确定衍射物质可能属于哪个晶系;其次,根据衍射图的对称性,确定衍射物质可能归属的晶系、衍射斑点分布的图形与可能晶系(表 11-1);最后,就是通过计算查表确定分析结构。

表 11-1　衍射斑点的对称性及可能所属晶系

电子衍射花样的几何图形	二维倒易面	电子衍射花样	点群对称元素	可能的晶系
平行四边形			2	任意晶系
长方形			2mm	除三斜晶系外 6 个晶系
有心长方形			2mm	同上
正方形			4mm	四方、立方
正六边形			6mm	菱方、六方、立方

根据电子衍射的基本公式 $R=Kg=\dfrac{K}{d}$，可知

$$R^2 \propto \dfrac{1}{d^2} \tag{11-11}$$

各种晶体结构的 $\dfrac{1}{d^2}$ 的连比规律及其对应的 $\{hkl\}$ 如表 11-2 所示，即

$$1/d^2 \propto N \tag{11-12}$$

所以

$$R^2 \propto N \tag{11-13}$$

这一系列的 N 则对应着具体晶体结构的晶面族指数。

表 11-2 不同晶体结构 $\dfrac{1}{d^2}$ 的连比规律及其对应 $\{hkl\}$

晶体结构	晶面间距	$\dfrac{1}{d^2}$的连比规律：$\dfrac{1}{d_1^2}:\dfrac{1}{d_2^2}:\dfrac{1}{d_3^2}:\cdots=N_1:N_2:N_3:\cdots$						
简单立方		N	1	2	3	4	5	6	8
		$\{hkl\}$	$\{100\}$	$\{110\}$	$\{111\}$	$\{200\}$	$\{210\}$	$\{211\}$	$\{220\}$
面心立方 (FCC)	$\dfrac{1}{d^2}=\dfrac{h^2+k^2+l^2}{a^2}=\dfrac{N}{a^2}$ $N=h^2+k^2+l^2$	N	3	4	8	11	12	16	19
		$\{hkl\}$	$\{111\}$	$\{200\}$	$\{220\}$	$\{311\}$	$\{222\}$	$\{400\}$	$\{331\}$
体心立方 (BCC)		N	2	4	6	8	10	12	14
		$\{hkl\}$	$\{110\}$	$\{200\}$	$\{211\}$	$\{220\}$	$\{310\}$	$\{222\}$	$\{321\}$
金刚石立方		N	3	8	11	16	19	24	27
		$\{hkl\}$	$\{111\}$	$\{220\}$	$\{311\}$	$\{400\}$	$\{331\}$	$\{422\}$	$\{333\}\{511\}$
简单四方	$\dfrac{1}{d^2}=\dfrac{h^2+k^2}{a^2}+\dfrac{l^2}{c^2}$ 令 $l=0, N=h^2+k^2$	N	1	2	4	5	8	9	10
		$\{hkl\}$	$\{100\}$	$\{110\}$	$\{200\}$	$\{210\}$	$\{220\}$	$\{300\}$	$\{310\}$
体心四方		N	2	4	8	10	16	18	20
		$\{hkl\}$	$\{110\}$	$\{200\}$	$\{220\}$	$\{310\}$	$\{400\}$	$\{330\}$	$\{420\}$
六方	$\dfrac{1}{d^2}=\dfrac{4}{3}\left(\dfrac{h^2+hk+k^2}{a^2}\right)+\dfrac{l^2}{c^2}$ 令 $l=0, N=h^2+hk+k^2$	N	1	3	4	7	9	12	13
		$\{hkl\}$	$\{100\}$	$\{110\}$	$\{200\}$	$\{210\}$	$\{300\}$	$\{220\}$	$\{310\}$

因此，只要测量出电子衍射花样中的一系列衍射斑点的矢量 R_i，计算出一系列 R_i^2 的比值，则可得到 N_i 的比值，通过查表，可确定其结构类型并确定出斑点所属的晶面族指数，再利用 R_i 之间的夹角进行校验。然后按照前面已知晶体结构的单晶电子衍射花样的标定步骤(1)～(8)进行即可。该法亦可用于标定已知结构未知相机常数的单晶电子衍射花样。

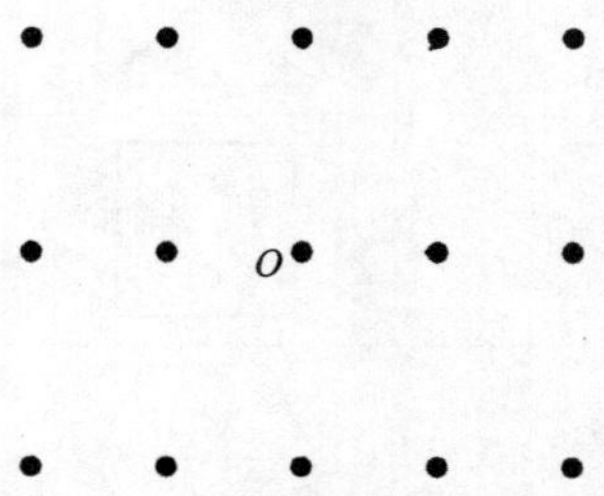

示例：图 11-17 为某低碳合金钢薄膜样品基体区

图 11-17 低碳合金钢单晶电子衍射花样

域记录的单晶电子衍射花样,试进行定标($K=14.1\text{mm}\text{Å}$)。

1)方法一

(1)首先找到中心点 O,然后找出不在同一直线上的距离 O 点最近的斑点 A、次近斑点 B,往后依次为斑点 C、D,如图 11-18 所示。测量出 OA、OB、OC 及 OD,即为 $\boldsymbol{R}_A$、$\boldsymbol{R}_B$、$\boldsymbol{R}_C$、$\boldsymbol{R}_D$ 的大小。得 $\boldsymbol{R}_A = 7.1\text{mm}$, $\boldsymbol{R}_B = 10.0\text{mm}$, $\boldsymbol{R}_C = 12.3\text{mm}$, $\boldsymbol{R}_D = 21.5\text{mm}$,同时用量角器测得 $\varphi(\boldsymbol{R}_A,\boldsymbol{R}_B) = 90°$, $\varphi(\boldsymbol{R}_A,\boldsymbol{R}_C) = 55°$, $\varphi(\boldsymbol{R}_A,\boldsymbol{R}_D) = 71°$。

(2)计算 $\boldsymbol{R}^2$ 比值为 $\boldsymbol{R}_A^2 : \boldsymbol{R}_B^2 : \boldsymbol{R}_C^2 : \boldsymbol{R}_D^2 = 2 : 4 : 6 : 18$,表明该区域为体心立方点阵。$A$ 斑点的 N 为 2,可能属于 $\{110\}$ 晶面族,假定 A 为 (110)。B 斑点的 N 为 4,表明可能属于 $\{200\}$ 晶面族,初选 (200)。将 A 和 B 的晶面符号,代入晶面夹角公式

$$\cos\varphi = \frac{h_1h_2+k_1k_2+l_1l_2}{\sqrt{(h_1^2+k_1^2+l_1^2)(h_2^2+k_2^2+l_2^2)}} = \frac{\sqrt{2}}{2}$$

得出夹角 $\varphi(\widehat{\boldsymbol{R}_A\boldsymbol{R}_B})$ 为 $45°$,实测中 $\varphi(\widehat{\boldsymbol{R}_A\boldsymbol{R}_B})$ 为 $90°$,不符合,重新选择 B 斑点的指数。从晶面夹角的计算公式可以看出,B 点选 (200) 和 (020) 的结果相同。因此,假定 B 斑点为 (002),再计算 A、B 斑点的夹角,发现与之相符,所以 B 可以取为 (002)。

(3)其他斑点确定,可以利用矢量运算法则。$\boldsymbol{R}_C = \boldsymbol{R}_A + \boldsymbol{R}_B$,得 C 为 (112),并计算 $N = h^2+k^2+l^2$,得出 $N=6$,与实测 $\boldsymbol{R}^2$ 比值的 N 一致,通过计算夹角为 $54.74°$,与实测的 $55°$ 亦相符。再计算其他斑点,结果如图 11-18(a)所示。B 也可以取 $(00\bar{2})$,得到如图 11-18(b)所示。当然,还有其他多种标定结果,但是都是等效的。

(4)求晶带轴,$[uvw] = \boldsymbol{R}_A \times \boldsymbol{R}_B = [1\bar{1}0]$。

(5)进一步可根据电子衍射的基本公式和面网间距计算公式,计算出 $a=2.828\text{Å}$。

2)方法二

已知相机常数 $K=14.1\text{mm}\text{Å}$,用公式 $\boldsymbol{R} = \dfrac{K}{d_i}$ 计算,得 $d_A = 1.986\text{Å}$, $d_B = 1.410\text{Å}$, $d_C = 1.146\text{Å}$, $d_D = 0.656\text{Å}$,查标准 PDF 卡片发现与 α-Fe 的标准 d 相符,由此确定样品上该微区为铁素体。所以,可以判定晶系为立方晶系,查出对应的晶面,确定晶面符号。

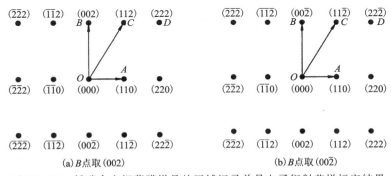

图 11-18 低碳合金钢薄膜样品的区域记录单晶电子衍射花样标定结果

通过以上例题分析可知,未知物相的单晶电子衍射花样可采用尝试-校核法、$\boldsymbol{R}_i^2$(或 N)比值法、标准花样对照法等。尤其是计算机技术的飞速发展,复杂耗时的标定工作都可以用计算机软件来处理。

3. 单晶电子衍射花样指数的不唯一性

从前面的例题可以看出,不管采用哪种标定方法,一个区域的电子衍射花样可有多种标定结果,而且晶带轴也可以不同。这是由距离中心最近的两个斑点指数的任意性造成的。任何二维倒易截面上阵点的排列至少具有二次对称性,所以花样中任一斑点至少可能任意地指数化为符号相反的两个指数(hkl)和$(\overline{hkl})$,而并不影响由此求得的平行于电子束入射方向的晶带轴。从花样所反映的晶体位向来看,同一斑点的两个符号相反的指数相当于样品绕晶带轴旋转了 180°。可是,在这两种指数化结果中,只有一种反映了样品晶体的真实位向,单晶花样指数化的这种不确定性,被称为"180°不唯一性"。如果测定花样的目的仅仅是为了测定晶体的点阵和物相,则 180°不唯一性不会造成结果的谬误;但如果涉及两个晶体之间的取向关系或者晶界、位错等缺陷的晶体学性质测定时,必须设法排除这种不唯一性。消除 180°不唯一性的方法很多,其中一个有效的方法是利用精密的倾斜样品台使晶体做有系统地倾斜并观察衍射花样的变化。

11.6.2 多晶体电子衍射花样的标定

多晶电子衍射花样为一系列同心圆。多晶电子衍射花样标定的目的是确定出每个衍射圆环的晶面族指数$\{hkl\}$,从而确定物相的晶体结构。因此,多晶体电子衍射花样的标定相对简单。

多晶体电子衍射花样的标定同样有两种情况:已经晶体结构和未知晶体结构。下面分别介绍两种不同情况下的标定步骤。

1. 晶体结构已知的标定步骤

若晶体结构已知,标定步骤就非常简单,可按以下步骤进行。

(1) 准确测量出各圆环中心(透射斑)到圆环的距离 R_i(即圆环半径),由内向外,$i=1,2,3,\cdots$

(2) 若相机常数已知,可由电子衍射的基本公式 $R=\dfrac{K}{d}$ 计算不同圆环对应的 d_i;然后对照已知结构标准 PDF 卡片或结构数据中的 d_i,直接标定各圆环的$\{hkl\}$,也可以通过已知结构的晶体面网间距的计算公式,推导出不同的$\{hkl\}$。

(3) 若相机常数未知,则可求出 R_i^2 的比值,因为 $R_1^2 : R_2^2 : R_3^2 : \cdots = N_1 : N_2 : N_3 : \cdots$,由已知结构的 N 即可确定$\{hkl\}$。

示例:在 150kV 加速电压下拍得的 Au 的电子衍射花样如图 11-19 所示。已知 Au 是面心立方结构,点阵常数 $a=4.0650$Å。从内向外测得环的直径分别为:$2R_1=17.6$mm,$2R_2=20.5$mm,$2R_3=28.5$mm,$2R_4=33.5$mm,求各环对应的晶面指数$\{hkl\}$,该晶面相应的晶面间距 d 及本仪器所用的相机常数 K。

解:根据已测直径,计算圆环半径分别为 $R_1=8.8$mm,$R_2=10.3$mm,$R_3=14.3$mm,$R_4=16.8$mm,所以 $R_1^2 : R_2^2 : R_3^2 : R_4^2 = N_1 : N_2 : N_3 : N_4 \approx 3 : 4 : 8 : 11$。根据面心立方结构的特点,可知 $N_1=3, N_2=4, N_3=8, N=11$,因此相应

图 11-19 金多晶电子衍射花样

的$\{hkl\}$依次为$\{111\}$、$\{200\}$、$\{220\}$、$\{311\}$,即衍射环指数由内向外依次为$\{111\}$、$\{200\}$、$\{220\}$、$\{311\}$。

将所得衍射指数$\{hkl\}$代入晶面间距的计算公式,可得。

$$d_{111}=\frac{a}{\sqrt{N_1}}=\frac{4.0650}{\sqrt{3}}=2.35\text{Å} \qquad d_{200}=\frac{a}{\sqrt{N_2}}=\frac{4.0650}{\sqrt{4}}=2.04\text{Å}$$

$$d_{220}=\frac{a}{\sqrt{N_3}}=\frac{4.0650}{\sqrt{8}}=1.44\text{Å} \qquad d_{311}=\frac{a}{\sqrt{N_4}}=\frac{4.0650}{\sqrt{11}}=1.23\text{Å}$$

根据电子衍射的基本公式$\boldsymbol{R}=K\boldsymbol{g}=\frac{L\lambda}{d}$,则相机常数$K=L\lambda=\boldsymbol{R}d$。然后,将不同的晶面间距$d$及$\boldsymbol{R}$代入,即可计算出相机常数$K$,然后取平均值,一般情况下取3~4个数据的平均值即可。

$$K_1=\boldsymbol{R}_1 d_{111}=8.8\times 2.35=20.7\text{mmÅ} \qquad K_2=\boldsymbol{R}_2 d_{200}=10.3\times 2.04=21.0\text{mmÅ}$$

$$K_3=\boldsymbol{R}_3 d_{220}=14.3\times 1.44=20.6\text{mmÅ} \qquad K_4=\boldsymbol{R}_4 d_{311}=16.8\times 1.23=20.7\text{mmÅ}$$

$$K=\frac{K_1+K_2+K_3+K_4}{4}=20.8\text{mmÅ}$$

2.晶体结构未知的标定步骤

(1)准确测量出圆环中心到圆环的距离$\boldsymbol{R}_i$(圆环半径)。

(2)计算$\boldsymbol{R}_i^2$的比值,找出最接近的整数比规律,即$\frac{1}{d_i^2}$的连比规律,对照表11-2即可确定晶体结构类型和衍射环指数$\{hkl\}$。如已知相机常数K,也可由$d=K/\boldsymbol{R}$求d,然后得到$\frac{1}{d_i^2}$的连比规律,从而得出晶体结构类型和衍射环指数$\{hkl\}$。

11.6.3 超点阵斑点的标定

当晶体内部的原子或离子产生有规律的位移或不同种原子产生有序排列时,将引起电子衍射结果的变化,即可以使本来消光的斑点出现,这种额外的斑点称为超点阵斑点。如有序-无序固溶体,可在从无序结构过渡到有序结构后,产生超点阵斑点。下面以$AuCu_3$固溶体为例,分析超点阵斑点的产生及其标定。

$AuCu_3$合金为立方面心结构固溶体,当温度高于395℃时为无序的固溶体,Au原子和Cu原子随机地出现于立方面心结构的顶点和面心。因此,顶点和面心上的原子可看成是一个平均原子,4个平均原子组成了面心点阵,每种原子在每个位置出现的概率为各自在化合物中的原子百分数,所以每个位置的平均原子为$(0.25Au+0.75Cu)$,如图11-20(a)所示。因此,平均原子的坐标为面心格子的坐标:$(0,0,0)$、$\left(\frac{1}{2},\frac{1}{2},0\right)$、$\left(\frac{1}{2},0,\frac{1}{2}\right)$、$\left(0,\frac{1}{2},\frac{1}{2}\right)$,原子散射因子$f_{平均}=(0.25f_{Au}+0.75f_{Cu})$,代入结构振幅的计算公式有

$$F_{hkl}=f_{平均}\left[1+e^{\pi i(h+k)}+e^{\pi i(h+l)}+e^{\pi i(l+k)}\right] \tag{11-14}$$

其消光规律也类似于面心点阵,即当h、k、l全为奇数时或全为偶数时,结构振幅$F_{hkl}=4f_{平均}=f_{Au}+3f_{Cu}$,有衍射斑点;而当$h$、$k$、$l$为奇偶混杂时,结构振幅$F_{hkl}=0$,出现消光,无衍射斑点。其电子衍射图谱如图11-20(c)所示。

当温度小于395℃时,结构为有序的面心立方点阵,如图11-20(b)所示,Au原子位于8个顶点,Cu原子位于面心。其原子坐标分别为Au(0,0,0)、Cu$\left(\frac{1}{2},\frac{1}{2},\frac{1}{2}\right)$,这时结构振幅计算公式为

$$F_{hkl}=f_{Au}+f_{Cu}[1+e^{\pi i(h+k)}+e^{\pi i(h+l)}+e^{\pi i(l+k)}] \tag{11-15}$$

当$h、k、l$全为奇数时或全为偶数时,$F_{hkl}=f_{Au}+3f_{Cu}$;当$h、k、l$为奇偶混杂时,$F_{hkl}=f_{Au}-f_{Cu}$。由此可见,有序固溶体的所有$\{hkl\}$都能产生衍射,与原始格子相同,只是全奇或全偶的面网产生的衍射与奇偶混杂的面网产生的衍射强度不同。其电子衍射花样如图11-20(d)所示。

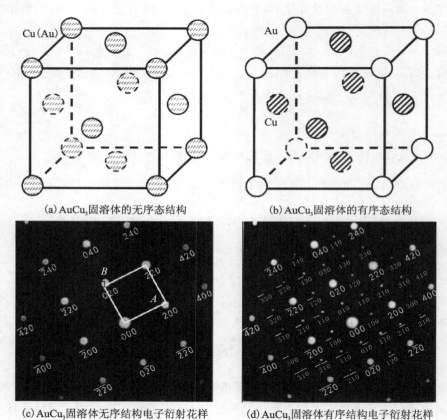

(a) AuCu₃固溶体的无序态结构   (b) AuCu₃固溶体的有序态结构

(c) AuCu₃固溶体无序结构电子衍射花样   (d) AuCu₃固溶体有序结构电子衍射花样

图11-20 AuCu₃固溶体的结构

下面讨论这两种状态下的电子衍射花样的标定。首先,通过分析发现,AuCu₃合金在无序和有序态下,都能够发生衍射的是全奇或全偶的晶面,如$\{111\}$、$\{200\}$、$\{220\}$、$\{311\}$等晶面族。对比图11-20(c)和(d)两个电子衍射图谱,可以看出,有序结构的电子衍射花样其实相当于在无序结构的电子衍射花样中多了一些强度较低的衍射斑点,这些衍射斑点是由无序结构中消光的晶面衍射造成的,如$\{100\}$、$\{110\}$、$\{210\}$、$\{211\}$等晶面族,即为超点阵斑点。按照单晶体电子衍射花样的标定方法可以分别对图11-20(c)和(d)中的电子衍射花样进行标定。图11-20(c)中最小的几何图形为正方形,因此距离原点最近的点不可能为(111)。采

用尝试法,假定距离原点最近的一个斑点的指数(200),如图 11-20(c)图中的 A 点,则 B 点取(020),符合条件,按此假设其余点阵的指数分别如图 11-20(c)所示。当然的 A、B 点的取值并不唯一,每改变一次都会得到一个新的标定结果,但这些结果等效,总共有 24 种标定结果。图 11-20(d)中除保留图 11-20(c)的公共点之外,出现超点阵斑点,则可依据图 11-20(c)的标定很容易就标定出图 11-20(d)中衍射斑点的指数,也可重新按照有序结构中可发生衍射的面网及其相对强度大小采用尝试法标定,标定结果也有 24 种,图中只标出了一种。

本章小结

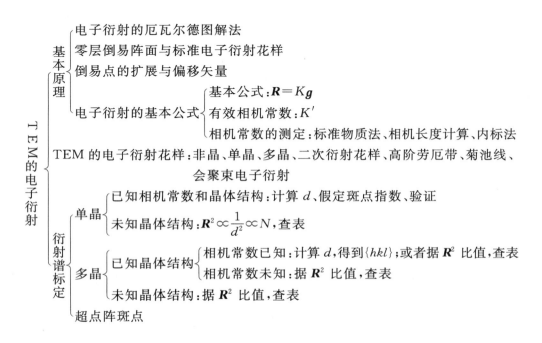

思考题

1. 电子束对称入射时在理论上仅有倒易原点落在反射球上,为什么电子衍射花样中,除了中心斑点外还可得到其他一系列斑点?
2. 为什么电子衍射要采用薄晶试样?
3. 为何电子衍射花样中中心斑点一般最亮?

12 透射电子显微镜的图像衬度

图像衬度是透射电子显微镜最原始和最重要的功能。透射电子显微镜下的衬度图像有 3 类:质厚衬度(mass-thickness contrast or scattering contrast)、衍射衬度(diffraction contrast)和相位衬度(phase contrast)图像。下面分别介绍这 3 种衬度图像的形成原理及其应用。

12.1 质厚衬度

质厚衬度来源于电子非相干弹性散射(卢瑟福散射)。在实际试样中,电子散射截面是原子序数(密度)和厚度,即试样质厚的函数。特定面积试样的散射能力与试样的质厚直接成正比,即随着试样质厚的增加,电子散射概率增大。因此,样品上的不同微区质厚的差异可引起相应区域透射电子强度的改变,从而在图像上形成亮度不同的区域,这一现象称为质厚衬度效应。

图 12-1(a)为质厚衬度形成原理示意图。在透射电子显微镜成像中,使用物镜光阑挡掉大散射角的电子,只有通过光阑孔的电子才能成像。因此,从不同质厚的区域散射的电子到达像平面参与成像的电子数量不同,从而显示衬度。物镜光阑的大小决定了参与成像电子的强度,因而决定了图像的衬度。当其他因素确定时,高质厚处对电子的散射能力强于低质厚处。另外,试样的高质厚处对电子的吸收相对也较多,参与成像的电子相应也少,导致该处的图像偏暗。因此,在明场像中,质厚相对高的区域要比质厚低的区域暗些,而在暗场像中,明暗区域正好相反。由此形成图像的明暗不同来区分样品的不同区域。

通常用散射概率 $\left(\dfrac{\mathrm{d}N}{N}\right)$ 来表述通过一定直径的物镜光阑被散射到光阑之外的强弱。散射概率越大,图像上接收的电子信号强度越弱,相应处的衬度便越暗;反之,图像越亮。散射概率用下式表示

$$\frac{\mathrm{d}N}{N} = -\frac{\rho N_A}{A}\left(\frac{Z^2 e^2 \pi}{U^2 \alpha^2}\right) \times \left(1 + \frac{1}{Z}\right)\mathrm{d}t \tag{12-1}$$

式中:α 为散射角,因为物镜的放大倍数很大,样品十分接近前焦点,所以可以把散射角近似地看作是物镜的孔径半角;ρ 为物质密度;e 为电子的电荷;A 为原子质量;N_A 为阿伏伽德罗常量;Z 为原子序数;U 为电子的加速电压;t 为试样厚度。

由上式可知试样愈薄,原子序数愈小,加速电压愈高,电子被散射到光阑孔外的概率愈小,通过光阑孔参与成像的电子就愈多,该处的图像就愈亮;反之,图像愈暗,如图 12-1(b)所示黑点为 GaAs 表面上的 $\mathrm{In}_x\mathrm{Ga}_{1-x}\mathrm{As}_x$ 量子点。但需指出的是,质厚衬度取决于试样中不同区域参与成像的电子强度的差异,而不是成像电子强度。对于相同的试样,提高电子枪的加速

电压,电子束的强度提高,试样各处参与成像的电子强度同步增加,质厚衬度不变。仅当质厚发生变化时,质厚衬度才会改变。

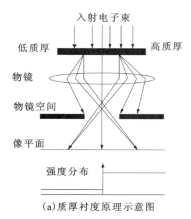
(a)质厚衬度原理示意图

(b)GaAs表面上的量子点质厚衬度图像

图 12-1 质厚衬度原理及其图像

质厚衬度对非晶材料和生物样品非常重要。但实际上任何质量和厚度的变化都会产生质厚衬度,由于绝大多数试样的质量和厚度不可能绝对均匀,所以几乎所有试样都显示质厚衬度,但非晶试样主要是质厚衬度。在非晶质样品中,原子的排列没有规律,入射电子与非晶质之间不会发生相干散射,而只能是非相干散射,所以非晶质样品中的质厚衬度图像是利用非相干散射配合小孔径角光阑的作用而获得。

对于给定的试样,透射电镜的加速电压和物镜光阑孔影响图像的质厚衬度。如果选择较大的物镜光阑孔,则有更多的散射电子参与明场成像,虽然图像的总强度增加,但在散射和非散射区域之间反差减小。如果选择低加速电压,电子散射角和散射截面增加,更多的电子散射在物镜光阑之外,图像总强度降低,但衬度提高。对于热离子电子源,降低加速电压会使电子枪的亮度减小,TEM 图像的强度降低更明显。

对于很薄的试样,如果用低角度(小于 5°)散射的电子成像,主要得到质厚衬度,但它与布拉格衍射衬度相竞争;也可以用高散射角(大于 5°)但低强度的非相干散射电子束成像,此时相干散射可以忽略。这些电子束的强度仅取决于原子序数 Z,这种衬度称为 Z 衬度。类似于扫描电镜中的背散射电子图像,具有这种衬度的图像包含有元素信息。在 STEM 中,可以得到具有原子分辨率的图像。

12.2 衍射衬度

质厚衬度是利用样品中不同区域质厚的差别,使进入物镜光阑并聚焦于像平面的散射电子强度不同,从而产生了图像的反差,因此质厚衬度只能观察试样表面的组织形貌,类似于二次电子和背散射电子,而不能观察晶体内部的微观结构。对于某些样品,比如金属薄膜,样品厚度大致均匀,平均原子序数也没有差别,薄膜上不同部位对电子的散射或吸收作用将大致相同,所以这种样品不可能利用质厚衬度来获得满意的图像反差。更重要的是,如果让散射电子和透射电子在像平面上复合构成像点的亮度,则图像除了能够显示样品的形貌特征外,所有其他信息(与晶体学有关的信息)将全部丧失。因此,对于晶体薄膜样品,利用透射电子显微镜不仅能在物镜的后焦面上获得衍射花样,而且能在像平面上获得组织形貌像。这就是利用透射电子显微镜的"衍衬效应"发展起来的衍衬技术,这种技术使人们能将试样的结构和形貌结合起来观察,成为观察晶体结构缺陷的有力工具,由衍衬技术得到的图像称为衍射衬度图像。

12.2.1 衍射衬度的形成

由于薄晶试样的不同部位满足布拉格条件不同,因此穿透晶体的衍射束与透射束的振幅和强度不同,从而可得到试样的衍射衬度图像,如透射电镜下的明场像和暗场像。明场像是只让一束透射束通过物镜焦平面上的物镜光阑孔所成的衬度图像,而暗场像是只让一束衍射束通过物镜光阑孔所成的衬度图像。

图 12-2 为衍射衬度的形成示意图及其图像,图中的试样均由 A、B 两个取向不同的完整晶粒组成。图 12-2(a)和图 12-2(b)中,强度为 I_0 的入射束竖直照射到 A、B 晶粒上,其中晶粒 A 完全不满足布拉格条件,因此电子束穿过 A 晶粒的衍射强度为 0,透射束强度为 $I_A=I_0$。晶粒 B 中的 (hkl) 晶面满足布拉格条件产生衍射,其他晶面均远离布拉格方向,这样入射电子束作用晶粒 B 后产生衍射束为 I_{hkl},可形成 (hkl) 的衍射斑点,同时透射束强度变为 $I_B=I_0-I_{hkl}$。如果在物镜后焦面处加一个尺寸足够小的物镜光阑,并移动物镜光阑的位置,挡住 B 晶粒的衍射束,仅让透射束通过,即明场(BF)操作,如图 12-2(a)所示,则在像平面上晶粒 A、晶粒 B 成像电子束的强度分别为 $I_A=I_0$ 和 $I_B=I_0-I_{hkl}$,表现为 A 晶粒亮,B 晶粒暗。若以 A 晶粒的强度为背景强度,则 B 晶粒像的衍射衬度为

$$\left(\frac{\Delta I}{I_A}\right)_B = \frac{I_A - I_B}{I_A} \approx \frac{I_{hkl}}{I_A} \tag{12-2}$$

明场操作得到的图像称为明场像,如图 12-2(d)所示。移动物镜光阑挡住透射束,仅让一束衍射束通过成像,即暗场(DF)操作,如图 12-2(b)所示,则两晶粒成像的电子束强度为 $I_B=I_{hkl}$,$I_A=0$。此时若仍以 A 晶粒的强度为背景,则 B 晶粒像的衍射衬度为

$$\left(\frac{\Delta I}{I_A}\right)_B = \frac{I_B - I_A}{I_A} \approx \frac{I_{hkl}}{I_A} \to \infty \tag{12-3}$$

像平面上 B 晶粒亮,而 A 晶粒暗,所成暗场像如图 12-2(e)所示,与图 12-2(d)的明场像恰好相反。

但由于此时的衍射束偏离中心光轴,远轴电子成像,其孔径半角相对于平行于中心光轴的电子束要大,因而磁透镜的球差和像散比较严重,图像很难聚焦,所得图像质量较低。为此,通过调整偏置线圈,使入射电子束倾斜 2θ,如图 12-2(c)所示,让晶粒 B 中的 $(\overline{hkl})$ 晶面完全满足衍射条件,产生强烈衍射。此时的衍射斑点移到中心位置,衍射束与透镜的主轴平行。用物镜光阑孔套住主轴中心的一束衍射束成像,则孔径半角大大减小,所成像比普通暗场像更加清晰,成像质量得到明显改善,把这种成像操作称为中心暗场操作,所成像称为中心暗场像,如图 12-2(d)和(e)分别为电镜下的明场像和暗场像。

由以上分析可知,衍衬成像中,某一最符合布拉格条件的 (hkl) 晶面组起十分关键的作用,它直接决定了图像衬度,特别是在暗场像条件下,像点的亮度直接等于样品上相应物点在光阑孔所选定的那个方向上的衍射强度,而明场像的衬度特征是跟暗场像互补的。一般来

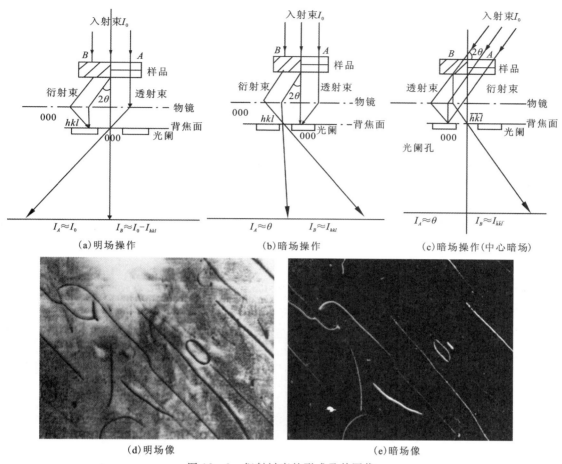

图 12-2 衍射衬度的形成及其图像

说,透射电子显微镜下,暗场像的衍射衬度高于明场像的衍射衬度,中心暗场的衍射衬度又因孔径角的减小比暗场像高,因此在实际操作中通常采用暗场或中心暗场进行成像。

正因为衍射衬度是由衍射强度差别产生的,所以衍衬图像是样品内不同部位晶体学特征的直接反映。然而,晶体厚度均匀、无缺陷,晶面组在各处满足布拉格条件的程度相同,无论明场像还是暗场像,均看不到衬度。若存在缺陷,周围晶面发生畸变,晶面在样品的不同部位满足布拉格条件的程度不同,才会产生衬度,得到衍衬图像。因此,衍衬技术可对晶体中的位错、层错、空位团等晶体缺陷进行直接观察,还可以对孪晶及第二相粒子进行观察记录。

12.2.2 衍射衬度运动学理论及图像解释

薄晶体电子显微镜图像的衬度可用动力学理论或运动学理论来解释,讨论入射电子束和薄晶体之间相互作用后样品不同部位的透射束或衍射束在像平面上的强度分布,即衍射衬度理论,简称衍衬理论。利用衍衬理论一方面可以分析和解释衍衬图像的形成原因,另一方面可以计算各像点的衍射强度,预示晶体中特定部位的衬度特征。由电子束和样品的作用过程可知,电子束在样品中可能要发生多次散射,且透射束和衍射束之间也会发生相互作用。因此,穿出样品后的衍射强度的计算过程非常复杂,需要对此进行简化。根据简化程度不同,衍衬理论可分为动力学理论和运动学理论两种。当考虑透射束与衍射束之间的相互作用和多重散射所引起的吸收效应时，衍衬理论称为动力学理论。动力学理论认为透射束和衍射束的能量是交替变换的，可以通过消光距离来初步理解。

12.2.2.1 消光距离

入射电子照射晶体的时候，受到原子强烈的散射作用，在晶体内部透射波和衍射波之间也会发生相互作用。在简单的双光束条件下，即当晶体的(hkl)晶面处于精确布拉格位置时，入射束只被激发成透射束和衍射束时，考虑这两个光束之间的相互作用。

如图12-3(a)所示，当波矢量为k的入射波到达样品上表面时，随即开始受到晶体内原子的相干散射，产生波矢量为k'的衍射波。在样品上表面附近，由于参与散射的原子或晶胞数量有限，衍射强度很小。随着电子束在晶体内深度方向的传播，透射束强度不断减弱。若不考虑非弹性散射引起的吸收效应，则电子波的能量(强度)逐渐转移到衍射波方面，使衍射波的强度不断增大。可以想象，当电子束在晶体内传播到一定深度(如A处)时，由于足够的原子或晶胞参与了散射，将使透射束的振幅A_T下降为零，全部能量转移到衍射方面，使衍射束的振幅A_g上升为最大，如图12-3(b)所示；相应衍射波强度$I_g=A_g \times A_g^*$也最大，透射波的强度I_T则变为0，如图12-3(c)所示。

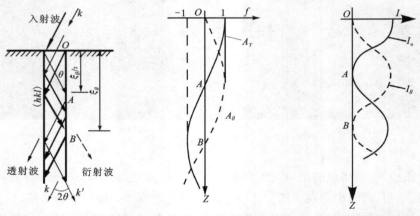

(a)透射波与衍射波的传播　　(b)透射波与衍射波的振幅变化　　(c)透射波与衍射波的强度变化

图12-3　晶体中的(hkl)晶面满足布拉格条件时电子波在晶体内深度方向的传播示意图

与此同时，由于入射波与晶体的(hkl)晶面夹角为布拉格角θ，则由入射波激发产生的衍射波也与该晶面相交成同样的角度，于是在晶体内逐步增强的衍射波必将作为新的入射波激发同一晶面，产生二次衍射，其方向恰好与透射波的传播方向相同。随着电子波在晶体内深度方向的进一步传播，强烈的动力学作用结果使I_T和I_g在深度方向发生周期性的振荡，如图12-3(c)所示。振荡的深度周期称作消光距离，记作ξ_g。这里"消光"指的是尽管满足衍射条件，但由于动力学相互作用而在晶体内一定深度处衍射束(或透射束)的强度为零的现象。根据菲涅尔(Fresnel)衍射理论推导得到的消光距离为[10,26]

$$\xi_g = \frac{\pi d \cos\theta}{n \lambda F_g} = \frac{\pi V_c \cos\theta}{\lambda F_g} \tag{12-4}$$

式中：d为深度方向原子面间距；n为单位面积中晶胞数量；V_c为单胞体积；θ为布拉格角；λ为

电子波的波长；F_g 为结构振幅。

消光距离与晶体的成分、结构及加速电压等有关。在相同的电子波（即加速电压相同）的条件下，不同晶体有不同的消光距离（ξ_g 值）。同一晶体，由于不同晶面具有不同的晶面间距 d、不同的 θ 与 F_g，因此不同晶面的衍射波被激发时，也有不同的 ξ_g。不同晶体结构材料的消光距离可以通过式（12-4）计算出或者查表得到。

消光距离是衍衬动力学理论中强度计算的基础。在常规电镜中，许多衍射效应源于动力学。但动力学理论因考虑吸收效应，理论简化较少，物理模型抽象，理论推导涉及大量的数学计算，过程复杂。运动学理论则无须考虑吸收效应，认为电子束进入样品时随着深度增大，透射束不断减弱，衍射束不断加强。衍衬运动学理论简化较多，物理模型简单直观，能定性解释大多数衍衬现象，部分衍衬现象无法解释时可参考动力学理论。

12.2.2.2 衍衬运动学理论及应用

12.2.2.2.1 衍衬运动学理论的基本假设

衍衬运动学理论的建立有两个先决条件。首先，不考虑衍射束和透射束之间的相互作用，即二者无能量交换。当衍射束的强度比入射束小得多时，特别是在试样很薄和偏离矢量较大的情况下，这个条件可以满足。其次，不考虑电子束通过晶体样品时发生的多次散射和吸收。对于非常薄的样品，多次反射和吸收可以忽略。在满足这两个先决条件后，运动学理论的建立还需要有两个基本假设。

1. 双光束近似

电子束透过薄晶体样品后，除了一束透射束外还有多个衍射束。双光束近似认为在多个衍射束中，仅有一束接近但不完全处于准确布拉格位置的衍射束，其偏移矢量为 s，其他衍射束的强度近似为零。电子束穿过样品后，仅存在一束透射束和一束衍射束。衍射束的强度 I_g 和透射束的强度 I_T 之间有互补关系，即入射束的强度 $I_0 = I_g + I_T$。此时，只要计算出衍射束的强度，就可知道透射束的强度。偏移矢量 s 的存在使得衍射束强度远低于透射束强度，可保证衍射束和透射束之间无能量交换。

2. 晶柱近似

宏观的成像单元无法描述样品结构细节的成像特征，为此必须找到合适的成像单元。已知，在加速电压为 100kV 时，电子束的波长 λ 约为 0.003 7nm，在晶面间距 d 为 0.1nm 数量级时，衍射的布拉格角 θ 一般只有 $10^{-3} \sim 10^{-2}$rad 数量级。假设试样厚度为 200nm，则当透射束和衍射束离开试样下表面时，两者在下表面上相隔只有 $t \times 2\theta$，约为 1nm。在这样薄的晶体内，无论是透射波振幅还是衍射波振幅，都可看成是包括透射波和衍射波在内的晶柱内的原子或晶胞散射振幅的叠加。因此，晶柱近似就是把成像单元缩小到和一个晶胞相当的尺度。薄晶体可看成是由一系列晶柱平行排列构成的散射体。每个晶柱被看成是晶体的一个成像单元，假定透射束和衍射束都在晶柱内通过，晶柱的截面积等于一个晶胞的底面积，相邻晶柱内的衍射波或透射波互不干扰。每个晶柱底面上的衍射强度或透射强度只代表一个晶柱内晶体结构的情况。因此，只要计算出各个晶柱底部的衍射强度或透射强度，就可以得出整个晶体下表面的衬度分布，从而得出整个晶体结构情况。这种把薄晶体下表面上各点的衬度和晶柱结构对应起来的处理方法称为柱体近似。

如图 12-4 所示的晶柱近似示意图，Ⅰ、Ⅱ、Ⅲ 分别为平行排列的 3 个晶柱，I_0 为照射每个晶柱的入射束的强度，I_T 为每个晶柱下底面的透射束的强度，I_g 为每个晶柱下底面衍射束的强度，则对应晶柱Ⅰ、Ⅱ、Ⅲ的下底面衍射束的强度分别为 I_{g1}、I_{g2}、I_{g3}。若 3 个晶柱内晶体结构有差别，则 I_{g1}、I_{g2}、I_{g3} 就不同，从而解释暗场像的衬度；也可根据 $I_T = I_0 - I_g$，得到各晶柱下底面的透射束强度，从而解释明场像的衬度。

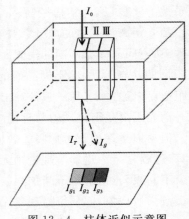

图 12-4　柱体近似示意图

12.2.2.2.2　完整晶体衍衬运动学理论及其应用

晶体有完整晶体和不完整晶体，其衍射强度计算方法不同。

1. 完整晶体的衍射束强度

完整晶体是指无点、线、面缺陷（位错、层错、晶界及第二相物质等微观晶体缺陷）的晶体。根据衍衬运动学理论的基本假设，完整晶体的晶柱为垂直于样品表面的直晶柱，计算其强度时可将直晶柱看成是由 n 个晶胞叠加起来组成的，将每个小晶柱分成平行于晶体表面的若干层晶胞，相邻晶柱之间不发生任何作用，则每个小晶柱下底面的衍射振幅为入射电子束作用在晶柱内各层晶胞平面上产生振幅的叠加，振幅的平方即为衍射强度。

如图 12-5 所示，厚度为 t 的完整小晶柱 OA 所产生的衍射和透射情况。首先要计算晶柱下表面的振幅 A_g，进而求得晶柱的衍射强度 $I_g = A_g \times A_g^*$。假设反射晶面 (hkl) 近似垂直于晶柱表面，单位振幅的电子波 $\exp(2\pi i k \cdot r)$ 入射到晶柱的上表面 O 点，入射波矢量为 k，衍射矢量为 k'、倒易矢量为 g 和偏移矢量为 s。此时，沿晶柱轴线方向距离晶体上表面 O 点为 r 处的衍射波振幅 A_g 等于晶柱中 r 厚度内各层原子面在 k' 方向衍射振幅叠加的总和。若该原子面间距为 d，则在厚度元为 dz

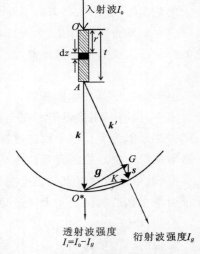

图 12-5　完整晶体的晶柱衍射示意图

范围内的原子面数量为 $\dfrac{dz}{d}$，则在厚度元 dz 内每层原子面产生的衍射波振幅为

$$dA_g = i\left(\frac{n\lambda \cdot F_g}{\cos\theta}\right)e^{-i\varphi}\frac{dz}{d} = i\left(\frac{n\lambda \cdot F_g}{\cos\theta}\right)e^{-2\pi i(k'-k)\cdot r}\frac{dz}{d} \tag{12-5}$$

式中：θ 为布拉格角；λ 为电子波的波长；F_g 为结构振幅；i 表示衍射束相对于入射束相位改变 $\dfrac{\pi}{2}$；n 为单元面积的晶胞数目；r 为位置矢量；φ 为散射波的相位角，且 $\varphi = 2\pi(k'-k)\cdot r$；$e^{-i\varphi}$ 称为相位因子；$\dfrac{\lambda F_g}{\cos\theta}$ 表示单位厚度的散射振幅。

由图 12-5 可知，由于存在偏移矢量 s，$k'-k = g+s$，则 $\varphi = 2\pi(k'-k)\cdot r = -2\pi(g\cdot r + s\cdot r)$。因为 $g\cdot r = (ha^* + kb^* + lc^*)\cdot(ua + vb + wc) = hu + kv + lw$，所以

$g \cdot r$ 必为整数,则 $e^{-2\pi i g \cdot r} = 1$。又近似有 $s // r // z$,且 $r = z$,所以 $s \cdot r = |s| \cdot |r| \cos 0° = sr = sz$。则上式变为

$$dA_g = i \left(\frac{n\lambda}{\cos\theta} \frac{F_g}{d} e^{-2\pi i s z} dz \right) \tag{12-6}$$

引入消光距离 $\xi_g = \frac{\pi d \cos\theta}{n\lambda F_g}$,则上式变为

$$dA_g = \frac{i\pi}{\xi_g} e^{-2\pi i s z} dz \tag{12-7}$$

对式(12-7)在 $0 \sim t$ 范围内积分,即可求得小晶柱底部的衍射波振幅为

$$A_g = \frac{i\pi}{\xi_g} \cdot \int_0^t e^{-2\pi i s z} dz \tag{12-8}$$

由于

$$\int_0^t e^{-2\pi i s z} dz = \frac{1}{2\pi i s}(1 - e^{-2\pi i s t}) = \frac{1}{\pi s} \cdot \frac{e^{\pi i s t} - e^{-\pi i s t}}{2i} = \frac{1}{\pi s} \cdot \sin(\pi s t) \cdot e^{-\pi i s t} \tag{12-9}$$

可得

$$A_g = \frac{i\pi}{\xi_g} \cdot \frac{\sin(\pi s t)}{\pi s} \cdot e^{-\pi i s t} \tag{12-10}$$

因此,晶柱下底面点的衍射强度为

$$I_g = A_g \cdot A_g^* = \frac{1}{(s\xi_g)^2} \sin^2(\pi s t) \tag{12-11}$$

则透射强度为

$$I_t = 1 - I_g = 1 - \frac{1}{(s\xi_g)^2} \sin^2(\pi s t) \tag{12-12}$$

这就是完整晶体衍射强度运动学公式,它表明衍射强度或透射强度与样品厚度 t、偏移矢量 s 及消光距离 ξ_g 有关,而消光距离实际上又与样品的成分、结构及加速电压等有关。因此,完整晶体的衍衬图像(包括明场像和暗场像)可以反映其结构和形貌,可用于解释等厚条纹及等倾条纹等衍射图像的形成原理。

2. 完整晶体的衍衬运动学理论解释

1) 等厚条纹

由式(12-11)可知,当偏移矢量 s 不变时,厚度 t 的变化会引起衍射强度的变化。

$$I_g = \frac{1}{(s\xi_g)^2} \sin^2(\pi s t) = \frac{1 - \cos^2(\pi s t)}{(s\xi_g)^2} \tag{12-13}$$

当 $t = \frac{n}{s}$(n 为整数)时,$I_g = 0$;当 $t = \left(n + \frac{1}{2}\right) \big/ s$ 时,I_g 为最大,即

$$I_{g\max} = \frac{1}{(s\xi_g)^2} \tag{12-14}$$

可见 I_g 随 t 呈周期性的振荡,振荡周期为 $t_g = \frac{1}{s}$,如图 12-6(a)所示。把这种衍射强度在晶体内随厚度发生规律性的变化,周期性地出现衍射强度为零的情况称为等厚消光,等厚消光的消光距离 $\xi_g = \frac{1}{s}$。等厚消光可以用来解释晶体样品楔形边缘处出现的等厚条纹,如

图 12-6(b)所示,在薄晶体的楔形端,晶体厚度连续变化,故可将该部分的晶体分割成一系列厚度相同的小晶柱,在每一个小晶柱内,可认为晶体的厚度是相等的。当电子束通过各晶柱时,每个柱体底部的衍射强度随着厚度 t 的不同,以 $t_g = \dfrac{1}{s}$ 发生变化,最后在衍射衬度图像上楔形端部处得到系列明暗相间的等厚条纹。每个亮暗条纹周期代表一个消光距离的大小。在明场像中,亮条纹透射束最大,衍射束最小;在暗场像中,正好相反。

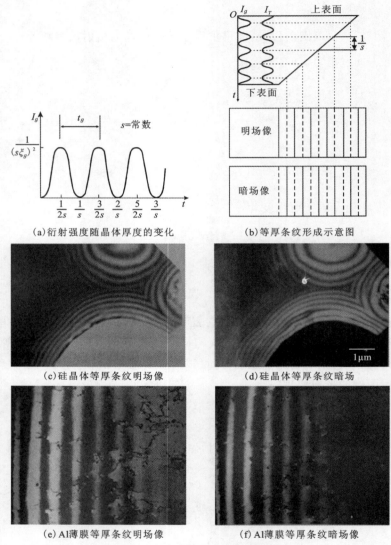

(a) 衍射强度随晶体厚度的变化　　(b) 等厚条纹形成示意图

(c) 硅晶体等厚条纹明场像　　(d) 硅晶体等厚条纹暗场

(e) Al 薄膜等厚条纹明场像　　(f) Al 薄膜等厚条纹暗场像

图 12-6　等厚条纹形成原理及图像

根据条纹的数量可计算晶体的厚度,计算方法如下[27-28]:首先,从衍射衬度图像中数出条纹的数目;然后,从衍射花样中求得该位置反射晶面的倒易矢量 g,求出消光距离 $\xi_g = \dfrac{\pi}{\lambda} \dfrac{V_C \cos\theta}{F_g} \approx \dfrac{\pi}{\lambda} \dfrac{V_C}{F_g}$(因为 θ 非常小,故 $\cos\theta \approx 1$);最后根据 $t = n\xi_g$ 计算出晶体厚度。

等厚条纹适用于晶体中倾斜界面的分析,在该倾斜界面中,晶体厚度连续变化幅度相同,如实际晶体的楔形位置、薄膜的穿孔孔壁位置、孪晶界、晶界、亚晶界等的区域都属于倾斜界面,都会形成等厚条纹,如图12-6(c)~(f)所示的硅晶体及铝薄膜的等厚条纹像。另外,电镜用的金属薄膜样品多是用电解抛光制备的,这样的样品也带有楔形边缘,有时还含有微小孔洞。电镜观察时,楔形边缘常显示出明暗相间的条纹,孔洞常显示出明暗相间的同心环状条纹。通常往往只看到为数不多的条纹,并且由于样品的吸收条纹宽度随样品厚度的增加逐渐变得模糊。

2)等倾条纹

若样品发生弯曲,则晶面发生弯曲,晶柱底面的衍射强度也会发生相应改变。如图12-7(a)和(b)分别为样品弯曲前后的示意图。弯曲前,不同位置的(hkl)晶面与入射束取向相同,都不满足布拉格条件,没有衍射束产生,因此电镜图像具有均匀的亮度,无异常衬度出现。弯曲后,由于试样各点弯曲程度不等,各处的(hkl)晶面相对入射束的取向不同,从而满足布拉格条件不同,具有不同的偏离矢量s。s越小衍射强度越大,s越大衍射强度越小。图12-7(b)中心O点弯曲甚微,基本上可以看成是晶面没有变化,因此不发生衍射,所以明场像中将无暗条纹出现。随着左右两边的晶面距离中心O点增大,偏移矢量s绝对值变小,衍射强度变大。当晶面在A、B两点时,恰好处于精确布拉格位置,$s=0$,将产生最强衍射束,所以明场像中出现黑色暗条纹。距离O点继续增大,在A、B两侧的晶面,其s绝对值复又增大,随s大小的不同在明场像上呈现次暗条纹。当晶体厚度一定时,衍射束强度随样品内发射晶面相对布拉格位置偏离矢量s的变化而呈周期性摆动,相应的透射束强度按相反周期摆动,摆动周期为$\frac{1}{t}$,因而在图像上显示出相应的条纹。由于该条纹是由试样的弯曲造成的,所以称弯曲消光条纹。在同一条纹上晶体偏离矢量s的数值是相等的,所以也被称为等倾条纹。

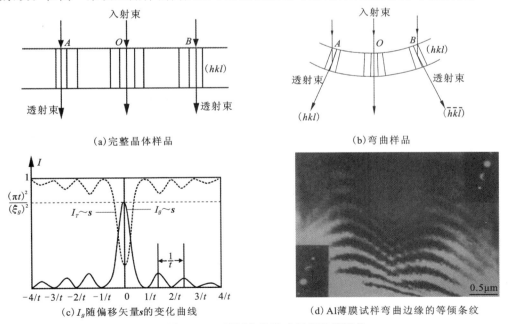

图12-7 等倾条纹形成原理及其图像

下面用函数关系来表示衍射强度随 s 的变化。

由式(12-13),衍射强度 I_g 表达式变形为

$$I_g = \frac{(\pi t)^2}{(\xi_g)^2} \frac{\sin^2(\pi st)}{(\pi st)^2} \tag{12-15}$$

式中:t 为试样厚度;s 为偏移矢量;ξ_g 为消光距离。

当样品厚度 t 一定时,I_g 随 s 的变化规律如图 12-7(c)所示。当 $s=\pm\frac{n}{t}$(n 为不等于 0 的整数)时,$I_g=0$;当 $s=0,\pm\frac{3}{2t},\pm\frac{5}{2t},\cdots$时,$I_g$ 有极大值,其中 $s=0$ 的衍射强度最大

$$I_{g\max} = \frac{(\pi t)^2}{(\xi_g)^2} \tag{12-16}$$

由图可知,衍射强度相对集中于 $s=\pm\frac{1}{t}$ 之间的一次衍射峰区,在 $s=\pm\frac{3}{2t}$ 时的二次衍射峰强度已经很弱。因此,可以把 $s=\pm\frac{1}{t}$ 的范围看作是偏离布拉格条件后能产生衍射强度的界限,超出这个界限,衍射强度近似为零,这个界限就是倒易杆的长度,即 $s=\frac{2}{t}$。可见,晶体越薄,倒易杆长度越长,能够发生衍射的概率越大。由分析可知,暗场像中,在 $s=\pm\frac{1}{t}$ 处为暗线,明场像则相反。

注意:①等倾条纹一般为两条平行的亮线(明场)或暗线(暗场),平行线的间距取决于晶体样品的厚度 t,厚度愈厚,间距越宽。此外,由于满足衍射的晶面族有多个,因此同一区域可能有多组取向不同的等倾条纹像,如图 12-7(d)所示。而等厚条纹则为平行的多条纹,平行条纹的条数及条纹间距取决于样品厚度和消光距离大小。②等倾条纹又称为弯曲消光条纹,随着样品弯曲程度的变化,等倾条纹会发生移动,即使样品不动,由于样品受电子束照射发热而变形,就可以看到弯曲消光条纹运动;或者样品稍加倾动,就有弯曲消光条纹大幅度扫过现象。

12.2.2.2.3 不完整晶体的衍衬运动学理论及应用

完整晶体中除了等厚条纹和等倾条纹外,基本无其他衬度,因此得不到更多有用的信息。而实际晶体多为不完整晶体,其在各方面满足布拉格条件不同的差异则会造成衬度的差别。晶体的不完整性可由以下原因引起:①由取向关系改变引起晶体不完整性,如晶界与孪晶界下沉淀物与基体界面等;②由晶体缺陷引起的弹性位移,如点、线、面及体缺陷;③由相转变引起的晶体不完整性;④由成分改变而组织结构不变引起的晶体不完整性;⑤由组织结构改变而成分不变引起的晶体不完整性,如马氏体相变。由于这些不完整性改变了完整晶体中原子的正常排列状况,使得晶体中某一区域的原子偏离了原来的位置而产生晶格畸变。这种晶格畸变使缺陷处的晶面取向不同于完整晶体的晶面取向,于是有缺陷区域和无缺陷区域满足布拉格条件的程度不一致,造成了衍射强度差异,从而产生了衬度,根据这种衬度效应,就可以判断晶体存在哪种缺陷。

1. 不完整晶体的衍射强度

如图 12-8 所示,在不完整晶体中,运动学理论中被分割的小晶柱不再是直晶柱,而是弯

曲状态。因此,可在完整晶体晶柱模型的基础上,引入一个缺陷的位移矢量 R,如此在晶柱中的位置矢量 r' 为完整晶体的位置矢量 r 与缺陷矢量 R 的和,即 $r'=r+R$。相应的相位角为

$$\begin{aligned}\varphi' &= 2\pi(k'-k)\cdot r' \\ &= 2\pi(g+s)\cdot(r+R) \\ &= 2\pi(g+s)\cdot r+2\pi(g+s)\cdot R \\ &= 2\pi(g+s)\cdot r+2\pi g\cdot R+2\pi s\cdot R\end{aligned} \quad (12-17)$$

畸变前直晶柱的相位角 $\varphi=2\pi(g+s)\cdot r$,而偏移矢量 s 与缺陷的位移矢量 R 近似垂直,即 $s\cdot R\approx 0$,所以

$$\varphi'=\varphi+2\pi g\cdot R \quad (12-18)$$

令 $\alpha=2\pi g\cdot R$,则

$$\varphi'=\varphi+\alpha \quad (12-19)$$

则晶柱底部衍射波的振幅积分为

$$\begin{aligned}A_g' &= \frac{i\pi}{\xi_g}\int_0^t e^{-i\varphi'}\mathrm{d}r' = \frac{i\pi}{\xi_g}\int_0^t e^{-i(\varphi+\alpha)}\mathrm{d}z \\ &= \frac{i\pi}{\xi_g}\int_0^t (e^{-i\varphi}\cdot e^{-i\alpha})\mathrm{d}z = \frac{i\pi}{\xi_g}e^{-2\pi i g\cdot R}\int_0^t e^{-2\pi i s z}\mathrm{d}z\end{aligned} \quad (12-20)$$

式中:α 为不完整晶体相较于完整晶体的附加相位角,由于 α 的存在,在小晶柱底部的衍射振幅运动学公式中引入了附加相位因子 $e^{-i\alpha}$。振幅不同,衍射强度不同,衍衬像也就不同。

下面分析相位因子的几种特殊情况。

当 $g\cdot R$ 为整数或 $0(g\perp R)$ 时,附加相位因子 $e^{-i\alpha}=1$,缺陷晶体的衍射振幅与完整晶体的衍射振幅完全一样,即衍衬像没有不同,故缺陷不可见。$g\cdot R=n(n$ 为整数或 0 时)是缺陷不可见的判据,也是缺陷晶体学定量分析的重要依据和出发点。

当 $g\cdot R\neq$ 整数,附加相位因子 $e^{-i\alpha}\neq 1$,则有缺陷晶体的衍射振幅 A_g' 与完整晶体的衍射振幅不同,缺陷可见。

当 $g/\!/R$ 时,$g\cdot R$ 有最大值,此时有最大的衬度。

2. 不完整晶体的衍衬运动学理论解释

1)层错

层错是晶体中原子正常堆垛遭到破坏时产生的一种面缺陷。一般发生在确定的晶面上,层错面上下方分别为位相

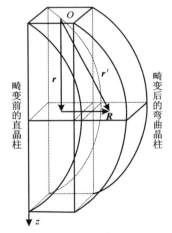

图 12-8 不完整晶体的弯曲晶柱

相同的完整晶体,二者之间只是发生了一个平移的位移矢量 R。层错有多种类型,如平行于样品表面的平行层错、倾斜于样品表面的倾斜层错、垂直于样品表面的层错及重叠层错。垂直于样品表面的层错在电镜下无衬度,不可见。

(1)平行层错:图 12-9(a)为平行于样品表面的层错示意图。AB 为完整晶体的小晶柱,$A'B'$ 为含有层错晶体的晶柱,层错上下方晶体 $A'S$ 和 SB' 均为完整晶体,厚度分别为 t_1 和 t_2,二者间沿层错面移动了一个位移矢量 R,且 R 平行于样品表面。

由完整晶体衍射振幅计算公式,可得 AB 的衍射振幅为

$$A_g = \frac{i\pi}{\xi_g} \int_0^t e^{-i\varphi} \mathrm{d}z = \frac{i\pi}{\xi_g} \int_0^{(t_1+t_2)} e^{-2\pi i s z} \mathrm{d}z \tag{12-21}$$

由不完整晶体衍射振幅计算公式,可得 $A'B'$ 的衍射振幅为

$$\begin{aligned}
A_g{'} &= \frac{i\pi}{\xi_g} \int_0^t (e^{-i\varphi} \cdot e^{-i\alpha}) \mathrm{d}z \\
&= \frac{i\pi}{\xi_g} \left[\int_0^{t_1} e^{-i\varphi} \mathrm{d}z + \int_{t_1}^{t_2} e^{-i(\varphi+\alpha)} \mathrm{d}z \right] \\
&= \frac{i\pi}{\xi_g} \left[\int_0^{t_1} e^{-i\varphi} \mathrm{d}z + \int_{t_1}^{t_2} (e^{-i\varphi} \cdot e^{-i\alpha}) \mathrm{d}z \right] \\
&= \frac{i\pi}{\xi_g} \left(\int_0^{t_1} e^{-i\varphi} \mathrm{d}z + e^{-i\alpha} \int_{t_1}^{t_2} e^{-i\varphi} \mathrm{d}z \right) \\
&= \frac{i\pi}{\xi_g} \left(\int_0^{t_1} e^{-2\pi i s z} \mathrm{d}z + e^{-2\pi i \boldsymbol{g} \cdot \boldsymbol{R}} \int_{t_1}^{t_2} e^{-2\pi i s z} \mathrm{d}z \right)
\end{aligned} \tag{12-22}$$

根据以上分析可知,层错平行于样品表面,当 $\boldsymbol{g} \cdot \boldsymbol{R}$ 为整数时,$e^{-i\alpha}=1$,$A_g{'}=A_g$,层错本身不显衬度,与完整晶体区衬度相同;当 $\boldsymbol{g} \cdot \boldsymbol{R}$ 不为整数时,层错显衬度,图像上表现为一条等宽的暗带或亮带。成暗场像时,当 $A_g{'}>A_g$ 时,层错为亮带;当 $A_g{'}<A_g$ 时,层错为暗带;层错正好处于某消光距离上(即特定深度 $t=\frac{n}{s}$ 时),层错亦不显衬度。

(2) 倾斜层错:图 12-9(b)为层错面倾斜于样品表面的层错示意图,图中晶柱在 S 处被分成上下两部分:t_1 和 t_2,层错位移矢量为 $\boldsymbol{R}$。相对于平行层错,倾斜层错的层错面为斜面,从而晶柱的厚度连续变化。根据式(12-22),当 $t_1=\frac{n}{s}$ 时,$A_g{'}=A_g$,层错将不显衬度;当 $t_1 \neq \frac{n}{s}$ 时,$A_g{'} \neq A_g$,层错将显示衬度,此时层错在同一试样深度 Z 处,$A_g{'}$ 相同,而随着试样深度的变化,$A_g{'}$ 做周期性变化,衍射强度亦做周期性变化,深度周期为 $\frac{1}{s}$。因此,层错衬度表现为亮暗相间的条纹,条纹方向平行于层错与上下表面的交线方向。

倾斜层错条纹与楔形试样等厚条纹相似,深度周期均为 $\frac{1}{s}$,但二者衬度图像不同,主要表现在以下几个方面:一是层错条纹是出现在晶粒内部的直线条纹,如图 12-9(c)所示 NiTiHf 合金中的倾斜层错条纹像,而等厚条纹则是顺着晶界变化的弯曲条纹,如图 12-9(d)镍基超合金中同时出现的倾斜层错条纹和等厚条纹;二是层错两侧结构取向相同,$\boldsymbol{g}$ 也相同,故层错两边晶体衬度基本相同,因此层错条纹衬度具有中心对称的特点,而楔形试样边缘的等厚条纹衬度无中心对称的特点;三是层错条纹的数目取决于层错倾斜程度,倾斜度愈小,条纹数目愈少,等厚条纹的数目取决于样品的厚度;四是层错条纹亮暗带均匀,且亮度基本一致,而等厚条纹的亮度由晶界向晶内逐渐变弱。倾斜层错条纹与平行层错条纹亦不同,平行层错只有一条暗条纹或亮条纹。

(3) 重叠层错:在较厚的晶体样品中,与层错面平行的相邻晶面上也可能存在层错,即出现重叠层错。此时层错的条纹像衬度完全取决于它们各自附加相位角在重叠区的合成情况。当附加相位角的合成值为 0 或 $2n\pi$ 时,层错在重叠区无衬度;而当附加相位角的合成值不为零或 $2n\pi$ 时,则层错将在重叠区产生衬度,出现条纹像。

2) 位错

位错是一种线缺陷,处于位错附近的原子偏离正常位置而发生畸变,这些原子连成一条

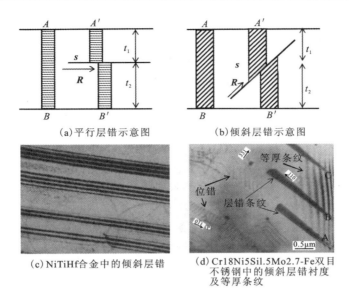

(a) 平行层错示意图　　(b) 倾斜层错示意图

(c) NiTiHf 合金中的倾斜层错　　(d) Cr18Ni5Si1.5Mo2.7-Fe 双目不锈钢中的倾斜层错衬度及等厚条纹

图 12-9　层错及其衬度图像

线时，就伴随着一个线状应变场，这个应变场是相对于其周围完整晶体的基体而言的，被定义为位错。缺陷周围应变场的变化引入附加相位角 $\alpha = 2\pi \mathbf{g} \cdot \mathbf{R}$ 是缺陷矢量 $\mathbf{R}$ 的连续函数，而层错引入的附加因子则是突然变化的。利用透射电镜观察位错，不但可以证实位错的存在，而且可以直观地反映位错的起源、增殖、扩展及其相互作用。

定量描述线状应变场给正常晶体带来畸变大小的量即布氏矢量（Burgers vector），简记作 $\mathbf{b}$。根据 $\mathbf{b}$ 相对于位错线方向（$\mathbf{u}$）的关系，可将位错分为刃位错、螺位错和混合型位错 3 类。单纯的刃位错或者螺位错是直线型的，刃位错的位错线与布氏矢量垂直（$\mathbf{b} \perp \mathbf{u}$），螺位错的位错线与布氏矢量平行（$\mathbf{b} // \mathbf{u}$）。但实际上大部分位错是混合位错，形状为曲线型，其位错线与布氏矢量为任意角度。在透射电子显微镜中，布氏矢量是判断位错组态的重要依据。

布氏矢量是基于对缺陷晶体与完整晶体点阵排列的比较建立的，具体做法是：第一，规定位错线的正向为 $\mathbf{u}$，并规定从里向外离开图面的方向为正向；第二，在含缺陷晶体中，作包围位错的封闭回路[图 12-10(a)、(c)]，如运动的小箭头所示，记住完成这一封闭回路的步数。然后以同样步数和回转方向在完整晶体中作回路[图 12-10(b)、(d)]，走完相同步数后，回路必不封闭，然后由不闭合回路的终点 F 连向始点 S，取 $FS = \mathbf{b}$，即布氏矢量。由上述过程可见，布氏矢量反映了位错周围点阵畸变的总积累（同时包括方向和大小），描述了位错的性质。

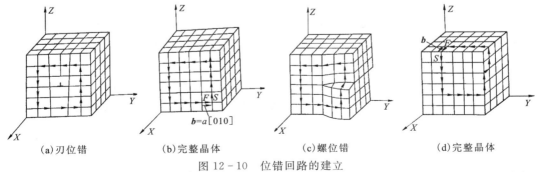

(a) 刃位错　　(b) 完整晶体　　(c) 螺位错　　(d) 完整晶体

图 12-10　位错回路的建立

刃位错:$b \cdot u = 0, b \perp u$;右螺位错:$b \cdot u = b, b // u$;左螺位错:$b \cdot u = \pm b, b // u$。混合型位错的布氏矢量可分解为刃型和螺型分量。

从布氏回路过程可以看出,只要求回路沿环绕位错的区域运行,对怎样运行并无规定,可见,一根位错不论形状如何,b 是唯一的,即位错线各处 b 相同;若干位错汇集于一结点,则指向结点的位错布氏矢量之和等于离开结点的位错布氏矢量之和;所有指向或离开同一结点各布氏矢量之和等于零。这就是布氏矢量的守恒性。布氏矢量是最本质地反映位错性质的基本参量。

了解了布氏矢量的含义,接下来分别讨论刃位错和螺位错的衬度。

(1)螺位错:图 12-11 为平行于薄晶试样表面的螺旋位错示意图,AB 为螺旋位错的中心线,布氏矢量为 b,位错线距试样表面的距离为 y,理想晶柱 PQ 因螺旋位错畸变为 $P'Q'$,晶柱内不同深度的坐标为 z,晶柱距位错线的水平距离为 x,样品厚度为 t。根据螺型位错线周围原子的位移特性,R 的方向与 b 一致。因为晶柱位于螺型位错的应力场中,晶柱内各点应变量都不同,因此 R 矢量也不相同,R 应是 z 的函数。绕位错线一周,缺陷矢量 R 为一个布氏矢量 b。因此,在晶柱中当角坐标为 β 时,R 可表示为

$$R = \frac{\beta}{2\pi} \cdot b \tag{12-23}$$

由图 12-11 可知

$$\beta = \arctan \frac{z - y}{x} \tag{12-24}$$

于是有

$$R = \frac{b}{2\pi} \arctan \frac{z - y}{x} \tag{12-25}$$

从式(12-25)可以看出,晶柱位置确定后(x 和 y 确定),R 是 z 的函数。

因为晶体中引入缺陷矢量后,其附加相位角 $\alpha = 2\pi g_{hkl} \cdot R$,故

$$\alpha = g_{hkl} \cdot b \cdot \arctan \frac{z - y}{x} \tag{12-26}$$

由于 b 可表示为正空间晶胞参数的矢量合成(晶向),g_{hkl} 为倒易矢量,故 $g_{hkl} \cdot b = n$(n 为整数),所以

$$\alpha = n\beta \tag{12-27}$$

晶体有螺型位错线时,其衍射波的振幅可表示为

$$A_{g'} = \frac{i\pi}{\xi_g} \int_0^t e^{-i(\varphi + \alpha)} \mathrm{d}z = \frac{i\pi}{\xi_g} \int_0^t e^{-i(\varphi + n\beta)} \mathrm{d}z \tag{12-28}$$

由式(12-28)可以看出,当 $n = 0$,即 $g_{hkl} \cdot b = 0$,$\alpha = 0$,此时振幅与完整晶体衍射振幅相同,即使存在螺旋位错线,也不显衬度;当 $n \neq 0$,即 $g_{hkl} \cdot b \neq 0$ 时,$\alpha \neq 0$,则螺旋位错附近的衍射振幅和完整晶体部分不同,因此螺旋位错显衬度。

由以上分析可见,$g_{hkl} \cdot b = 0$ 是位错能否显衬度的判据,利用它可以确定位错线的布氏矢量。如果选择两个位错线均不可见的 g 矢量,可以列出两个方程联立成方程组,即

$$\begin{cases} g_{h_1 k_1 l_1} \cdot b = 0 \\ g_{h_2 k_2 l_2} \cdot b = 0 \end{cases} \tag{12-29}$$

求得位错的布氏矢量为

$$\boldsymbol{b} = \begin{bmatrix} a & b & c \\ h_1 & k_1 & l_1 \\ h_2 & k_2 & l_2 \end{bmatrix} \qquad (12-30)$$

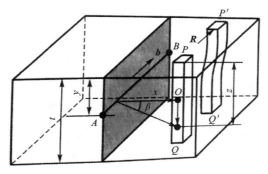

图 12-11 平行膜表面的螺旋位错

(2) 刃型位错：刃型位错是晶体在滑移过程中产生的，为多余原子面与滑移面的交线，其周围晶格的畸变也会引起衍射条件的改变，从而产生衬度。如图 12-12(a)所示，(hkl) 是由于位错线 D 而引起局部畸变的一组晶面，其偏移矢量为 s_0，假定 $s_0 > 0$。在远离位错 D 的区域，如 A、C 位置，相当于完整晶体，其衍射强度为 I_0（即暗场像中的背景强度）。刃型位错会引起其附近晶面的局部转动，意味着在此应变场范围内的 (hkl) 晶面产生额外的偏移矢量 s'，离位错区域越远，$|s'|$ 越小。设在位错线的右侧 $s' > 0$，在位错线的左侧 $s' < 0$，如图 12-12(a)所示。于是，在 D 的右侧区域（例如 B 位置），晶面总偏移矢量为 $s = s_0 + s' > s_0$，使衍射强度 $I_B < I_0$；而在左侧，由于 s' 与 s_0 符号相反，总偏移矢量 $s = s_0 + s' < s_0$，且在某个位置（例如 D'）恰好使 $s_0 + s' = 0$，即严格满足布拉格条件，则衍射强度 $I_{D'} = I_{\max}$。这样在位错线的左侧衍射强度增强，右侧衍射强度减弱，而远离位错线的衍射强度基本不变，从而形成的衍射强度分布如图 12-12(b)所示。在偏移位错线实际位置的左侧，将产生位错线的像（暗场中为亮线，明场相反），如图 12-12(c)所示。

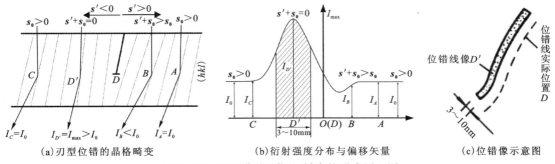

(a) 刃型位错的晶格畸变　　(b) 衍射强度分布与偏移矢量　　(c) 位错像示意图

图 12-12 刃型位错（附近）衬度的形成原理图

位错线像不出现在它的实际位置，说明其衬度是由晶格畸变产生的，称之为"应变场衬度"。由于附加偏移矢量 s' 随离开位错中心的距离而变化，因而位错线的像总是有一定的宽度(3～10nm),通常位错像的宽度与其偏离位错中心的距离在同一个量级。当位错线倾斜于样品表面时,位错像常具有点状(又称位错头)或锯齿状特征;当位错线平行于样品表面时,位错像常显示为亮度均匀的线。由于其深度位置不同,可能高于或低于前景强度,可能与背景强度相同而看不到。例如图12-13中Ni基高温合金高温蠕变后的位错和不锈钢中的界面位错。

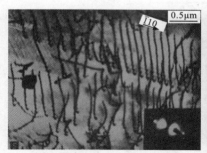 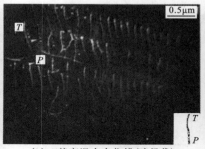 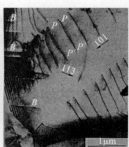

(a) Ni基高温合金位错(明场像)　　(b) Ni基高温合金位错(暗场像)　　(c)不锈钢中的界面位错

图12-13　TEM下的位错线

3) 第二相粒子

材料中往往存在大量的第二相粒子,与基体之间处于共格或半共格状态,是一种体缺陷。它们对材料的力学性能有非常重要的影响,纳米级第二相粒子的作用尤其重要。用透射电镜来观察研究薄晶体中的第二相粒子,首先要了解其产生衬度的机理。

第二相粒子所产生的图像衬度影响因素很多,包括粒子的形状、大小、位置、晶体结构、位向、化学成分,以及粒子与基体点阵之间的关系。此外,截面附近还可能存在浓度梯度和缺陷等。一般来说,第二相粒子可以通过两种不同的方式产生衬度:一是穿过粒子的晶体柱内衍射波的振幅和位向发生了变化,叫沉淀物衬度;二是第二相粒子的存在引起周围基体点阵发生局部的畸变,类似位错衬度的来源,叫基体衬度。

如图12-14所示为第二相粒子(P)在基体(M)中的存在形式,共有5种形式:①完全非共格;②部分共格,有错配度;③完全共格,无错配度;④完全共格,局部有错配度;⑤完全共格,有错配度。对于各种存在形式,沉淀物的衬度总是存在的,而基体衬度则不一定,通常只有在粒子和基体既有共格关系(部分或全部)又有错配度的情况下才会出现。如果粒子的化学成分使它与基体的平均原子序数有较大差别,则由此产生的质量厚度衬度效应也是不容忽视的。

沉淀物衬度的产生比较容易理解,因为第二相粒子中的晶柱与无粒子区域在成分、晶体结构等方面的不一致,导致穿过二者的衍射波合成振幅和强度也不一致,加之,引起强度变化的原因是多方面的,因此得到的粒子的图像特征也大不相同。基体衬度是由于与其晶胞参数不同的第二相粒子的引入破坏了基体中原子的正常排列,无论二者是共格关系还是非共格关系,都会引起特征衬度效应,根据这种效应,可以判断沉淀物的有关信息。

图12-15(a)为第二相粒子衬度产生的原理图。设第二相粒子P为球形颗粒,基体M为各向同性,第二相粒子的存在使得其周围的基体晶格发生畸变,AB为畸变后的弯曲晶柱,则产生径向的缺陷矢量R可表示为

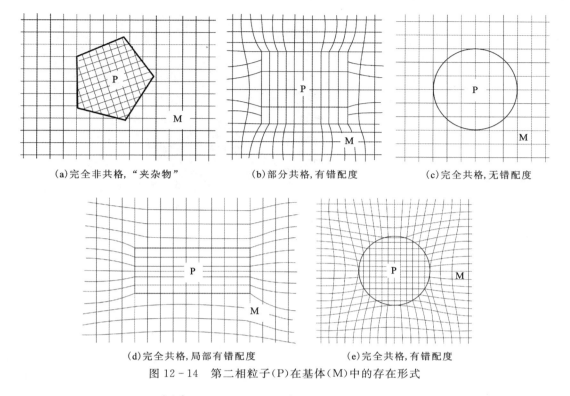

图 12-14 第二相粒子(P)在基体(M)中的存在形式

$$R = \varepsilon r_0^3 / r^2 \qquad r \geqslant r_0 \qquad (12-31)$$
$$R = \varepsilon r \qquad r \leqslant r_0 \qquad (13-32)$$

式中：r 为畸变区任一点至球心的距离；r_0 为第二相粒子半径；ε 为弹性应变场参量，它与第二相和基体之间的错配度有关，$\varepsilon = \frac{2}{3}\delta$（$\delta$ 为错配度）。

弯曲晶柱底面衍射束振幅的附加相位角为

$$\alpha = 2\pi \boldsymbol{g} \cdot \boldsymbol{R} = 2\pi \boldsymbol{g}\boldsymbol{R} \cdot \cos\theta \qquad (12-33)$$

式中：θ 为弯曲晶柱中某一点处的角坐标。

把 $R = \varepsilon r_0^3/r^2$ 代入式(12-33)得

$$\alpha = 2\pi \boldsymbol{g} \frac{\varepsilon r_0^3}{r^2} \cdot \cos\theta \qquad (12-34)$$

把式(12-34)代入不完整晶体衍射振幅计算公式(12-22)即可求得该弯曲晶柱的衍射振幅，求得衍射强度。计算结果表明第二相共格小粒子的衬度有如下特征[27]：在基体中产生的衬度是对称的两个半圆，随着小粒子在试样中的深度不同，其衬度像的强度分布不同，在小粒子的应变场衬度轮廓中存在一个"零衬度线"，该衬度线与操作矢量互相垂直。因为所有缺陷位移都是径向的，所以基体中过粒子中心的所有晶面均未发生畸变[如通过图 12-15(a)圆心互相垂直的两个晶面]。若用这些不畸变的晶面作衍射面，则这些晶面不存在缺陷矢量（即 $\boldsymbol{R}=0,\alpha=0$），因此这些晶面不显衬度。图 12-15(b)为奥氏体不锈钢中共格球形铜沉淀相的明场像，粒子被分裂成两瓣，中间即为无衬度的线状亮区，操作矢量 $\boldsymbol{g}$ 和这条无衬度线垂直。若用不同的操作矢量，无衬度线的方位将随操作矢量而变。

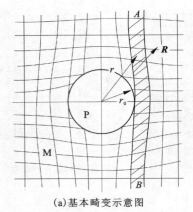 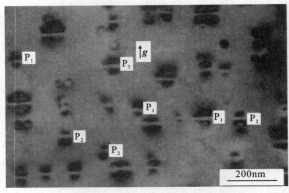

(a) 基本畸变示意图　　　　　　(b) 奥氏体不锈钢中共格含铜沉淀相衬度

图 12-15　第二相粒子衬度产生原理图及其明场像

12.3　相位衬度——HRTEM 高分辨图像

电子波通过质厚不同的物样发生非相干散射时可产生质厚衬度图像，通过晶体样品时因不同部位发生相干散射的振幅不同可得到衍射衬度图像，而由于电子波与试样电势场的交互作用，还可在通过薄试样下底面时形成波的相位差异而产生相位衬度图像。

当试样足够薄，采用在光轴上加入小尺寸物镜光阑的方法仍不能得到可察觉的"光阑衬度"，或试样薄到使试样中相邻晶柱所产生的透射波振幅之差非常小，不足以区分相邻的两个像点时，这时可视为电子显微像上的振幅衬度为零，忽略试样内的散射与取向的依赖关系，将处于这种情况下的薄试样称为相位物，这种将电子波透过试样后波的振幅变化忽略不计的近似称为相位物近似。通常将能满足相位物近似的试样厚度限制在 10nm 甚至更小，让透射束和至少一束衍射束同时通过物镜光阑，可形成一种能够真实反映物样结构细节的高分辨图像，这种像衬的形成是透射束和衍射束因为相位不同而相干的结果，故称为相位衬度。进入光阑的衍射束愈多，获得的样品结构细节愈丰富，图像愈接近真实的结构。

高分辨电子显微术（HRTEM）就是一种基于相位衬度原理成像的技术，其目的是将电子波通过薄试样产生的相位变化尽可能圆满地转变为可观察到的像强度分布，从相位衬度的高分辨图像上提取试样的真实结构信息。高分辨电子显微术通常采用的设备为高分辨透射电子显微镜，得到的图像为高分辨图像，也被称为 HRTEM 像。目前高分辨成像显微术已经是透射电镜中普遍使用的方法，分辨率已经达到了亚埃尺度。

12.3.1　相位衬度的形成原理

HRTEM 像的相位衬度是电子束穿过极薄样品时可忽略振幅差异而得到的。在一个原子尺度的范围内，电子在距离原子核不同的地方经过时，散射后的电子能量会有 $10\sim20\mathrm{eV}$ 的变化，从而引起散射波频率和波长的变化，并引起相位差别。

如图 12-16(a) 所示，一个电子在离原子核较远处经过时，基本上不受散射，用波 T 表示，另一个电子在距离原子核很近处经过，而被散射，变成透射波 I 和散射波 S，T 波和 I 波相差一个散射波 S，而 S 波和 I 波位相差为 $\pi/2$。在无像差的理想透镜条件下，S 波和 I 波在像平面上可以无像差地再叠加成像,所得结果振幅和 T 波一样,如图 12-16(b)所示,不会有振幅的差别,但如果使 S 波相位改变 $\pi/2$,I 波+S 波($I+S$)与波 T 的振幅就会产生差异,造成衬度,如图 12-16(c)所示。当电子穿透薄试样的时候,在试样的上表面相位相同,如图 12-16(d)所示。由于试样中的原子规则排列,电子束进入试样不同位置时散射能力不同。因此,穿出试样下表面的透射波的相位不同,这个相位的差异即可产生相位衬度。可见在散射波和透射波之间引入合适的附加相位是产生相位衬度的关键。相位改变的实质是光程差发生了改变,引起振幅的变化,从而引起强度的变化。由于这种衬度变化是在一个原子的空间范围内,所以可以用来辨别原子,形成原子分辨率的图像。

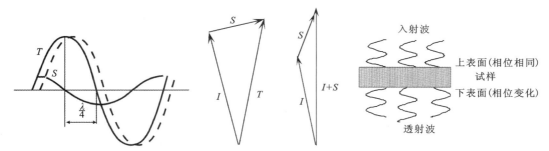

(a)透射波与散射相位差为$\pi/2$ (b)叠加结果振幅相同 (c)叠加结果振幅不同 (d)电子束穿过试样的相位变化

图 12-16 附加相位产生示意图

下面用成像过程及函数变化来分析 HRTEM 像的形成原理。

图 12-17 为 HRTEM 像形成光路及函数变化。高分辨图像的形成可分为两个过程:首先,入射电子束穿过很薄的晶体试样,发生衍射的电子在物镜的后焦面处形成携带晶体结构的衍射花样;然后,大的物镜光阑孔让透射束和一束或多束衍射束同时通过,互相发生干涉,干涉波在物镜的像平面处重建晶体点阵的像,即得到高分辨图像。这两个过程分别对应着数学上的傅里叶变换(Fourier transformation,用 F 表示)和逆变换(F^{-1}),即首先,物镜将物面波分解成各级衍射波,在物镜后焦面上得到衍射花样;然后,各级衍射波相互干涉,重新组合,得到保

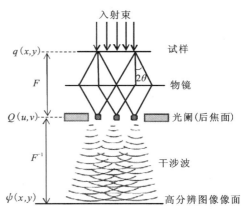

图 12-17 HRTEM 像形成光路及函数变化

留原有相位关系的像面波,在像平面处得到高分辨图像。第一个过程是将物面波函数 $q(x,y)$(即透射函数)傅里叶变换为衍射波函数 $Q(u,v)$[(x,y)为正空间坐标,(u,v)为倒空间的坐标];第二个过程是将衍射波函数 $Q(u,v)$ 转换为像面波函数 $\psi(x,y)$,相当于衍射波再进行逆傅里叶变换,转换为物面波的像。

12.3.1.1 薄试样高分辨电子显微衬度形成原理

1. 入射电子与试样物质的相互作用——透射波的形成

当样品极薄的时候,可被认为是弱相位体吗? 入射电子束穿过该试样时,只发生相位

变化,振幅无变化,也不考虑电子的吸收,此时穿过样品下表面的透射波函数 $q(x,y)$ 可描述为

$$q(x,y) = exp[i\sigma\varphi(x,y)\Delta z] \tag{12-35}$$

式(12-35)中,σ 为相互作用常数(interaction constant),$\varphi(x,y)$ 是反映晶体势场沿电子束入射方向分布并受晶体结构调制的波函数。相互作用常数 σ 可表示为

$$\sigma = \frac{2\pi}{V\lambda}(1+\sqrt{1-\beta^2}) \tag{12-36}$$

式中:V 为电镜的加速电压;λ 电子波的波长;$\beta = v/c$(v 为电子波的速度,c 为光速)。可见,由电子显微镜的加速电压决定,如 200kV 下,σ 为 0.007 29 $V^{-1} \cdot nm^{-1}$;1000kV 下,σ 为 0.005 39 $V^{-1} \cdot nm^{-1}$。

在通常情况下,试样的厚度非常小(如 2～3nm),$\varphi(x,y) \ll 1$。按指数函数展开式(12-35),即可得到透射函数的近似表达式为

$$q(x,y) = 1 + i\sigma\varphi(x,y) \tag{12-37}$$

这就是弱相位体近似(weak-phase-object approximation,简称 WPOA)。它表明对极薄试样,其下表面处的透射波函数的振幅与晶体的投影势呈线性关系。弱相位体近似被广泛应用于高分辨显微技术的计算机模拟。

2. 电子经物镜作用——衍射波的形成

入射波通过试样,相位受到晶体势的调制,在试样的下表面得到物面波 $q(x,y)$,物面波携带着晶体结构的信息,经物镜作用后,在其后焦面上得到衍射波 $Q(u,v)$。此时,物镜相当于一个"分频器",将物面波中的透射波(可看成零级衍射波)和各级衍射波分开了,体现在焦平面上可得到一系列衍射斑点(图 12-17)。频谱分析器的原理即为数学上的傅里叶变换。此处,物面波函数 $q(x,y)$ 经第一次傅里叶变换为衍射波函数 $Q(u,v)$,即

$$Q(u,v) = F[q(x,y)] \tag{12-38}$$

3. 透射波和衍射波互相干涉——像面波的形成

高分辨图像成像时,在焦平面处,大的物镜光阑孔让透射波和衍射波都通过。因此,透射波和各级衍射波互相干涉,产生的干涉波到达像平面并成像。在该过程中,如果物镜是一个理想透镜,无像差,则从试样到后焦面,再从后焦面到像平面的过程,分别经历了两次傅里叶变换,物平面与像平面会严格地为一对共轭面,像面波真实地放大了物面波。而当物镜有像差时,像平面与物平面并不严格共轭,像面波也不再真实地复现物面波。像面波和物面波之间的这种偏差可在物镜后焦面上给衍射波加一个乘子,该乘子即衬度传递函数(contrast transfer function,简称 CTF),表示物镜引起的电子相位变化。也就是说,在物镜后焦面处的衍射波 $Q(u,v)$ 经衬度传递函数的作用,就得到了像面波 $\psi(u,v)$。

衬度传递函数为一个相位因子,它综合了物镜光阑、球差与像散(即焦距差,又称离焦量)及色差等诸多因素对像衬度的影响。因此,综合的衬度传递函数可表示为

$$S(u,v) = A(u,v)exp[i\chi(u,v)]B(u,v)C(u,v) \tag{12-39}$$

式中:$A(u,v)$ 为物镜光阑函数;$\chi(u,v)$ 为物镜的球差与离焦量综合引起的相位差;$B(u,v)$ 为照明束发散度引起的衰减包络函数;$C(u,v)$ 为物镜的色差引起的衰减包络函数。

由于照明发散度和色差可分别通过聚光镜的调整和稳定电压得到有效控制,因此可以忽

略不计。而物镜光阑函数取值有两个：在倒空间，倒易矢量的长度为$|\boldsymbol{g}|^2=u^2+v^2$，当$\sqrt{u^2+v^2}\leqslant r$（$r$为物镜光阑孔的半径）时，$A(u,v)=1$，即衍射波在光阑孔径范围内；当$\sqrt{u^2+v^2}>r$时，$A(u,v)=0$，即衍射波被光阑挡住，不参与成像。故通常情况下取$A(u,v)=1$。

这样衬度传递函数可以简化为

$$S(u,v)=exp[i\chi(u,v)]=\cos\chi(u,v)+i\sin\chi(u,v) \quad (12-40)$$

其中，$\chi(u,v)$可表示为

$$\chi(u,v)=\pi\{\Delta f\lambda(u^2+v^2)-0.5C_s\lambda^3(u^2+v^2)^2\} \quad (12-41)$$

则像面波可表示为

$$\begin{aligned}\psi(u,v)&=Q(u,v)S(u,v)=Q(u,v)exp[i\chi(u,v)]\\&=F[1+i\sigma\varphi(x,y)]exp[i\chi(u,v)]\end{aligned} \quad (12-42)$$

4. 高分辨电子图像上的黑白衬度

若不考虑像的放大倍数，像的强度为像平面上电子散射振幅的平方，整理为

$$\begin{aligned}I(x,y)&=\psi(u,u)\cdot\psi^*(u,v)\\&=|1+iF\{\sigma\varphi(x,y)exp[i\chi(u,v)]\}|^2\end{aligned} \quad (12-43)$$

为简单起见，引用一个例子做一些简化，假设两个理想的物镜条件

$$exp[i\chi(u,v)]=\pm i(u,v\neq 0\text{ 时}) \quad (12-44)$$

将式(12-44)代入式(12-43)，可得假定条件下像的强度为

$$I(x,y)=|1\mp\sigma\varphi(-x,-y)|^2\approx 1\mp 2\sigma\varphi(-x,-y) \quad (12-45)$$

这里略去$\sigma\varphi$的高次项，且$\varphi(-x,-y)=F[\varphi(x,y)]$。

由式(12-45)可以看出，晶体势分布$\varphi(x,y)$在强度$I(x,y)$中反映出来了，即像强度记录了晶体势分布。另外，物面波公式中的$\varphi(x,y)$转化为像强度公式中的$\varphi(-x,-y)$，符号相反，是因为根据光学成像光路，物(x,y)在物镜的像面处会成倒立的像$(-x,-y)$，这与强度的函数表达一致。

图12-18所示为常用200kV电子显微镜($C_s=0.8$mm)和400kV电子显微镜($C_s=1.0$mm)在最佳欠焦条件[谢尔策(Scherzerfocus)条件]下的物镜衬度传递函数的虚部$\sin\chi(u,v)$变化曲线。可以看出，200kV下在$1.7\sim 4.3$nm^{-1}和400kV下在$2.1\sim 5.7$nm^{-1}很宽范围内，传递函数的虚部值均接近于1，因此在谢尔策条件下，它接近式(12-45)理想透镜的像强度分布，即

$$I(x,y)\approx 1-2\sigma\varphi(-x,-y) \quad (12-46)$$

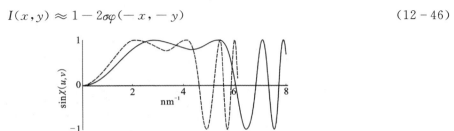

图12-18 电子显微镜在谢尔策聚焦条件下物镜的衬度传递函数虚部$\sin[\chi(u,v)]$变化曲线

注：虚线为200kV，$C_s=0.8$mm；实线为400 kV，$C_s=1.0$mm。

因此,由式(12-45)和式(12-46)可知,像面上像的强度 $I(x,y)$ 与晶体势分布 $\varphi(x,y)$ 的投影呈线性关系,像面上电子束的强度分布即反映了试样晶体沿电子束入射方向投影的势分布。图 12-19 为晶体势与 HRTEM 像强度的对应关系。图 12-19(a)为晶体中重原子或轻原子列沿电子束入射方向的势分布,势高处对应重原子列位置(中心高峰),势低处对应轻原子列位置(两侧低峰)。图 12-19(b)为对应图 12-19(a)不同原子列的像强度分布图。可见,势高的地方像强度弱[图 12-19(b)中心向下凹进的负峰],势低的地方像强度大。

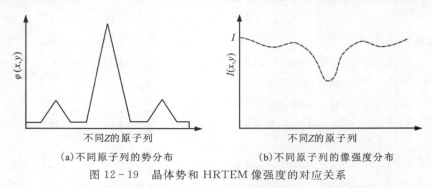

(a)不同原子列的势分布　　　　(b)不同原子列的像强度分布

图 12-19　晶体势和 HRTEM 像强度的对应关系

图 12-20 为超导氧化物 $TlBa_2Ca_3Cu_4O_{11}$ 的 HRTEM 像。取图像中的白框区域绘制了原子位置的结构模型示意(图 12-20 左上插图)。插图左、右两列对称分布,上下为 Tl 原子

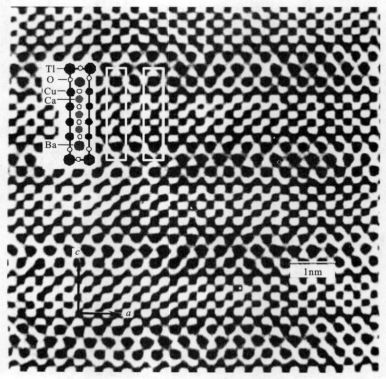

图 12-20　Tl 系超导氧化物的 HRTEM 像

注:$TlBa_2Ca_3Cu_4O_{11}$ 粉碎样,400kV 加速电压,沿[010]入射。

列,2个Tl原子列中间分布着1个O原子列和4个Cu原子列,中间一列有2个Ba原子列、3个Ca原子列和5个O原子列。由高分辨图像可见,金属原子的位置都是黑点。重原子铊(Tl,81)和钡(Ba,$Z=56$)因为原子序数最大,势最高,强度最低,在图像上的位置出现最大的黑点。原子序数次之的Cu、Ca表现为较小的黑点。原子之间的空隙因为势最低,图像上最明亮(结构模型示意图为了区别不同原子,用了不同的图案)。一般来说,黑点处有原子的位置,黑衬度也有深浅,深黑衬度对应着Z较大的原子,浅黑衬度对应着Z较小的原子,两个相邻的原子,其像衬也可连在一起,这涉及电子显微镜的分辨率,在此不做深入探讨。

12.3.1.2 厚试样的高分辨电子显微衬度的形成原理

HRTEM成像要求欠焦条件,采取欠焦($\Delta f \neq 0$)是为了弥补透镜球差C_S的影响。另外,只有在弱相位体近似且最佳欠焦条件下拍摄的高分辨像才能正确反映晶体结构信息。实际上弱相位体近似的要求很难满足。当样品厚度超过一定值(5nm)或样品中含有重元素等情况下,往往使弱相位体近似条件失效。此时,尽管仍然可以获得清晰的高分辨像,但像衬度与晶体结构投影已经不是一一对应关系了,对于这些像只能通过模拟计算并与实验像的细致匹配才能解释。另外,对于具有非周期特征界面结构的高分辨像,也需要建立结构模型并通过计算模拟来分析。这种模拟方法已成为高分辨电子显微学研究的一个重要手段。20世纪50年代,Cowley和Moodie从物理光学的途径建立了一种衍射动力学多片层法处理模式来计算衍射波振幅,被广泛用于计算高分辨像衬的解释。

Cowley和Moodie多片层法的要点:把物体沿垂直电子束方向分割成成若干薄片层,将每一层看作是一个相位体。上层的衍射束看成是下层的入射束,并考虑上下层之间的菲涅尔传播过程。通常,每个薄片层的厚度取与单胞长度对应的$0.2\sim0.5\text{nm}$。各薄层的作用视为由两部分组成:一是由于物体的存在,使相位发生变化;二是在这个厚度范围内波的传播,如图12-21所示。

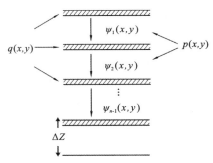

图12-21 多片层法中各薄层的透射函数和传播函数作用示意图

第一薄层内物质对入射波的作用:首先,发生了用$q(x,y)=1+i\sigma\varphi(x,y)$表示的相位变化,其次将电子波的传播过程看成穿越第一薄层上下表面发生了类似在真空中的小角散射。此小角散射过程可以用传播函数$p(x,y)$来表述

$$p(x,y)=\frac{1}{i\Delta z \cdot \lambda}\exp\left[\frac{ik(x^2+y^2)}{2\Delta z}\right] \tag{12-47}$$

第一个薄层下的散射振幅$\psi_1(x,y)$可以用式(12-35)的透射波函数和式(12-47)的卷积来表示

$$\psi_1(x,y)=q(x,y)*p(x,y) \tag{12-48}$$

第二薄层内发生的过程:将$\psi_1(x,y)$看作第二层的入射波,按照第一层有

$$\psi_2(x,y)=[q(x,y)\psi_1(x,y)]*p(x,y)=q(x,y)[q(x,y)*p(x,y)]*p(x,y) \tag{12-49}$$

这样n个薄层组成的试样下表面处的散射振幅为

$$\Psi_n(x,y) = [q(x,y)\Psi_{n-1}(x,y)] * p(x,y)$$
$$= q(x,y)[q(x,y) * p(x,y)] * p(x,y) \tag{12-50}$$

根据式(12-50)可计算出整个试样下表面散射波的振幅，进而可计算出强度。

高分辨电子显微图像受多方面因素的影响，为了从图像得出正确的结构结论，事先基于结构模型、恰当考虑动力学效应和物镜像差、色差等参数进行计算机模拟，以便将计算模拟像和实验像进行匹配比较，是必不可少的。由于未知因素较多，再加上结构模型的合理选择是一件细致而带尝试性的工作，因而像模拟计算工作量非常大。

12.3.2 HRTEM 像的类型和应用实例

HRTEM 像是让物镜后焦面的透射束和若干衍射束通过大孔径物镜光阑，由于它们的相位相干而形成的相位衬度图像。与常规的明场像和暗场像采用单束电子束（一束衍射束或一束透射束）成像不同，在高分辨图像形成过程中，参与成像的衍射束数量不同，每一束衍射束都携带着样品不同点的结构信息，参加成像的衍射束愈多，最终成像所包含的试样结构信息越丰富，即层次越高，越逼真。总体上，HRTEM 像分为晶格像、结构像与单个原子像。显然，不同高分辨图像类型含有不同的结构信息，要得到不同的结构信息，必须预先设定相应的拍摄条件和衍射条件。

1. 晶格条纹像

在物镜的后焦面上，让透射束和某一束衍射束同时通过较大的物镜光阑孔，二者互相干涉，在像平面上就可以得到强度呈周期性变化的条纹，即形成了晶格条纹像。

在拍摄含有微晶等物质的电子衍射花样时，将出现德拜多晶衍射环。一般来说，一边改变微晶的衍射条件，一边拍摄高分辨电子显微像是困难的。因而，对于含有微晶等物质的试样，拍摄高分辨电子显微像时不特别设定衍射条件。有的微晶具有大于分辨率的晶面间距，这些晶面的衍射波和透射波的干涉就会产生晶格条纹。

晶格条纹像的成像条件较低，可以在各种试样厚度（不需要小于 5nm 的极薄条件）和聚焦条件下观察到，无特定衍射条件，无须电子束平行某一晶面族（或晶带轴）入射。在高分辨像中，晶格条纹像的观察和分析也最容易。但正是由于成像时衍射条件的不确定性，使得想要从拍摄像与计算像的对比中得到晶体结构的信息是困难的，因此分析晶格条纹像无须计算机模拟，从两条纹之间的垂直距离即可得到晶面间距。

晶格条纹像可用于观察对象的尺寸、形态、晶界、位错等，区分晶体与非晶体，在晶体材料中区分夹杂物和析出物，但不能给出晶体结构的信息。

图 12-22 为软磁材料 FINEMET($Fe_{73.5}Cu Nb_3 Si_{13.5} B_9$)的在 550℃热处理 1h 后样品的高分辨图像。图 12-22(b)为其电子衍射花样，其连续和不连续的衍射环表明其为多晶衍射，结晶不好。高分辨图像中黑三角对应区间为典型的无序点状衬度，属于非晶区，长箭头所指方向为晶格条纹方向，显示结晶质的特征。由于不同区域满足衍射条件的程度不同，所产生的晶格条纹有的清晰，有的模糊，条纹方向也不一致，表明分属不同的颗粒。晶格条纹由微晶的(110)反射提供(衍射花样中第 3 条最强衍射环)，其方向平行(110)面网。由衍射花样和高分辨图像可见热处理得到的该材料为非晶质和微晶的混合样。

图 12-23 为不同方法制备的 Si_3N_4 晶界和三叉晶界处的 HRTEM 像。图 12-23(a)为热

等静压(HIP)法烧制的Si_3N_4晶界及其三叉晶界[图12-23(a-1)]的高分辨图像,在晶界和三叉晶界处形成了一定量的非晶体,晶界两侧的晶粒呈现各自清晰的晶格条纹像,分别平行(100)和(110)方向,相邻条纹间的垂直距离即为两组面网的面网间距,可通过测量10条条纹的宽度求出平均值。图12-23(b)为气相沉积(CVD)法烧制的Si_3N_4大角晶界、小角晶界[图12-23(b-1)]和三叉晶界[图12-23(b-2)]的高分辨图像。在大角晶界处无杂质相或非晶,两个晶粒直接结合在一起,在三叉晶界处有非晶质,而在小角晶界处有周期性的晶格畸变位错衬度。在晶界两侧,晶粒亦呈现出清晰的晶格条纹像。

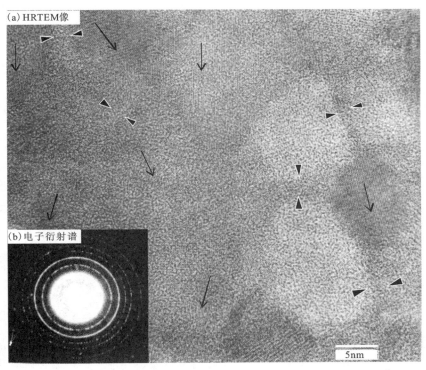

图12-22 软磁材料FINEMET($Fe_{73.5}Cu Nb_3 Si_{13.5}B_9$)的HRTEM像

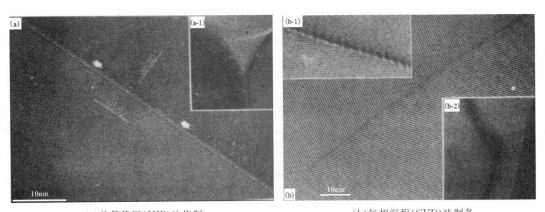

(a)热等静压(HIP)法烧制   (b)气相沉积(CVD)法制备

图12-23 不同方法制备的氮化硅(Si_3N_4)晶界和三叉晶界处的HRTEM像

2. 一维结构像

在晶格条纹像成像条件的基础上,如果使电子束平行于某一晶面族入射,可得到一维结构像,如图 12-24(a)所示的 Bi 系超导氧化物(Bi-Sr-Ca-Cu-O)HRTEM 图像,该条件下的电子衍射花样如图 12-24(b)所示。衍射斑点分布在一条直线上,且相对于透射斑点对称分布,说明发生衍射的面网互相平行但间距不等,故在高分辨图像上呈现出一系列平行的亮条纹(间距不等),这不同于图 12-23 的晶格条纹。这些亮条纹与衍射谱上的不同衍射斑点对应,由若干组平行的面网的衍射组成,而不同面网上的原子排列不同,故其中还包含了晶体结构的某些信息,而不仅仅是一组面网,故称为一维结构像。通过模拟计算,确定出这些条纹与原子面一一对应,反映了原子面的排列。将图 12-24(a)中局部(方框)放大得到如图 12-24(c)所示。图 12-24(c)中亮线对应于 Cu-O 原子面,高分辨图像显示出 Cu-O 原子面的数目及组合排列规律。

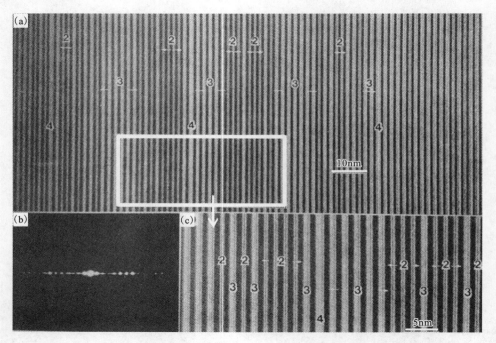

图 12-24 Bi 系超导氧化物(Bi-Sr-Ca-Cu-O)的 HRTEM 像
(a)HRTEM 像(一维结构像);(b)电子衍射花样;(c)局部放大的 HRTEM 像(一维结构像)

3. 二维晶格像

入射电子束沿样品中某一晶带轴入射,与晶面发生衍射,可得到强度相对原点对称分布的电子衍射花样。由于衍射束携带了晶体单胞的特征,因此在后焦面处让透射波和其附近至少两束衍射波(常选两束)同时通过物镜光阑孔互相干涉,在所成的 HRTEM 像中可观察到显示单胞信息的二维晶格像。此像虽然含有单胞尺度的信息,但由于不含原子尺度(单胞内原子的排列)的信息,所以称为晶格像。

二维晶格像只是利用了少数的几束衍射波,可以在各种样品厚度或离焦条件下观察到,即使在偏离谢尔策聚焦情况下也能进行分析。拍摄条件要求较宽松,比较容易获得规则排列的明(或暗)的斑点。但是随着样品厚度或者离焦量的变化,图像上的黑白衬度会发生连续变换甚至反转。图 12-25 为计算机模拟的随厚度变化的硅单晶的系列 HRTEM 像。模拟条件为 200kV 加速电压,离焦量为 65nm,电子束沿[1$\bar{1}$0]晶带轴入射,晶体厚度为 1~86nm不等,以 5nm 厚度为间隔。在这些像中,随厚度的变化能明显看到明暗衬度的过渡和几次反转,如在图 12-25(a)、(b)、(g)、(h)、(m)、(r)中原子位置为暗点;在图 12-25(e)~(f)、(i)~(k)、(n)~(p)中明暗衬度完全反转过来,原子的位置为亮点;图 12-25(c)、(d)、(h)、(i)能观察到明显的明暗反转的过渡。图 12-26 为计算机模拟的随离焦量变化的硅单晶的系列 HRTEM 像,样品厚度 6nm,离焦量 Δf 以 10nm 的间隔从过焦-20nm 到欠焦 90nm 变化,其他模拟参数与前面相同,得到图 12-26(a)~(l)的图像。由图可知,明暗衬度经历了几次过渡和反转。这两种衬度的周期性变化都可以定性的用相干条件和消光距离来理解。

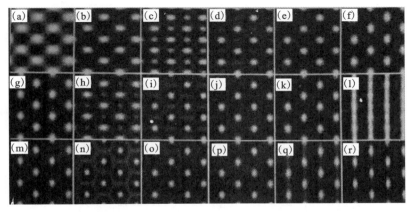

图 12-25　计算机模拟的随厚度变化的硅单晶的 HRTEM 像(沿[1$\bar{1}$0]入射)
注:(a)~(r)分别对应试样厚度以 5nm 的间隔从 1~86nm 变化的图像。

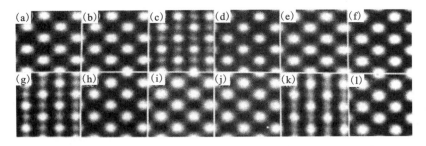

图 12-26　计算机模拟的随离焦量变化的硅单晶的 HRTEM 像(沿[1$\bar{1}$0]入射)
注:(a)~(l)分别对应 Δf 以 10nm 的间隔从-20~90nm 变化的图像。

从上述分析可知,二维晶格像的观察比较容易,对样品厚度和离焦量并无严格要求,都能观察到二维晶格像,但是却很难从其中确定明暗点与原子的对应关系。故得到一张二维晶格像后,首先必须根据所研究材料的结构,利用计算机模拟不同参数条件下高分辨图像,将其与实际拍摄的像进行比较,从而确认其对应关系。

二维晶格像的应用也很多。如果工作目的不是希望揭示材料单胞中的原子排列,而只是希望观察晶粒内部相对"宏观"的内容(与材料宏观性能更直接相关),比如晶界、位错、层错、析晶及其确定物质相态等,则拍摄操作相对容易,图像易得。图12-27为电子束沿β型碳化硅(SiC)的[110]晶带轴方向入射时的二维晶格像,记录了材料中丰富的缺陷结构,如层错(S)、位错(b-c、d-e)、倾斜晶界(f～m)。

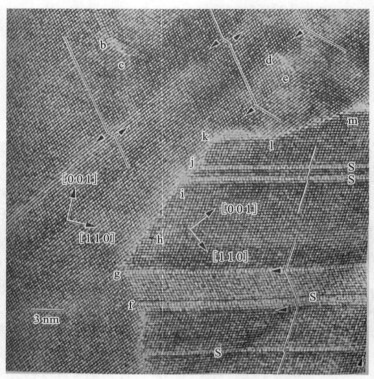

图12-27 β型碳化硅(SiC)的二维晶格像(电子束沿[110]晶带轴入射)

4. 二维结构像

每一束衍射束都携带着样品不同位置的结构信息,参加成像的衍射束愈多,最终成像所包含的试样结构信息越丰富。但是,比电子显微镜分辨率极限更高一侧的衍射波不可能参与正确结构信息的成像,而成为背底。因此,在分辨率允许的范围内,用透射束与尽量多的衍射束通过物镜光阑孔互相干涉,就可能得到单胞内包含原子排列信息的像,称为二维结构像。二维结构像只在参与成像的波与试样厚度保持比例关系的薄区域(试样厚度小于8nm)才能观察到;在较厚区域,只有由轻原子构成的低密度物质中才有可能观察到结构像。因此,二维结构像其实是严格控制条件下的二维晶格像。严格条件为:样品很薄、入射束严格平行于某晶带轴、最佳欠焦、尽量多的衍射束成像等。此外,与二维晶格像一样,欠焦量和样品厚度控制着结构像的亮暗分布,需采用计算机的图像模拟才能确定晶体结构和原子位置。二维结构像的实例如图12-20所示Tl系超导氧化物的高分辨电子显微图像,明暗区域显示出不同原子的位置。

本章小结

TEM的图像衬度
- 衍射衬度
  - 质厚衬度：不同部位质量厚度不同，适合非晶及生物样品等，低倍
  - 产生原因：不同部位满足布拉格条件不同，穿过样品后的透射束和衍射束强度不同
  - 衍衬理论
    - 动力学理论：考虑相互作用和吸收，模型复杂，计算繁琐，但适用性强
    - 运动学理论
      - 特点：模型简单，计算方便，可解释大多数图像
      - 前提：不考虑相互作用、散射和吸收
      - 模型近似：
        - 双光束近似：一束透射束，一束衍射束。$I_0 = I_g + I_T$
        - 晶柱近似：薄晶体可划分为一系列小晶柱，每个晶柱为一个成像单元，与一个晶胞尺寸相当
  - 图像解释
    - 完整晶体：等厚条纹、等倾条纹
    - 不完整晶体：
      - 层错：平行层错、倾斜层错、重叠层错
      - 位错：螺位错、刃位错
- 相位衬度
  - 产生原因：穿透样品的电子的相位差不同
  - 形成原理
    - 薄试样：
      - 透射波：$q(x,y) = 1 + i\sigma V_t(x,y)$
      - 衍射波：透射波函数的傅里叶变换
      - 像面波函数：衍射波的傅里叶变换
    - 厚试样：多片层法
  - HRTEM图像
    - 晶格条纹像：透射束与一束衍射束互相干涉
    - 二维晶格像：电子束沿晶带轴入射：透射束与至少两束衍射束干涉
    - 二维结构像：透射束与尽量多的衍射束互相干涉

思考题

1. 什么是衬度？透射电子显微镜下的衬度有哪几种？各自的应用范围是什么？
2. 简要解释质厚衬度的成像原理。
3. 画图解释衍衬衬度成像原理，说明什么是明场像、暗场像和中心暗场像。
4. 简要说明完整晶体和不完整的晶体的衍射衬度运动学理论的基本方程有何区别。
5. 试说明相位衬度的形成过程。
6. 高分辨图像有哪几种的类型？各自的成像条件是什么？
7. 二维结构像的黑白衬度会改变吗？
8. 二维结构像和二维晶格像有何区别？
9. 晶格条纹像和二维晶格像有何区别？

13 其他电子显微术

前两章分别介绍了 TEM 下的电子衍射技术和图像衬度技术,在这两种技术中,成像的电子只有透射和衍射的电子,且均为弹性碰撞,穿过试样后相互干涉成像。而实际上,入射电子穿过试样的作用方式并不如此简单。如图 13-1 所示,入射电子与试样中的原子相互作用,可产生直接透过电子、高角弹性散射电子和非弹性散射电子,其中非弹性散射电子还包括激发损失能量的电子(核心损失电子)和离原子核较远的等离子损失的电子等。每种电子都可携带试样信息,从而催生出更多的电子显微分析技术,如扫描透射电子显微术、电子能量损失谱、X 射线能谱等。这些都是现代 TEM 必不可少的功能。

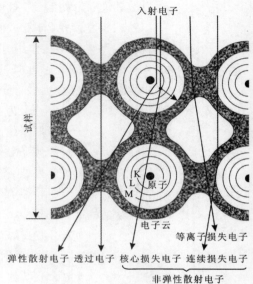

图 13-1 入射电子与试样中的原子相互作用示意图

13.1 扫描透射电子显微术

衍衬图像和相位衬度的高分辨图像(HRTEM)都是基于相干弹性散射和透射电子成像的,而另一种在 20 世纪 90 年代发展起来并日益流行的高分辨成像技术是利用非相干弹性散射的电子成像,即扫描透射电子显微术(scanning transmission electron microscopy,简称 STEM)。扫描透射电子显微术可在专用的扫描透射电镜(STEM)上成像,也可在附带扫描附件的透射电镜(TEM/STEM)中成像。目前大多数分析型的透射电镜都具有 TEM/STEM 功能。

13.1.1 STEM 的结构

STEM 的结构可以理解为结合了 TEM 和 SEM 的结构,因此在理解 STEM 的结构时,可通过与 TEM 和 SEM 对比。

(1)入射束被会聚成直径很小的电子束,它的最小尺寸因所用的电子枪不同而不同。在 STEM 模式下入射束孔径角要比 TEM 模式的孔径角大很多,TEM 模式是在小孔径角下成像的。

(2)STEM 电镜镜筒内安装了电子束扫描系统,借助于双偏转线圈可使入射电子束在试样表面上做光栅式扫描。图 13-2(a)为 STEM 成像系统的光路[27,29]。两次偏转过程可以确保电子束在试样表面扫描时始终平行于光轴。换言之,在扫描过程中电子束相对于试样的入射方向不改变,始终保持平行于光轴方向。可见,扫描透射成像模式不同于SEM的成像模式,在SEM的成像系统中,电子束是绕试样上方的一个点偏转。

(3) STEM 模式下,入射电子与试样作用产生的各种信号都可以由探测器接收并在显示屏上成像。如图 13-2(b)所示的 STEM 的各种探测器,在光学镜筒最后一级透镜的后方,安装有各种探测器。其中,中心探测器可用来接收透射电子形成明场像(bright field image,简称 BF),此时探测器也称为明场探测器。若将试样的某一(hkl)衍射束偏转到中心轴位置,用中心探测器接收该衍射束,可得到中心暗场像(centre dark field image,简称 CDF)。环形电子探测器用来接收多束衍射束或散射角大于一定值的散射电子形成环形暗场像(anular dark field,简称 ADF),也将其称为暗场探测器。不同于传统 TEM 下的只有一束衍射束成像,STEM 模式下的环形暗场像有多束衍射束参与成像,可提供更多的信息。新型 STEM 还安装了高角度环形探测器,用来形成高角环形暗场像(high angle anular dark field,简称 HAADF)。这种成像方式不同于常规的 TEM 下的"光学式"成像,试样经过成像系统的电子透镜逐级放大,最后在荧光屏上形成放大像。此外,在试样台周围还安装了如二次电子(SE)探测器、X射线能谱探测器(EDS)、背散射电子(BSE)探测器等。因此,STEM 可以像扫描电镜那样在显示屏上得到试样的二次电子像、背散射电子像、X射线元素分布图等。这些成像方式与 SEM 相似,但 STEM 采用薄试样,同一种像的空间分辨率要比采用块状试样的 SEM 高得多。可见 STEM 的最大灵活性是既有 SEM 的功能,也有 TEM 的功能,而且还有二者都不具有的新功能。

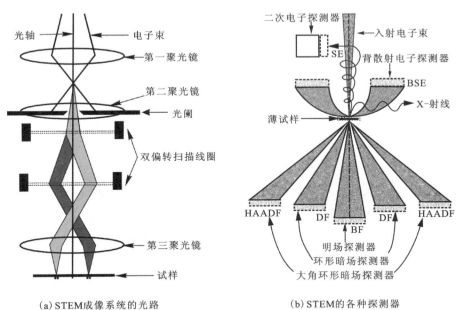

(a) STEM 成像系统的光路　　(b) STEM 的各种探测器

图 13-2　STEM 的成像光路及各种探测器布置示意图

(4) STEM 的分辨率和成像质量取决于会聚电子束的参数,而会聚电子束由电磁透镜作用形成,具有像差。因此,电磁透镜作用形成的成像质量取决于形成会聚束的透镜。相对于 TEM,在 STEM 中不存在色差问题,适用于较厚试样的研究。

(5)在 STEM 的荧光屏下方可安装电子能量分析系统 PEELS(parallel electron energy-loss spectrometers,简称 PEELS)。应用这种装置可以对透射试样的非弹性散射电子进行电子能量损失谱分析,也可以选择给定能量范围的电子形成能量选择像或能量过滤像。

(6)采用薄试样。分析电镜的 TEM/STEM 可以在完全的 TEM 模式下工作,这时保留了传统透射电镜的全部功能和相似的操作方法,因而可以在镜筒内的荧光屏上获得试样的各种透射电子像和电子衍射花样。

13.1.2 STEM 的衬度像

由 STEM 的结构及携带的各种探测器可见,STEM 的衬度像种类很多,其中一部分可得到的衬度像与 SEM 类似,另一部分与 TEM 类似,另外还有 SEM 和 TEM 均不具备的高角环形暗场像。在此简单介绍与 TEM 的类似的衬度像及高角环形暗场像。传统 TEM 中得到的质厚衬度、衍射衬度和相位衬度图像全部可以在 STEM 像中实现,但二者像衬度有区别。

1. STEM 中的普通衬度像

STEM 的普通衬度像有质厚衬度像和衍射衬度像。用环形探测器接收小角(接收角小于 5°)散射的电子所成的环形暗场像(ADF),主要为普通质厚衬度图像,其中包含了一部分衍射电子的贡献。STEM 下的普通质厚衬度像一般不如 TEM 清晰,分辨率较差且噪声较高。STEM 衍射衬度亦有明场像和暗场像,其中暗场像有中心暗场像(CDF)和环形暗场像(ADF)两种,此处暗场像与传统 TEM 的暗场像不同。STEM 的 CDF 是将一束衍射束偏转到中心探测器成像,而 ADF 是由环形探测器接收若干衍射束成像,衍射衬度较弱。STEM 的明场像是由中心探测器接收透射电子成像。实际操作中 STEM 的入射束孔径角和探测器接收孔径角与传统 TEM 成像时的相应角度有明显差异,即 TEM 和 STEM 的成像条件不完全相同,因此二者的像衬度亦有差别。如图 13-3 所示的纯铝箔试样的 TEM 和 STEM 明场像(BF像),二者都可见到晶界的消光条纹,但 TEM 像中出现的弯曲消光轮廓线在 STEM 像上消失不见[30]。可见 STEM 的明场像不如传统 TEM 清晰。

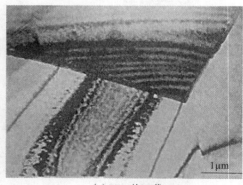
(a) TEM 的 BF 像

(b) STEM 的 BF 像

图 13-3 纯铝箔试样的 TEM 和 STEM 的 BF 像

2. STEM 的高角环形暗场像

利用高角环形暗场探测器接收高角散射的电子可得到高角环形暗场像(HAADF),HAADF 是 STEM 的一个重要新功能。试样的弹性散射电子一般分布在比较大的散射角范围内,而非弹性散射电子则分布在较小的散射角范围内。因此,高角环形探测器接收到的主要就是高角散射的弹性电子,避开了中心部分的透射电子,所以这种模式所成像为暗场像。按照 Pennycook 和 Jesson[31]的理论,HAADF 像的衬度和试样中原子的弹性散射截面相关,散射截面可表示为

$$\delta_{\theta_1\theta_2} = \left(\frac{m}{m_0}\right)\frac{Z^2\lambda^4}{4\pi^3\alpha_0^2}\left(\frac{1}{\theta_1^2+\theta_0^2} - \frac{1}{\theta_2^2+\theta_0^2}\right) \quad (13-1)$$

式中:m 为高速运动的电子的质量;m_0 为电子的静止质量;Z 为原子序数;λ 为电子的波长;α_0 为波尔(Bohr)半径;θ_0 为波尔特征散射角。如图 13-4 所示,散射角 θ_1、θ_2 间环状区域中散射电子的散射截面可用卢瑟福散射强度从 θ_1 到 θ_2 的积分来表示,即式(13-1)。

因此,在厚度为 t 的试样中,单位体积内原子数为 N 时的散射强度 I_S 为

$$I_S = \delta_{\theta_1\theta_2} \cdot NtI \quad (13-2)$$

式中:I 为入射电子的强度。

由式(13-1)和式(13-2)可知,散射强度正比于 Z^2,即 HAADF 像的衬度是原子序数的函数。在原子的位置散射强度高,图像上表现为亮点,而在原子间的位置没有散射,图像暗。原子序数不同的地方,散射强度不同,在图像上会表现为不同的衬度。由此可见,HAADF 像反映了样品中不同位置的原子序数大小,故称为 Z 衬度像。STEM 的光源为会聚电子束,当电子束斑很小时,Z 衬度像的分辨率可达到原子级别,得到的 Z 衬度像可反应原子的位置,如图 13-5 为不同的 Z 衬度像。图 13-5(a)为克鲁[32]采用 30kV 的加电压在 STEM 上首次获得了分散于碳膜上的重金属钍原子像,宣告单原子观察成功。图 13-5(b)为潘尼库克在 STEM 上研究掺杂半导体材料,得到了在 ZnO 原子点阵中插入 InO 单层(箭头所指)的 Z 衬

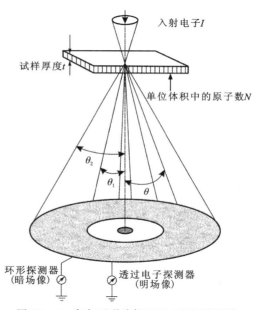

图 13-4 高角环形暗场(HAADF)原理图

度像[31],由于铟原子(In)比锌原子(Zn)的原子序数大很多,所以 InO 单层的像强度更高。图 13-5(c)为 Sb 掺杂 Si 界面区域的 HAADF 像[33],左边亮点来自还有掺杂的 Sb 的原子列,右边为未掺杂区域没有明亮的原子列。

Z 衬度像不是相干散射的图像,因此它和通常的相位干涉的 HRTEM 图像不同。Z 衬度图像不会随样品厚度和物镜焦距的变化而发生反转,即像中的亮点准确对应着原子列的投影。而 HRTEM 图像中的明暗位置会随着样品厚度的变化或者物镜焦距的变化而发生反转。因此,Z 衬度像的解释是直观的,不需要复杂、繁琐的计算机模拟。

在场发射电子枪下,电子束斑尺寸可小到 0.13nm,具有原子尺度并有极高亮度。这种原子尺度的束斑可使 STEM 图像分辨率更高,并且可通过配置附件得到单原子的电子能量损失谱,进行更精细的结构研究。

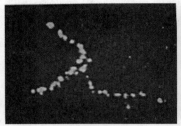 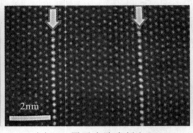 

(a) 重金属Th原子　　　　(b) ZnO原子点阵中插入InO　　　(c) Sb掺杂Si的界面的HAADF像

图 13-5　STEM下的 Z 衬度像

HAADF像也存在一些弊端：①需要用高强度的电子探针对样品区域进行较长时间的扫描，会造成某些材料的污染和辐照损伤；②衬度像对原子序数小的材料的成分变化不敏感，如轻元素B、C和N等的散射截面太小，HAADF无法区分；③如果试样漂移，高分辨原位研究也是不可能的。

除此之外，STEM下也还可得到衍射花样，如会聚束衍射和微衍射即是在STEM模式下操作。

13.2　电子能量损失谱

入射电子进入样品时，有一部分入射电子与样品中的原子发生非弹性碰撞，则这部分电子穿透样品时将会损失一部分能量。如果对透射电子按其能量损失大小进行统计记数，便得到电子的能量损失谱（electron energy loss spectrometry，简称EELS）。

13.2.1　EELS谱图

通常假设利用一束单色电子穿过很薄的晶体样品，计算电子能量损失，以能量损失为横坐标，以计数强度为纵坐标绘出EELS谱图，如图13-6所示。入射电子损失的能量转移给了试样，因此通过分析电子能量损失谱图可以得到试样发生的变化，能量损失的多少反映了试样的非弹性散射的性质。在EELS谱中，根据能量损失大小将谱图分成3个部分，分别对应不同物理过程[图13-6(a)]。

1. 零损失峰

零损失峰的来源：①未与样品发生交互作用的入射电子；②与原子核碰撞发生方向改变的完全弹性散射电子；③入射电子引发原子的晶格振动，激发声子，产生小于1eV的能量损失。常利用零损失峰调制谱仪，仪器调整好后，零损失峰呈对称尖锐高斯分布，其半高宽显示谱仪可达到的分辨率水平。

2. 低能损失区

这部分电子能量损失小于50eV，由激发等离子体振荡及激发晶体内电子的带间跃迁产生。所谓等离子体振荡是指入射电子穿过样品时，样品中原子的价电子受到轻微扰动，脱离原来平衡位置做集体位移振动，将这种价电子的集体位移振动称为等离子体振荡或者准粒子。等离子体的振荡频率正比于价电子密度，等离子振动在低能区产生等离子峰。

3. 高能损失区

该部分电子能量损失大于50eV，主要来自内壳层电子被激发至费米能级以上的空态所发生的过程。此时表现为在图谱平滑下降的本底上出现电离损失峰，如图13-6(a)中的O—K电离损失峰。在电离损失峰附近约50eV范围内还有电离损失峰近阈精细结构(ELNES)，它包含了晶体的能带结构信息；高于电离损失峰50~300eV范围有电离损失谱广延精细结构(EXELFS)，包含有被激发原子的近邻原子配位的晶体结构信息。图13-6(b)为非晶碳膜的EELS谱中的近阈精细结构和广延精细结构的位置，其中π^*、σ^*分别对应碳原子K壳层的电子向π和σ反键态的跃迁。

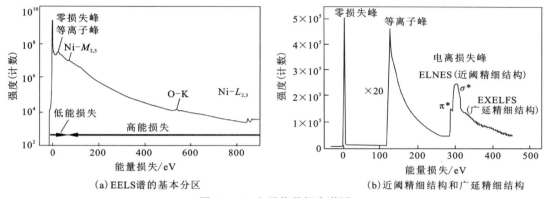

图13-6 电子能量损失谱图

4. 近阈精细结构和广延精细结构

近阈精细结构和广延精细结构在电子能量损失谱应用中有着非常重要的意义，可以用来分析原子的键合状态和近邻原子的配位情况。

13.2.2 EELS谱在材料学中的应用

13.2.2.1 等离子峰[10,33]

等离子峰是由于原子的价电子接收入射电子的能量发生集体位置振动产生的。根据等离子峰能量损失的大小，可以判定金属或合金中的元素浓度变化。

在材料学中，一些导体或者半导体材料，有大量的自由电子，可视为"电子气"，在入射电子作用下，电子气开始振荡，此时入射电子的能量损失为

$$E_P = h w_P \tag{13-2}$$

式中：h为普朗克常量；w_P为等离子振动频率。

式(13-2)中的等离子峰振荡频率是参与振荡的自由电子数目n_E的函数，定性有如下关系

$$w_P \propto (n_E)^{\frac{1}{2}} \tag{13-3}$$

由式(13-2)和式(13-3)可得

$$E_P \propto (n_E)^{\frac{1}{2}} \tag{13-4}$$

由于不同种类物质的自由电子的等离子浓度不同，故可利用等离子峰研究试样中自由电子浓度差别的物相分布。一般导体和半导体的等离子能量E_P为十几电子伏特，绝缘体和非晶

体的等离子能量 E_P 为二十多电子伏特，利用只有几个电子伏特能量的电子选择狭缝，可以得到等离子激发电子能量损失像。由于等离子能量损失强度远远高于内壳层电子激发的能量损失峰强度，因此等离子激发电子能量损失像有较好的衬度。此外，由于界面、表面的等离子能量损失和体材料不相同，故可以利用等离子激发的电子能量损失谱加以分析，获得界面、表面的信息。利用损失函数对 EELS 进行 Kramers-Kronig 分析，可以得到材料能带间电子跃迁的信息，尤其是外壳层附近带间电子跃迁及相关能带结构信息。

除此之外，等离子振荡引起的峰高与样品厚度有关。当样品很薄，例如小于 1~2 个消光距离时，用其他方法，如会聚束衍射或衍衬的等厚条纹等都无法测量时，可以用 EELS 的等离子峰方法测定。

若样品厚度为 $t(t/L_P<0.3$，L_P 为入射电子与价电子的非弹性散射的平均自由程)，则试样的厚度为

$$t=L_P\frac{I_P}{I_0} \tag{13-5}$$

式中：I_P 为第一个等离子峰强度；I_0 为零损失峰强度；L_P 为等离子振荡的平均自由程，它与入射电子能量和元素种类有关，如入射电子能量为 100eV 时，L_P 为 50~100nm。

13.2.2.2 电离损失峰[10,33]

1. 定性分析

电离损失峰是由原子内壳层电子的激发产生的。在通常情况下，原子的核外电子总在某一固定的壳层轨道上运行，当其被入射电子激发至自由态即导态或费米能级附近的空态时，核外电子获得能量脱离原子核的束缚，而入射电子损失了相应的能量，称为该原子的电离能，在电子能量损失谱上会出现一个电离损失峰。故电离损失峰的始端能量值等于内壳层电子电离时所需要的最低能量，如图 13-6 所示的 O—K 电离损失峰对应氧原子的 K 层电离能，而 Ni—L 电离损失峰则对应 Ni 的 L 层电离能。对不同元素的不同壳层，电离能是不同的。因此，电离损失峰在 EELS 分析中被广泛用来进行元素的成分分析，基本可分析元素周期表中的所有元素，特别是对轻元素敏感。如图 13-7 碳膜上 B 和 N 颗粒的化学成分，谱中显示了 B 和 N 的 K 壳层电离损失峰，以及微弱的 C 的 K 峰，表明在碳膜上 B 和 N 的存在。

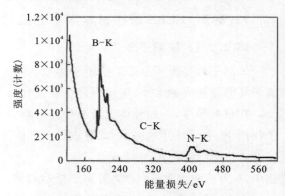

图 13-7 碳膜上 B 和 N 颗粒的 EELS 谱

2. 定量分析

除了几个电子伏特的化学位移，同一种元素的电离损失峰的能量坐标总是近似相同的。因此，通过标定电离损失峰的能量坐标，就可以进行化学元素的定性鉴别；通过测量元素的电离损失峰强度，就可以对该元素进行定量分析。

在进行定量分析时,采用曲线下面扣除背底后的面积作为某元素的电离损失峰的总强度 I_K。当样品很薄时,I_K 可以近似地表示为

$$I_K = N_K \sigma_K I \tag{13-6}$$

式中:N_K 为样品单位面积上 K 元素的原子数;σ_K 为 K 元素的总散射截面;I 为总的透射电流强度。于是有

$$N_K = \frac{I_K}{\sigma_K I} \tag{13-7}$$

若样品中还有另一元素 J,则两种元素的成分比为

$$\frac{C_K}{C_J} = \frac{N_K}{N_J} = \frac{I_K}{I_J} \cdot \frac{\sigma_J}{\sigma_K} \tag{13-8}$$

但是,实际上很难测得电离损失峰的总强度 I_K 和 I_J,通常只能在某一能量范围内和某一散射角范围内($0\sim\beta$)统计电离损失峰的总强度 $I_K(\Delta,\beta)$、$I_J(\Delta,\beta)$,计算相应的散射截面 $\sigma_K(\Delta,\beta)$、$\sigma_J(\Delta,\beta)$。这样,两种元素的成分之比可以写成

$$\frac{C_K}{C_J} = \frac{I_K(\Delta,\beta)}{I_J(\Delta,\beta)} \cdot \frac{\sigma_J(\Delta,\beta)}{\sigma_K(\Delta,\beta)} \tag{13-9}$$

通常 EELS 定量分析的软件都会给出各种元素散射截面的理论计算方法,在实验室也可以利用标样法估计元素的相对散射截面。

13.2.2.3 近阈精细结构

近阈精细结构(ELNES)体现在电离损失峰附近约 50eV 范围内,包括电离损失峰的位移和形状细节变化,它可以提供很多有用的信息。处于不同化合状态和不同晶体结构的同种原子,其电离损失峰的近阈精细结构是不同的。

首先,是电离损失峰的化学位移,它是近阈精细结构的重要表现,对研究元素价态十分有用。当某元素的原子在形成离子键晶体时,失去一个电子,原子核对其周围的电子吸引力增强,故电子轨道能级降低,处于更深能级上;相反,若该原子接受一个电子成为负离子时,其原子核对周围电子的作用减弱,各个单电子轨道能级升高。这样处于离子态的原子能级与处于单质状态的原子能级有所不同,它反映在电子能量损失谱上,就是电离损失峰发生了化学位移。例如 Fe^{3+} 比 Fe^{2+} 少一个电子,所以 Fe^{3+} 对 L 电子的束缚要比 Fe^{2+} 对 L 电子的束缚强,其 L 电子电离损失峰的能量相对要高一些,大约有 2eV 的化学位移。对于共价键晶体,几乎看不到电离损失峰的化学位移。

其次,由于同种元素不同的化学键合状态也可体现在近阈精细结构中,故可将电离损失峰的近阈精细结构作为元素的"指纹",对其化学键合状态进行鉴定。例如用 C 元素的 K 电离损失峰的近阈精细结构研究非晶碳、石墨、金刚石和类金刚石的同素异构体,经常可以获得满意的结果。图 13-8 为石墨、无定形碳和金刚石的 EELS 谱,通过 C 的 K 壳层边锋可以看出近阈精细结构对不同化学键合状态的敏感性。若不存在 π^* 峰,说明 C 的电子结构为 Sp^3 构型,属于金刚石结构;如有 π^* 峰,说明 C 的电子结构有 Sp^2 型,为石墨结构和无定形结构,但石墨的 σ^* 又与无定形碳不同。因此,近阈精细结构可以进行同素异构体的物相判定,也可以进行相同元素不同化学键合状态的判定。图 13-8 为同种元素不同化学键合状态的 EELS 谱中的近阈结构区别。

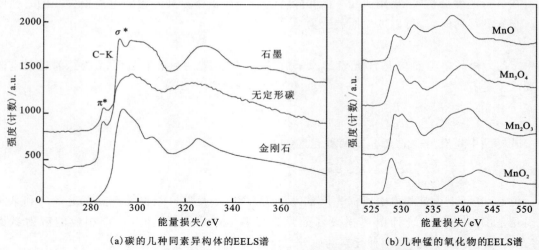

(a) 碳的几种同素异构体的EELS谱　　　　(b) 几种锰的氧化物的EELS谱

图 13-8　同种元素不同化学键合状态的 EELS 谱中的近阈精细结构

13.2.2.4　广延精细结构[10,33]

广延精细结构(EXELFS)指在 EELS 谱中,电离损失峰之后几百电子伏范围内出现的微弱振荡。如图 13-9 所示,一个原子都被周围的 4 个原子包围,中心原子是一个被电离的原子,可以看作球面波的电子源,吸收入射电子的能量向外散射电子波,电子波的波长为

$$\lambda = \frac{12.25}{(E-E_K)^{1/2}} \tag{13-10}$$

式中:E 为入射电子的能量;E_K 为电离损失峰的特征能量值。

图 13-9　电子波相互作用引起 EXELFS 的示意图

若在电离损失峰上有 $E-E_K=100\text{eV}$ 的能量损失时,计算得 $\lambda=0.12\text{nm}$,它与原子间距的数量级相同,故它能被相邻原子衍射和散射,此散射波(背散射波)又能返回并与从中心原子发出的原电子波发生相干。根据该相干波的振幅变化可获得近邻原子间距等极为重要的原子尺寸的细节信息,这对研究非晶态及其他短程有序材料的结构是十分有用的,如可得到径向分布函数。

本章小结

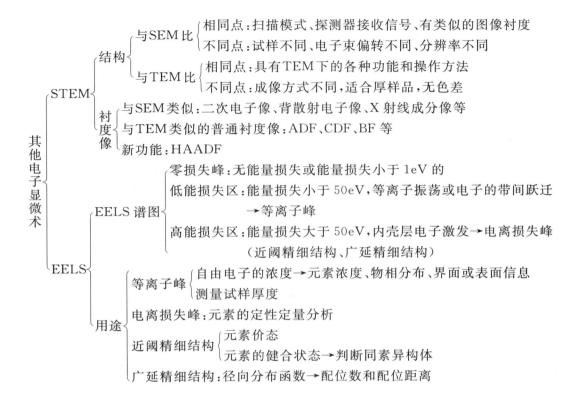

思考题

1. STEM 有哪些用途？
2. 比较 STEM 和 TEM，说说其区别和联系？
3. 比较 STEM 和 SEM，说说其区别和联系？
4. EELS 有哪些用途？

14 光谱分析

14.1 红外光谱

红外光是波长接近于可见光但能量比可见光低的电磁辐射,其波长范围为 $0.78\sim 1000\mu m$,位于可见光与微波之间。根据产生、分离和探测这些辐射所采用的方法及用途,通常将红外光分为 3 个区域,即近红外区、中红外区和远红外区。测试这 3 个区间的红外光谱所用的仪器或仪器内部配置是不同的,所获得的红外光谱信息也不相同。如表 14-1 所示,一般所说的红外光谱即指中红外区。

所谓红外光谱法[Infrared (IR) Spectroscopy]就是利用红外分光光度计测量物质对红外光的吸收,获得红外吸收光谱图,进而对物质的组成和结构进行分析测定的方法。

表 14-1 红外光区划分

区间	波长 $\lambda/\mu m$	波数 σ/cm^{-1}	能级跃迁类型
近红外区	$0.78\sim 2.5$	$12\,820\sim 4000$	OH、NH、CH 的倍频和组频振动
中红外区	$2.5\sim 25$	$4000\sim 400$	分子的基础振动和振动-转动
远红外区	$25\sim 1000$	$400\sim 10$	分子转动、晶格振动

14.1.1 红外光谱图

当用一束波长连续的红外光照射某试样时,试样中的分子会吸收某些波长的光,并使得这些吸收区域透过光的强度减弱,记录红外光透过率(或吸光度)与波长的曲线就得到红外光谱图[35-36]。

红外光谱图一般以波长 $\lambda(\mu m)$ 或波数 $\sigma(cm^{-1}, wavenumber)$ 为横坐标,以吸光度 A (absorbance)或透过率 $T(\%, transmittance)$ 为纵坐标。当以透过率 T 为纵坐标时,吸收峰表现为图谱上的谷。图 14-1 为以 T-$\sigma(\lambda)$ 记录的乙醇红外光谱图。

波数 σ 的物理意义是每厘米所包含波长的个数,表示为

$$\sigma(cm^{-1})=\frac{1}{\lambda(cm)}=\frac{10^4}{\lambda(\mu m)} \tag{14-1}$$

横坐标按波长等间隔分度的称为线性波长表示法,按波数等间隔分度的称为线性波数表示法。需要注意,同一样品的红外光谱图用两种方法表示时存在差异。

透过率 T 是某一波长(或波数)的红外光透过样品的光强(I)与透过背景(通常是空光路)的光强(I_0)的比值。

$$T=\frac{I}{I_0}\times 100\% \tag{14-2}$$

吸光度 A 是透过率倒数的对数。透过率图谱仅用于样品的定性分析,若要进行定量分析,需使用吸光度图谱。

$$A = \lg \frac{1}{T} \tag{14-3}$$

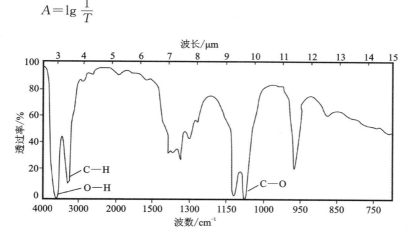

图 14-1 乙醇的红外光谱图

14.1.2 红外吸收的产生原理

14.1.2.1 红外吸收的产生条件

分子由原子构成,其运动服从量子力学规律。分子运动的能量包括平动能、转动能、振动能和电子能。分子的平动能级间隔极小,可以看作是连续变化的。而分子的转动能级、振动能级和电子能级都是量子化的,如分子从某个能量为 E_1 的较低能级,吸收一个能量为 $h\nu$ 的光子(h 是普朗克常量,ν 是光的频率),可以跃迁至较高能级,如 E_2 能级,两能级的能量之差即为 $h\nu = E_2 - E_1$。反之,分子由较高能级 E_2 跃迁回到 E_1,可以释放一个能量为 $h\nu$ 的光子。能级差越大,对应的光子能量越高,即波长越短[1]。

如图 14-2 所示的分子能级,A、B 为电子能级,能级间隔大,跃迁所需能量大,跃迁时吸收可见光或紫外光;电子能级间又被划分为一系列振动能级,如 A 和 B 间的 1、2、3、4 能级,其间隔较电子能级小,能级差亦较小,分子发生振动跃迁时亦会吸收该能量,其频率位于中红外区;分子振动能级间的细线即为分子的转动能级,其间隔最小,能级差亦最小,分子吸收微波或者低能量的红外光(频率位于远红外区)发生转动跃迁。

由以上能级跃迁可知,分子振动产生红外吸收必须满足的条件之一是光子能量符合能级跃迁的要求,即红外光中某一波段的能量与分子发生振动和转动能级跃迁所需能量相等。除此之外,还需满足分子振动时偶极矩发生变化。分子整体呈现电中性,但因空间构型和各原子电负性的不同,其正负电荷中心可能重合或者不重合,分别对应于非极性分子(如 CO_2、N_2、O_2)和极性分子(如 H_2O、HCl、H_2S)。分子极性大小用矢量偶极矩 μ 表示,$\mu = q\boldsymbol{d}$,q 为正负电荷中心电荷量,矢量 $\boldsymbol{d}$ 为正负电荷中心的距离,方向为从正电荷到负电荷。分子内的原子在其平衡位置上不断振动。对于非极性分子,由于正负电荷中心重合($d = 0$),故一定模式下的原子振动并不引起分子偶极矩的变化,即 $\mu = 0$。对于极性分子,原子振动会导致分子偶极矩发生相应的变化,即 $\mu \neq 0$,并体现出一个固定的频率。当红外光照射时,分子偶极矩的变化与

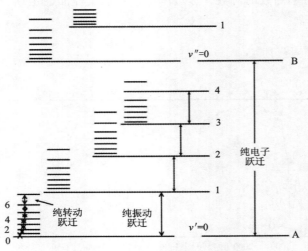

图 14-2 分子能级示意图

红外光相互作用,发生振动耦合,从而将红外光的能量转移到分子中,表现为红外光被吸收,产生红外吸收光谱。

14.1.2.2 分子的振动光谱

14.1.2.2.1 双原子分子的振动

1. 谐振子的振动

将双原子看作质量为 m_1 和 m_2 的两个小球,把两者之间的化学键看作质量可忽略的弹簧,则双原子在平衡位置附近的伸缩振动可近似为一个简谐振动,如图 14-3 所示。在量子力学看来,这个双原子的振动可以进一步简化成折合质量为 $\mu = \dfrac{m_1 m_2}{m_1 + m_2}$ 的单个质点相对于其平衡位置的位移为 q 的运动,q 等于核间距的变化。该质点可近似为一个谐振子。

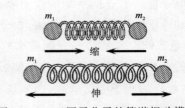

图 14-3 双原子分子的简谐振动模型

根据量子力学,谐振子的振动能量为

$$E_{振} = h\nu\left(n + \frac{1}{2}\right) \tag{14-4}$$

式中:n 为振动量子数($n=0,1,2,3,\cdots$);h 为普朗克常量;$\nu(\text{s}^{-1})$ 为谐振子的振动频率,其值可表达为

$$\nu = \frac{1}{2\pi}\sqrt{\frac{k}{\mu}} \tag{14-5}$$

式中:k 为化学键力常数;μ 为原子折合质量。

可见,谐振子总能量可进一步表达为

$$E_{振} = \frac{h}{2\pi}\sqrt{\frac{k}{\mu}}\left(n + \frac{1}{2}\right) \tag{14-6}$$

由于 $n=0,1,2,3,\cdots$，因此当 $\Delta n=\pm 1$ 时，谐振子可以发生能级跃迁，比如从 $0\rightarrow 1$，$1\rightarrow 2$，$2\rightarrow 3$ 等。其中，振动量子数从 $n=0$ 到 $n=1$ 的跃迁所对应的振动叫基频振动，基频振动的频率叫基频。

按照麦克斯韦-玻尔兹曼分布定律，绝大多数振动能级跃迁都是从电子基态($n=0$)向第一激发态跃迁($n=1$)，其能量变化为

$$\Delta E_{振}=\frac{h}{2\pi}\sqrt{\frac{k}{\mu}}=h\nu=\frac{hc}{\lambda}=hc\sigma \tag{14-7}$$

式中：c 为光速(cm/s)；λ 为波长(cm)；σ 为波数(cm^{-1})。

因此，谐振子的基频振动吸收波数 σ 可表达为

$$\sigma=\frac{1}{2\pi c}\sqrt{\frac{k}{\mu}}=1307\sqrt{\frac{k}{\mu}} \tag{14-8}$$

式中：k 为化学键力常数(N/cm)；μ 为原子折合质量(u，原子质量单位)。

因此，发生振动能级跃迁需要的能量的大小取决于 μ 和 k，即取决于分子的结构特征。根据式(14-8)，并结合红外光谱的测量数据，可以测量各种类型的化学键力常数 k。一般来说，单键、双键和三键的 k 值分别约为 5N/cm、10N/cm 和 15N/cm；相反，利用实验得到的 k 值和公式，可以估算各种键型的基频吸收峰的波数。

例如 HCl 分子的 $k=5.1$N/cm，$\mu=(m_1 m_2)/(m_1+m_2)=(35.5\times 1.0)/(35.5+1.0)=0.97$，则其基频振动吸收波数 $\sigma=1307\sqrt{5.1/0.97}=2990\ cm^{-1}$。

实验测得 HCl 分子的振动吸收波数是 $2886cm^{-1}$，与计算值较接近。因此，可以把双原子作为一个谐振子来讨论双原子分子的振动，能够说明振动光谱的主要特征。

此外，由式(14-8)得出，化学键力常数 k 越大，原子折合质量 μ 越小，化学键的振动频率越高，吸收峰将出现在高波数区；反之，则出现在低波数区。

以 $C\equiv C$、$C=C$ 和 $C-C$ 为例，这 3 种键的原子折合质量 μ 相同，但力常数 k 依次减小，因此，在红外光谱中，其吸收峰的波数也依次减小，即 $C\equiv C(2222cm^{-1})>C=C(1667cm^{-1})>C-C(1429cm^{-1})$。对于 $C-C$、$C-N$ 和 $C-O$，这 3 种键的力常数 k 接近，而原子折合质量 μ 依次增大，则其吸收峰的波数依次减小，即 $C-C(1430cm^{-1})>C-N(1330cm^{-1})>C-O(1280cm^{-1})$。

2. 非谐振子的振动

理想谐振子的振动如图 14-4(a)所示，然而实际双原子分子的振动只有在振幅很小的时候才是简谐振动，如图 14-4(b)所示。谐振子的恢复力并不能随着振幅的增大而无限增大。

合并式(14-4)和式(14-7)，谐振子的能量可表示为

$$E_{振}=hc\sigma\left(n+\frac{1}{2}\right) \tag{14-9}$$

根据谐振子的选择原则，当 $\Delta n=\pm 1$ 时，谐振子才可以发生能级跃迁，即谐振子的能级跃迁只能发生在相邻的两个振动能级之间，且振动能级之间间隔相等，都等于 $hc\sigma$。由于分子间以及分子内各个原子间存在相互作用，分子的振动能级并非等距，而且分子振动过程中除了振动能级的跃迁，还伴随有转动能级的跃迁。所以，真实分子的振动是非谐振动，即量子数不

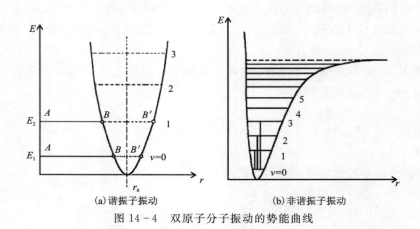

图 14-4 双原子分子振动的势能曲线

局限在 $\Delta n=\pm 1$,还有 $\Delta n=\pm 2,\pm 3,\cdots$,即非谐振子可以从振动能级 $n=0$ 向 $n=2,n=3$ 或更高的振动能级跃迁,因而在红外光谱图上有其对应的弱吸收谱带的出现,非谐振子的这种振动跃迁称为倍频振动。

倍频振动频率称作倍频峰,倍频峰又分为一级倍频和二级倍频。非谐振子从振动能级 $n=0$ 向 $n=2$ 跃迁时所引起的吸收称为一级倍频振动,从振动能级 $n=0$ 向 $n=3$ 跃迁时所引起的吸收称为二级倍频振动。

由于绝大多数非谐振子都是从振动能级 $n=0$ 向 $n=1$ 跃迁,只有极少数非谐振子发生一级倍频振动,而发生二级倍频振动的则更少,所以,非谐振子的基频振动谱带的吸光度最强,倍频振动谱带的吸光度很弱。

在红外光谱中,除基频峰和倍频峰外,还存在组频峰(或合频峰),包括和频峰与差频峰。其中,和频峰是两个基频之和,它是由一个光子同时激发两种基频跃迁引起的;差频峰是两个基频之差。

通常,两个强的基频振动吸收峰的加和容易观察到和频峰,一个非常强的基频振动吸收峰和一个弱的基频振动吸收峰的加和有时也能观察到和频峰,但是两个弱的基频振动吸收峰的加和却不一定能观察到和频峰。

在红外光谱中,和频峰比差频峰更为重要,且和频峰出现在中红外区和近红外区,而差频峰出现在远红外区。倍频峰、和频峰和差频峰总称为泛频峰。在中红外区,泛频峰不如基频峰重要。

双原子分子没有和频、差频吸收带,而有基频、倍频吸收带。例如 HCl 分子,有一个 $2886 cm^{-1}$ 的强吸收带,归属基频吸收带,另外还有 $5668 cm^{-1}$、$8347 cm^{-1}$、$10\,923 cm^{-1}$ 的弱吸收带,归属一级、二级、三级倍频吸收谱带。多原子分子的基频吸收带较多,因而在分子振动过程中存在多种基频组合,产生了倍频、和频、差频等泛频吸收谱带,但其出现的概率较小,强度往往远弱于基频吸收带。

14.1.2.2.2 多原子分子的振动

1. 振动分类

在双原子分子中,只存在一种振动方式——伸缩振动,它是沿着两个核的连线方向的振动。双原子分子 X_2 的伸缩振动是拉曼活性而非红外活性,如 O_2、N_2 和 Cl_2。而对于多原子分子中的 X—X 基团,如 C≡C、C=C、C—C、N≡N 等基团,偶极矩发生变化的伸缩振动是红外活性的,偶极矩不发生变化的伸缩振动是拉曼活性的。分子中的 X—Y 基团的伸缩振动必然伴随着偶极矩的变化,一定是红外活性的,如 H—F、H—Cl、H—Br、H—O 等。

多原子分子的振动方式比较复杂,因为分子中所有的原子都各自围绕其平衡位置进行不同振幅的简谐振动。因此,多原子分子中不仅有伸缩振动,还有弯曲振动。

1)伸缩振动

伸缩振动(stretching vibration),是指基团的原子沿化学键的轴向方向的伸展和收缩。伸缩振动时,键长变化,键角不变。根据各原子的振动方向不同,振动又可分为对称伸缩振动和反对称伸缩振动,如图 14-5 所示。各种基团的反对称伸缩振动都是红外活性的,而对称伸缩振动是否是红外活性的,要看偶极矩是否发生了变化。

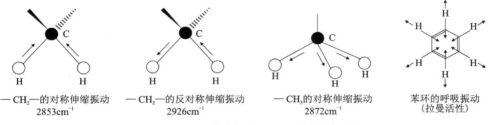

图 14-5 对称伸缩振动和反对称伸缩振动

环状化合物中还有一种完全对称的伸缩振动叫呼吸振动或骨架振动,如苯、环己烷、四氢呋喃等。环骨架上都是 C 原子时的呼吸振动是拉曼活性的,环骨架上有杂原子时的呼吸振动既是拉曼活性又是红外活性的。

一些常见化学键的伸缩振动对应的红外波数如表 14-2 所示。

表 14-2 化学键的伸缩振动对应的红外波数

键	H—F	H—Cl	H—Br	H—O	H—O	C—C	C=C	C≡C
分子	HF	HCl	HBr	OH(结构水)	OH(结晶水)	单键	双键	三键
波数/cm^{-1}	3958	2885	2559	3640	3200~3250	1429	1667	2222

2)弯曲振动

弯曲振动(bending vibration),是指基团的原子运动方向与化学键方向垂直。弯曲振动时,键长不变,键角变化(摇摆振动除外)。弯曲振动可进一步细分为变角振动、卷曲振动、面内弯曲振动、面外弯曲振动、对称弯曲振动、反对称(不对称)弯曲振动、面内摇摆振动和面外摇摆振动。

变角振动(也叫弯曲振动或变形振动)和卷曲振动(也叫扭曲振动),针对三原子基团,分别指基团的两个化学键在基团平面内相对左右摆动,在平面外一上一下地扭动,键角发生变化。对于直线形三原子基团(如 CO_2),变角振动也叫弯曲振动,对于弯曲形三原子基团(如 H_2O、—CH_2—、—NH_2),变角振动也叫剪式振动,如图 14-6 所示。

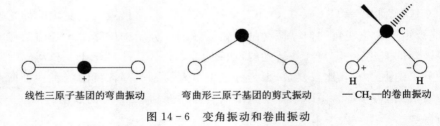

图 14-6 变角振动和卷曲振动

面内弯曲振动和面外弯曲振动，针对平面形的多原子基团，分别指基团中的化学键在基团平面内相对左右摆动，在平面外相对上下摆动，键角发生变化，如—COH、苯环、平面形四原子 XY_3 基团等，如图 14-7 所示。

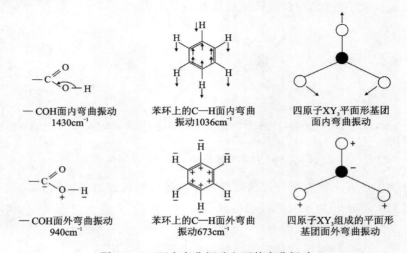

图 14-7　面内弯曲振动和面外弯曲振动

对称弯曲振动和反对称弯曲振动，针对立体结构的基团，分别指基团中的化学键发生对称性、不对称性的相对运动，键角发生变化，如角锥形的四原子 XY_3 基团（如—CH_3、—NH_3^+)、四面体形的五原子 XY_4 基团（如 NH_4^+、SiO_4^{2-}、SO_4^{2-}、PO_4^{3-}），如图 14-8 所示。

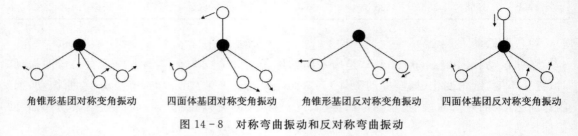

图 14-8　对称弯曲振动和反对称弯曲振动

面内摇摆振动和面外摇摆振动，分别是指基团作为一个整体在分子对称平面内左右摇摆、平面外上下摇摆，基团内的键角不发生变化，如图 14-9 所示。

一些常见化学键的弯曲振动对应的红外波数如表 14-3 所示。

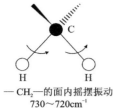 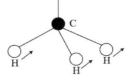

—CH_2—的面内摇摆振动 730~720cm^{-1} —CH_3的面内摇摆振动 1050~920cm^{-1} —CH_2—的面外摇摆振动 1300~1200cm^{-1} RRC=CH_2分子中=CH_2的面外摇摆振动 890±5cm^{-1}

图 14-9 面内摇摆振动和面外摇摆振动

表 14-3 化学键的弯曲振动对应的红外波数

键	XOH	H_2O	NO_3	CO_3	BO_3	SO_4	SiO_4
波数/cm^{-1}	1200~600	1650~1600	900~800	900~700	800~600	680~580	560~420

2. 基本振动的理论数

在理论上，分子的每一种振动形式都会产生一个基频峰，即一个多原子分子所产生的基频峰的数目应该等于分子所具有的振动模式的数目。分子振动模式的数目与原子个数和分子构型有关。在空间确定一个原子的位置，需要 3 个坐标 (x,y,z)。对于一个由 N 个原子组成的分子来说，每个原子的运动有 3 个自由度，N 个原子的分子则有 $3N$ 个自由度，为平动、转动和振动自由度的总和，即

$$3N = 平动自由度 + 转动自由度 + 振动自由度$$

多原子分子作为一个整体，其质心可以沿 x、y 和 z 三个方向平动，即平动自由度等于 3。转动自由度是由原子围绕着一个通过其质心的轴转动引起的，那么

$$振动自由度 = 3N - (平动自由度 + 转动自由度)$$

对于非线型分子，绕 x、y 和 z 轴转动均改变了原子的位置，都能形成转动自由度，即其转动自由度等于 3。因此，非线型分子的振动自由度为 $3N-(3+3)$，即 $3N-6$。

对于线型分子，绕 x 轴（线型所在轴）转动，原子的位置没有改变，不能形成转动自由度，而绕 y 和 z 轴转动会引起原子的位置改变，各形成一个转动自由度，故其转动自由度等于 2。因此，线型分子的振动自由度为 $3N-(3+2)$，即 $3N-5$。

如 H_2O 分子（图 14-10），属于非线型分子，其振动自由度为 $3×3-6=3$，包含反对称伸缩振动、对称伸缩振动和弯曲振动。

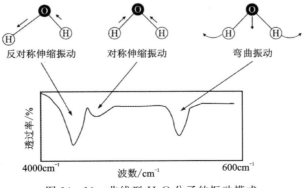

图 14-10 非线型 H_2O 分子的振动模式

对于线型 CO_2 分子(图 14-11),其振动自由度为 $3×3-5=4$,包含对称伸缩振动、反对称伸缩振动、$X-Y$ 平面(纸面内)的弯曲振动和 $Y-Z$ 平面(面外)的弯曲振动。

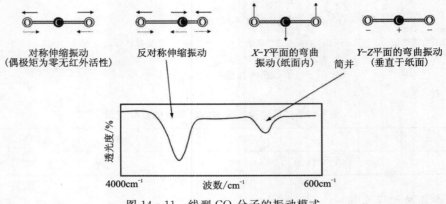

图 14-11　线型 CO_2 分子的振动模式

14.1.2.3　分子的转动光谱

分子的转动光谱主要是指气体分子发生转动能级跃迁时产生的红外吸收光谱。气体分子彼此间距很大,可以自由转动,因此可以观察到气体分子转动光谱的一系列精细结构。液体、固体分子间距很短,分子之间的碰撞及相互作用影响了分子的自由转动,因此观察不到液体和固体分子转动光谱的精细结构。

分子的振动能级间隔远大于转动能级间隔,当分子吸收红外辐射发生振动能级跃迁时,总是伴随着转动能级跃迁。因此,无法观察到分子的纯振动光谱,实际测得的是振动-转动光谱,如图 14-12 所示。

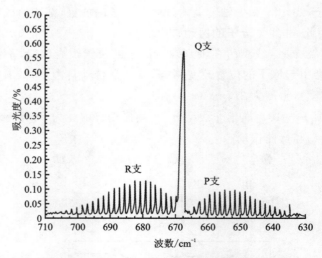

图 14-12　CO_2 分子弯曲振动的振动-转动光谱
注:Q 支为纯振动谱带;R 支和 P 支均为转动谱带。

对于液体和固体样品,由于分子转动受到限制,观察不到转动光谱的精细结构,只能观察到宽的谱带,而分子的振动谱带能够被正常观察,因此一般将红外光谱称为分子的振动光谱。

14.1.3 红外吸收峰的影响因素

14.1.3.1 峰数

实际上,大多数化合物在红外光谱图上出现的吸收峰数目比理论计算数少,这是因为:①没有偶极距变化的振动不产生红外吸收;②振动吸收频率完全相同时,简并为一个吸收峰,振动吸收频率十分接近时,仪器不能分辨,也表现为一个吸收峰;③某些振动吸收频率,超出了仪器检测范围。例如线型分子 CO_2 的理论振动自由度为 4,但在红外谱图上只出现 $667cm^{-1}$ 和 $2349cm^{-1}$ 两个基频吸收峰,这是因为其对称伸缩振动偶极矩为零,无红外活性,而面内弯曲振动和面外弯曲振动的吸收频率一样,简并为一个吸收峰(图 14-11)。

另外,还存在一些因素可使红外吸收峰增多,如前文介绍的倍频峰和组频峰的产生,以及振动耦合和费米共振。振动耦合是指两个基团相邻且它们的基频振动频率相同或相近时,其相应的振动吸收峰会发生分裂,形成两个峰,一个移向高波数,一个移向低波数。耦合效应越强,耦合产生的两个振动频率的距离越大。例如线型 CO_2 分子中有两个伸缩振动频率完全相同的 C=O,会发生强烈的振动耦合,产生两个振动吸收峰,分别位于 $2349cm^{-1}$ 和 $1340cm^{-1}$,前者是 O=C=O 的反对称伸缩振动(红外活性),后者是 O=C=O 的对称伸缩振动(拉曼活性)。费米共振是当分子中的一个基团有两种及以上振动模式时,若一种振动模式的泛频(倍频或组频)与另一种振动模式的基频相近,二者发生相互作用,结果使泛频峰的强度增加或发生分裂的现象。实际上,费米共振也是一种振动耦合作用,只是发生在倍频或组频与基频之间。红外活性的振动也可以与拉曼活性的振动发生振动耦合或费米共振。例如线型 CO_2 分子的对称伸缩振动的基频(拉曼活性,$1340cm^{-1}$)与其弯曲振动(红外活性,基频 $669cm^{-1}$)的一级倍频($1338cm^{-1}$)相近,发生费米共振,产生两个距离增大的吸收峰(拉曼活性,$1388cm^{-1}$ 和 $1286cm^{-1}$)。

14.1.3.2 峰强

振动过程中偶极矩的变化和振动能级的跃迁概率是影响红外吸收峰强弱的主要因素。一方面,分子振动过程中瞬间偶极距变化越大,吸收峰越强。键两端原子电负性相差越大(极性越大,如 O—H、C=O、N—H 等),伸缩振动时,其偶极矩的变化越大,吸收峰越强;反之,非极性基团(如 C—C、C=C 等)的红外吸收峰较弱,在分子比较对称时,其吸收峰更弱。另一方面,分子振动发生能级跃迁时,由基态到第一激发态的跃迁概率大,因此基频峰一般较强。由基态向第二激发态跃迁时,虽然偶极矩的变化较大,但能级的跃迁概率小,因此倍频峰很弱。

14.1.3.3 峰位

前边已经提到,两个原子之间的伸缩振动频率与力常数 k 的平方根成正比,与原子折合质量 μ 的平方根成反比。因此,k 越大,μ 越小,键的振动频率越大,吸收峰将出现在高波数区(短波长区);反之,出现在低波数区(高波长区)。而分子内部结构和外部环境的变化都会引起原子间力常数的改变,从而引起振动频率的改变,使得同样的基团在红外光谱中的吸收波数不同。影响原子间键力常数的主要因素有振动耦合、费米共振、诱导效应、共轭效应、氢键效应、空间效应。

1. 振动耦合和费米共振

振动耦合和费米共振均导致吸收峰发生分裂,从而引起峰位改变。

2. 诱导效应

诱导效应是指化合物分子中,由于电负性不同的取代基(原子或基团)与原子相连时引起电子云密度分布的移动,从而引起力常数的改变,使得吸收波数发生变化的效应。诱导效应引起的振动频率移动方向取决于电子云密度的移动方向。当两个原子之间的电子云密度向两个原子中间移动时,力常数增加,吸收峰向高波数移动;当两个原子之间的电子云密度偏向其中一个原子时,力常数减小,吸收峰向低波数移动。当电负性大的原子(如 F、Cl、Br、O、N)或基团,或吸电子基团与某原子相连时,电子云密度向吸电子的原子或基团方向移动;当推电子基团(如 CH_3)与某原子相连时,电子云密度离开推电子基团。如表 14-4 所列,乙醛中羰基上氧原子的电负性比碳原子大,所以氧原子周围的电子云密度高,羰基 $C=O$ 的伸缩振动频率为 $1727cm^{-1}$;当与羰基 C 原子相连的 H 原子被推电子基团 CH_3 取代时,丙酮中电子云密度再次向 O 原子移动,力常数减小,使羰基的伸缩振动吸收峰向低波数移动至 $1716cm^{-1}$;当与羰基 C 原子相连的 CH_3 被电负性大的 Cl 原子取代时,氯乙酰中羰基上的电子云密度从氧原子向两个原子中间移动,力常数增加,使羰基的伸缩振动吸收峰向高波数移动至 $1806cm^{-1}$。

在红外光谱中,诱导效应普遍存在,大多数基团伸缩振动吸收峰的位移可以用诱导效应合理解释。

表 14-4 诱导效应对羰基 $C=O$ 伸缩振动频率的影响

化合物	结构式	波数/cm^{-1}
乙醛	H_3C-CHO	1727
丙酮	$H_3C-CO-CH_3$	1716
氯乙酰	$H_3C-CO-Cl$	1806

3. 共轭效应

许多有机化合物分子中存在共轭体系,电子云可以在整个共轭体系中运动,共轭体系使原子间化学键力常数改变从而引起红外吸收峰位移的现象,称为共轭效应。共轭效应可分为 π-π 共轭效应、p-π 共轭效应和超共轭效应。当分子双键之间以一个单键相连时,双键 π 电子发生共轭而离域,形成 π-π 共轭体系,参与共轭的所有原子共享所有的 π 电子。当 p 轨道上有未成键的孤对电子的原子(如 O、S、N 等)与双键相连时,也可以发生类似的共轭作用,形成 p-π 共轭体系。π-π 共轭和 p-π 共轭使双键的电子云密度降低,键力常数减小,吸收峰向低波数方向移动;相反,使单键的电子云密度增加,键力常数增大,吸收峰向高波数方向移动。表 14-5 为 3 种酮各基团振动波数对比。与丙酮相比,苯乙酮和二苯甲酮中的羰基与苯环基团形成了 π-π 共轭体系,羰基伸缩振动吸收峰和苯环骨架振动吸收峰向低波数移动,与苯环相连的 C—C 伸缩振动吸收峰向高波数方向移动。随着共轭体系的逐渐增大，π-π 共轭效应越显著。在表 14-6 中，与甲醇相比，苯酚中氧原子 p 轨道上的孤对电子与苯环 π 电子共轭后，C—O 的电子云密度增大，伸缩振动力常数增加，吸收峰向高波数方向移动。

表 14-5　π-π 共轭效应对各基团伸缩振动频率的影响

化合物	结构式	C=O/cm^{-1}	苯环骨架振动/cm^{-1}	C—C/cm^{-1}
丙酮	$H_3C-CO-CH_3$	1716		1222
苯乙酮	$C_6H_5-CO-CH_3$	1685	1599、1583	1266（与苯环相连）
二苯甲酮	$C_6H_5-CO-C_6H_5$	1652	1595、1577	1280（与苯环相连）

表 14-6　p-π 共轭效应对 C—O 单键伸缩振动频率的影响

化合物	结构式	波数/cm^{-1}
甲醇	H_3C-OH	1029
苯酚	C_6H_5-OH	1237

超共轭效应是指当一个 σ 键的电子（通常是 C—H 或 C—C）与一个邻近的半满或全空 p 轨道或反键 π 轨道平行时产生电子离域现象，会使整个体系变得更稳定。例如烷基—CH_3 基团可以绕 C—C 键自由旋转至与 π 轨道或与 p 轨道平行，产生超共轭效应，使得 C—H 键和 CH_3—C 上的电子云密度增加，键力常数增大，伸缩振动吸收峰向高波数方向移动。与 π 轨道相连的基团 C 原子上 C—H 越多，超共轭效应越大，大小顺序为—CH_3＞—CH_2R＞—CHR_2。如表 14-7 中所列，丙酮分子中 C—C 可以自由旋转，当 C—H 键与 C=O 键 π 轨道平行时引起 σ-π 超共轭效应，使得 C—H 键的电子云密度增加，CH_3 的反对称和对称伸缩振动频率（3004cm^{-1} 和 2924cm^{-1}）比烷烃（2960cm^{-1} 和 2875cm^{-1}）高。另外，丙酮中 C—C 伸缩振动吸收峰向高波数移至 1222cm^{-1}，且吸收强度增强。二氯甲烷分子中两个 C—H 键和两个 Cl 原子的 p 轨道都能形成 σ-p 超共轭效应，使 CH_2 的反对称和对称伸缩振动吸收峰分别向高波数移至 3054cm^{-1}、2987cm^{-1}。

表 14-7　超共轭效应对各基团伸缩振动频率的影响

化合物	结构式	CH_3（反对称）/cm^{-1}	CH_3（对称）/cm^{-1}	C—C/cm^{-1}
烷烃	H_3C-R	2960	2875	
丙酮	$H_3C-CO-CH_3$	3004	2924	1222
二氯甲烷	$Cl-CH_2-Cl$	3054（CH_2）	2987（CH_2）	

当共轭效应和诱导效应同时存在于有机分子体系中时，双键的伸缩振动吸收峰的波数取决于哪种效应占据主导地位。

4. 氢键效应

在化合物分子中，—OH、—COOH、—NH、—NH_2、盐酸盐（HCl）和结晶水（·xH_2O）的存在会产生分子内或分子间氢键。分子内或分子间氢键的存在使红外光谱发生变化的现象称为氢键效应。氢键效应使 O—H 和 N—H 的伸缩振动谱带变宽，谱带向低波数方向移动；氢键效应越强，谱带变化越明显，甚至还会出现多个谱带。氢键使谱带变宽的原因是分子在不停运动，氢键 O—H…O 和 N—H…N 中的距离在不断变化，从而导致 O—H 和 N—H 键长相应变化，变化范围越大，谱带越弥散。在醇类、酚类、羧酸类、胺类、酰胺类、氨基酸类和酸式无机盐等化合物中都存在着氢键，且羧酸类、氨基酸类和酸式无机盐类的氢键非常强。例如，在辛酸分子中，—COOH 之间生成分子间氢键形成羧酸二聚体，使 O—H 的伸缩振动谱带变得很宽，在 3300～2300cm^{-1} 区域出现很宽的吸收谱带，而在 3400cm^{-1} 处没有出现强的 O—H 伸缩振动吸收；在丙氨酸分子中，碱性基团—NH_2 与酸性基团—COOH 发生弱酸弱碱中和反应，生成—NH_3^+ 和—COO^-，二者之间生成强氢键，使原本位于 3300cm^{-1} 左右的—NH_2 对称和反对称伸缩吸收振动峰消失，向低波数移动到 3100～2100cm^{-1} 之间，变成许多弥散的—NH_3^+ 吸收谱带；在磷酸二氢钠分子中，分子间的 P—O—H…O—P 强氢键使 O—H 的伸缩振动谱带变宽，并向低角度移动，在 3200～2000cm^{-1} 之间形成两个宽的吸收谱带，如图 14-13 所示。

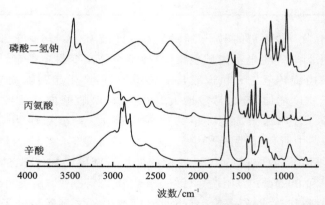

图 14-13　辛酸、丙氨酸、磷酸二氢钠的红外吸收光谱

5. 空间效应

空间效应主要包括空间位阻效应和环状化合物的环张力。取代基的空间位阻效应将使原本形成共轭体系的双方不在同一平面。当共轭体系的共平面性被破坏或偏离时，共轭体系也受到影响或破坏，使双键的电子云密度增大，伸缩振动力常数增加，吸收峰向高波数方向移动。环张力效应是指环张力（键角张力作用）会影响环内环外各键的振动频率。环越小，张力越大，环外与其相连各键的振动频率增加，吸收峰波数也增大；而环内各键振动频率减小，吸收峰的波数减小。例如环酮类分子，从环己酮（六元环）到环丙酮（三元环），随着环的变小，酮基 C=O 双键的吸收峰波数逐渐从 1715cm^{-1} 增加到 1850cm^{-1} 左右。

14.1.4 典型红外吸收频率

14.1.4.1 中红外光谱分区

中红外光谱的整个范围通常被划分为官能团区($4000 \sim 1330 \text{cm}^{-1}$)和指纹区($1330 \sim 400 \text{cm}^{-1}$)。

1. 官能团区

官能团区($4000 \sim 1330 \text{cm}^{-1}$)包含了大多数基团频率,也称为基团频率区或特征区,一般是由伸缩振动产生的吸收谱带。每一种基团都有多种振动模式,而每一种振动模式都可能产生一个振动频率。这个振动频率会受到基团所处化学环境的影响(如属于不同分子或处于一个分子的不同位置),因此每种基团都有多个振动频率与之对应[37]。如果某个基团的某种振动模式所对应的振动频率,在不同分子中都对应于某一范围较窄的频率区间,且吸收强度高,与其他振动频率容易区分,那么这种振动频率就称为基团频率,其所在的位置一般称为特征吸收峰。基团频率受分子中其余部分影响相对较小,特征明显,可用于鉴定各种基团的存在,是红外光谱定性分析的基础。例如—CH_3特征吸收峰位于$3000 \sim 2800 \text{cm}^{-1}$之间,而—C=O 的特征吸收峰位于$1850 \sim 1600 \text{cm}^{-1}$之间。

由于基团的特征吸收峰大都位于高频区,且分布相对稀疏,因此官能团区对于基团鉴定具有最大的价值,可提供主要证据。

2. 指纹区

指纹区($1330 \sim 400 \text{cm}^{-1}$)除了伸缩振动产生的吸收谱带,还有因变形振动产生的谱带,且彼此之间还会发生耦合。因此,指纹区吸收峰非常复杂,吸收强度有时较弱,故难以指认,不适用于鉴定某种基团的存在或判定分子的类型。但是,指纹区对分子结构的细小变化很敏感,比如同一类型分子的指纹频率具有特征性,它会随着分子结构的细微变化而发生变化,类似于每个人都有独特的指纹。因此,指纹区可用于整个分子的表征,区分结构类似的化合物,或者作为化合物存在某种化学键的旁证。例如具有$R^1CH=CHR^2$结构的烯烃,其顺、反异构分别在700cm^{-1}和965cm^{-1}左右出现吸收峰。

14.1.4.2 典型化学键振动的红外吸收频率

有机化合物种类繁多,但大部分是由 C、H、O、N 四种元素组成,根据组成化学键的性质,结合波数与力常数、折合质量之间的关系,可将中红外区按波数高低进一步大致分为(表 14-8)氢键区、叁键和累积双键区、双键区、单键区 4 个区。当然,由于元素及基团种类繁多,且所处化学环境各异,实际的基团振动频率分布情况会比表中复杂,这里仅作简化分区和举例。

表 14-8 4 个典型区段及基团举例

分类	氢键区 $4000 \sim 2500 \text{cm}^{-1}$	叁键和累积双键区 $2500 \sim 2000 \text{cm}^{-1}$	双键区 $2000 \sim 1500 \text{cm}^{-1}$	单键区 $1500 \sim 400 \text{cm}^{-1}$
示例	O—H、N—H、C—H 伸缩振动	C≡C、C≡N、N=C=N 伸缩振动	C=O、C=C 伸缩振动	C—H 弯曲振动 C—O 伸缩振动

1. 氢键区($4000 \sim 2500 \text{cm}^{-1}$)

部分羟基 O—H、氨基 N—H 的伸缩振动列于表 14-9 中。

1) O—H 伸缩振动

游离羟基 O—H 伸缩振动峰在 3600cm^{-1} 附近,为很强的尖峰,仅在非极性溶剂(如 CCl_4)制成的稀溶液或气态中可呈现。O—H 是强极性基团,形成分子间氢键后,键力常数减小,吸收峰移向低波数,产生宽而强的吸收,通常出现在 3650～3200cm^{-1} 区域内。它是确定醇类、酚类和酸类的重要依据。例如醇羟基 R—O—H 的伸缩振动位于 3400～3330cm^{-1},酚羟基 Ar—O—H 的伸缩振动位于 3330～3240cm^{-1}。酚羟基的谱带宽度比醇羟基的略窄,这是由于酚的氢键比醇的弱一点。而与醇羟基和酚羟基相比,羧酸由于在固态、液态、气态甚至极稀溶液中都以二聚体形式存在,二聚体的氢键作用力非常强,使得 O—H 伸缩振动向低波数位移更多,吸收谱带更宽,其伸缩振动吸收峰可从 3600cm^{-1} 移至 2500cm^{-1}。

表 14-9 羟基 O—H 和氨基 N—H 的伸缩振动举例

分类		波数/cm^{-1}
O—H 类型	游离羟基	～3600
	液态水	～3400
	醇基 R—O—H	3400～3330
	酚基 Ar—O—H	3330～3240
	羧基 CO—O—H	3500～2500
N—H 类型	脂肪族伯胺 R—NH$_2$	3480～3270(反对称)、3385～3125(对称)
	芳香族伯胺 Ar—NH$_2$	3580～3345(反对称)、3460～3175(对称)
	伯酰胺 R—CONH$_2$	3360～3320(反对称)、3190～3160(对称)
	脂肪族仲胺 R^1—NH—R^2	3290～3270
	芳香族仲胺 Ar—NH—R	3420～3300
	仲酰胺 R^1—CONH—R^2	3300、3100

气态 H_2O 分子的伸缩振-转频率位于 3950～3500cm^{-1} 范围内,是一系列尖锐的吸收峰。液态水分子之间以氢键连接,吸收峰移向低波数,产生宽的吸收谱带,主峰位于 3400cm^{-1} 附近,也是非常强的吸收峰。

通常,在许多无机化合物和配合物中存在结晶水,结晶水伸缩振动频率一般位于 3630～2950cm^{-1} 范围内。这是由于结晶水中 O 原子与金属离子配位,配位键能越强,配位键越短,金属离子对 O—H 的诱导作用越强,O—H 键力常数越小,伸缩振动频率越向低频移动。有些化合物中的结晶水分子只参与配位,不生成分子间氢键,其伸缩振动谱带尖锐,且位于 3400cm^{-1} 以上的高频区;若化合物中的结晶水同时参与配位和氢键的生成,则其伸缩振动谱带变宽,且吸收峰向低波数移动。另外,一些有机化合物中也存在结晶水,它可以与有机物中的 O 和 N 原子形成氢键,吸收峰移向低波数,产生宽的吸收谱带。

2) N—H 伸缩振动

N—H 的伸缩振动频率位于 3500～3100cm^{-1} 区域,为中等强度的尖峰,且峰强度都比 O—H 吸收峰强度弱,可用于确定不同的氨基。

伯胺 NH_2 基团有两个 N—H 键,其伸缩振动频率比 H_2O 低,分为反对称伸缩振动和对称伸缩振动,分别位于 $3480\sim3270cm^{-1}$ 和 $3385\sim3125cm^{-1}$ 区域。伯胺 NH_2 基团的伸缩振动频率与液态水、结晶水、醇羟基及酚羟基的伸缩振动频率基本在同一个区间,但由于伯胺 NH_2 基团的伸缩振动谱带比较尖锐,且 NH_2 的伸缩振动频率比 O—H 的伸缩振动频率略低,比较容易辨认。

与 O—H 基团类似,NH_2 基团之间及其与强电负性原子之间都可以形成氢键,但这种氢键较 O—H 形成的氢键弱。因此,NH_2 伸缩振动谱带的宽化及移动不如 O—H 基团显著,其向低角度方向的位移往往不超过 $100cm^{-1}$。

芳香族伯胺分子中的 NH_2 伸缩振动频率比脂肪族伯胺分子中 NH_2 伸缩振动频率高 $50\sim100cm^{-1}$,且伸缩振动谱带强度比脂肪族伯胺强。这是由于 C—N 单键旋转时,N—Hσ 电子能与芳环的 π 电子形成超共轭效应,使 N—H 键能增强,吸收峰波数向高波数移动。

伯酰胺 R—$CONH_2$ 分子中 NH_2 的伸缩振动频率与脂肪族伯胺分子中 NH_2 伸缩振动频率基本相同,反对称和对称伸缩振动频率分别位于 $3360\sim3320cm^{-1}$ 和 $3190\sim3160cm^{-1}$ 区域。

脂肪族仲胺的 NH 伸缩振动只有一个吸收峰,位于 $3290\sim3270cm^{-1}$ 区域。芳香族仲胺的 NH 伸缩振动频率比脂肪族高,位于 $3420\sim3300cm^{-1}$ 之间,吸收强度较强。

仲酰胺 R^1—CONH—R^2 分子中 N—H 伸缩振动频率与 C—N—H 弯曲振动的一级倍频发生费米共振,分裂为两个位于 $3300cm^{-1}$ 和 $3100cm^{-1}$ 的吸收峰。

叔胺基没有 N—H 吸收。

3)C—H 伸缩振动

C—H 伸缩振动可分为饱和碳和不饱和碳两种。饱和碳原子上的 C—H 伸缩振动出现在 $3000cm^{-1}$ 以下,不饱和碳原子上的 C—H 伸缩振动出现在 $3000cm^{-1}$ 以上,可以以此判断饱和与不饱和碳原子上的 C—H。部分 C—H 的伸缩振动列于表 14-10 中。

表 14-10 C—H 的伸缩振动举例

分类		波数/cm^{-1}
饱和碳 C—H 类型	—CH_3	2960(反对称)、2870(对称)
	—CH_2—	2930(反对称)、2850(对称)
	—CH—	2890
不饱和碳 C—H 类型	=CH_2	3080(反对称)、3000(对称)
	=C—H	3040
	Ar—H	$3100\sim3000$
	≡C—H	3300

饱和烃 CH_3 的 C—H 伸缩振动分为反对称伸缩振动和对称伸缩振动,其伸缩振动频率分别位于 $2960cm^{-1}$ 和 $2870cm^{-1}$。饱和烃 CH_2 的 C—H 伸缩振动同样分为反对称和对称伸缩振动,反对称伸缩振动频率总比对称伸缩振动频率高,分别位于 $2930cm^{-1}$ 和 $2850cm^{-1}$,且总是分别低于 CH_3 的反对称和对称伸缩振动频率。饱和烃 CH 的 C—H 伸缩振动频率位于 $2890cm^{-1}$ 左右,吸收强度一般较弱。在烷烃化合物中,通常 CH 基团数目远少于 CH_3 和 CH_2

基团，CH 基团的 C—H 伸缩振动谱带被 CH$_3$ 和 CH$_2$ 伸缩振动谱带掩盖，因此实用价值很小。但当 CH 基团数目较多时，C—H 伸缩振动谱带就会很明显。另外，当分子中 CH$_3$ 和 CH$_2$ 基团数目很少或者分子中只有 CH$_2$ 和 CH 基团时，C—H 伸缩振动谱带也会比较明显。

当 CH$_3$、CH$_2$ 和 CH 基团与强电负性原子（N、O、Cl、Br 或 I）或者基团相连接时，诱导效应和超共轭效应的强弱会影响伸缩振动频率。若吸电子诱导效应强于超共轭效应，诱导效应占主导地位，使 C—H 键能降低，吸收峰移向低波数；反之，则移向高波数；若两者相当，则吸收波数基本不变。例如对羟基苯甲醚 OHC$_6$H$_4$OCH$_3$ 中 CH$_3$ 基团直接与 O 原子连接，由于 O 原子的电负性为 3.44，O 原子的吸电子诱导效应强于 CH$_3$ 基团与 O 原子的孤对电子形成的 σ-p 超共轭效应，总的效应是使 CH$_3$ 基团的反对称、对称伸缩振动吸收峰向低波数分别移动至 2952cm^{-1} 和 2835cm^{-1}。若 CH$_3$ 基团与 O 原子之间隔一个原子时（如乙醇 CH$_3$CH$_2$OH），O 原子的吸电子诱导效应大大减弱，并且弱于 σ-p 超共轭效应，使 CH$_3$ 基团的反对称、对称伸缩振动吸收峰向高波数分别移动至 2974cm^{-1} 和 2884cm^{-1}。

当 CH$_3$ 基团与双键、三键和苯环相连时，σ-π 超共轭效应使 C—H 键能增加，CH$_3$ 基团的反对称和对称伸缩振动吸收峰向高波数移动，如丙酮 CH$_3$COCH$_3$ 的 CH$_3$ 反对称和对称伸缩振动吸收峰分别向高波数移动至 3004cm^{-1} 和 2924cm^{-1}。同样地，当 CH$_3$ 基团与芳环相连时，σ 键与芳环的大 π 键形成超共轭效应，使 CH$_3$ 基团的反对称和对称伸缩振动吸收峰向高波数移动。如甲苯的 CH$_3$ 反对称、对称伸缩振动吸收峰分别向高波数移动至 3027cm^{-1} 和 2920cm^{-1}。

不饱和碳原子上的 C—H 伸缩振动频率可用于判断不饱和 C—H 的类型。

烯烃末端双键上的 =CH$_2$ 反对称、对称伸缩振动频率分别位于 3080cm^{-1} 和 3000cm^{-1}。烯烃双键上的 =C—H 伸缩振动频率位于 =CH$_2$ 反对称和对称伸缩振动频率中间，位于 3040cm^{-1} 左右，吸收强度很弱。芳香族化合物中芳环上的 C—H 伸缩振动频率在 3100～3000cm^{-1} 之间，吸收较弱。通常，芳环上存在 2～6 个 C—H 基团，所以 C—H 伸缩振动存在多种振动模式，会出现多个吸收峰，吸收峰的个数、峰位、强度与芳环上取代基的数目、位置和性质有关。

炔烃三键上的 ≡C—H 伸缩振动频率位于 3300cm^{-1} 左右，强度高，形状尖锐，非常有特征。炔烃三键上的 ≡C—H 伸缩振动频率比烯烃和芳环高，烯烃和芳环的 C—H 伸缩振动频率又比烷烃高。这是因为烷烃、烯烃和炔烃的 C 原子分别以 sp^3、sp^2 和 sp 杂化轨道与 H 原子的 s 轨道成键，成键时轨道重叠程度按 sp^3、sp^2 和 sp 顺序依次递增，键长递减，键能增强，力常数增大，伸缩振动频率增加，吸收峰向高波数移动。例如甲烷、乙烯和乙炔的 C—H 键键长分别为 109pm、107pm 和 106pm，C—H 键能分别为 410kJ/mol、444kJ/mol 和 506kJ/mol，因此甲烷、乙烯和乙炔 C—H 伸缩振动频率逐渐增加，吸收峰逐渐向高波数移动。

2. 叁键和累积双键区（2500～2000cm^{-1}）

叁键和累积双键区（2500～2000cm^{-1}）为叁键和累积双键的伸缩振动谱带。叁键主要包括 C≡C 和 C≡N。累积双键主要包括 O=C=O、异氰酸酯—N=C=O、异硫氰酸酯—N=C=S、碳二亚胺—N=C=N 和重氮—C=N=N 等。部分叁键和累积双键的伸缩振动列于表 14-11 中。

表 14-11 叁键和累积双键的伸缩振动举例

分类		波数/cm^{-1}
叁键	R—C≡C—H	2140～2100
	R^1—C≡C—R^2	2260～2190
	Ar—C≡C—H	约 2110
	R—C≡N	2260～2240
	Ar—C≡N	2245～2230
累积双键	异氰酸酯 R—N=C=O	2275～2255(反对称)、1360～1310(对称)
	碳二亚胺—N=C=N—	～2120(反对称)、～1200(对称)
	重氮—C=N=N	2110～2100(反对称)、1250～1200(对称)

1) 叁键伸缩振动

在炔类 C≡C 单取代化合物中(RC≡CH),或两侧取代基不同的双取代化合物中(R^{1}C≡CR^2),分子的对称性降低,C≡C 伸缩振动时偶极矩发生变化,但变化程度很小,红外吸收较弱,拉曼谱带很强。取代使两个 C 原子之间的电子云密度偏向一侧,伸缩振动力常数减小,吸收峰向低波数方向移动。位移程度取决于取代基诱导效应或共轭效应的强弱。RC≡CH 和 R^{1}C≡CR^2 的伸缩振动吸收峰分别位于 2140～2100cm^{-1} 和 2260～2190cm^{-1} 区域内。苯乙炔 C$_6$H$_5$—C≡CH 由于共轭效应,C≡C 伸缩振动吸收峰向低波数移动至 2108cm^{-1}。

在炔类 C≡C 双取代化合物中,若两侧取代基完全相同(RC≡CR),C≡C 伸缩振动时偶极矩不发生变化,无红外活性,属于拉曼活性,拉曼谱带位于 2280～2210cm^{-1} 之间。

氰化物 RC≡N 也是一类重要的叁键化合物,氰基 C≡N 的伸缩振动吸收峰强度高。当 α 碳原子上有吸电子基时(如 O、Cl),峰变弱。

脂肪族氰化物的 RC≡N 伸缩振动吸收峰出现在 2260～2240cm^{-1} 之间,比脂肪族单取代炔类 RC≡CH 的 C≡C 伸缩振动吸收峰波数高。

芳香族氰化物中由于 p-π 共轭效应,C≡N 伸缩振动吸收峰比脂肪族氰化物的 C≡N 伸缩振动吸收峰波数低,向低波数移动至 2245～2230cm^{-1} 之间,但比芳香族炔类的 C≡C 伸缩振动吸收峰波数高。

2) 累积双键伸缩振动

在累积双键分子中,由于两个不同的双键共享中间的一个原子,且两个双键的伸缩振动频率相同(如 N=C=N)或者相近(N=C=O),二者发生强烈振动耦合作用,分裂为两个谱带,吸收峰波数较高的为反对称伸缩振动,吸收峰波数较低的为对称伸缩振动。例如异氰酸酯 R—N=C=O 分裂的两个谱带分别位于 2275～2255cm^{-1} 和 1360～1310cm^{-1} 区域内,碳二亚胺化合物中 N=C=N 分裂的两个谱带分别位于 2120cm^{-1} 和 1200cm^{-1} 区域。

3. 双键区(2000～1500cm^{-1})

1) C=O 伸缩振动

羰基 C=O 的伸缩振动频率主要位于 1900～1650cm^{-1} 之间,包括醛、酮、醌、羧酸、酯、酸酐、酰胺以及酰卤中的 C=O 伸缩振动。由于 C=O 的电偶极矩较大,其伸缩振动往往是红外光谱中最强的吸收峰,此非常特征可用于鉴定化合物中有无 C=O,也可用于判断酮类、醛类、酸类、酯类以及酸酐等有机化合物。表 14-12 中列出了部分羰基化合物的 C=O 伸缩振动。

表 14-12 羰基化合物的 C=O 伸缩振动举例

羰基 C=O 类型	波数/cm^{-1}	羰基 C=O 类型	波数/cm^{-1}
饱和脂肪醛 R—CH=O	1730～1720	饱和脂肪酸酯 R—CO—O—R′	～1740
芳香醛 Ar—CH=O	1710～1630	芳香酸酯 Ar—CO—O—R′	～1725
饱和脂肪酮 R—CO—R	1720～1710	六及七元环内酯	1750～1730
芳香酮 Ar—CO—R 或 Ar′	1700～1680	五元环内酯	1780～1750
羧酸 R—COOH	约 1760(单体)、约 1700(二聚体)	酸酐 R—CO—O—CO—R′	1830～1800(反对称)、1755～1740(对称)
酰胺 R—CO—NH$_2$	1685～1630	酰卤 R—CO—X (X=F、Cl、Br、I)	1815～1745

饱和脂肪醛 C=O 伸缩振动频率位于 1730～1720cm^{-1} 之间。芳香醛中由于芳环与醛 C=O 的共轭效应,使芳香醛 C=O 伸缩振动吸收峰向低波数移动至 1710～1630cm^{-1}。苯环上连接 O—H 时能与醛 C=O 生成分子内或分子间氢键,使醛 C=O 伸缩振动频率进一步降低。

酮 C=O 伸缩振动频率位于 1750～1650cm^{-1} 之间。饱和脂肪酮 C=O 伸缩振动吸收峰比饱和脂肪醛 C=O 伸缩振动吸收峰的波数低 10cm^{-1},位于 1720～1710cm^{-1} 之间。这是由于饱和脂肪酮中烷基的推电子效应使酮 C=O 上的电子云密度比醛 C=O 上的电子云密度小,酮 C=O 的伸缩振动力常数比醛 C=O 的小。当酮 C=O 的 α-碳原子上连接吸电子基团时,诱导效应使酮 C=O 伸缩振动吸收峰向高波数方向移动。芳香酮中由于 C=O 与芳环酮共轭,使芳香酮 C=O 伸缩振动吸收峰向低波数方向移动。

醌类化合物也属酮类,有苯醌、萘醌和蒽醌之分。醌 C=O 由于与芳环共轭,使醌 C=O 伸缩振动吸收峰向低波数方向移动。

羧酸 C=O 伸缩振动频率位于 1760～1660cm^{-1} 之间。脂肪族羧酸单体羧酸 C=O 伸缩振动频率比醛和酮 C=O 伸缩振动频率高 40cm^{-1} 左右,位于 1760cm^{-1}。这是由于羧酸的 O—H 直接与 C=O 的 C 原子相连,O 原子可以引发吸电子的诱导效应,同时 O 原子上的孤对电子与 C=O 上的 π 电子有共轭效应,诱导效应占主导地位使 C=O 中原本靠近 O 原子的电子云向 C 原子方向移动,C=O 电子云密度增大,C=O 伸缩振动力常数增加。但羧酸分子中由于—OH 与另一个 C=O 的 O 原子生成强分子间氢键，在不存在位阻的情况下，羧酸分子在固体、液体和气体状态下都以二聚体形式存在。脂肪族羧酸分子大多数仍以二聚体形式存在，其 C=O 伸缩振动吸收峰的波数比单体羧酸 C=O 伸缩振动吸收峰的波数低 60 cm^{-1} 左右，位于 1710~1700 cm^{-1} 之间，这是因为分子间氢键使 C=O 之间的电子云向 O 原子方向移动，C=O 电子云密度降低，伸缩振动力常数减小。

酯 C=O 伸缩振动频率位于 1770~1680 cm^{-1} 之间。酯 C=O 的 C 原子与一个 O 原子直接相连，O 原子的吸电子诱导效应比共轭效应强，使 C=O 之间的电子云密度增大，C=O 伸缩振动力常数增加，吸收峰向高波数方向移动，因此酯 C=O 比酮和醛 C=O 的伸缩振动吸收峰波数高。饱和脂肪酸的 C=O 伸缩振动吸收峰位于 1740 cm^{-1} 左右。当芳环或烯类双键与 C=O 的 C 原子相连时，共轭效应将使羰基伸缩振动频率向低波数移动至 1725 cm^{-1} 左右。如果芳香酸酯分子中存在羟基或氨基，可以与羰基形成分子内或分子间氢键，羰基的伸缩振动吸收峰会进一步向低波数移动，如邻羟基苯甲酸甲酯（水杨酸甲酯）的 C=O 伸缩振动吸收峰位于 1679 cm^{-1}。内酯是环状结构，环张力会使 C=O 伸缩振动吸收峰向高波数方向移动。六及七元环酯的波数变化不大，但五元环内酯的环小，环张力大，波数增加较明显，位于 1780~1750 cm^{-1} 之间。

酸酐可分为开链酸酐和环状酸酐。在含 C=O 的各类化合物中，酸酐的 C=O 伸缩振动频率是最高的。酸酐基团中有两个 C=O 基团，二者会发生振动耦合，分裂为两个谱带。开链脂肪族酸酐的两个 C=O 基团伸缩振动吸收峰分别位于 1830~1800 cm^{-1} 区域和 1755~1740 cm^{-1} 区域，相差 60~70 cm^{-1}。在环状脂肪族酸酐中，环张力增加，使两个 C=O 基团伸缩振动吸收峰均向高波数方向移动。环状脂肪族酸酐耦合的两个 C=O 基团伸缩振动吸收峰中，高波数吸收峰比低波数吸收峰强度低，而开链脂肪族酸酐中两个峰的强度正好相反，以此可区分这两类酸酐。

酰胺分子中，N 原子与羰基 C=O 的 C 原子直接相连，N 原子的共轭效应比诱导效应强，使 C=O 伸缩振动力常数减小，伸缩振动吸收峰向低波数方向移动至 1685~1630 cm^{-1} 区域，酰胺 C=O 伸缩振动吸收峰波数比醛低。

环内酰胺 C=O 伸缩振动也是整个光谱中最强的吸收带。随着环的缩小，环张力增大，C=O 伸缩振动向高波数移动。环状酰亚胺的分子结构与相应的酸酐类似，存在两个会发生振动耦合的 C=O，其伸缩振动分裂成两个吸收谱带，分别位于 1790~1765 cm^{-1} 区域和 1755~1690 cm^{-1} 区域，这比其他酰胺 C=O 伸缩振动吸收峰波数高得多。

在酰卤分子中，卤原子与羰基 C 原子直接相连，卤原子的吸电子能力非常强，诱导效应强于共轭效应，使 C=O 伸缩振动的力常数增大，伸缩振动吸收峰向高波数方向移动至 1815~1745 cm^{-1} 区域。

2）C=C 伸缩振动

烯烃 C=C 伸缩振动频率位于 1680~1620 cm^{-1} 之间，一般情况下较弱，甚至观察不到。当相邻各基团的差异比较大时，C=C 伸缩振动才较强。

对于 C=C 双键中心对称分子，C=C 伸缩振动偶极矩变化非常小，红外吸收特别弱，而 C=C 双键轴对称分子的 C=C 伸缩振动谱带相对强一些。

对于 C=C 双键非对称分子，在烯烃单取代、双取代和三取代化合物中，分子的对称性降低,诱导效应(取代基吸电子或推电子作用)使 C=C 双键两个 C 原子之间的电子云密度偏向一侧,力常数减小,吸收峰向低波数方向移动。位移程度取决于取代基诱导效应的强弱。烯烃单取代、双取代和三取代化合物中 C=C 伸缩振动吸收峰向低波数移动程度逐渐增加,且吸收强度增强。例如 1-十四烯、甲基丙烯酸和 3,3-二甲基丙烯酸的 C=C 伸缩振动吸收峰的波数分别为 $1641cm^{-1}$、$1637cm^{-1}$、$1634cm^{-1}$。

脂肪环上只有一个 C=C 双键时,环张力使 C=C 伸缩振动吸收峰向高波数方向移动。例如胆固醇六元环上的 C=C 伸缩振动位于 $1671cm^{-1}$;若 C=C 双键与相连的 O 原子形成 π-p 共轭时,C=C 伸缩振动吸收峰向低波数方向移动。

脂肪族化合物中当 C=C 双键与另一个 C=C 双键共轭时,共轭效应使 C=C 伸缩振动吸收峰向低波数方向移动。同时,两个 C=C 伸缩振动发生振动耦合,引起谱带分裂,吸收峰通常出现在 $1650cm^{-1}$ 和 $1600cm^{-1}$ 处,是鉴定共轭双烯的特征峰。

芳香化合物的芳环上,所有的碳原子相互连接形成大 π 键,伸缩振动时一起振动,因此,芳环的骨架振动不是某两个碳原子之间的 C=C 或 C—C 伸缩振动,而是骨架的整体振动,存在多种振动模式,出现多个谱带。单环芳烃的骨架振动出现在 $1620\sim1450cm^{-1}$ 之间,主要有 4 个峰,位于 $1600cm^{-1}$、$1580cm^{-1}$、$1500cm^{-1}$ 和 $1450cm^{-1}$ 左右。其中,$1600cm^{-1}$(强度居中)和 $1500cm^{-1}$(最强)附近的吸收峰是确认有无芳环存在重要标志之一。位于最低波数 $1450cm^{-1}$ 处的吸收峰常与取代基—CH_3 的不对称弯曲振动和—CH_2—的剪式振动重叠,不易观察;位于 $1580cm^{-1}$ 附近的吸收峰最弱,常被 $1600cm^{-1}$ 附近的吸收峰掩盖或变成它的一个肩峰。

苯衍生物在 $2000\sim1650cm^{-1}$ 出现 C—H 和 C=C 键的面内变形振动的泛频吸收(强度弱),可用来判断取代基位置。

3)硝基 O—N=O 伸缩振动

硝基 NO_2 存在于硝基化合物、硝酸酯和硝胺类中。NO_2 有对称和不对称伸缩振动,产生非常强的两个吸收峰,与同一区域的其他官能团容易分辨。脂肪族硝基化合物 NO_2 反对称和对称伸缩振动吸收峰分别位于 $1560\sim1545cm^{-1}$ 和 $1390\sim1360cm^{-1}$ 范围内,其中反对称伸缩振动比对称伸缩振动吸收峰更强。

芳香族硝基化合物 NO_2 基团与芳环共平面,形成 p-π 共轭,N=O 电子云密度降低,伸缩振动力常数减小,使 NO_2 反对称和对称伸缩振动吸收峰向低波数方向移动至 $1550\sim1500cm^{-1}$ 和 $1365\sim1330cm^{-1}$ 范围内。和脂肪族化合物相反,芳香族硝基化合物对称伸缩振动比反对称伸缩振动吸收峰更强些,并且吸收峰的位置受苯环上取代影响。

4. 单键区($1500\sim400cm^{-1}$)

1)C—H 面内弯曲振动

$1500\sim1300cm^{-1}$ 区域主要为 C—H 面内弯曲振动,大多数有机化合物中都含有—CH_3 和—CH_2—。CH_3 的反对称弯曲振动吸收峰位于 $1460cm^{-1}$ 处,与 CH_2 的剪式振动吸收峰重合,不易被辨别。而 $1380cm^{-1}$ 为 CH_3 对称弯曲振动吸收峰,且对结构敏感,可作为判断分子中存在 CH_3 的依据。

孤立 CH_3 的对称弯曲振动位于 $1380cm^{-1}$ 附近,其强度随分子中 CH_3 数目的增多而增大。当两个或三个 CH_3 连接在同一个 C 原子上时,CH_3 对称弯曲振动互相耦合,使位于 $1380cm^{-1}$ 处的特征吸收峰分叉,形成双峰。例如异丙基[$(CH_3)_2CH$—]在 $1385cm^{-1}$ 和 $1375cm^{-1}$ 位置处出现两个强度相等的吸收峰。叔丁基[$(CH_3)_3C-$]在1395cm^{-1}和1365cm^{-1}位置处出现两个吸收峰,且低波数吸收峰的强度是高波数的两倍。

2)C—O伸缩振动

1300～910cm^{-1}区域包括C—O、C—N、C—F、C—P、C—S、P—O、Si—O等单键的伸缩振动和C=S、S=O、P=O等双键的伸缩振动吸收。其中,C—O伸缩振动可以与其他的振动产生强烈耦合,使其吸收峰波数跨度很大,吸收峰位于1300～1050cm^{-1}区域,并且一般是该区域最强的吸收峰,是判断C—O存在的重要依据,如醇、酚、醚、羧酸、酯等。表14-13中列出了部分C—O的伸缩振动频率位置。

表14-13 C—O伸缩振动举例

C—O类型	波数/cm^{-1}	C—O类型	波数/cm^{-1}
伯醇 R—CH$_2$—OH	1065～1015	饱和脂肪醚 R—O—R′	1125～1110
仲醇 R—CH(R′)—OH	1100～1010	烯醚 R=CH—O—R′	1200(与双键相连)、 1100(与烷基相连)
叔醇 R1—C(R^2)(R^3)—OH	1150～1100	芳香醚 Ar—O—R 或 Ar′	1240(与芳环相连)、 1040(与烷基相连)
酚 Ar—OH	1250～1100	脂肪酸酯 R—CO—O—R′	1240～1150(与羰基相连)、 1050～1000(与烷基相连)
羧酸 R 或 Ar—CO—OH	1310～1250	芳香酸酯 Ar—CO—O—R′	1290～1270(与羰基相连)、 1040～1010(与烷基相连)

醇C—O伸缩振动频率位于1100～1050cm^{-1}之间,吸收峰强。若在该区域没有其他官能团的干扰时,可根据吸收峰位置判断醇的碳链取代情况。例如伯醇、仲醇和叔醇C—O伸缩振动吸收峰分别位于1065～1015cm^{-1}、1100～1010cm^{-1}和1150～1100cm^{-1}范围内。其原因为甲基中的C—H与醇C—O中的O原子之间存在σ-p超共轭效应,且比甲基的推电子诱导效应强,使C—O之间的电子云密度增加,力常数增大,伯醇、仲醇和叔醇的C—O伸缩振动频率逐步向高波数移动。

酚C—O伸缩振动频率位于1250～1100cm^{-1}之间,比醇C—O伸缩振动吸收峰波数高,这是由于酚C—O中O原子的p轨道与苯环π电子形成p-π共轭,C—O伸缩振动力常数增加。当苯环上没有极性取代基团时,C—O伸缩振动吸收峰很强、较宽,非常特征。

长链脂肪族羧酸羧基上的C—O伸缩振动频率位于1310～1250cm^{-1}之间,同样比醇C—O伸缩振动吸收峰波数高,这是由于C—O中O原子的p轨道孤对电子与羰基C=O上的π键形成p-π共轭,C—O伸缩振动力常数增加。长链脂肪族二聚羧酸和芳香族二聚羧酸的C—O伸缩振动频率都位于1300cm^{-1}附近,其他类型羧酸不出现这个谱带。

饱和脂肪醚中C—O—C基团中的两个C—O键是完全等价的,伸缩振动频率完全相同,会发生振动耦合,分裂为两个吸收峰,分别位于1240～1160cm^{-1}和1160～1050cm^{-1}范围内,前者为反对称伸缩振动吸收峰,后者为对称伸缩振动吸收峰。不过,仅气体甲醚的两个峰可以明显区分,分别位于 1178cm^{-1} 和 1117cm^{-1} 处,而凝聚态的乙醚、丙醚、丁醚等都只在 1122cm^{-1} 附近出现一个宽的、强的吸收谱带,属于反对称和对称伸缩振动谱带的叠加。其原因为:甲醚中 O 原子上连接的甲基很轻,而乙醚、丙醚、丁醚中 O 原子上连接的乙基、丙基、丁基很重,C—O 伸缩振动时,要带动这些基团一起振动。较重的基团使 C—O—C 的反对称和对称伸缩振动谱带重叠在一起,形成宽谱带。正如,受液态水分子间氢键的影响,O—H 的伸缩振动要带着另一个水分子一起振动,导致 H—O—H 的反对称和对称伸缩振动谱带重叠为一个宽谱带。

环醚化合物中 C—O—C 反对称和对称伸缩振动吸收峰分得很开,且反对称伸缩振动吸收峰一般都很强,比饱和脂肪醚的宽度窄得多。与饱和脂肪醚和环醚不同的是在烯醚和芳香醚化合物中,不存在 C—O—C 反对称和对称伸缩振动模式,这是由于 C—O—C 基团两边连接的基团不相同,两个 C—O 伸缩振动频率不相同。烯醚和芳香醚分子中,与 C=O 或苯环连接的 C—O 基团发生 p-π 共轭,使 C—O 伸缩振动吸收峰向高波数方向分别移动至 1200cm^{-1} 和 1250cm^{-1} 附近,与烷基相连的 C—O 伸缩振动吸收峰波数与饱和脂肪醚基本相同,分别位于 1100cm^{-1} 和 1040cm^{-1} 左右。

脂肪酸酯的 C—O—C 基团中的两个 C—O 分别与羰基 C=O 和烷基相连。与 C=O 相连的 C—O 基团由于 p-π 共轭效应,C—O 伸缩振动力常数增加,伸缩振动吸收峰向高波数移动至 1240~1150cm^{-1},比与烷基相连的 C—O 伸缩振动吸收峰波数高(1050~1000cm^{-1}),且前者的吸收强度比后者的强。内酯的 C—O—C 基团伸缩振动频率和脂肪酸酯基本相同,但两个 C—O 的吸收强度差别不如脂肪酸酯大。在芳香酸酯中,与 C=O 相连的 C—O 的伸缩振动吸收峰位于 1290~1270cm^{-1} 之间,这是由于 C—O 中的 O 原子与 C=O 上的 π 电子以及苯环上的 π 电子形成大共轭体系,C—O 伸缩振动力常数进一步增加,伸缩振动吸收峰波数比脂肪酸酯的高,吸收强度更强;而与烷基相连的 C—O 的伸缩振动吸收峰位于 1040~1010cm^{-1} 之间,与脂肪酸酯相当。需要注意的是酯的 C—O—C 基团不存在 C—O 的反对称和对称伸缩振动模式。

C=S 伸缩振动频率位于 1200~975cm^{-1} 之间,中等强度,由于 S 原子的质量是 O 原子的两倍,C=S 伸缩振动吸收峰波数比 C=O 低得多。P=O 伸缩振动吸收峰位于 1320~1105cm^{-1} 之间。

3)C—H 面外弯曲振动

烯烃和芳烃的 C—H 面外弯曲振动位于 1000~650cm^{-1} 区域,对结构敏感,通常用于鉴别各种取代类型的烯烃和苯环上取代基的位置和类型。表 14-14 中列出了各类烯烃的 C—H 面外弯曲振动频率位置。

表 14-14 烯烃的 C—H 面外弯曲振动举例

烯烃类型	RCH=CH$_2$	R^{1}R^{2}C=CH$_2$	R^{1}CH=CHR^2	R^{1}R^{2}C=CHR^3
波数/cm^{-1}	995~985(由 CH 引起)、915~905(由 CH$_2$ 引起)	895~885	980~965(反式)、约 690(顺式)	840~790

对于单取代烯烃 $RCH=CH_2$ 化合物,一般在 995cm^{-1} 和 910cm^{-1} 附近分别出现 CH 和 CH_2 面外弯曲振动吸收峰。对于单侧二取代烯烃 $R^1R^2C=CH_2$ 化合物,若 R^1 和 R^2 都是烷基,则 CH_2 面外弯曲振动在 890cm^{-1} 附近出现强吸收。三取代烯烃 $R^1R^2C=CHR^3$ 的 CH 面外弯曲振动吸收峰位于 825cm^{-1} 附近。

900~650cm^{-1} 区域的某些吸收峰还可用来确认烯烃化合物的顺反构型。顺式二取代烯烃 $R^1CH=CHR^2$ 的 C—H 面外弯曲振动吸收峰位于 700cm^{-1} 左右,反式烯烃 C—H 面外弯曲振动吸收峰位于 965cm^{-1} 左右,烷基被其他基团取代后,谱带强度和位置变化较大,可以用于研究顺反异构类型、反式双键个数,以及双键聚合反应等。

取代苯在 900~650cm^{-1} 区间通常有 1~3 个很强的吸收峰,对应于 C—H 面外弯曲振动。吸收峰的个数、位置和强度取决于取代基的个数、位置和性质,特征非常明显。因此,可以利用这些吸收峰确定苯环的取代类型,如果在此区间内无强吸收峰,一般表示无芳香族化合物。此外,苯环的取代类型还可通过结合 2000~1660cm^{-1} 区间的弱峰判别,苯衍生物在 2000~1660cm^{-1} 区域出现 C—H 面外和 C=C 面内弯曲振动的倍频或组频吸收,虽然强度很弱,但它们的吸收面貌在判别苯环取代类型方面很有用,但当分子中含有 C=O 基团或其他干扰基团时,吸收面貌就不能用于判别取代基类型。图 14-14 为单取代苯与二取代苯在 2000~1660cm^{-1} 和 900~650cm^{-1} 区间的吸收面貌。

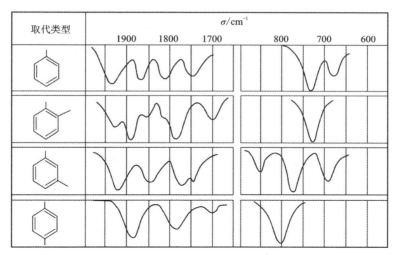

图 14-14 单取代苯与二取代苯在 2000~1660cm^{-1} 和 900~650cm^{-1} 区间的吸收面貌

14.1.5 红外光谱解析

14.1.5.1 谱图解析方法

利用红外光谱可进行官能团定性分析和结构分析。官能团定性分析是根据化合物红外光谱的特征峰判断物质含有哪些官能团,从而确定化合物的类别。结构分析是结合红外光谱和其他性质确定有关化合物的化学结构式或立体结构。谱图解析常用的方法有直接法、否定法和肯定法[38]。在实际分析红外光谱工作中,往往是 3 种方法联合使用,以得出正确的分析结果。

1. 直接法

直接法是将已知物的标准品与待测样品在相同条件（测试方法和测试参数）下测试红外光谱，并进行对照，从而鉴定待测样品是否为已知物。若已知物和待测样品的吸收光谱（包括峰位、峰强和峰宽）完全一致，即可认定为同一化合物。若待测样品的吸收峰中除了纯净物的吸收峰外，还出现多余的吸收峰，说明所测样品中含有杂质；若两张图谱相差很大，说明二者不是同一种物质。

如果没有标准品对照，但有标准红外光谱时，则可按照化学名称或分子式查找对照。但要注意所用仪器及测试所采用的制样方法、测试方法和测试参数是否与标准图谱一致。当所用仪器的分辨率不同时，二者光谱吸收峰的个数会有差别；当样品的用量、物理状态和测试方法不同时，二者光谱吸收峰的相对强度会有差别，但每个峰的相对强弱顺序通常是一致的。

2. 否定法

在红外图谱中，不同基团的振动模式对应不同的吸收峰峰位。当图谱中没有某种吸收峰时，就可排除某些基团的存在。

3. 肯定法

根据红外光谱中的特征吸收峰确定某种特征基团存在的方法叫肯定法。

14.1.5.2 谱图解析步骤

对红外光谱测试所得谱图进行解析，没有严格的程序和规则。针对某一官能团或结构，除了找到其特征峰外，尽可能把它的相关峰都找到，使鉴别更加准确。谱图解析过程一般遵循"先官能团区后指纹区，先强峰后弱峰，先肯定后否定"的原则，具体解析步骤参考如下。

(1) 了解样品来源、纯度（要求物质的量浓度98%以上）。若待测样品含有杂质，需要进行分离和提纯。

(2) 计算不饱和度，判断化合物类型。尽可能得到元素分析值，确定未知物的实验式，有条件时进一步测定分子量以确定分子式，然后通过分子式计算化合物的不饱和度，同时收集理化常数和化学性质的资料。不饱和度计算的经验公式为

$$U = 1 + n_4 + \frac{1}{2}(n_3 - n_1) \tag{14-10}$$

式中：n_4、n_3、n_1 分别为四价、三价和一价原子的数目。通常规定，双键和饱和环状化合物的不饱和度为1，三键的不饱和度为2，苯环的不饱和度为4。因此，根据确定的分子式计算不饱和度，就可大致判断有机化合物的类别。

(3) 由红外光谱确定基团及结构。首先，从高频区（官能团区）确定基团及其结构，即观察 $4000 \sim 1330 cm^{-1}$ 范围内出现的特征吸收峰。然后，从低频区（指纹区）寻找数据以进一步论证。在分析图谱时，既要考虑谱带位置，还要考虑谱带的形状和强度。另外，要注意整个分子各个基团的相互影响因素。

(4) 根据以上三点推测可能的结构式。

(5) 查阅标准谱图集。

根据以上红外谱图解析步骤，下面举几个实例。

14 光谱分析

示例1：解析未知物分子(分子式为 C_8H_7N)的结构,部分性质为：熔点 29℃,低温下为固体,色谱分离表明为纯物质,红外谱图如图 14-15 所示。

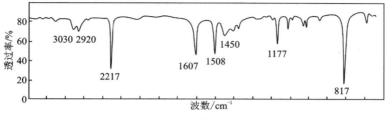

图 14-15 未知物的红外光谱

第一步：根据化合物分子式计算不饱和度为

$$U = 1 + n_4 + \frac{1}{2}(n_3 - n_1) = 1 + 8 + \frac{1}{2}(1 - 7) = 6$$

U 为 6 表明分子中可能有一个苯环。

第二步：判断峰的归属。$3030 cm^{-1}$ 的吸收峰是由苯环上的 =C—H 伸缩振动引起；$1607 cm^{-1}$ 和 $1508 cm^{-1}$ 的吸收峰是由苯环共轭体系的 C=C 引起；$817 cm^{-1}$ 的吸收峰说明苯环上发生了对位取代；$2217 cm^{-1}$ 的吸收峰位于三键和累积双键的伸缩振动吸收区域,与氰基—CN 的伸缩振动吸收接近；$2920 cm^{-1}$、$1450 cm^{-1}$ 和 $1380 cm^{-1}$ 的吸收峰说明有—CH_3 存在；$785 \sim 720 cm^{-1}$,无小峰,说明分子中无—CH_2—。

第三步：根据以上分析可初步推测该化合物是一个发生了对位取代的芳族化合物,推测该化合物可能为对甲基苯甲腈,结构为 H_3C—⬡—CN。

示例2：根据红外图谱推测 C_8H_8(纯液体)的结构,红外图谱如图 14-16 所示。

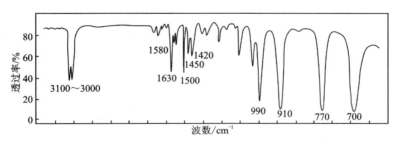

图 14-16 未知物的红外光谱

第一步：根据化合物分子式计算不饱和度为

$$U = 1 + n_4 + \frac{1}{2}(n_3 - n_1) = 1 + 8 + \frac{1}{2}(0 - 8) = 5$$

U 为 5 表明分子中可能有一个苯环。

第二步：判断峰的归属。$3100 \sim 3000 cm^{-1}$ 的吸收峰是由苯环上的 =C—H 伸缩振动引起；$1580 cm^{-1}$ 和 $1500 cm^{-1}$ 的吸收峰是由苯环上的 C=C 引起；$1630 cm^{-1}$ 的吸收峰是由苯环外的 C=C 引起；$1450 cm^{-1}$ 的吸收峰说明可能有—CH_3 或—CH_2—存在,但 $3000 \sim 2800 cm^{-1}$ 之间没有吸收峰,表明无—CH_3 存在,则此峰由—CH_2—剪式弯曲振动引起；$990 cm^{-1}$ 和

910cm^{-1}的吸收峰由—HC=CH$_2$面外弯曲振动引起；800～650cm^{-1}的强吸收峰表示是芳香族化合物。

第三步：根据以上分析可推测可能的结构为 ⌬-C(H)=CH$_2$。

示例3：对比两种氮化碳材料（melon、聚七嗪酰亚胺）的红外光谱（图14-17），分析导致谱图差异的结构因素。

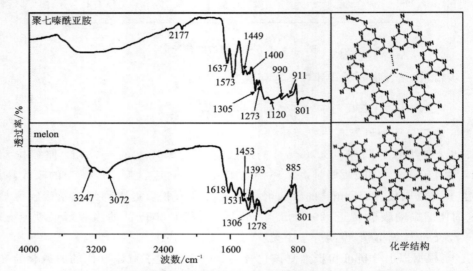

图14-17 两种层状氮化碳材料的红外光谱图和面内化学结构示意图

对于melon氮化碳，3247cm^{-1}吸收峰是由吸附水O—H的伸缩振动引起的；3072cm^{-1}吸收峰是由N—H的伸缩振动引起的；1700～1200cm^{-1}的吸收峰是由芳香环内C=N和C—NH—C的伸缩振动引起的，其中1618cm^{-1}和1531cm^{-1}的吸收峰是C=N伸缩振动引起的，1453cm^{-1}、1393cm^{-1}、1306cm^{-1}和1278cm^{-1}的吸收峰是由C—NH—C的伸缩振动引起的；885cm^{-1}和801cm^{-1}的吸收峰分别是由七嗪环的呼吸振动和平面外弯曲振动引起的。

与melon氮化碳不同的是，在聚七嗪酰亚胺谱图中出现了2177cm^{-1}的新吸收峰，它是由—C≡N的伸缩振动引起的；1130cm^{-1}和1007cm^{-1}的新吸收峰分别对应于K—N—C$_2$中N—C$_2$的不对称伸缩振动和对称伸缩振动；此外，由于聚七嗪酰亚胺中的氨基数量减少，氢键效应减弱，可以观察到O—H和N—H的伸缩振动吸收峰向高波数移动及N—H伸缩振动吸收峰强度的减弱。

14.1.6 样品制备

在进行红外吸收光谱测试时，为了得到一张优良的光谱图，除了仪器自身条件外，选用恰当的制样方法和技术也非常重要。相同的样品采用不同的制样方法得到的光谱会有很大的差异；若采用相同的样品相同的制样方法，制样技术不同也会造成一定的差异。

不同的样品要采用不同的制样方法，同一样品也可采用不同的制样方法，但得到的光谱可能会有差异。因此，要根据测试目的和测试要求采用合适的制样方法，这样才能得到准确可靠的测试数据。

14.1.6.1 红外光谱法对样品的要求

(1) 试样应是单一组分的纯物质,纯度大于 98% 或符合商业标准。多组分样品应在测试前进行分离提纯,否则各组分光谱相互重叠,无法对谱图进行正确的解释。

(2) 试样中不含游离水。水本身有红外吸收,游离水的存在不仅干扰测试谱图,也会侵蚀吸收池的盐窗。

(3) 试样的浓度和测试厚度应选择适当,以使光谱图中大多数峰的透射率在 10%~80% 范围内。浓度太小,厚度太薄,会使一些弱的吸收峰和光谱的细微部分不能显示出来。浓度过大或厚度过大,会导致过多的假吸收,使几个吸收峰连在一起,无法区分。

14.1.6.2 制样方法

进行红外光谱检测时,样品的状态不同,制样方法也不同。

1. 固体样品

固体样品以不同的形态存在,有粉末状、粒状(块状)、薄膜、板材状等形态,不同状态样品的硬度和强度也不尽相同。因此,要根据固体样品形态、测试目的采用合适的制样方法和测试方法。通常固体样品有以下几种制样方法。

1) KBr 压片法

KBr 压片法是一种传统的红外光谱制样方法。固体粉末样品不能直接用来压片,必须用**稀释剂稀释**,混合研磨后才能压片。这是由于粒度较大的粉末样品无法压成透明的薄片,会引起严重的红外散射;即使能够压成透明薄片,但样品量过多会引起红外光全吸收,无法得到正常的红外光谱图。因此,KBr 压片法一般取 1~3mg 固体待测样品和 100~300mg KBr(质量比 1:100)置于玛瑙研钵中,研磨至粒度小于 2.5μm,然后在压片专用模具上加压成片。

在 KBr 压片法制样过程中应该注意以下问题:第一,样品用量。若样品用量太少,测得的光谱吸光度会很低,光谱的信噪比不能满足要求,同时水汽吸收峰也会产生严重的干扰;若样品用量过多,则会引起谱带的全吸收。第二,样品干湿度。若样品或 KBr 潮湿,都不能直接用于压片,因为会在光谱中出现水的吸收峰,必须先将其干燥后再研磨压片。第三,样品研磨后粒度。样品应研磨至粒度小于 2.5μm,若粒度介于 2.5~25μm 之间,大于光的波长时,就会引起高频端红外光的散射,使光谱的高频端基线抬高。因此,检验混合物研磨得是否足够细的标准是观察测得的红外光谱的基线是否平坦。

KBr 压片法也存在两个缺点:第一,含有离子的无机物和配位化合物与 KBr 在外界压力下研磨时会发生离子交换,也可能会在过大的压力下发生晶型改变,使样品的谱带发生位移和变形。而有机物与 KBr 在外界压力下研磨时,KBr 会与有机物中的极性基团发生相互作用,也会使样品的谱带发生位移和变形。第二,采用 KBr 压片法制样时,在 3400cm^{-1} 和 1640cm^{-1} 左右会出现水的吸收峰,而无机和配位化合物中通常含有结晶水或羟基,KBr 吸附水的吸收峰会与结晶水或羟基的吸收峰重叠,会影响分子中结晶水或羟基的鉴定。

如何从光谱中消除 KBr 吸附水产生的吸收峰,下边介绍两种方法。第一种方法是将样品和 KBr 研磨后,于红外灯下烘烤半小时后,再进行压片,在施加压力前最好先抽真空,然后尽快测试红外光谱,这种方法只能部分消除水的吸收峰。第二种方法是先测试 KBr 的红外吸收光谱作为参考光谱,从样品光谱中减去水的吸收峰即为准确的样品的吸收峰。另外,若样品是含有 HCl 的化合物,KBr 会与样品分子中的 HCl 发生阴离子交换,使吸收峰发生很大的变化。因此,对于样品中含有 HCl 的化合物应采用 KCl 压片法。

2)研糊法(液体石蜡法)

一般取 5mg 左右固体待测样品置于玛瑙研钵中,滴入一滴石蜡油研磨均匀,然后按照液膜制样法操作。通常是易吸潮或与空气发生化学反应的固体样品,需要对羟基或胺基鉴别时采用此法,并且还可以避免卤化物压片法制样发生离子交换带来的影响。石蜡油研糊法制备红外样品快速简便,对光谱的影响又小,可以用此法测得的红外光谱作为标准红外光谱。但是石蜡油研糊法同样存在缺点:第一,石蜡油是从煤油和柴油中提取出来的饱和直链碳氢化合物,在光谱中会出现碳氢振动吸收峰($3000\sim2800cm^{-1}$ 区间,以及 $1461cm^{-1}$、$1377cm^{-1}$、$722cm^{-1}$ 左右);第二,石蜡油研糊法比压片法所需样品量多。

除了采用石蜡油作为糊剂以外,黏度较大的氟油(全氟代石蜡油)也是常用的糊剂。氟油研糊法制备样品测得的红外光谱没有碳氢吸收峰,出现的是位于 $1300cm^{-1}$ 以下的强碳氟振动吸收峰。因此,氟油研糊法制备的样品不能观察 $1300\sim400cm^{-1}$ 区间的吸收光谱。可见,石蜡油在 $1300cm^{-1}$ 以下没有吸收谱带(除了 $722cm^{-1}$ 弱若吸收峰),而氟油在 $1300cm^{-1}$ 以上没有吸收谱带。因此,石蜡油和氟油研糊法制备红外样品可以实现互补。

3)薄膜法

固体样品采用压片法或研糊法制样时,稀释剂和研糊剂会影响吸收光谱的结果。而薄膜法制得的为纯样品,不会出现干扰峰,主要用于高分子材料的测定。

薄膜法主要有溶液制膜法和熔融成膜法。溶液制膜法是将待测样品溶解于合适的溶剂后,将溶液滴在红外晶片(KBr 等)、载玻片或平整的铝箔上,待溶剂完全挥发后即可得到样品薄膜。其中,溶剂应满足易挥发、极性弱、与样品不发生反应及样品在溶剂中的溶解度足够大等条件。熔融成膜法是将样品置于晶面上,加热熔化,在热压模具下压制成薄膜,适用于熔点较低的固体样品。

薄膜法也存在一些缺点。采用薄膜法制备样品时都会引起聚合物的晶型变化,并且成膜之前和之后的结晶状态也可能不相同,主要表现在溶剂的挥发速度或薄膜的冷却速度会影响薄膜的结晶程度。

4)漫反射法

将专用的漫反射附件安装在光谱仪的样品室中,可以直接对粉末样品进行测试,从而避免了对样品的特别处理需要。不能直接测试的固体样品也可以预先将其与分散剂(如 KBr)混合研磨后测试。漫反射附件类型很多,可大致分为常温常压漫反射附件、高温高压漫反射附件、高温真空漫反射附件、低温真空漫反射附件 4 类,后 3 种类型适用于原位测试、催化剂研究、脱水动力学研究和固体相转变等的红外光谱测试。

2. 液体样品

液体样品通常装在红外液体池里测试。常用的液体池有 3 种,即可拆式液池、固定厚度液池以及通过旋钮调节液膜厚度的可变厚度液池。其中,可拆式液池最常用,便于清洗,但液池厚度不确定,适用于定性分析。固定厚度液池不能拆卸,清洗较困难,一般用于定量分析,黏度大的液体应尽量避免使用。液体池使用的窗片材料分为有机液体测试的窗片材料和水溶液测试的窗片材料。其中,有机液体测试最常用的窗片材料是 KBr 和 NaCl,水溶液测试最常用的窗片材料是氟化钡晶片和氟化钙晶片。

基于液体池,常用的液体制样方法如下。

(1) 液膜法:难挥发液体(沸点大于 80℃),在可拆卸液池两窗之间滴入 1~2 滴液体样品,使之形成一薄液膜。该法操作简便,适用于高沸点及不易清洗试样的定性分析。

(2) 溶液法:将液体试样溶于适当的红外溶剂中,然后注入到固定池中进行测试。溶剂的选择应遵循的原则为溶剂在较宽的范围内无红外吸收,试样的吸收带尽量不被溶剂吸收带干扰,最常用的溶剂有 CS_2、CCl_4 和 $CHCl_3$。

3. 气体样品

气体、低沸点液体以及某些饱和蒸气压较大的样品,可用气体制样法在玻璃气体池内测定,玻璃气体池两端粘有红外透光的 NaCl 或 KBr 窗片,先将气体池抽空,再注入试样气体即可。若气体样品量小或组分浓度较低时,可以分别选择小体积气体吸收池或长光程吸收池制样。

14.2 拉曼光谱

1871 年,英国物理学家瑞利勋爵(Lord Rayleigh)发现:一定频率的单色光(一般为可见光),当不被物体吸收时,大部分将保持原来的方向穿过物体,但有 $1/10^5 \sim 1/10^3$ 的光被散射到各个方向,散射光强度在入射光的前进方向和反方向上相同,在与入射光垂直的方向上最弱。这种散射被称为瑞利散射(也称分子散射)。瑞利散射的强度与波长的四次方成反比,因此入射光波长越短,瑞利散射强度越大。例如日光中蓝光的瑞利散射强度是红光散射强度的 10 倍,这也是天空呈现蓝色的原因。瑞利散射为光子与物质分子之间发生的弹性碰撞,光子与分子之间不发生能量交换,光的频率保持不变,散射光的频率与入射光频率相同。

1928 年,印度物理学家拉曼(Chandrasekhara Venkata Raman)发现,当单色光照射在样品上,发生瑞利散射的同时,总有 1% 左右的散射光频率与入射光不同。这种散射光频率与入射光频率不等的现象,被称为拉曼散射。拉曼散射是入射光子与物质分子之间发生的非弹性碰撞,如入射光子把一部分能量给分子,或者从分子中获得一定能量,从而导致散射光子的能量减小或者增大。该增大或减小的能量即为分子振动能级跃迁的能量,故拉曼光谱亦可进行分子结构的研究。拉曼因此获得 1930 年度诺贝尔物理学奖[39]。

20 世纪 20 年代,拉曼光谱曾经是研究分子结构的重要手段;20 世纪 40 年代后期,随着实验内容的不断深入,拉曼散射强度太弱的缺点越来越突出,加之红外光谱的迅速发展,拉曼光谱的应用研究地位一落千丈;20 世纪 60 年代激光问世以后,拉曼光谱仪采用单色性好且强度大的激光作为光源,拉曼散射强度显著提高,拉曼光谱再次得到广泛应用。随着研究的不断深入,新的拉曼技术不断出现,如傅里叶变换拉曼光谱、表面增强拉曼散射、超拉曼散射、共振拉曼光谱和时间分辨拉曼光谱等,拉曼技术在材料研究中的作用与日俱增。

14.2.1 拉曼散射原理

14.2.1.1 拉曼散射类型

1. 瑞利散射

如图 14-18 所示中间两组线,当入射光子(能量为 $h\nu_0$)与分子发生碰撞的时候,处于基态 E_1 的分子受入射光子(能量为 $h\nu_0$)的照射,跃迁到受激虚态 E_3,由于该受激虚态不稳定,分子又自发回到原来的基态 E_1;或者处于激发态 E_2 的分子被激发,跃迁到受激虚态 E_3',然后又返回到 E_2。在这两种情况下,分子先吸收入射光子的能量,之后又全部散射出去,碰撞前后分子的能量没有改变,相对于入射光,散射光的能量不变,这种弹性碰撞即为瑞利散射,散射的光频率等于入射光的频率 ν_0。

2. 斯托克斯散射(Stokes)

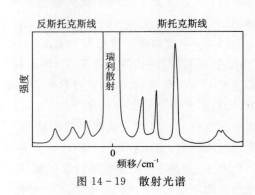

图 14-18 散射过程示意图

图 14-18 左侧的一组线,处于基态 E_1 的分子受入射光子的激发,跃迁到受激虚态 E_3,由于受激虚态不稳定,分子向低能级跃迁以趋于稳定,若跃迁至 E_2 能级,同时将多余的能量以散射光的形式释放出去。此时,相对于原来的 E_1 能级,分子的能量增大了 $E_2-E_1=h\nu'$,而散射光的能量相对入射光减少了 $h\nu'$。这种非弹性碰撞被称为斯托克斯散射,散射光的频率 $\nu=\nu_0-\nu'$,小于入射光频率 ν_0。

3. 反斯托克斯散射(Anti-Stokes)

图 14-18 右侧的一组线,初始处于激发态 E_2 的分子受到入射光子的照射,吸收入射光子的能量,跃迁到受激虚态 E_3',然后又回到能量更低的基态 E_1,以散射光的形式释放出能量。此时,分子的能量减少了 $E_2-E_1=h\nu'$,而散射光的能量相应地增加了 $h\nu'$。这种非弹性碰撞被称为反斯托克斯散射,散射光的频率 $\nu=\nu_0+\nu'$,大于入射光频率 ν_0。

斯托克斯散射和反斯托克斯散射统称为拉曼散射。如图 14-19 所示,斯托克斯散射线和反斯托克斯散射线对称分布在瑞利散射线的两侧,对应于光子失去或得到了一个能级差的能量。因为通常情况下,处于基态的分子数占大多数,而处于激发态的分子较少,所以斯托克斯散射的强度比反斯托克斯散射强度高得多。因此,在拉曼光谱分析上默认采用斯托克斯散射,除非另作说明。

图 14-19 散射光谱

14.2.1.2 拉曼位移及拉曼光谱图

1. 拉曼位移

斯托克斯与反斯托克斯中的散射光频率与入射光频率之差(ν')即为拉曼位移。对于同一物质分子,随着入射光频率的改变,拉曼线的频率也会改变,但是拉曼位移保持不变。对于不同物质分子,就算入射光频率相同,拉曼线的频率也会不同,即拉曼位移不同。而频率之差即分子的两个能级上的能量差的另一种表征。因此,拉曼位移 ν' 与入射光频率无关,只与分子的振动和转动能级有关,是表征分子振-转能级的特征物理量,是进行定性与结构分析的依据。

由于拉曼位移与入射光频率无关,因此通常采用可见光作为激发光源,其能量远远大于分子振动跃迁所需能量,但小于电子跃迁所需能量。

2. 拉曼光谱图

以入射光的波数(也即瑞利散射波数)为零点,以拉曼位移(波数,单位为 cm^{-1})为横坐标,以散射光强度为纵坐标,略去反斯托克斯拉曼谱带,即可得到拉曼光谱图,如图 14-20 所示。

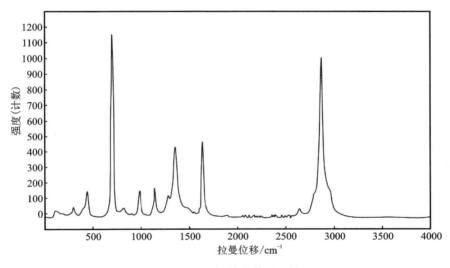

图 14-20 拉曼光谱图示例

14.2.2 拉曼光谱的应用

拉曼光谱包含丰富的物质信息,可广泛应用于材料学、地质学、矿物学、宝石鉴定、生命科学、环境、化学、物理和法庭科学(违禁品检查、爆炸物研究、子弹残留物检测等)等领域。

1. 定性分析

类似于红外光谱,每种物质分子的振动都有特定的拉曼位移,故会产生相应的拉曼特征峰,可用来进行有机物和无机物的定性分析,也可以区分不同的物相,既可用于液体也可用于固体检测。

在有机物定性分析方面,有些有机物分子的骨架振动的拉曼光谱要比红外光谱特征得多,因此采用拉曼光谱更具优势。例如:①红外较弱的非极性键 S—S、C=C、N=N 和 C≡C 产生强拉曼谱带,且随单键→双键→三键谱带强度增加;②在红外光谱中,由 C≡N、C=S、S—H 伸缩振动产生的谱带一般较弱,而在拉曼光谱中则是强谱带;③环状化合物的对称伸缩振动常常是最强的拉曼谱带;④在拉曼光谱中,X=Y=Z、C=N=C、O=C=O 这类键的对称伸缩振动是强谱带,反对称伸缩振动是弱谱带,而红外光谱中与此相反;⑤C—C 伸缩振动在拉曼光谱中是强谱带。

例如环己烷的拉曼光谱如图 14-21 所示,位于 $2941 cm^{-1}$ 和 $2927 cm^{-1}$ 的散射峰是由 CH_2 反对称伸缩振动引起的;位于 $2854 cm^{-1}$ 的散射峰是由 CH_2 对称伸缩振动引起的;位于 $1444 cm^{-1}$ 和 $1267 cm^{-1}$ 的散射峰是由 CH_2 剪式弯曲振动引起的;位于 $1029 cm^{-1}$ 的散射峰是由 C—C 伸缩振动引起的;位于 $803 cm^{-1}$ 的散射峰是由环变形引起的。

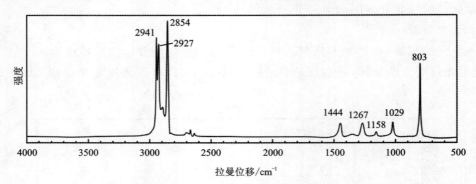

图 14-21 环己烷(纯液体)拉曼光谱

苯甲醚的拉曼光谱如图 14-22 所示,位于 $3060 cm^{-1}$ 的散射峰是由 Ar—H 伸缩振动引起的;位于 $1600 cm^{-1}$ 和 $1587 cm^{-1}$ 的散射峰是由苯环 C=C 伸缩振动引起的;位于 $1039 cm^{-1}$ 和 $1022 cm^{-1}$ 的散射峰是由苯环上单取代 C—O—C 的伸缩振动引起的;位于 $1000 cm^{-1}$ 的散射峰是由环呼吸振动引起的;位于 $787 cm^{-1}$ 的散射峰是由环变形引起的。

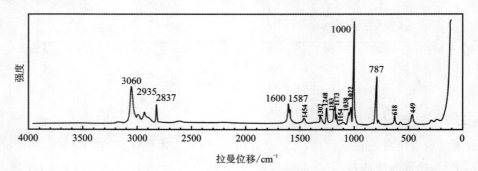

图 14-22 苯甲醚(纯液体)拉曼光谱

在有些无机物定性分析中,拉曼光谱也比红外光谱有优势,表现为:①当无机物中含水时,水的红外活性很强,会掩盖某些红外吸收峰,而水分子的振动引起的极化率变化很小,其拉曼散射很弱,对样品测试的干扰很小;②络合物的金属-配位体键的振动频率一般位于700~$100 cm^{-1}$ 之间,用红外光谱难以细化研究,而这些键的振动通常是拉曼活性的,其拉曼谱带易于观测,适用于研究络合物的组成、结构和稳定性等;③某些无机原子团的结构也可用拉曼光谱测定,如 Hg 原子在水溶液中以 Hg^+ 和 Hg^{2+} 形态存在,二者均无红外吸收,无法用红外光谱确定,而在拉曼光谱中于 $169 cm^{-1}$ 出现$(Hg-Hg)^{2+}$ 强偏振线,表明 Hg^{2+} 存在;④陶瓷行业常用的多种黏土矿物原料如高岭土、多水高岭土、地开石和珍珠陶土的红外光谱区别很小,而它们的拉曼光谱存在显著特征性,容易区分,如图 14-23 所示。

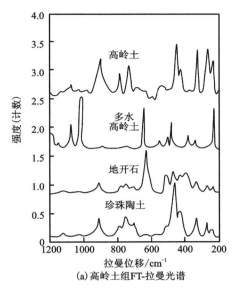 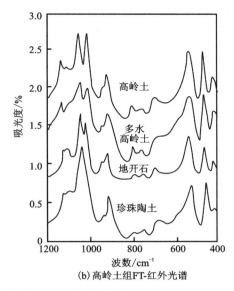

图 14-23　多种黏土矿物的拉曼光谱和红外光谱

2. 定量分析

拉曼散射强度可用于定量分析物质中各组分的含量,目前拉曼光谱定量分析尚未得到广泛应用,但它与红外光谱相比亦有比较明显的优势。具体表现为:①拉曼散射强度与样品浓度呈简单的线性关系,而红外光谱吸收强度与样品浓度呈对数关系;②拉曼光谱比红外光谱简单,谱带较窄,重叠现象较少,故选择谱带较容易。在实际应用中,采用散射系数[即未知物的谱线强度与参比物质(通常是 CCl_4)的谱线强度之比]作为强度的定义。使用大功率的激光光源可以大幅提高分析的灵敏度。

3. 结晶度测定

拉曼散射峰的半高宽可用于研究晶体的结晶程度。图 14-24 为无定形和结晶 PET 的拉曼光谱。利用羰基峰($1730cm^{-1}$)的半高宽即可作为判定 PET 结晶程度的标志,当 PET 结晶时,散射峰变得尖锐,半高宽变小。

除此之外,拉曼光谱还可用于物质的其他信息检测,拉曼峰位的变化即拉曼位移改变是与分子的微观结构变化有关的,可用于研究材料的微观应力,比如 Si 每发生 1% 的应变,将产生 $10cm^{-1}$ 的拉曼峰位移等。

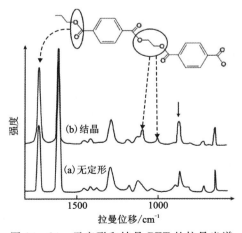

图 14-24　无定形和结晶 PET 的拉曼光谱

14.2.3　拉曼光谱与红外光谱联用

一些物质分子可仅靠拉曼光谱就能鉴别,但实际情况往往比较复杂,有些基团振动的固有拉曼强度很弱,即使含量很高,也不会在拉曼光谱中出现明显的峰。这种现象同样出现在红外光谱中,因此通常将拉曼光谱和红外光谱结合起来解决这一难题。另外,拉曼光谱与红外光谱联合鉴别顺反异构体也非常有效。例如二氨基丁烯二腈 $H_4C_4N_4$,如果是顺式结构,则分子没有对称中心,其红外光谱和拉曼光谱都是活性的,C=C伸缩振动在 $1621cm^{-1}$ 出现强的拉曼谱带,同时在 $1623cm^{-1}$ 出现强的红外吸收谱带;如果是反式结构,则 C=C 伸缩振动只在拉曼光谱中有谱带出现,其红外吸收峰很弱甚至看不到。

1. 拉曼光谱与红外光谱的异同

红外光谱和拉曼光谱都是用来检测物质的振动和转动能级。对于给定化学键的某种振动/转动模式,红外吸收频率和拉曼位移相等,因此相同基团的红外吸收波数和拉曼散射波数相同,都反映了相同的分子结构信息[40]。因此,红外光谱的结构分析方法也适用于拉曼光谱,即可根据谱带频率、形状、强度,利用基团频率表推断分子结构。但是,由于两种光谱的形成机理不一样,它们在检测能力上也有所差别。一般而言,分子的对称性越高,红外光谱与拉曼光谱的区别就越明显,极性官能团的红外吸收谱带较强,而非极性官能团的拉曼散射谱带较强。例如对于链状聚合物而言,碳链上的取代基容易用红外光谱检测,而碳链的振动用拉曼光谱检测更方便;再如,红外吸收较弱的 C—C、S—S 和 C=C 等官能团在拉曼散射中信号较强,适合用拉曼光谱表征。

与红外光谱相比,拉曼光谱在形成机理上的区别和测试上的优势主要有以下几点。

(1)拉曼光谱的激发光源是可见光区任一激发源,色散简单,检测光亦为可见光;但红外光谱的辐射源和吸收需要专门装置,且光源及检测光均为红外光。

(2)拉曼光谱是散射光谱,红外光谱是吸收光谱。

(3)在红外光谱中,鉴别振动类型是否有红外活性的依据是分子振动时偶极矩是否发生变化,而在拉曼光谱中,拉曼活性取决于分子振动时极化率是否发生变化。极化率(α)是指分子在强度为 E 的外电场(如光波的交变电磁场)作用下电子云变形的难易程度。在外电场作用下,分子中会产生诱导偶极矩 μ_i,且 $\mu_i = \alpha E$。拉曼散射强度与分子振动时的诱导偶极矩变化呈正比。当入射光频率不变时,只有极化率发生变化,才能引起诱导偶极矩变化。分子极化率与电子云分布情况相关,当分子振动时,只有电子云分布发生形变,才能引起极化率改变,从而产生拉曼效应。

(4)拉曼散射的选择定则限制很少,可以得到更为丰富的谱带,因此拉曼光谱覆盖波段区间大,频谱范围一般为 $4500\sim10cm^{-1}$,而红外光谱的频谱范围一般为 $4000\sim400cm^{-1}$。

(5)拉曼光谱测试中所需样品量比红外光的少。因为拉曼激光束的直径在 $0.2\sim2mm$ 之间,拉曼显微镜还可进一步将激光束聚焦至 $20\mu m$ 甚至更小,因此极微量的样品都可以测量。

(6)在拉曼光谱测试中,任何形状、尺寸和透明度的样品,只要能被激光照射到,就可直接用来测试,适用于各种物理形态的试样,固体样品可以直接检测,但红外的固体样品需要前处理,满足检测需求。

(7)液体或粉末试样可盛于玻璃瓶、毛细管等容器直接测定拉曼光谱,但红外光谱检测的样品不能用玻璃容器,因为玻璃的拉曼散射较弱,但红外吸收较强。

(8)在拉曼光谱测试中水可以作为溶剂,但红外光谱不行。

此外,拉曼光谱谱峰清晰尖锐,独立的拉曼区间的强度跟官能团的数量有关,更适合定量研究。共振拉曼效应还可以选择性地增强生物大分子特定发色基团的振动至原来的 1000～10 000 倍。拉曼光谱在显微光谱术（拉曼给出的空间分辨率比红外高一个数量级）和远距离测试技术（远距离在线或原位分析）中保留着不可替代的作用。

2. 拉曼及红外活性判断规则

对任何分子来说，其拉曼和红外是否活性的判断规则如下。

(1) 互相排斥规则：凡具有对称中心的分子，若其振动对红外或拉曼之一有活性，则对另一非活性。例如 O_2 分子仅有一个简谐振动（对称伸缩振动），振动过程中不发生偶极矩变化，是红外非活性的；但振动过程中极化率改变，所以是拉曼活性的。互相排斥规则在鉴定官能团特别有用，如烯烃 C=C 伸缩振动在红外光谱中没有吸收峰或者吸收峰很弱，但乙烯在拉曼光谱中于 1675cm^{-1} 出现很强的拉曼散射峰。

(2) 互相允许法则：对于无对称中心的分子，若其振动对红外是活性的，则对拉曼也是活性的，反之亦然。

(3) 互相禁止法则：少量分子的振动对红外和拉曼都是非活性的。例如乙烯分子的扭曲振动（图 14-25），既无偶极矩变化，也无极化率的变化。

例如线型分子 CS_2 有 $3N-5=4$ 种振动模式（图 14-26），对称伸缩振动没有偶极矩的变化，是红外非活性的；但对称伸缩振动过程中电子云变形，极化率改变，是拉曼活性的，在拉曼谱图中于 1388cm^{-1} 处有散射谱带。反对称伸缩振动有偶极矩变化，是红外活性的，在红外吸收谱图中于 2349cm^{-1} 处有吸收谱带；但拉曼是非活性的，这是由于虽然每个原子振动都会引起极化率的变化，但由于反对称伸缩振动的原子位移是在对称中心的两边进行的，极化率的变化互相抵消，综合效应为零。面内弯曲振动和面外弯曲振动为简并振动，与反对称伸缩振动类似，其极化率变化综合效应为零，拉曼是非活性的，红外是活性的，红外吸收峰位于 667cm^{-1}。

图 14-25 乙烯分子的扭曲振动

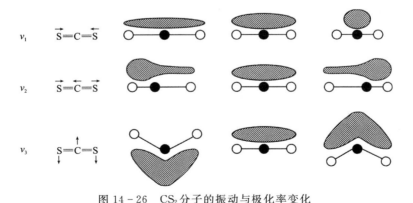

图 14-26 CS_2 分子的振动与极化率变化

本章小结

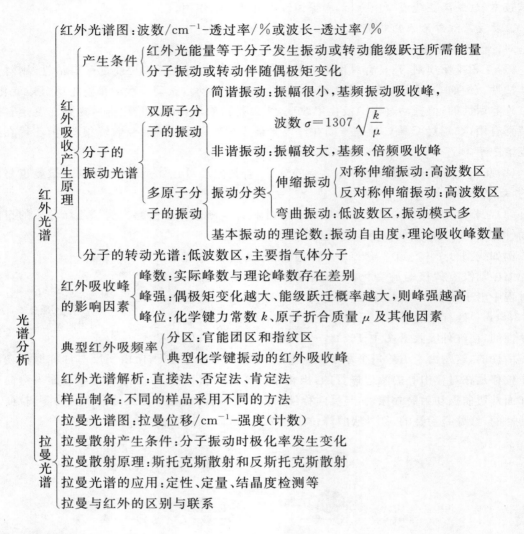

思考题

1. 产生红外光谱的条件是什么?
2. 用红外光谱仪检测样品时,可以用水作为溶剂吗?为什么?在拉曼光谱测试中可以用水作为溶剂吗?
3. 拉曼光谱中有哪些有用信息?
4. 红外光谱和拉曼光谱是如何互补的?

主要参考文献

[1] 朱和国,尤泽升,刘吉梓,等. 材料科学研究与测试方法[M]. 4版. 南京:东南大学出版社,2019.

[2] 何涌,雷新荣. 结晶化学[M]. 北京:化学工业出版社,2008.

[3] 潘兆橹. 结晶学及矿物学[M]. 北京:地质出版社,1985.

[4] 王恩德,付建飞,王丹丽. 结晶学与矿物学教程[M]. 北京:冶金工业出版社,2019.

[5] 彭志忠. X射线分析简明教程[M]. 北京:地质出版社,1982.

[6] 黄孝瑛,侯耀永,李理. 电子衍射分析原理与图谱[M]. 济南:山东科学技术出版社,2000.

[7] 赵珊茸. 结晶学及矿物学[M]. 北京:高等教育出版社,2017.

[8] 李胜荣. 结晶学与矿物学[M]. 北京:地质出版社,2020.

[9] 黄孝瑛. 材料微观的电子显微学分析[M]. 北京:冶金工业出版社,2008.

[10] 韩建成. 多晶X射线结构分析[M]. 上海:华东师范大学出版社,1987.

[11] 姜传海,杨传峥. X射线衍射技术及应用[M]. 上海:华东理工大学出版社,2010.

[12] 晋勇,孙小松,薛屺. X射线衍射分析技术[M]. 北京:国防工业出版社,2008.

[13] 章效锋. 显微传[M]. 北京:清华大学出版社,2015.

[14] RADES S,WIRTH T,UNGER W. Investigation of silica nanoparticles by Augerelectron spectroscopy (AES)[J]. Surface and Interface Analysis,2014,46(10/11):952-956.

[15] FU X,SONG B,CHEN X,et al. Highly-controllable imprinted polymer nanoshell on the surface of silica nanoparticles for selective adsorption of 17β-Estradiol[J]. Journal of Encapsulation and Adsorption Sciences,2018,4(8):210-224.

[16] LIU W,TANG X,TANG Z. Effect of oxygen defects on ferromagnetism of Mn doped ZnO[J]. Journal of Applied Physics,2013,114:123911.

[17] SHEN K,ZHANG L,CHEN X. Ordered macro-microporous metal-organic framework single crystals[J]. Science,2018,359(6732):206-210.

[18] YAO Y,HUANG Z,XIE P,et al. Carbothermal shock synthesis of high-entropy-alloy nanoparticles[J]. Science,2018,359(6383):1489-1494.

[19] GE J,LEI J,ZARE R N. Protein-inorganic hybrid nanoflowers[J]. Nature Nanotechnolgy,2012,7(7):428-432.

[20] CARRIER B,WANG L,VANDAMME M,et al. ESEM study of the humidity-induced swelling of clay film[J]. Langmuir,2013,29(41):12823-12833.

[21] PODOR R,CLAVIER N,RAVAUX J,et al. Dynamic aspects of cerium dioxide

sintering: HT-ESEM study of grain growth and pore elimination[J]. Journal of the European Ceramic Society, 2012, 32(2): 353-362.

[22] MAO Z, SHI X, ZHANG T, et al. Mechanically flexible V_3S_4@carbon composite fiber as a highcapacity and fast-charging anode for sodium-ion capacitors[J]. Rare Metals, 2023(42): 2633-2642.

[23] LIU H, HUANG Z, HUANG J, et al. Novel, low-cost solid-liquid-solid process for the synthesis of $\alpha-Si_3N_4$ nanowires at lower temperatures and their luminescence properties[J]. Scientific Reports, 2015, 5(1): 17250.

[24] 杜希文, 原续波. 材料分析方法[M]. 天津: 天津大学出版社, 2014.

[25] 刘庆锁, 孙继兵, 陆翠敏. 材料现代测试分析方法[M]. 北京: 清华大学出版社, 2014.

[26] 黄孝瑛, 侯耀水, 李理. 电子衍射分析原理与图谱[M]. 济南: 山东科学技术出版社, 2000.

[27] 柳得橹, 权茂华, 吴杏芳. 电子显微分析实用方法[M]. 北京: 中国质检出版社, 2017.

[28] 章晓中. 电子显微分析[M]. 北京: 清华大学出版社, 2006.

[29] GOODHEW P J. Specimen preparation for transmission electron microscopy of materials[M]. London: Oxford University Press, 1984.

[30] AYACHE J, BEAUNIER L, BOUMENDIL J, et al. Sample preparation handbook for Transmission Electron Microscopy[M]. New York: Springer, 2010.

[31] PENNYCOOK S J, JESSON D E. High-resolution incoherent imaging of crystals[J]. Physical Review Letters, 1990(64): 938-941.

[32] CREWE A V, WALL J, LANGMORE J. Visibility of single atoms[J]. Science, 1970(168): 1338-1340.

[33] 布伦特·福尔兹, 詹姆斯·豪. 材料的透射电子显微学与岩石学[M]. 吴自勤, 石磊, 何维, 等, 译. 合肥: 中国科学技术大学出版社, 2017.

[34] KOZO OKAMOTO. Temperature-dependent extended electron energy loss fine structure measurements from K, L23, and M45 edges in metals, intermetallic alloy, and nanocrystalline materials[D]. California: California Institute of Technology, 1993.

[35] 董慧茹. 仪器分析[M]. 北京: 化学工业出版社, 2000.

[36] 黄新民. 材料研究方法[M]. 哈尔滨: 哈尔滨工业大学出版社, 2008.

[37] 刘约权. 现代仪器分析[M]. 北京: 高等教育出版社, 2006.

[38] 翁诗甫, 徐怡庄. 傅里叶变换红外光谱分析[M]. 北京: 化学工业出版社, 2016.

[39] 解挺, 黄新民. 材料分析测试方法[M]. 北京: 国防工业出版社, 2006.

[40] 陈培榕, 李景虹, 邓勃. 现代仪器分析实验与技术[M]. 北京: 清华大学出版社, 2006.